U0195081

国学经典 | 典藏版

茶经 续茶经

[唐]陆羽 撰 [清]陆廷灿 辑

郭孟良 注译

中州古籍出版社

·郑州·

茶 经 续茶经

前　言

中国是茶的祖国，是世界茶文化起源和传播的中心，"茶叶之路"成为中外经济文化沟通交流的桥梁和纽带。茶为国粹，茶为国饮，茶为健康饮，茶为时尚饮，"洗尽古今人不倦"，"不可一日无此君"，茶叶成为芳流千古、香飘四海的生活必需品。茶之为礼，茶之成俗，茶之为艺，茶之成文，茶之为道，茶之兴业，茶之为政，茶之治边，"以至细之物而寓莫大之用"，源远流长的茶文化成为中华传统文化的独具特色的组成部分。在以人为本、构建和谐、科学发展的当今，生态创意的茶产业、"精清""致和"的茶文化愈加显示出蓬勃的生机和超凡的魅力。

饮茶思源。我们的茶文化启蒙还必须从茶圣陆羽及其所撰的世界第一部茶书——《茶经》开始。

一、茶圣陆羽及《茶经》成书

陆羽（733～804）字鸿渐，一名疾，字季疵，自称桑苎翁，又号东冈子、竟陵子，世称陆处士、陆文学、陆三山人、东园先生等，唐复州竟陵（今湖北天门）人。陆羽身世如谜，特立独行，"不羡黄金罍，不羡白玉杯，不羡朝入省，不羡暮入台"，孜孜于推广普及茶文化，堪称中国文化史上的一位奇才、怪杰。

据文献记载，陆羽为一弃儿，三岁时为龙盖寺（后改西塔寺）僧智积收养。及长，以《易》自筮，得"渐"卦："鸿渐于陆，其羽可用为仪。"遂以为姓名。劳作之余，学文习儒，而不喜佛经，后离开寺院，投身戏班，并著《谑谈》三篇，得到太守李齐物的赏识。李太守赠予诗书，并介绍到火门山邹夫子处读书。天宝十一载（752），礼部郎中崔国辅被贬为竟陵司马，对陆羽颇为赏识，"游处凡三年"，诗词唱和，品茶论水，使其得以跻身文坛、闻名士林。此后，陆羽游历了荆襄、巴山、汉水等地，广泛接触了茶业生产实践。安史之乱后，他又随流民南下，登匡庐，徙彭泽，居茅山，遍游江淮、苏浙各地，考察茶事，增广学识。至德二载（757）到无锡，结识无锡尉皇甫冉；不久到湖州，与诗僧皎然结交，又游南京栖霞寺，上元元年（760）隐居湖州苕溪，"闭关对书，不杂非类。名僧高士，谈宴永日"。从此在江南二十年，先后游历苏州、顾渚、无锡、钱塘、扬州、越州、睦州等地，品茶鉴水，访朋会友，赋诗联句，推广茶道。如向常州刺史李栖筠建议上贡阳羡茶；与御史大夫李季卿品第天下之水；寄茶并致书国子祭酒杨绾推荐顾渚紫笋茶；加入湖州刺史颜真卿的文士集团，参与编修《韵海镜源》等，使得江南名茶与他本人的名声一起闻于天下。根据《陆文学自传》，他不仅积累和完成了《茶经》的初稿，而且著有《君臣契》三卷、《源解》三十卷、《江表四姓谱》八卷、《南北人物志》十卷、《吴兴历官记》三卷、《湖州刺史记》一卷、《占梦》三卷等，在朝野产生了一定的影响，皇帝征召他为太子文学、太常寺太祝，皆不就。

德宗建中初，陆羽离开湖州，移居江西信州（今江西上饶）东冈、洪州（今江西南昌）玉芝观，继入湖南幕府，与孟郊、权德舆、戴叔伦等交游唱和。贞元五年（789）之前，又入李齐物之子、广州刺史、岭南节度使李复幕府，居东园。后又返回江南，曾居苏州，最后返回湖州青塘别业。贞元二十年（804）卒，终年七十二岁，葬于杼山，其墓与皎然塔相伴。一说陆羽晚年叶落归根，回到故乡竟陵，卒后葬于其"本师智积之塔"之侧。

陆羽一生，"有文学，多意思，耻一物不尽其妙，茶术尤著"，"为当时闻人"，生前身后，影响颇广。在题赠陆羽的诗中，耿湋就说他"一生为墨客，几世作茶仙"；其死后约二十年，李肇《国史补》就记载当时茶库画陆羽之像，祀为茶神，"巩县陶者多为瓷偶人，号陆鸿渐，买数十茶器得一鸿渐，市人沽茗不利，辄灌注之"。而关于陆羽品茶鉴水的神异故事也开始流传开来，"百工技艺，各祀其祖"，其茶圣的地位便随之确立了。

《茶经》是陆羽一生心血的结晶，也是其唯一流传至今的著作。《茶经》成书的时间，有四种不同的说法：上元元年（760）、广德二年（764）、大历十年（775）、建中元年（780），各有依据，而又不无偏颇。第一种说法，主要依据是上元二年《陆文学自传》所列著作中已经有了《茶经》三卷；《新唐书》本传称其"上元初，更隐苕溪"，"阖门著书"；日本学者布目潮渢考察《茶经》所载产茶州县地名都是 758～761 年所改，从而推断完成于 761 年之前，亦颇有说服力。第二种说法，主要依据是《茶经·四之器》记载风炉上有"圣唐灭胡明年铸"的字样，也就是平定安史之乱（广德元年，763 年）的次年，当然这也可以作为一次修改的证据；同时封演《封氏闻见记》卷六《饮茶》中关于常伯熊"因鸿渐之论广润色之"及李季卿宣慰江南（765～766）的记述，说明《茶经》（或作《茶论》）已完成初稿并广泛流行。第三种说法，主要依据是大历八年到九年，陆羽应邀参与《韵海镜源》的编纂，接触到大量文献资料，有助于补充修订《茶经》中关于历史、文学、医药、人物的内容。第四种说法，指的是《茶经》的正式刊行时间。主要依据是此后陆羽移居江西、湖南、广东等地，但是这些地方的茶叶生产情况并未像以前陆羽曾经考察过的其他地方一样，详细地记入《茶经·八之出》的小注中，说明未曾再经修订，即使曾经修订也未能刊刻行世。综合来看，《茶经》在完成初稿的近二十年中，一直处在不断修订、补充、完善的过程之中，而且初稿和修改稿都曾在社会上流传，"远近倾慕"，影响颇广，从而使其得以在积累和传播中臻于完备，完成其经典化的历程。

二、《茶经》内容与版本

《茶经》分三卷十篇，七千多字，第一次系统地总结了唐代及其以前有关茶叶的知识与生产实践，对茶的起源、栽培、加工、烹煮、品饮、人物、文献、产地等进行了生动形象的描述和具体而微的分析研究，从而使茶学发展成为一门独立的学问。正如王旭烽所说："《茶经》是中国茶文化的标志性文本，使茶文化具备了经典意义，完成了茶从粗放性走向艺术化的过程，使一种物质事象和精神事象结合成一种文化事象，完整而细致地进入了人的精神领域，为人类提供和开辟了一种新的精神生活，也为后世的茶文化活动提供了无限开放的可能性。"（《瑞草之国》，浙江大学出版社，2002）宋陈师道《茶经序》的评价亦堪称精到："夫茶之著书自羽始，其用于世亦自羽始，羽诚有功于茶者也。上自宫省，下迨邑里，外及戎夷蛮狄，宾祝燕享，预陈于前，山泽以成市，商贾以起家，又有功于人者也，可谓智矣。"

卷上分三个部分，"一之源"论述茶树的形态、植物性状、名字称谓、栽培方式及饮茶的保健作用等；"二之具"介绍采茶、制茶、贮茶工具，详述其名称、用料、规格及使用方法；"三之造"论述采茶时间的选择及相关要求，并将饼茶的制作分为采、蒸、捣、拍、焙、穿、封七道工序，制成品按照外形和色泽分为八个等级，加以品鉴。

卷中即"四之器"，记述全套煮茶、饮茶器具，共计三十种，一一详其名称、形状、制作、用料、用法及其对饮茶的影响。

卷下分六个部分，"五之煮"论述煮茶的程式和工艺，诸如炙茶、碾茶、用水、燃料、火候、汤花等都非常考究；"六之饮"考证饮茶的历史，记述茶叶的分类，分析"茶有九难"及正确的品饮方法；"七之事"汇集茶的历史资料，包括四十三位历史人物和四十八种文献记载；"八之出"罗列唐代茶叶的八大产区，并品评比较各地茶叶品质的优劣高下；"九之略"叙述各种品饮环境下可以简化或省略的采制、煮饮工序及用具，同时强调"城邑之中，王公之门，二十四器阙一，则茶废矣";"十之图"则主张把以上内容写画下来，张挂起来，"《茶经》之始终备矣"。

"自从陆羽生人间，人间相学事新茶。"《茶经》问世之后，历代传抄刊刻不绝，据陈师道《茶经序》，当时就有家传一卷本、王氏三卷本、毕氏三卷本、张氏四卷本等"繁简不同"的版本流传。现存最早的版本是南宋咸淳九年（1273）《百川学海》本，是现行各种版本的祖本。截至民国时期，可考的《茶经》版本共有六十多种。其中包括抄本、刊本两类。抄本如《说郛》抄本多种、《四库全书》抄本以及清简庄抄本等。刊本则可分为丛书本、独立刊本和附刊本。丛书本最多，如《百川学海》本、《百家名书》本、《山居杂志》本、《格致丛书》本、喻政《茶书》本、《欣赏编》本、《清媚合谱·茶谱》本、《唐宋丛书》本、《五朝小说大观》本、《唐人百家小说》本、《稗史汇编》本、宛委山堂《说郛》本、《古今图书集成》本、《四库全书》本、《唐人说荟》本、《学津讨原》本、《唐代丛书》本、《植物名实图考长编》本、《湖北先正遗书》本、《丛书集成初编》本等。独立刊本如明嘉靖二十一年（1542）柯双华竟陵本、万历十六年（1588）程福生竹素园陈文烛校本、万历十六年孙大绶秋水斋刊本、明乐元声倚云阁刻本、明汤显祖别本茶经本、清雍正七年（1729）仪鸿堂本、民国西塔寺常乐刻《陆子茶经》本等。附刊本如清雍正十三年（1735）陆廷灿寿椿堂《续茶经》之《原本茶经》本、道光元年（1821）《天门县志》附刊《陆子茶经》本等。按照内容，还可以划分为初注本、无注本、增注本、增释本、删节本等。至于新中国成立六十年来大陆和港台出版的各种校点本、注释本、白话翻译本、图说本之类，更是不胜枚举。另外，唐宋以降《茶经》与中国茶文化传入日本，"哺育了日本的茶道文化"，日本现藏有两部宋刊《百川学海》本《茶经》，多次翻刻明郑煾校刻本《茶经》，这些都是《茶经》版本的重要组成部分。至于海外的日、韩、德、意、英、法等文字译本的翻译出版，更有力推动了《茶经》与中国茶文化的传播。

三、陆廷灿及其《续茶经》

陆羽《茶经》"开创了为茶著书之宗",也为后来的茶学研究开了先河。晚唐就涌现出张又新《煎茶水记》、苏廙《十六汤品》、裴汶《茶述》、温庭筠《采茶录》等,历代相沿,蔚为大观。在现存百余种茶书中,既有综合性的,如《茶录》、《大观茶论》、《茶疏》等,也有专论水品的《煮泉小品》、《水品》等,专论茶具的《茶具图赞》、《阳羡茗壶系》,专论茶史的《茶史》、《茶史补》,更有地方性名茶专书《北苑别录》、《罗岕茶记》等。此外,关于茶叶的诗、词、文、赋、曲、传奇、随笔等各种体裁文献,充分展示历代茶事活动的方方面面,不断充实中国茶文化的遗产宝库。到了清代,有一位陆氏后学,立志汇辑历代茶事文献,依照《茶经》框架,为之续编,这便是堪称历代茶事文献集成类编的《续茶经》。

陆廷灿的《续茶经》,收于《四库全书》子部九谱录类二饮馔之属。《四库全书总目提要》谓:"《续茶经》三卷、附录一卷,国朝陆廷灿撰。廷灿字秩昭,嘉定人。官崇安县知县、候补主事。自唐以来,茶品推武夷。武夷山即在崇安境,故廷灿官是县时习知其说,创为草稿。归田后,订辑成编,冠以陆羽《茶经》原本,而从其原目采摭诸书以续之。上卷续其一之源、二之具、三之造,中卷续其四之器,下卷自分三子卷:下之上续其五之煮、六之饮,下之中续其七之事、八之出,下之下续其九之略、十之图。而以历代茶法附为末卷,则原目所无,廷灿补之也。自唐以来阅数百载,凡产茶之地,制茶之法,业已历代不同,即烹煮器具亦古今多异,故陆羽所述,其书虽古,而其法多不可行于今。廷灿一一订定补辑,颇切实用,而征引繁富。观所作《南村随笔》,引李日华《紫桃轩又缀》五台山冻泉一条,自称此书失载,补录于彼,其搜采可谓勤矣。录而存之,亦足以资考订。至于陆羽旧本,廷灿虽用以弁首,而其书久已别行,未可以续补之书掩其原目。故今刊去不载,惟录廷灿之书焉。"

陆廷灿一字幔亭，嘉定（今上海市嘉定区南翔镇）人。以诸生贡例选宿松教谕，康熙五十六年（1717）迁崇安知县，在任六年，曾与王草堂合编《武夷山九曲志》。退隐后，以"寿椿堂"颜其室，藏书颇富，并刻书行世。其《艺菊志》八卷、《南村随笔》六卷、《续茶经》三卷，均寿椿堂刻本。《续茶经》成书于雍正十二年（1734），洋洋七万余言，约当《茶经》的十倍。前有北平黄叔琳雍正乙卯序，次凡例，次原本《茶经》三卷；然后是《续茶经》三卷，附录《茶法》一卷。该书的最大特点是征引丰富，足资参考，同时也保存了不少今天已佚的文献资料，是研读中国茶文化的必备之书。诚如黄裳所谓"手此一编，可知端绪，岂不妙哉"！

毋庸讳言，《续茶经》也有其不尽如人意之处。且不说辑集文献、缺乏创见，即就辑录本身而言，也存在辗转引用，出处不明以及征引书名、人名的讹误与不确，摘引文献前后不连贯、间或随意改动等问题，这是我们在校勘和研读时所当留意的。

四、关于本书的整理

如上所述，唐陆羽《茶经》是唐代及唐代以前有关茶叶知识的百科全书，清陆廷灿《续茶经》则是依照《茶经》体例对唐宋至明清时期茶事文献的集成类编，那么，正续合一，汇校注释，进而白话翻译，精编精印，则可作为今日广大读者研习中国茶文化的基本读本。这便是本书整理出版的初衷。

《茶经》传本既夥，坊间新本更滥。本书以其现存最早刻本《百川学海》本为底本，并参酌其他诸本进行校勘，改正其错简与窜定，限于体例，一般不出校记；底本原有注文除单纯注音者外，一般予以保留，并作相应翻译；正文节引他书而不失原意者，一般不予改动；注释以解释典故、人物、文献等为主，一般不作字词音义的说明；译文亦以疏通文义、晓畅明白为主，必要时增加若干解说文字，以便阅读理解；另收集陆羽传记和各个版本的序跋作为附录。

《续茶经》传本不多，今本可资参考者更少。本书以《四库全书》本为底本，参酌寿椿堂刊本进行校勘，改正其错简与窜定。限于篇幅，《续茶经》部分不加注释，相关内容则尽可能在译文中予以体现，以便读者。鉴于《续茶经》本身已有附录《茶法》，不便另附文献，《凡例》置于篇首，《四库提要》移至前言中，黄叔琳序《四库全书》本不载，不宜置诸文中，则只能割爱了。

　　本书校译过程当中，曾参考了前贤时彦的若干整理和研究成果，如陈祖槼、朱自振编《中国茶叶历史资料选辑》（农业出版社，1981），傅树勤、欧阳勋《陆羽茶经译注》（湖北人民出版社，1983），吴觉农《茶经述评》（农业出版社，1987），鲍思陶篆注《茶典》（山东画报出版社，2004），沈冬梅《茶经校注》（中国农业出版社，2006），郑培凯、朱自振主编《中国历代茶书汇编校注本》（香港商务印书馆，2007）等，特致谢忱！另，《茶经》译文则是在拙作《中国茶典》（山西古籍出版社，2004）相关内容的基础上修订而成，特此说明。

　　编事丛脞，断续成稿，亥豕鲁鱼难免，舛误之处必多，祈望方家不吝郢正！

郭孟良　己丑蒲月识于中州清风居

目 录

茶 经

续茶经

茶　经

茶经卷上

一之源

茶者，南方之嘉木也。一尺，二尺，乃至数十尺。其巴山峡川，有两人合抱者，伐而掇之。

其树如瓜芦①，叶如栀子，花如白蔷薇，实如栟榈，蒂②如丁香，根如胡桃。[瓜芦木出广州，似茶，至苦涩。栟榈，蒲葵之属，其子似茶。胡桃与茶，根皆下孕，兆至瓦砾，苗木上抽。]

其字，或从草，或从木，或草木并。[从草，当作茶，其字出《开元文字音义》③；从木，当作搽，其字出《本草》④；草木并，作茶，其字出《尔雅》⑤。]

其名，一曰茶，二曰槚，三曰蔎，四曰茗，五曰荈。[周公云：槚，苦茶。扬执戟云：蜀西南人谓茶为蔎。郭弘农云：早取为茶，晚取为茗，或一曰荈耳。]

其地，上者生烂石，中者生砾壤，下者生黄土。

凡艺而不实，植而罕茂，法如种瓜。三岁可采。野者上，园者次。阳崖阴林，紫者上，绿者次；笋者上，牙者次；叶卷上，叶舒次。阴山坡谷者，不堪采掇，性凝滞，结瘕疾。

茶之为用，味至寒，为饮，最宜精行俭德之人。若热渴、凝闷、脑疼、目涩、四支烦、百节不舒，聊四五啜，与醍醐、甘露⑥抗衡矣。采不时，造不精，杂以卉莽，饮之成疾。

茶为累者，亦犹人参。上者生上党，中者生百济、新罗，下者生高丽。⑦有生泽州、易州、幽州、檀州者，为药无效，况非此者？设服荠苨⑧，使六疾⑨不疗。知人参为累，则茶累尽矣。

[注释]

①瓜芦：又叫皋芦，一种分布于我国南方的树木。《太平御览》卷八六七引《广州记》："酉阳县出皋芦，茗之别名，叶大而涩，南人以为饮。"②蒂：原作"叶"，别本亦作"茎"、"蕊"，均不妥，此据秋水斋本改。③《开元文字音义》：唐玄宗开元二十三年（735）编纂的一部字书，三十卷，已佚。④《本草》：即《新修本草》，又称《唐本草》，唐高宗显庆四年（659）李勣、苏虞等撰，已佚。⑤《尔雅》：中国最早的辞书，儒家十三经之一，相传为周公姬旦所撰，或谓孔子门人所作，经后人增益而成。⑥醍醐、甘露：醍醐指乳酪，亦指美酒。佛家以之比喻佛性，《涅槃经》："譬如从牛出乳，从乳出酪，从生酪出熟酪，熟酪出醍醐，醍醐最上……佛亦如是。"甘露即甘美的露水。《太平御览》卷一二引《瑞应图》："甘露者，美露也，神灵之精，仁瑞之泽，其凝如脂，其甘如饴，一名膏露，一名天酒。"⑦百济、新罗、高丽：均为朝鲜半岛古国，百济兴起于公元1世纪，在西南汉江流域，7世纪统一于新罗；新罗建国于公元前57年，在半岛东南部，7世纪统一半岛，后为王氏高丽取代。高丽即古高句丽，在半岛北部，为新罗所并。⑧荠苨：桔梗科草本植物，根茎似人参。《刘子新论》卷四："愚与直相像，若荠苨之乱人参，蛇床之似蘼芜也。"⑨六疾：《左传》昭公元年："天有六气……淫生六疾。六气曰阴、阳、风、雨、晦、明也。分为四时，序为五节，过则为灾。阴淫寒疾，阳淫热疾，风淫末疾，雨淫腹疾，晦淫惑疾，明淫心疾。"后泛指疾病。

[译文]

茶树，是我国南方的一种优良的常绿树种。茶树的高度有一尺、二尺，有的甚至高达数十尺。在川东、鄂西一带（也就是今天的重庆市辖区），还有树干粗到两人合抱的茶树，须砍伐枝条，才能采摘茶叶。

茶树的形态好像瓜芦，其叶子则像栀子，其花朵则像白蔷薇，其果实则像栟榈，其蒂则像丁香，其根则像胡桃。［原注：瓜芦木出产于广州，形态很像茶，味道很苦涩。栟榈，是一种蒲葵类植物，其种子很像茶子。胡桃和茶树的根都向下伸长，碰到坚实的砾土，苗木才向上生长。］

"茶"字的结构，有的部首从"草"，有的部首从"木"，有的则是"草"、"木"兼从。［从"草"，应当写作"茶"，这个字出自《开元文字音义》一书；从"木"，应当写作"搽"，这个字则出自《本草》一书；"草""木"兼从，应当写作"荼"，这个字出自《尔雅》一书。］

茶叶的名称，第一种叫"茶"，第二种叫"槚"，第三种叫"蔎"，第四种叫"茗"，第五种叫"荈"。［周公曾在《尔雅》中说过：槚，就是苦荼。曾任执戟郎官的汉代学者扬雄曾在《方言》中说：四川西南的人们把茶叫做蔎。而根据曾被追赠为弘农郡太守的西晋学者郭璞《尔雅注》的说法：早采的叫做茶，晚采的叫做茗，有的也叫做荈。］

茶树生长的土壤，以风化比较完全的夹杂碎块的土壤为佳，含砂粒多、黏性小的砂质土壤为次，而以质地黏重、结构性差的黄土为最差。

一般来说，茶树的栽培方法，如果是栽种时不能使土壤松实兼备，或者是栽种后不能生长得很茂盛的，都应当按照种瓜的方法去进行。这样，经过三年的成长，就可以采摘茶叶了。茶叶的品质，以山野间自然生长的为佳，园圃中人工种植的次之。生长在向阳山坡之上、林荫覆盖之中的茶树，叶芽呈紫色的为上品，呈绿色的次之；叶芽壮实、外形如笋的为上品，叶芽细瘦、外形如牙的次之；

叶缘反卷的为上品，叶面平展的次之。生长在背阴山坡或深谷之中的茶树，品质不佳，不值得去采摘，因为其性凝滞，饮用之后会使人腹中结块，形成疾病。

茶叶的功用，因为其性至寒，用作饮料，最为适宜那些品行端正、具有节俭美德的人。如果有发热、口渴、凝滞、胸闷、头疼、眼涩、四肢无力、关节不舒等症状，只要喝上四五口，就如同饮用醍醐、甘露那样沁人心脾，具有奇效。但是，如果采摘不及时，制作不精细，或者夹杂着野草败叶，那么饮用之后就会使人生病。

选用和鉴别茶叶的困难，就如同选用人参。上等的人参出产于上党（今山西长治一带），中等的人参出产于百济和新罗（今朝鲜半岛南部），下等的人参出产于高丽（今朝鲜半岛北部）。出产于泽州（今山西晋城一带）、易州（今河北易安一带）、幽州（今北京市辖区）、檀州（今北京密云一带）等地的人参品质更差，作为药用，没有任何疗效，更何况不是人参的冒牌货呢！倘若是把荠苨这种植物当做人参服用了，那就什么疾病都治疗不好了。明白了选用人参的困难，选用茶叶的难度也就可想而知了。

二之具

籯　一曰篮，一曰笼，一曰筥。以竹织之，受五升，或一斗、二斗、三斗者，茶人负以采茶也。［籯，《汉书》音盈，所谓黄金满籯，不如一经。[①]颜师古云：籯，竹器也，受四升耳。］

灶　无用突者。釜，用唇口者。

甑　或木，或瓦，匪腰而泥，篮以箅之，篾以系之。始其蒸也，入乎箅；既其熟也，出乎箅。釜涸，注于甑中。［甑，不带而泥之。］又以穀木枝三桠者制之，散所蒸牙笋并叶，畏流其膏。

杵臼　一曰碓。惟恒用者佳。

规　一曰模，一曰棬。以铁制之，或圆，或方，或花。

承　一曰台，一曰砧，以石为之；不然，以槐、桑木半埋地中，遣无所摇动。

檐　一曰衣。以油绢或雨衫、单服败者为之。以檐置承上，又以规置檐上，以造茶也。茶成，举而易之。

芘莉②　一曰籯子，一曰筹筤③，以二小竹，长三尺，躯二尺五寸，柄五寸。以篾织方眼，如圃人土罗，阔二尺，以列茶也。

棨　一曰锥刀。柄以坚木为之，用穿茶也。

扑　一曰鞭。以竹为之，穿茶以解茶也。

焙　凿地深二尺，阔二尺五寸，长一丈，上作短墙，高二尺，泥之。

贯　削竹为之，长二尺五寸，以贯茶，焙之。

棚　一曰栈，以木构于焙上，编木两层，高一尺，以焙茶也。茶之半干，升下棚；全干，升上棚。

穿　江东、淮南剖竹为之。巴川峡山纫榖皮为之。江东以一斤为上穿，半斤为中穿，四两、五两为小穿。峡中以一百二十斤为上穿，八十斤为中穿，五十斤为小穿④。字旧作钗钏之钏字，或以贯串。今则不然，如磨、扇、弹、钻、缝五字，文以平声书之，义以去声呼之，其字以穿名之。

育　以木制之，以竹编之，以纸糊之。中有隔，上有覆，下有床，旁有门，掩一扇。中置一器，贮煻煨火，令煴煴然。江南梅雨时，焚之以火。［育者，以其藏养为名。］

［注释］

①黄金满籯，不如一经：语出《汉书》卷七三《韦贤传》："遗子黄金满籯，不如一经。"②芘莉：两种草，此指以草编织的列茶工具；或当为"笓篍"，以两种竹或藤编织成的工具。③筹筤：两种竹，此指以竹编制的列茶工具。④小穿：别本作"下穿"。

籝　又叫篮，又叫笼，又叫筥，是用竹子编织而成的。可容纳五升，也有可容纳一斗、二斗、三斗的。这是茶农背着采摘茶叶用的。[籝，《汉书》上说其发音作盈，并有这样的话：黄金满籝，不如读通一部经书。颜师古《汉书注》上说：籝，是一种竹器，可容纳四升。]

灶　不用有烟囱的，否则火焰直上，热量易于消失。锅，要用唇口的，以便于加水。

甑　是蒸茶用的炊器，有木制的，有陶制的，圆筒形，腰部用竹篾箍起，再用泥涂塞缝隙，中间以竹篮代替甑箅，用竹篾系牢。开始蒸的时候，要把茶叶放在箅中；待蒸熟之后，再从箅中倒出。如果甑下面的锅中的水蒸干了，就从甑中倒水进去。[甑和锅的连接处用泥涂抹封好。]也有用分有三个枝杈的榖木枝制作箅的。蒸好后的茶芽、嫩叶要及时分散摊开，以防止汁液流失。

杵臼　又叫碓，是用来捣碎蒸熟的茶叶的工具，以经常使用、表面光洁的为佳。

规　又叫模，又叫棬，就是一种模型，用以把蒸熟捣碎的茶叶压紧，并成为一定的形状。这种模型以铁制成，有的圆形，有的方形，有的则制成花的形状。

承　又叫台，又叫砧，用石块制成，是放置模具的石礅。如果不用石料，也可用槐木、桑木做，但要把下半截埋进土中，使它不能摇动。

檐（一作襜）　又叫衣，用油绢、雨衣或者破旧的单衣做成。把"檐"放在"承"上，再把"规"也就是模型放在"檐"上，用来压制饼茶。做成一个茶饼后，拿出来，再换下一个。

芘莉　又叫籝子，又叫笭筤，是用来晾茶的工具。用两根三尺长的小竹竿，二尺五寸作为躯干，五寸作为柄，在两根小竹竿之间用竹篾织成方眼网，就好像种菜人用的土筛子，宽二尺，用来放置茶饼进行晾晒。

棨　又叫锥刀，以坚硬的木料做柄，用来给饼茶穿孔。

扑　又叫鞭，用小竹子制成，用来把茶饼穿成串，以便搬运。

焙　是一种烘茶的工具。即挖坑深二尺，宽二尺五寸，长一丈，上面砌二尺高的矮墙，用泥涂抹平整。

贯　用竹子削制而成，长二尺五寸，用来贯穿茶饼，进行烘焙。

棚　又叫栈，是用木头做成的上下两层架子，高一尺，用来烘烤茶饼。茶饼半干时，就由架底升至下层烘烤；全干时，再升到上层烘烤。

穿　既是绳索之类的穿茶工具，也是一种计数单位。在长江下游南岸和淮河以南地区，是剖竹制成篾索的。在川东、鄂西一带（也就是今天的重庆市辖区），则是用榖树皮搓成条索。长江下游南岸地区把能穿重一斤茶饼的称作上穿，能穿半斤茶饼的称作中穿，能穿四五两茶饼的称作小穿。而在长江上游地区，则以重一百二十斤的为上穿，以重八十斤的为中穿，以重五十斤的为小穿。"穿"字，从前作"钗钏"的"钏"字，有时作贯串。如今就不同了，如"磨、扇、弹、钻、缝"这五个字，字形还是按读平声作动词的字形写，而读音却读去声，意思也按读去声、作名词的来讲。所以用"穿"字来命名。

育　既是一种成品茶饼的复烘工具，也是一种封藏工具。用木头制成框架，竹篾编织外围，再用纸裱糊。中间有隔，上有盖，下有底，旁有一扇可以开闭的门。正中放置一个容器，盛有热灰，以这种无焰的暗火来保持一定的温度。在江南的梅雨季节，则要加火以除去潮湿。[育，因其有保藏、养育的作用，故名。]

三之造

凡采茶,在二月、三月、四月之间。

茶之笋者,生烂石沃土,长四五寸,若薇、蕨始抽,凌露采焉。茶之牙者,发于丛薄之上,有三枝、四枝、五枝者,选其中枝颖拔者采焉。

其日,有雨不采,晴有云不采;晴,采之,蒸之,捣之,拍之,焙之,穿之,封之,茶之干矣。

茶有千万状,卤莽而言:如胡人靴者,蹙缩然;犎牛①臆者,廉襜然;浮云出山者,轮囷②然;轻飙拂水者,涵澹然;有如陶家之子,罗膏土以水澄泚之;又如新治地者,遇暴雨流潦之所经。此皆茶之精腴。有如竹箨者,枝干坚实,艰于蒸捣,故其形籭簁然;有如霜荷者,茎叶凋沮,易其状貌,故厥状萎悴然。此皆茶之瘠老者也。

自采至于封,七经目。自胡靴至于霜荷,八等。

或以光黑平正言嘉者,斯鉴之下者;以皱黄、坳垤言嘉者,鉴之次也;若皆言嘉及皆言不嘉者,鉴之上也。何者?出膏者光,含膏者皱;宿制者则黑,日成者则黄;蒸压则平正,纵之则坳垤。此茶与草木叶一也。

茶之否臧③,存于口诀。

[注释]

①犎牛:野牛。《汉书》卷九六《西域传》:"罽宾出犎牛。"颜师古注:"犎牛,项上隆起者也。"②轮囷:曲折回旋状。《史记》卷八三《邹阳传》:"蟠木根柢,轮囷离诡。"裴骃集解:"委曲盘戾也。"③否臧:好坏。《易·师卦》:"师出以律,否臧凶。"孔颖达疏:"否谓破败,臧谓有功。"

[译文]

一般说来,采茶的季节通常在农历的二月、三月、四月之间。

生长最好的茶树，其柔嫩的枝茎和苗壮的幼芽犹如春笋，生长在风化比较完全的肥沃土壤里，长达四五寸，好像刚刚抽芽的薇、蕨，要在有露水的清晨前去采摘。次一等的茶树，其芽叶较为细弱，生长在草木丛生的地方，从一条老枝上有发出三枝、四枝、五枝新梢的，可以选择其中长势比较挺拔的进行采摘。

至于采摘的时间，当天有雨不采，晴天有云也不采；只有天气晴朗的时候才能采摘。采摘的茶叶，还要经过六道工序进行加工制造：上甑蒸熟，用杵臼捣碎，拍压成形，烘焙至干，穿饼成串，包装封好，这样就可以制成干燥的茶饼了。

茶饼的形状千姿百态，粗略地说，主要有以下八种：有的像北方游牧民族穿的靴子，表面皱纹很多；有的像野牛胸部的皮囊，有衣服飘动似的褶痕；有的像浮云出山，盘旋屈曲；有的像轻风拂水，微波荡漾；有的像陶工筛出的细土再经过清水沉淀出的泥膏，光滑润泽；还有的像新垦辟的土地被暴雨急流冲刷过似的，凹凸不平。以上这些都是精致的上等茶。有的茶叶好像笋壳一样，枝梗坚硬，很难蒸捣，因而制成的茶饼形状仿佛布满孔眼的箩筛一样；还有的茶叶好像经霜的秋荷一样，茎和叶都已经凋败，改变了原有的形状和风貌，所以制成的茶饼外貌就显得干枯憔悴。这两种就是比较粗劣、过老的低档茶。

综上所述，茶叶从采摘到封藏，共有七道工序；而茶饼的形状和品质则从类似游牧民族的靴子到好像霜打的秋荷，可以分为八个等级。

关于饼茶品质的鉴定，有人以为茶饼的外表光泽、色黑、平整，就是品质精美的好茶，其实这是下等的鉴别方法；有人以为茶饼的外表皱缩、色黄、凹凸不平，就是品质优良的佳茶，其实这是次等的鉴别方法；如果认为上述标准均不足以鉴别茶叶品质的优劣，而又能系统全面地指出好茶的优点和粗茶的缺点，这才是最好的鉴别方法。为什么这么说呢？因为压出汁液之后的茶饼表面就有光泽，而含有汁液的茶饼表面就皱缩；隔夜制造的茶饼就色黑，而当天制造的茶饼就色黄；蒸压坚实茶饼表面就平正，而压得不实甚至任其自然茶饼表面就凹凸不平。就这个意义上说，茶叶和其他草木叶子是一样的。

茶叶品质好坏的鉴别，另有一套口诀。（可惜茶圣陆羽没有记述下来，后人已无从知晓了。）

茶经卷中

四之器

风炉　灰承　风炉以铜铁铸之，如古鼎形，厚三分，缘阔九分，令六分虚中，致其杇墁。凡三足，古文书二十一字。一足云"坎上巽下离于中"[①]，一足云"体均五行去百疾"，一足云"圣唐灭胡明年铸"[②]。其三足之间，设三窗，底一窗以为通飙漏烬之所。上并古文书六字，一窗之上书"伊公"二字，一窗之上书"羹陆"二字，一窗之上书"氏茶"二字。所谓"伊公羹"[③]、"陆氏茶"也。置墆㙞于其内，设三格。其一格有翟焉，翟者，火禽也，画一卦曰"离"；其一格有彪焉，彪者，风兽也，画一卦曰"巽"；其一格有鱼焉，鱼者，水虫也，画一卦曰"坎"。巽主风，离主火，坎主水，风能兴火，火能熟水，故备其三卦焉。其饰以连葩、垂蔓、曲水、方文之类。其炉，或锻铁为之，或运泥为之。其灰承，作三足铁柈抬之。

筥　筥以竹织之，高一尺二寸，径阔七寸。或用藤，作木楦如筥形，织之。六出圆眼。其底、盖若利箧口，铄之。

炭挝　炭挝以铁六棱制之，长一尺，锐上，丰中，执细，头系一小镮，以饰挝也。若今之河陇军人木吾[④]也。或作锤，或作斧，随其便也。

火筴　火筴一名箸。若常用者，圆直一尺三寸，顶平截，无葱台、勾锁之属，以铁或熟铜制之。

镀　镀以生铁为之。今人有业冶者，所谓急铁。其铁以耕刀之趄，炼而铸之。内模土而外模沙。土滑于内，易其摩涤；沙涩于外，吸其炎焰。方其耳，以正令也。广其缘，以务远也。长其脐，以守中也。脐长则沸中，沸中则末易扬，末易扬则其味淳也。洪州以瓷为之，莱州以石为之。瓷与石皆雅器也，性非坚实，难可持久。用银为之，至洁，但涉于侈丽。雅则雅矣，洁亦洁矣，若用之恒，而卒归于铁⑤也。

交床　交床以十字交之，剜中令虚，以支镀也。

夹　夹以小青竹为之，长一尺二寸。令一寸有节，节以上剖之，以炙茶也。彼竹之篠，津润于火，假其香洁以益茶味，恐非林谷间莫之致。或用精铁熟铜之类，取其久也。

纸囊　纸囊以剡藤纸⑥白厚者夹缝之，以贮所炙茶，使不泄其香也。

碾　拂末　碾以橘木为之，次以梨、桑、桐、柘为之。内圆而外方。内圆备于运行也，外方制其倾危也。内容堕而外无馀。木堕形如车轮，不辐而轴焉。长九寸，阔一寸七分。堕径三寸八分，中厚一寸，边厚半寸。轴中方而执圆。其拂末，以鸟羽制之。

罗、合　罗末以合盖贮之，以则置合中。用巨竹剖而屈之，以纱绢衣之。其合，以竹节为之，或屈杉以漆之。高三寸，盖一寸，底二寸，口径四寸。

则　则以海贝、蛎、蛤之属，或以铜、铁、竹匕策之类。则者，量也，准也，度也。凡煮水一升，用末方寸匕。若好薄者减之，嗜浓者增之，故云则也。

水方　水方以椆木、槐、楸、梓等合之，其里并外缝漆之，受一斗。

漉水囊　漉水囊若常用者，其格以生铜铸之，以备水湿，无有苔秒、腥涩意。以熟铜，苔秽，铁，腥涩也。林栖谷隐者，或用之竹木。木与竹非持久涉远之具，故用之生铜。其囊，织青竹以卷之，裁碧缣以缝之，纫翠钿以缀之，又作绿油囊以贮之。圆径五寸，柄一寸五分。

瓢　瓢一曰牺杓。剖瓠为之，或刊木为之。晋舍人杜育[7]《荈赋》云："酌之以匏。"匏，瓢也。口阔，胫薄，柄短。永嘉中，余姚人虞洪入瀑布山采茗，遇一道士云："吾丹丘子，祈子他日瓯牺之馀，乞相遗。"牺，木杓也，今常用，以梨木为之。

竹筴　竹筴或以桃、柳、蒲葵木为之，或以柿心木为之。长一尺，银裹两头。

鹾簋　揭　鹾簋以瓷为之，圆径四寸，若合形，或瓶，或罍，贮盐花也。其揭，竹制，长四寸一分，阔九分。揭，策也。

熟盂　熟盂以贮熟水，或瓷，或沙，受二升。

碗　碗，越州上，鼎州次，婺州次。岳州上，寿州、洪州次。或者以邢州处越州上，殊为不然。若邢瓷类银，越瓷类玉，邢不如越一也；若邢瓷类雪，则越瓷类冰，邢不如越二也；邢瓷白而茶色丹，越瓷青而茶色绿，邢不如越三也。晋杜育《荈赋》所谓"器择陶拣，出自东瓯"。瓯，越也。瓯，越州上，口唇不卷，底卷而浅，受半升已下。越州瓷、岳瓷皆青，青则益茶，茶作白红之色。邢州瓷白，茶色红；寿州瓷黄，茶色紫；洪州瓷褐，茶色黑，悉不宜茶。

畚　纸帊　畚以白蒲卷而编之，可贮碗十枚。或用筥，其纸帊，以剡纸夹缝，令方，亦十之也。

札　札缉栟榈皮，以茱萸木夹而缚之。或截竹束而管之，若巨笔形。

涤方　涤方以贮涤洗之馀，用楸木合之，制如水方，受八升。

滓方　滓方以集诸滓，制如涤方，受五升。

巾　巾以绝布为之，长二尺，作二枚，互用之，以洁诸器。

具列　具列，或作床，或作架。或纯木、纯竹而制之，或木，或竹，黄黑可扃而漆者，长三尺，阔二尺，高六寸。具列者，悉敛诸器物，悉以陈列也。

　　都篮　都篮以悉设诸器而名之。以竹篾内作三角方眼，外以双篾阔者经之，以单篾纤者缚之，递压双经，作方眼，使玲珑。高一尺五寸，底阔一尺，高二寸，长二尺四寸，阔二尺。

[注释]

　　①坎上巽下离于中：坎、巽、离均为《周易》卦名。坎卦象水，巽卦象风象木，离卦象火象电，寓意煎茶时坎水在上，巽风在下助燃，离火从中燃烧。②圣唐灭胡明年铸：灭胡指唐朝平定安史之乱，明年即平乱的次年广德二年（764）。③伊公羹：伊公即伊尹，辅佐商汤灭夏建国，位居宰相。《史记》卷三《殷本纪》："伊尹名阿衡。阿衡欲干汤而无由，乃为有莘氏媵臣，负鼎俎，以滋味说汤，致于王道。"④河陇军人木吾：河指河州（今甘肃临夏），陇指陇州（今陕西宝鸡陇县）。木吾，一种防御用的木棒。晋崔豹《古今注》卷上："汉朝执金吾。金吾，亦棒也。以铜为之，黄金涂两末，谓为金吾。御史大夫、司隶校尉亦得执焉。御史、校尉、郡中都尉、县长之类，皆以木为吾焉。"⑤铁：原作"银"。仪鸿堂本注曰"当作铁"。⑥剡藤纸：浙江嵊州剡溪用藤为原料制成的一种名纸，唐代为贡品。唐李肇《国史补》卷下："纸则有越之剡藤。"⑦杜育："育"原作"毓"，据《艺文类聚》卷八二改。杜育（265～316），字方叔，河南襄城人，西晋时官中书舍人。

[译文]

　　风炉　灰承　风炉，用铜或铁铸造而成，形状犹如古鼎。炉壁厚三分，炉口的边缘宽九分，使炉壁和炉腔中间空出六分，用泥四周涂满。风炉有三只脚，上面用上古文字书写有二十一个字。一只脚上写有"坎上巽下离于中"七字，一只脚上写有"体均五行去百疾"七字，一只脚上写有"圣唐灭胡明年铸"七字。在三脚之间，设有三个小窗口，底部有一个洞口，用来作为通风和出灰的通道。三个小窗口铸有六个古文字，一个窗口上面有"伊公"二字，一个窗口上面有"羹陆"二字，一个窗口上面有"氏茶"二字，连起来读就是所谓的"伊公羹"、"陆氏茶"。风炉里边设置有堤围状的支撑物，分为三格，一格上刻有翟的图案，翟是火禽，所以画一离卦（☲）；一格上刻有彪的图案，彪是风兽，所以画一巽卦（☴）；一格上刻有鱼的图案，鱼是水虫，所以画一坎卦（☵）。巽卦象征风，离卦象征火，坎卦象征水。风能助长火势，火能把水煮开，所以要有这三个卦。在风炉的表面，则铸有花草、枝蔓、流水曲波、方形花纹的图案作为装饰。这种风炉有的用熟铁锻造而成，有的用陶泥烧制而成。灰承，是一种接受灰烬的器具，是一个有三只脚的铁盘，托住炉底，用以承接炉灰。

筥　筥用竹子编织而成，高一尺二寸，直径七寸。也有的用藤编成，先用木头做成一个筥形的木箱，再用藤子在外面编织，编织出六角的圆眼。筥的底、盖则好像小箱子的口，摩挲得光滑。

炭挝　炭挝用六棱形的铁棒制成，长一尺，头部尖，中间粗，柄部细。在手握的柄部系一个小镊作为装饰，就像如今河陇一带的军人所执的"木吾"。也有的把铁棒做成锤形，有的做成斧形，各随其便。

火筴　火筴又名火筋，就是平常所用的火钳子。圆而又直，长一尺三寸，顶端平齐，没有葱台、勾锁之类的装饰物。这种火筴是用铁或熟铜制成的。

镀　镀也就是釜或锅，用生铁制成。生铁，如今从事冶炼的人称之为急铁。这种铁是以用坏了的农具冶炼鼓铸而成的。冶铸之时，里面抹泥，外面抹沙。里面抹泥，可以使锅面光滑，容易清洗；外面抹沙，可以使锅底粗糙，容易吸热。将锅耳做成方形，是为了使锅易于放置平正；将锅的边缘做得宽阔，以便于伸展得开；将中心部分的锅脐做得较长，以便于火力集中于中间。这样锅脐较长，可使水在锅的中心沸腾；水在中心沸腾，茶沫就容易沸扬；茶沫容易沸扬，茶味也就醇厚绵长了。洪州（今江西南昌一带）的茶镀是用瓷制作的，莱州（今山东莱州市一带）的茶镀则是用石制作的。瓷镇和石镇都是颇为雅致的器物，但却不够坚实，不耐用。用银制作茶镇，非常清洁，但不免过于奢侈了。雅致固然雅致，清洁也的确清洁，但要耐久实用，还是用铁制作的茶镇为好。

交床　交床用十字交叉的木架制成，木架上面搁板，把木板中间挖空呈凹形，用来支镇。

夹　夹用小青竹制成，长一尺二寸。要让青竹的一头的一寸处有个竹节，竹节以上剖开，用来夹着茶饼在火上烘烤。这种小青竹遇火烤后就会有津液，借助竹子津液的清香可以来增益茶味。但若不是在山林幽谷间炙茶，恐怕很难弄到这种小青竹。有人用精铁或者熟铜之类做夹，是取其经久耐用的优点。

纸囊　纸囊是用两层又白又厚的剡藤纸缝制而成的。用来贮存经过烘烤的茶饼，可以使茶的清香不致散失。

碾　拂末　茶碾，最好用橘木制作，其次用梨木、桑木、桐木、柘木制作。茶碾要做到内圆而外方。内圆是为了便于运行，外方是为了防止倾倒。碾槽里面刚好放得下一个碾磙，就再无空隙。碾磙是木制的，形如车轮，只是没有辐条，中心安装一根车轴。车轴长九寸，中间宽一寸七分。碾磙的直径三寸八分，中心厚一寸，边缘厚半寸。车轴的中间是方形的，两头手握的柄部是圆的。清扫茶末用的拂末，是用鸟的羽毛制成的。

罗、合　罗是罗筛，合是承接茶末的盒子，用罗筛罗出的茶末放在盒子中盖紧存放。把作为量具的"则"也放在盒子中。罗是用粗大的竹子剖开后弯曲成圆形，罗底安上纱或绢。盒子是用竹节制成的，或者是用杉木弯曲成圆形，再涂上油漆。盒子高三寸，盖一寸，底二寸，直径四寸。

则　则是用海贝、牡蛎、蛤蜊之类的壳做成的，或者是用铜、铁、竹制成的勺匙、小箕之类。所谓则，也就是衡量多少的标准。一般说来，要煮一升的水，需用一方寸匕（一种量药用具，一方寸匕约相当于一立方寸的容量）的茶末。如果喜欢味道较淡的，就适量减少茶末；如果喜欢味道较浓的，就适量增加茶末。因此，这种量茶用具叫做"则"。

水方 水方是一种盛水用具，用椆木、槐木、楸木、梓木等木板合成方形，里面和外面的缝隙都用油漆涂封，可以盛水一斗。

漉水囊 漉水囊是一种滤水用具，和日常所用的一样。囊的骨架用生铜铸造，以免被水浸湿后产生苔藓（铜绿）和污垢，使水出现腥涩味道。因为用熟铜铸造，容易产生铜绿和污垢；用铁铸造，则会产生铁锈，使水带有腥涩味道。在山林溪谷间隐居的人，也有用竹、木制成的。但是竹、木制品不耐久用，而且不便携带远行，所以还是要用生铜制作。滤水的袋子，用青篾丝编织，卷曲成袋形，再裁剪碧绿色的绢进行缝制，缀上翠钿（用碧玉、金片做成的花果形饰品）作为装饰。再做一个绿色油布口袋把它装起来。漉水囊的口径五寸，柄长一寸五分。

瓢 瓢又名牺勺，是把葫芦剖开制成，或者用木头雕刻而成。西晋中书舍人杜育的《荈赋》写道："酌之以匏。"匏，就是瓢。瓢口宽阔，瓢胫很薄，瓢柄很短。西晋永嘉（307～313）年间，余姚人虞洪到瀑布山去采茶，遇到一个道士，对他说："我是丹丘子，希望你将来瓯牺之中有剩余的茶，能够送给我。"牺，就是木勺，现在常用的是以梨木雕刻而成的。

竹筴 竹筴，有的是以桃木、柳木、蒲葵木制成的，也有的是以柿心木制成的。长一尺，两头用银包裹。

鹾簋 揭 鹾簋是盛盐的用具，用瓷制成，圆形，直径四寸，形状像盒子，也有的做成瓶形、罍（小口坛）形，用来装盐。揭，用竹制成，长四寸一分，宽九分。这种揭，是取盐用的工具。

熟盂 熟盂是用来盛开水的用具，有的以瓷制成，有的以陶制成，可盛水二升。

碗　茶碗，以越州（今浙江绍兴一带）所产的为上品，鼎州（今湖南常德一带，一说在今陕西泾阳）、婺州（今浙江金华一带）出产的次之；岳州（今湖南岳阳一带）出产的为上品，寿州（今安徽寿县一带）、洪州（今江西南昌一带）出产的次之。有人认为邢州（今河北邢台一带）产的比越州的好，完全不是这样。如果说邢瓷质地像银，那么越瓷就像是玉，这是邢瓷不如越瓷的第一点；如果说邢瓷像雪，那么越瓷就像是冰，这是邢瓷不如越瓷的第二点；邢瓷色白，可以使茶色泛红，越瓷色青，可以使茶色泛绿，这是邢瓷不如越瓷的第三点。晋代杜育的《荈赋》曾说："选择、挑拣陶瓷器皿，好的都出自东瓯地区。"瓯，作为地名，就是指越州；而作为陶瓷器名，也是以越州所产为最好，其口唇不卷边，底卷边呈浅弧形，容量不超过半升。越州瓷、岳州瓷都是青色，能够增进茶汤的色泽，使茶汤呈浅红之色。邢瓷色白，使茶汤呈红色；寿州瓷黄，使茶汤呈紫色；洪州瓷褐，使茶汤呈黑色，都不适宜于盛茶。

畚　纸帊　畚是用白蒲草编成，可以放十只碗。也有的用竹篗盛碗，衬以双幅的剡纸，裁成方形，也可以放碗十只。

札　札要选取棕榈皮，用茱萸木夹住，用绳缚紧；或者截一段竹子，竹管中扎上棕榈皮，做成大毛笔的形状，作刷子用。

涤方　涤方是贮放洗涤之后的剩水的器具，用楸木板合成，制法和水方相同，可以盛水八升。

滓方　滓方，用来盛放各种茶滓，制法和涤方相同，容量五升。

巾　巾用粗绸子制作，长二尺，做两块，交替使用，以清洁各种器皿。

具列　具列，有的做成床形，有的做成架形；有的纯用木制，有的纯用竹制，也可以木、竹兼用，做成小柜子的形状，漆成黄黑色，有门可开关。长三尺，宽二尺，高六寸。其所以称为具列，是因为可以贮藏和陈列全部茶具。

　　都篮　都篮，因为全部器物都要放在这只篮里，故名。都篮用竹篾编成，里面编成三角形或方形的网眼，外面用宽阔的双篾做经线，以较细的单篾做纬线，交错地编压在做经线的双篾之上，编成方眼，使之玲珑好看。都篮高一尺五寸，底宽一尺，高二寸，长二尺四寸，宽二尺。

茶经卷下

五之煮

凡炙茶，慎勿于风烬间炙。熛焰如钻，使炎凉不均。持以逼火，屡其翻正，候炮出培塿，状虾蟆背，然后去火五寸。卷而舒，则本其始又炙之。若火干者，以气熟止；日干者，以柔止。

其始，若茶之至嫩者，蒸罢热捣，叶烂而芽笋存焉。假以力者，持千钧杵亦不之烂。如漆科珠，壮士接之，不能驻其指。及就，则似无穰骨也。炙之，则其节若倪倪，如婴儿之臂耳。

既而承热用纸囊贮之，精华之气无所散越。候寒，末之。［末之上者，其屑如细米；末之下者，其屑如菱角。］

其火用炭，次用劲薪。［谓桑、槐、桐、枥之类也。］其炭，曾经燔炙，为膻腻所及，及膏木、败器，不用之。［膏木，谓柏、桂、桧也。败器，谓朽废器也。］古人有劳薪之味[1]，信哉。

其水，用山水上，江水中，井水下。［《荈赋》所谓：水则岷方之注，挹彼清流。］其山水，拣乳泉、石池慢流者上；其瀑涌湍漱，勿食之，久食令人有颈疾。又，多别流于山谷者，澄浸不泄，自火天至霜郊[2]以前，或潜龙蓄毒于其间，饮者可决之，以流其恶，使新泉涓涓然，酌之。其江水，取去人远者，井水，取汲多者。

其沸，如鱼目，微有声，为一沸。缘边如涌泉连珠，为二沸。腾波鼓浪，为三沸。已上，水老，不可食也。

初沸，则水合量，调之以盐味，谓弃其啜馀，无乃䗖䗖而钟其一味乎？第二沸，出水一瓢，以竹筴环激汤心，则量末当中心而下。有顷，势若奔涛溅沫，以所出水止之，而育其华也。

凡酌，置诸碗，令沫饽均。沫饽，汤之华也。华之薄者曰沫，厚者曰饽，细轻者曰花。如枣花漂漂然于环池之上；又如回潭曲渚，青萍之始生；又如晴天爽朗，有浮云鳞然。其沫者，若绿钱浮于水渭，又如菊英堕于尊俎之中。饽者，以滓煮之，及沸，则重华累沫，皤皤然若积雪耳。《荈赋》所谓"焕如积雪，烨如春薮"，有之。

第一煮水沸，而弃其沫，之上有水膜，如黑云母，饮之则其味不正。其第一者为隽永③，或留熟盂以贮之，以备育华、救沸之用。诸第一与第二、第三碗次之，第四、第五碗外，非渴甚莫之饮。

凡煮水一升，酌分五碗〔碗数少至三，多至五。若人多至十，加两炉〕，乘热连饮之。以重浊凝其下，精英浮其上。如冷，则精英随气而竭，饮啜不消亦然矣。

茶性俭，不宜广，广则其味黯澹。且如一满碗，啜半而味寡，况其广乎！其色，缃④也。其馨，歆也。其味甘，槚也；不甘而苦，荈也；啜苦咽甘，茶也。〔《本草》云：其味苦而不甘，槚也；甘而不苦，荈也。〕

〔注释〕

①劳薪之味：语出《世说新语·术解第二十》："荀勖尝在晋武帝坐上食笋进饭，谓在坐人曰：'此是劳薪炊也。'坐者未之信，密遣问之，实是故车脚。"②火天至霜郊：火天即热天、夏天，霜郊当为"霜降"之误。③原注："徐县、全县二反。至美者曰隽永。隽，味也；永，长也。味长曰隽永。《汉书》蒯通著《隽永》二十篇也。"考《汉书》卷四五《蒯通传》，通论战国说士权变，亦自序其说，凡八十一首。④缃：浅黄色。汉刘熙《释名》卷四

《释彩帛》："缃，桑也，如桑叶初生之色也。"

[译文]

经过蒸压成型的茶饼，还有较高的含水量，在饮用之前要进行烘烤。烘烤茶饼时，注意不要在迎风的余火上烤，因为飘忽不定的火苗就像钻子，使得茶饼受热不均匀。要夹着茶饼靠近火，不断地翻转，等到茶饼表面烤出突起的小疙瘩，就像蛤蟆的背部一样，然后在离开火五寸的地方继续烘烤。当卷曲萎缩的茶饼又舒展开来，再按先前的办法烤一次。如果当初制茶时是用火烘干的，要烤到水汽蒸发完为止；如果是晒干的，就要烤到柔软为止。

在开始采制加工的时候，如果是特别鲜嫩的茶叶，蒸后趁热就捣，尽管叶子捣烂了，但茶芽和茶梗仍保持完整，即使让大力士手持千钧的大杵也捣不烂。这就如同圆滑的漆树子粒，虽然只是微小的珠子，但壮士却不能使它停留在手指上。茶叶捣好之后，就像没有枝梗一样。经过烘烤，其节就会柔柔的像婴儿的手臂一样。

茶饼烘烤之后，就要趁热用纸袋包装贮藏起来，使其清香之气不致散发，待冷却下来后再碾成细末。[好的茶末，形状如细米；不好的茶末，形状如菱角。]

烤茶和煮茶的燃料，最好用木炭，其次用坚实耐烧的木材。[如桑木、槐木、桐木、枥木之类。]曾经烤过肉类、沾染了油腻腥膻气味的木炭，以及含有油脂的木材、朽坏了的木器，都不能用。[膏木，就是指含有油脂的柏树、桂树、桧树之类。败器，就是指已腐朽废弃的木器。]古人有以使用了很久的木器煮食物会有怪味的说法，确实是很有道理的。

煮茶所用的水，以山泉之水最好；其次是江河之水，井水最差。[正如杜育《荈赋》所说的，烹茶的水，要用像岷山流注下来的那样的清流。]山泉之水，又以从钟乳石上滴下的且从石池中缓缓漫出的为最好；奔涌湍急的水不能饮用，长期喝这样的水会使人颈部生病。还有许多小溪流入山谷，汇成潭水，水虽澄清，但不能流动，从炎热的夏天到霜降以前，可能会有龙蛇潜伏其中，使水质受污染有毒，饮用的人要先挖开潭水，把受污染有毒的水放走，使新的泉水涓涓流动，然后汲取饮用。江河之水，要到离人较远的地方取用。井水，则要从经常有人汲取的井中取用。

当水面涌现像鱼目的气泡，有轻微的响声时，这是第一沸；当锅的边缘像泉水喷涌、珍珠串联时，这是第二沸；当锅中像波浪翻滚奔腾时，就是第三沸。再继续煮下去，水就过老了，不能饮用。

水初沸时，按照水量的多少，适量放入一些盐调味，然后把尝过的剩水泼掉。否则，不就成了因为嫌水淡无味而喜爱盐水的咸味了吗？当水第二沸时，舀出一瓢水，用"竹箕"在沸水中转圈搅动，用"则"量好茶末从旋涡中心投下。一会儿，水至三沸，波涛翻滚，泡沫飞溅，于是把刚才舀出的那瓢水加进去，止住沸腾，用来孕育茶汤表面的"华"，也就是茶中精华的沫饽。

大凡斟茶的时候，要把茶汤舀到碗里，须使沫饽均匀。沫饽，是茶汤的精华，其薄的叫沫，厚的叫饽，又细又轻的叫花。花的形态，很像漂浮在圆形的水池中的枣花，又如回环曲折的潭水、沙洲间新生的青萍，也像晴朗的天空中鱼鳞状的浮云。沫的形态，则好似青苔浮于水边，又如菊花瓣落入杯中。而那些饽，是用茶渣煮出来的，当茶汤沸腾时，表面就会泛起一层含有大量游离物的浓厚泡沫，像白色的积雪一般。杜育《荈赋》中所描述的"亮丽如积雪，灿烂似春花"的景象的确是存在的。

当水第一次煮沸时，要把茶汤表面的沫去掉，因为沫上有像黑云母那样的膜状物，会使得品饮时感到茶味不正。第一次舀出的茶汤，味道醇美，回味绵长，所以叫做隽永。通常把它盛放在熟水盂中，以备抑止沸腾和孕育精华之用。以下舀出的第一、第二、第三碗茶，味道就与隽永差了些。第四、第五碗之后，如果不是太渴，就不值得饮用了。

一般来说，煮水一升，可以分作五碗［至少三碗，至多五碗，如果客人多至十个，就要加两炉］，要趁热连续喝完。因为茶热时，重浊的物质就会凝聚下沉，其精华都浮在上面；如果茶凉了，其精华就会随着热气散发干净。这样饮用过多，也同样不好。

茶的本性清淡俭约，不宜放过多的水，否则就会淡薄无味。就像一满碗好茶，饮至一半味道就差了些，何况水加得过多呢！茶的汤色是浅黄的，茶的香味是非常美好的。其中，味道甘甜的，是槚；不甜而有苦味的，是荈；入口味苦而回味甘甜的，是茶。［《本草》上说：味道苦涩而不甜的，是槚；甘甜而不苦涩的，是荈。］

六之饮

翼而飞，毛而走，呿而言，此三者俱生于天地间，饮啄以活，饮之时义远矣哉！至若救渴，饮之以浆；蠲忧忿，饮之以酒；荡昏寐，饮之以茶。

茶之为饮，发乎神农氏[1]，闻于鲁周公[2]。齐有晏婴[3]，汉有扬雄[4]、司马相如[5]，吴有韦曜[6]，晋有刘琨[7]、张载[8]、远祖纳[9]、谢安[10]、左思[11]之徒，皆饮焉。滂时浸俗，盛于国朝，两都并荆、渝间，以为比屋之饮。

饮有粗茶、散茶、末茶、饼茶者，乃斫、乃熬、乃炀、乃舂。贮于瓶缶之中，以汤沃焉，谓之痷茶。或用葱、姜、枣、橘皮、茱萸、薄荷之等，煮之百沸，或扬令滑，或煮去沫，斯沟渠间弃水耳，而习俗不已。

於戏！天育万物，皆有至妙。人之所工，但猎浅易。所庇者屋，屋精极；所着者衣，衣精极；所饱者饮食，食与酒皆精极之。茶有九难：一曰造，二曰别，三曰器，四曰火，五曰水，六曰炙，七曰末，八曰煮，九曰饮。阴采夜焙，非造也；嚼味嗅香，非别也；膻鼎腥瓯，非器也；膏薪庖炭，非火也；飞湍壅潦，非水也；外熟内生，非炙也；碧粉缥尘，非末也；操艰搅遽，非煮也；夏兴冬废，非饮也。

夫珍鲜馥烈者，其碗数三；次之者，碗数五。若坐客数至五，行三碗；至七，行五碗；若六人已下[12]，不约碗数，但阙一人而已，其隽永补所阙人。

[注释]

①神农氏：炎帝，传说中的三皇之一，以火名官，作耒耜，教人耕种。托名神农的《神农食经》有关于茶的记载，见《七之事》。②鲁周公：即周公姬旦，周武王之弟，封于鲁。传其所著的《尔雅》有关于茶的记载，见《七之事》。③晏婴：字平仲，春秋齐大夫，齐景公相，《史记》卷六二有传。《晏子春秋》有关于"茗菜"的记载，见《七之事》。④扬雄：字子云，成都人，官给事黄门侍郎，西汉著名学者、作家，著有《方言》、《法言》，《汉书》卷八七有传。⑤司马相如：字长卿，成都人，官至孝文园令，西汉著名文学家，著有《凡将篇》等，《汉书》卷五七有传。⑥韦曜：本名韦昭，字弘嗣，三国吴人，官至太傅，《三国志》卷六五有传。⑦刘琨：字越石，中山魏昌（今河北无极）人，西晋官至并州刺史，拜平北大将军，都督并、幽、冀三州诸军事。卒赠司空。《晋书》卷六二有传。⑧张载：字孟阳，安平（今河北深州）人，西晋时官至中书侍郎，与弟协、亢并称"三张"。《晋书》卷五五有传。⑨远祖纳：指陆羽的远祖陆纳，字祖言，吴郡（今苏州）人，官吴兴太守、尚书令、卫将军，《晋书》卷七七有传。⑩谢安：字安石，陈郡阳夏（今河南太康）人，官至太保、大都督，卒赠庐陵郡公。《晋书》卷七七有传。⑪左思：字太冲，临淄（今山东淄博）人，西晋文学家，官秘书郎、齐王记室督，《晋书》卷九二有传。⑫若六人已下："六"疑为"十"之误。《五之煮》有原注："碗数少至三，多至五。若人多至十，加两炉。"可参。

[译文]

禽鸟飞翔，野兽奔跑，人类开口说话。这三类生物，都生活在天地之间，依靠饮食维持生命活动，可见饮的作用多么重大，意义是多么深远啊！如要解渴，就要喝水；要消除忧愁和愤怒，就要饮酒；而要荡涤昏昧，则要饮茶。

茶作为饮料，开始于神农氏，到了周公时才有了文字记载，从而为世人所知。春秋时代齐国名相晏婴，汉代文学家扬雄、司马相如，三国时吴国韦曜，晋代刘琨、张载、陆纳、谢安、左思等历史名人，都喜欢饮茶。后来经过长期的传播，影响所及，逐渐形成风俗。到了我们唐朝，终于达到了极盛。在长安（今西安）、洛阳两都之间，以及荆州（今属湖北）、渝州（今重庆）等地，竟然成为家家户户必备的饮品。

饮用的茶有粗茶、散茶、末茶、饼茶四类，分别用砍、炒、烤、捣四种方式加工后，放入瓶罐之中，用沸水冲灌，称为痷茶。有人加入葱、姜、枣、橘皮、茱萸、薄荷之类，反复烹煮，或通过拂扬茶汤而使茶汁变清，或通过烹煮而去掉浮沫，这样的茶无异于沟渠间的废水，可是这种习俗却仍流行不止。

唉！天地化育万物，都有其最为精妙之处，而人们所讲求的，只是涉及那些浅显简易的东西。人们赖以庇身的房屋，其建造已极其精巧；人们赖以御寒的衣服，其制作已极其精致；人们赖以果腹的饮食，食品和酒也都制作得极其精美（而对于饮茶，人们却并不擅长）。概而言之，茶的制作和饮用有九个难以掌握的环节：一是制造，二是鉴别，三是器具，四是用火，五是择水，六是烘烤，七是碾末，八是烹煮，九是品饮。阴天采摘，夜里烘焙，不是正确的制茶方法；以口嚼辨味，鼻嗅闻香，不是正确的鉴别方法；沾染了膻腥气味的茶炉和茶瓯，不能作为煮茶、品饮的器具；含有油脂的木材和炊厨用过的木炭，不宜作为炙茶、烹茶的燃料；飞流湍急的溪水和停滞不流的积水，不适宜用来烹煮茶汤；茶饼外熟内生，不能算做炙茶；碾出青绿色或者青白色的粉末，不是合格的茶末；操作不熟练或者搅动过急，不是正确的烹煮方法；只在夏天饮茶而冬季不喝，也不是良好的饮茶习惯。

　　味道鲜美、浓香馥郁的好茶，一炉之中只有头三碗；其次是五碗。如果座中客人达到五个，就舀出三碗分饮；如果有七个客人时，就舀出五碗分饮；如果是六人以下，就不必约计碗数，只不过缺少一人的茶罢了，可以用隽永来补充。

七之事

三皇　炎帝神农氏。

周　鲁周公旦，齐相晏婴。

汉　仙人丹丘子、黄山君[①]，司马文园令相如，扬执戟雄。

吴　归命侯，韦太傅弘嗣。

晋　惠帝，刘司空琨，琨兄子兖州刺史演[②]，张黄门孟阳，傅司隶咸[③]，江洗马统[④]，孙参军楚[⑤]，左记室太冲，陆吴兴纳，纳兄子会稽内史俶，谢冠军安石，郭弘农璞，桓扬州温[⑥]，杜舍人育，武康小山寺释法瑶[⑦]，沛国夏侯恺，余姚虞洪，北地傅巽[⑧]，丹阳弘君举，乐安任育长[⑨]，宣城秦精，敦煌单道开[⑩]，剡县陈务妻，广陵老姥，河内山谦之[⑪]。

后魏　琅琊王肃[⑫]。

宋　新安王子鸾，鸾弟豫章王子尚[⑬]，鲍昭妹令晖[⑭]，八公山沙门昙济[⑮]。

齐　世祖武帝[⑯]。

梁　刘廷尉[⑰]，陶先生弘景[⑱]。

皇朝　徐英公勣[⑲]。

《神农食经》[⑳]：茶茗久服，令人有力、悦志。

周公《尔雅》：槚，苦荼。

《广雅》^㉑云：荆、巴间采叶作饼，叶老者，饼成，以米膏出之。欲煮茗饮，先炙令赤色，捣末置瓷器中，以汤浇覆之，用葱、姜、橘子芼之。其饮醒酒，令人不眠。

《晏子春秋》：婴相齐景公时，食脱粟之饭，炙三弋、五卵，茗菜而已。

司马相如《凡将篇》：乌喙、桔梗、芫华、款冬、贝母、木蘖、蒌、芩草、芍药、桂、漏芦、蜚廉、藿菌、荈诧、白敛、白芷、菖蒲、芒消、莞椒、茱萸。

《方言》：蜀西南人谓茶曰蔎。

《吴志·韦曜传》：孙皓每飨宴坐席，无不率以七升为限，虽不尽入口，皆浇灌取尽。曜饮酒不过二升。皓初礼异，密赐茶荈以代酒。

《晋中兴书》：陆纳为吴兴太守时，卫将军谢安常欲诣纳。〔《晋书》云：纳为吏部尚书。〕纳兄子俶怪纳无所备，不敢问之，乃私蓄十数人馔。安既至，所设唯茶果而已。俶遂陈盛馔，珍馐毕具。及安去，纳杖俶四十，云："汝既不能光益叔父，奈何秽吾素业？"

《晋书》：桓温为扬州牧，性俭，每宴饮，唯下七奠拌茶果而已。

《搜神记》^㉒：夏侯恺因疾死。宗人字苟奴，察见鬼神。见恺来收马，并病其妻。着平上帻，单衣，入坐生时西壁大床，就人觅茶饮。

刘琨《与兄子南兖州刺史演书》云：前得安州干姜一斤，桂一斤，黄芩一斤，皆所须也。吾体中愦闷，常仰真茶，汝可置之。

傅咸《司隶教》曰：闻南市有蜀妪作茶粥卖，为廉事打破其器具，后又卖饼于市。而禁茶粥以困蜀姥，何哉？

《神异记》：余姚人虞洪，入山采茗，遇一道士，牵三青牛，引洪至瀑布山，曰："予，丹丘子也。闻子善具饮，常思见惠。山中有大茗，可以相给。祈子他日有瓯牺之馀，乞相遗也。"因立奠祀，后常令家人入山，获大茗焉。

左思《娇女诗》：吾家有娇女，皎皎颇白皙。小字为纨素，口齿自清历。有姊字惠芳，眉目灿如画。驰骛翔园林，果下皆生摘。贪华风雨中，倏忽数百适。心为荼荈剧，吹嘘对鼎䥷。

张孟阳《登成都楼》诗云：借问扬子舍，想见长卿庐。程卓累千金，骄侈拟五侯。门有连骑客，翠带腰吴钩。鼎食随时进，百和妙且殊。披林采秋橘，临江钓春鱼。黑子过龙醢，果馔逾蟹蝑。芳荼冠六清，溢味播九区。人生苟安乐，兹土聊可娱。

傅巽《七诲》：蒲桃宛柰，齐柿燕栗，恒阳黄梨，巫山朱橘，南中荼子，西极石蜜。

弘君举《食檄》：寒温既毕，应下霜华之茗，三爵而终，应下诸蔗、木瓜、元李、杨梅、五味、橄榄、悬豹、葵羹各一杯。

孙楚《歌》：茱萸出芳树颠，鲤鱼出洛水泉。白盐出河东，美豉出鲁渊。姜、桂、荼荈出巴蜀，椒、橘、木兰出高山。蓼苏出沟渠，精稗出中田。

华佗《食论》[23]：苦荼久食，益意思。

壶居士《食忌》[24]：苦荼久食，羽化；与韭同食，令人体重。

郭璞《尔雅注》云：树小如栀子，冬生，叶可煮羹饮。今呼早取为荼，晚取为茗，或一曰荈，蜀人名之苦荼。

《世说》：任瞻字育长，少时有令名，自过江失志。既下饮，问人云："此为荼？为茗？"觉人有怪色，乃自申明云："向问饮为热为冷耳。"

《续搜神记》[25]：晋武帝世，宣城人秦精，常入武昌山中采茗。遇一毛人，长丈馀，引精至山下，示以丛茗而去。俄而复还，乃探怀中橘以遗精。精怖，负茗而归。

《晋四王起事》[26]：惠帝蒙尘，还洛阳，黄门以瓦盂盛茶上至尊。

《异苑》[27]：剡县陈务妻，少与二子寡居，好饮茶茗。以宅中有古冢，每饮辄先祀之。二子患之曰："古冢何知？徒以劳意。"欲掘去之，母苦禁而止。其夜，梦一人云："吾止此冢三百馀年，卿二子恒欲见毁，赖相保护，又享吾佳茗，虽泉壤朽骨，岂忘翳桑之报？"及晓，于庭中获钱十万，似久埋者，但贯新耳。母告，二子惭之。从是，祷馈愈甚。

《广陵耆老传》：晋元帝时，有老姥，每旦独提一器茗，往市鬻之。市人竞买，自旦至夕，其器不减。所得钱，散路旁孤贫乞人。人或异之，州法曹絷之狱中。至夜，老姥执所鬻茗器，从狱牖中飞出。

《艺术传》：敦煌人单道开，不畏寒暑，常服小石子。所服药有松、桂、蜜之气，所饮茶、苏而已。

释道说《续名僧传》㉒：宋释法瑶，姓杨氏，河东人。元嘉中过江，遇沈台真，请真君武康小山寺。年垂悬车，饭所饮茶。大明中，敕吴兴，礼致上京，年七十九。

宋《江氏家传》㉓：江统字应元，迁愍怀太子洗马，尝上疏，谏曰："今西园卖醯、面、蓝子、菜、茶之属，亏败国体。"

《宋录》：新安王子鸾、豫章王子尚诣昙济道人于八公山，道人设茶茗。子尚味之曰："此甘露也，何言茶茗？"

王微《杂诗》：寂寂掩高阁，寥寥空广厦。待君竟不归，收领今就槚。

鲍昭妹令晖著《香茗赋》。

南齐世祖武皇帝遗诏：我灵座上，慎勿以牲为祭，但设饼果、茶饮、干饭、酒、脯而已。

梁刘孝绰《谢晋安王饷米等启》：传诏李孟孙宣教旨，垂赐米、酒、瓜、笋、菹、脯、酢、茗八种。气苾新城，味芳云松。江潭抽节，迈昌荇之珍；疆场擢翘，越葺精之美。羞非纯束野麏，裛似雪之驴；鲊异陶瓶河鲤，操如琼之粲。茗同食粲，酢颜望柑。免千里宿舂，省三月种聚。小人怀惠，大懿难忘。

陶弘景《杂录》：苦茶轻身换骨，昔丹丘子、黄山君服之。

《后魏录》：琅琊王肃仕南朝，好茗饮、莼羹。及还北地，又好羊肉、酪浆。人或问之："茗何如酪？"肃曰："茗不堪与酪为奴。"

《桐君录》㉚：西阳、武昌、庐江、晋陵好茗，皆东人作清茗。茗有饽，饮之宜人。凡可饮之物，皆多取其叶。天门冬、菝葜取根，皆益人。又，巴东别有真茗茶，煎饮令人不眠。俗中多煮檀叶并大皂李作茶，并冷。又，南方有瓜芦木，亦似茗，至苦涩，取为屑，茶饮，亦可通夜不眠。煮盐人但资此饮。而交、广最重，客来先设，乃加以香芼辈。

《坤元录》[31]：辰州溆浦县西北三百五十里无射山，云蛮俗当吉庆之时，亲族集会，歌舞于山上，山多茶树。

《括地图》[32]：临蒸县东一百四十里，有茶溪。

山谦之《吴兴记》：乌程县西二十里，有温山，出御荈。

《夷陵图经》：黄牛、荆门、女观、望州等山，茶茗出焉。

《永嘉图经》：永嘉县东三百里，有白茶山。

《淮阴图经》：山阳县南二十里，有茶坡。

《茶陵图经》云：茶陵者，所谓陵谷生茶茗焉。

《本草·木部》[33]：茗，苦荼。味甘苦，微寒，无毒。主瘘疮、利小便，去痰、渴、热，令人少睡。秋采之苦，主下气、消食。注云："春采之。"

《本草·菜部》：苦菜，一名荼，一名选，一名游冬。生益州川谷、山陵道旁，凌冬不死，三月三日采，干。注云："疑此即是今茶，一名荼，令人不眠。"《本草》注："按《诗》云'谁谓荼苦'，又云'堇荼如饴'，皆苦菜也。陶谓之苦荼，木类，非蔬流。茗，春采谓之苦㯏。"

《枕中方》[34]：疗积年瘘：苦荼、蜈蚣并炙，令香熟，等分，捣筛，煮甘草汤洗，以末傅之。

《孺子方》[35]：疗小儿无故惊厥：以苦荼、葱须煮服之。

[注释]

①丹丘子、黄山君：传说中汉代仙人。二人修彭祖之术，服食"苦荼"，轻身换骨。皎然诗："丹丘羽人轻玉食，采茶饮之生羽翼。"②兖州刺史演：字始仁，刘琨侄，东晋时官至都督、后将军。《晋书》卷六二有传。③傅司隶咸：字长虞，西晋北地泥阳（今陕西铜川耀州区）人，傅玄子，历官尚书左

右丞、司隶校尉。《晋书》卷四七有传。下文的《司隶教》即其所下的指令。④江洗马统：字应元，晋陈留圉县（今河南杞县）人，历官太子洗马、黄门侍郎、散骑常侍、国子博士。《晋书》卷五六有传。⑤孙参军楚：字子荆，晋太原中都（今山西平遥）人，官冯翊太守。明人辑有《孙冯翊集》。《晋书》卷五六有传。⑥桓扬州温：字元子，晋谯国龙亢（今安徽怀远）人。历官大司马、荆州刺史、扬州牧等。《晋书》卷九八有传。⑦释法瑶：东晋南朝间著名高僧，初入吴兴武康（今浙江德清）小山寺，后应邀入建康，著述甚丰。⑧傅巽：字公悌，三国魏时官至侍中尚书，赐爵关内侯。傅咸的从祖父。⑨任育长：任瞻字育长，晋乐安（今山东邹平）人，历官仆射、都尉、天门太守。⑩单道开：东晋著名道人，先后居赵城、建业、罗浮山。《晋书》卷九五有传。⑪山谦之：当为南朝宋河内（今河南沁阳）人。曾协修《宋书》，著有《吴兴记》、《丹阳记》、《寻阳记》、《南徐州记》等。⑫王肃：字恭懿，琅琊人，初仕南齐，后归北魏，《魏书》卷六三有传。⑬新安王子鸾，豫章王子尚：南朝宋孝武帝第八子刘子鸾、第二子刘子尚，《茶经》载其兄弟顺序有误。传见《宋书》卷八〇。⑭鲍昭妹令晖：当为南朝宋著名诗人鲍照（东海人，曾官临海王前军参军，世称鲍参军）的妹妹鲍令晖，有《香茗赋集》。⑮八公山沙门昙济：南朝宋著名高僧，著有《六家七宗论》。事见《高僧传》卷七。八公山在今安徽淮南。⑯世祖武帝：南朝齐武帝萧赜，482～493 年在位，崇信佛教。事见《南齐书》卷三。⑰刘廷尉：刘孝绰，本名冉，彭城（今江苏徐州）人，历官著作佐郎、秘书丞、廷尉、秘书监，明人辑有《刘秘书集》。《梁书》卷三三有传。⑱陶先生弘景：字通明，丹阳秣陵（今江苏江宁南）人，南朝著名道家、医家。《梁书》卷五一有传。⑲徐英公勣：名世勣，字懋功，唐初名将，官兵部尚书，封英国公，唐太宗赐名李勣。《旧唐书》卷九三、《新唐书》卷六七有传。⑳《神农食经》：西汉儒生所撰，托名神农，佚。㉑《广雅》：字书，三国魏张揖撰，三卷，隋曹宪作音释，始分十卷，以避杨广讳，又名《博雅》。㉒《搜神记》：晋干宝撰，凡二十卷。引文见卷一六。干宝字令升，新蔡人，东晋历官始安太守、司徒长史、散骑常侍。㉓华佗《食论》：华佗字元化，沛国谯（今安徽亳州）人，汉末著名医家，《后汉书》卷八二、《三国志》卷二九有传。其《食论》，不详。㉔壶居士《食忌》：壶居士又称壶公，道家人物。其《食忌》，不详。㉕《续搜神记》：一作《搜神后记》，旧本题晋陶潜撰，当系南朝人伪托。㉖《晋四王起事》：四卷，南朝卢琳撰，已佚，清黄奭辑本作《晋四王遗事》。卢琳另有《晋八王故事》十二卷，《隋书·经籍志》著录。㉗《异苑》：志怪小说集，南朝刘敬叔撰，现存十卷。㉘释道说《续名僧传》：原作"释道该说"，"该"字衍，"说"通"悦"，道悦为唐初高僧，《续高僧传》卷二五有传。文中"元嘉"原作"永嘉"、"大明"原作"永明"，与史不合，据改。㉙《江氏家传》：江祚等撰，一作江饶撰。七卷，已佚。㉚《桐君录》：即《桐君采药录》，陶弘景《本草序》曰："又有《桐君采药录》，说其花叶形色，《药论》四卷，论其佐使相须。"㉛《坤元录》：《宋史·艺文志》著录为唐魏王李泰撰，十卷。王应麟《玉海》以为"即《括地志》也，其书残缺"。㉜《括地图》：当为《括地志》，本条内容《太平御览》引作《括地图》，《舆地纪胜》引作《括地志》，唐魏王李泰组织编撰，五百五十卷，序略五卷。㉝《本草·木部》：与下文《本草·菜部》，均指徐勣、苏敬等修的《新修本草》，又称《唐本草》，五十四卷，是我国第一部国家颁行的药典。㉞《枕中方》：一卷，唐代医药学家孙思邈撰，已佚。一作《神枕方》。㉟《孺子方》：小儿医书，不详。

[译文]

（与茶事有关的历史人物有以下四十三位）

三皇时代　炎帝神农氏。

周代　鲁国的创始人周公，名旦；齐国的国相晏婴。

汉代　仙人丹丘子、黄山君；孝文园令司马相如，黄门侍郎扬雄。

三国吴　吴国皇帝、降晋后封为归命侯的孙皓，太傅韦曜字弘嗣。

晋代　惠帝司马衷，司空刘琨，刘琨兄子、兖州刺史刘演，黄门侍郎（误，当为中书侍郎）张载字孟阳，司隶校尉傅咸，太子洗马江统，参军孙楚，记室督左思字太冲，吴兴太守陆纳，陆纳兄子、会稽内史陆俶，冠军将军谢安字安石，弘农太守郭璞，扬州太守桓温，舍人杜育，武康小山寺和尚法瑶，沛国人夏侯恺，余姚人虞洪，北地人傅巽，丹阳人弘君举，乐安人任瞻字育长，宣城人秦精，敦煌人单道开，剡县人陈务之妻，广陵郡一老妇人，河内人山谦之。

北魏　琅琊人王肃。

南朝宋　新安王刘子鸾，刘子鸾弟（当为兄）、豫章王刘子尚，鲍昭（当为照）之妹鲍令晖，八公山和尚昙济。

南朝齐　世祖武帝萧赜。

南朝梁　廷尉刘孝绰，陶弘景先生。

唐代　英国公徐勣。

（与茶事有关的文献记载有以下四十八种）

托名神农氏所撰的《神农食经》记载：长期饮茶，使人精力充沛，精神愉悦。

传为周公所撰的《尔雅》记载：槚，就是苦茶。

三国魏人张揖《广雅》记载：在荆州、巴州一带地方，人们采摘茶叶做成茶饼，叶子老的，制成茶饼后，还要用米汤浸泡。要烹煮饮用时，先要烘烤茶饼呈红色，捣成碎末，放入瓷器中，浇上开水，盖好，再放些葱、姜、橘子作为配料，调和为羹。饮用这种茶可以醒酒，使人不眠。

传为晏婴所撰的《晏子春秋》记载：晏婴担任齐景公的国相时，吃的是粗米饭，副食也只是烧烤的禽鸟和蛋类，以及茶、蔬菜罢了。

汉代司马相如《凡将篇》记载的药物有：乌喙（又名乌头）、桔梗、芫华（芫花）、款冬（花）、贝母、黄柏、蒌菜、黄芩、芍药、肉桂、漏芦、蜚蠊、藋菌、荈诧（茶）、白敛、白芷、菖蒲、芒硝、花椒、茱萸。

汉代扬雄《方言》记载：蜀西南人把茶叶叫做蔎。

陈寿《三国志·吴志·韦曜传》记载：吴主孙皓每次设宴时，总是规定坐客至少饮酒七升，即使不全部喝到嘴里，也要把酒器中的酒浇灌取尽。韦曜的酒量不超过二升，孙皓起初给他特殊礼遇，暗中赐予茶水来代替酒。

何法盛《晋中兴书》记载：陆纳做吴兴太守时，卫将军谢安常想拜访陆纳。（《晋书》上记载：陆纳官至吏部尚书。）陆纳兄子陆俶埋怨陆纳不做准备，但又不敢去问他，便私下准备了十几人的菜肴。谢安来后，陆纳仅仅拿出茶和果品招待客人，陆俶就摆上丰盛的筵席，山珍海味，样样俱全。谢安走后，陆纳打了陆俶四十板子，并且训斥他说："你既然不能给叔父增光，为什么却要玷污我一向清白朴素的作风呢？"

《晋书》记载：桓温做扬州牧，秉性节俭，每次宴会时，只设七盘茶果罢了。

干宝《搜神记》记载：夏侯恺因病去世。其族人的儿子叫苟奴的，能看见鬼魂。他看见夏侯恺来取马匹，并使其妻子也得了病。还看见他戴着当时武官所戴的平上帻，穿着单衣，坐在生前常坐的靠西墙的大床上，向人要茶喝。

刘琨在《与兄子南兖州刺史演书》中写道：前些时候收到安州寄来的干姜一斤，桂一斤，黄芩一斤，都是我所需要的。我胸中烦闷，常常要依靠饮用真正的好茶来提神解闷，你可多购置一些。

傅咸在《司隶教》中写道：听说京城洛阳的南市有个四川的老婆婆做茶粥出卖，主管司法的廉事打破其器具，后来她又在市上卖饼。而以禁止出卖茶粥来刁难四川老婆婆，这是为什么呢？

西晋王浮所撰的《神异记》记载：余姚人虞洪进山采茶，遇见一个道士，牵着三头青牛。道士带着虞洪来到瀑布山，对他说："我是丹丘子。听说你善于烹茶，常想叨你的光，品尝品尝。这山里有大茶树，可以供你采摘。希望你日后有多余的茶，送些给我喝。"虞洪于是就设茶进行祭奠，后来常叫家人进山，果然寻到了大茶树。

左思的《娇女诗》写道：我家有娇女，长得很白皙。小名叫纨素，口齿很伶俐。有个姐姐叫惠芳，眉目灿烂美如画。奔跑雀跃园林中，果子生熟都摘下。爱花哪管风和雨，一会儿跑去上百次。煮茶未熟心着急，对着炉火忙吹气。

张载的《登成都楼》诗写道：请问当年扬雄的居舍在何处，设想司马相如的故居是何模样。昔日蜀中富豪程郑、卓王孙家累千金，骄奢淫逸可比王侯。门前车水马龙，贵客盈门，腰间飘逸着翠带，佩挂着宝剑吴钩。家中钟鸣鼎食，随时节进奉，百味调和，精妙无双。秋天，人们进林中采摘柑橘，春天，人们到江边垂钓肥鱼。黑子胜过龙肉，果馔超越蟹酱。清香的芳茶在各种饮料中堪称第一，其美味在天下享有盛名。如果人生只是苟求安乐，那么成都这个地方还是可供人们娱乐的。

傅巽的《七诲》记述各地名物：蒲地的桃子，宛地的柰子，齐地的柿子，燕地的板栗，恒阳的黄梨，巫山的红橘，南中的茶子，西极（指天竺，今印度）的石蜜。

弘君举的《食檄》写道：客来，寒暄过后，要用浮有沫饽的好茶敬客；三杯过后，应奉上甘蔗、木瓜、元李、杨梅、五味、橄榄、悬豹（疑为悬瓠）、葵所做的羹各一杯。

孙楚的《歌》（一名《出歌》）写道：茱萸出自芳树颠，鲤鱼出自洛水泉。白盐出自河东，美豉出自鲁渊。姜、桂、茶荈出自巴蜀，椒、橘、木兰出自高山。蓼苏出自沟渠，精稗出自稻田。

华佗《食论》中说：长期饮用苦茶，有助于提高思维能力。

壶居士《食忌》中说：长期饮用苦茶，可以使人身轻体健，羽化成仙；而与韭菜一起食用，则使人肢体沉重。

郭璞《尔雅注》中说：茶树矮小像栀子，冬天不落叶，其叶可以煮做羹饮用。如今把早采的叫做"茶"，晚采的叫做"茗"，又有的叫做"荈"，蜀地的人称之为"苦茶"。

刘义庆《世说新语》记载：任瞻，字育长，年轻时很有名望，但自从到江南之后，很不得志。一次做客饮茶，主人奉上茶后，他竟问别人说："这是茶，还是茗？"当觉察到别人面露诧异时，便自己申明说："我刚才问的是茶是热的还是冷的。"

托名陶渊明所撰的《续搜神记》（一作《搜神后记》）记载：晋武帝时，宣城人秦精，常进武昌山采茶。一次，他遇到了一个身长一丈有余的毛人，引他到了山下，把一片茶树林指给他看，随即离去。一会儿又转回来，把手探入怀中，掏出橘子送给秦精。秦精很害怕，就背着茶叶回了家。

南朝卢琳《晋四王起事》记载：西晋赵王伦叛乱时，晋惠帝被幽禁于金墉城。返回京都洛阳时，宦官们用陶钵盛茶献给他喝。

南朝宋刘敬叔的《异苑》记载：剡县陈务的妻子，年轻时就带着两个儿子守寡，很喜欢饮茶。因为宅院中有一古墓，所以每次饮茶都要先进行祭祀。两个儿子感到厌烦，对她说："古墓能知道什么，这么做还不是徒劳！"就想把古墓挖掉，她苦苦劝说，方才作罢。当夜，她梦见一人，对她说："我住在这墓里已经三百多年，你的两个儿子总想毁掉它，幸亏你的保护，又以好茶祭祀我，我虽是深埋地下的枯骨，怎么能忘记报答你的恩情呢？"到了天亮，她在院子里发现有十万铜钱，好像在地下埋了很久，但穿钱的绳子却是新的。她把这件事告诉儿子，两个儿子都很惭愧。从此，对古墓的祭祀更加虔诚了。

《广陵耆老传》记载：东晋元帝时，有一个老婆婆，每天早晨，独自提一盛茶的器皿，到市上去卖。市上的人争相来买茶。从早到晚，那个器皿中的茶始终不见减少。她把所得的钱都施舍给路旁孤苦贫穷的人和乞丐。人们感到很奇怪，州里的法曹把她抓起来囚禁在监狱里。到了夜间，老婆婆手提卖茶的器皿，从监狱的窗口飞越而去。

《晋书·艺术列传》记载：敦煌人单道开，不怕寒冷暑热，经常服食小石子。他所服用的药有松、桂、蜜的气味，此外，他所饮用的就只有紫苏茶了。

释道悦《续名僧传》记载：南朝宋时的和尚法瑶，姓杨，是河东郡人。元嘉（424～453）年间来到江南，遇到沈演之（字台真，397～449），请他到武康（今浙江德清武康镇）小山寺。法瑶当时年事已高，以饮茶当饭。到了大明（457～464）年间，皇上下诏吴兴的地方官礼送法瑶到京城，这时他已经七十九岁了。

南朝宋《江氏家传》记载：江统，字应元。当升任愍怀太子洗马时，他上疏进谏道："现在京城的西园出卖醋、面、蓝子、菜、茶之类，有损于国体。"

《宋录》上记载：南朝宋的新安王刘子鸾和他的弟弟（当为兄长）豫章王刘子尚，一同去八公山拜访昙济道人。道人设茶招待他们。子尚品尝过后说："这分明是甘露啊，怎么说是茶呢？"

王微在《杂诗》中写道：静悄悄地掩上高阁门，冷清清的大厦空荡荡。久久等待你却迟迟不归，我只好收起愁颜，且斟一杯苦茶。

南朝宋著名诗人鲍照的妹妹鲍令晖著有一篇《香茗赋》。

南朝齐世祖武帝萧赜在其遗诏中说：我死后，在我的灵前几座上，千万不要杀牲畜作为祭品，只须摆上糕饼、水果、茶、饭、酒、肉干罢了。

南朝梁刘孝绰《谢晋安王饷米等启》中说：传诏官李孟孙来宣示了您的教旨，赏赐给我米、酒、瓜、笋、腌菜、肉干、醋（酸菜）、茶等八种食品。酒味芳香醇厚，可比新城、云松的佳酿。江边初生的竹笋，胜似菖蒲、荇菜那样的珍馐；田间繁茂的瓜菜，超过精心置办的美味。白茅裹束的野獐子［《诗经·召南》："野有死麕……白茅纯束。"］，哪里比得上似雪白的鲈鱼干；酸菜独异于陶瓶中腌的河鲤，捧起大米犹如精致的美玉。品尝佳茗，如同食用上等的精米，观看酸菜的颜色，如同望见柑橘而使人胃口大开。有如此丰盛的食品，即使我远行千里，也用不着再准备干粮。［《庄子·逍遥游》："适百里者，宿舂粮；适千里者，三月聚粮。"］我铭记着您的恩惠，您的大德我将永志不忘。

陶弘景在《杂录》中说：饮用苦茶能使人轻身换骨，从前丹丘子、黄山君都曾服用。

《后魏录》记载：琅琊人王肃到南朝做官时，喜欢饮茶，喝莼菜羹。后来返回北方，又喜欢吃羊肉，喝羊奶。有人问他："茶叶与奶酪相比怎么样？"王肃回答说："茶给奶酪做奴仆的资格都不够。"（于是，茶叶又多了一个"酪奴"的别号。）

《桐君录》中记载：西阳（今湖北黄冈）、武昌、庐江（今属安徽）、晋陵（今江苏常州）等地，人们都喜欢饮茶，有客人来，主人都是以清茗招待。茶中有沫饽，饮用对人体有益。大凡可以作为饮料的植物，都是用它的叶子，而天门冬和菝葜却是用其根部，也都对人有益处。另外，巴东地区有一种真正的茗茶，煎煮后饮用，使人兴奋而无睡意。民间风俗多把檀叶和大皂李当做茶，都是凉性的。又，南方有一种瓜芦木，也类似茶叶，味道很苦，捣成细末后煮饮，也可以使人整夜不眠。煮盐的工人就靠这种饮料生活，尤其是交州、广州一带的人最喜欢饮用，客人来了，先要摆上这种茶，一般是加入香料调制的。

《坤元录》记载：在辰州溆浦县（今湖南辰溪）西北三百五十里的无射山，据说当地少数民族风俗，每当吉庆之时，亲族都要到山上集会，载歌载舞。山上有很多茶树。

《括地图》（《括地志》）记载：在临蒸县以东一百四十里，有茶溪。

山谦之《吴兴记》记载：乌程县西二十里，有温山，出产进贡的御荈。

《夷陵图经》记载：黄牛、荆门、女观、望州等山，都出产茶叶。

《永嘉图经》记载：永嘉县以东三百里（当为三十里），有白茶山。

《淮阴图经》记载：山阳县以南二十里，有茶坡。

《茶陵图经》记载：茶陵，就是指生长着茶树的陵谷。

《本草·木部》中说：茗，就是苦茶。味道苦中有甘，略有寒性，没有毒性。主治瘘疮，利尿，去痰，解渴，清热，令人减少睡眠。秋天采摘的茶叶有苦味，能通气，助消化。原注说：要在春天采摘。

《本草·菜部》中说：苦菜，也叫茶，又叫选，还叫游冬。生长在四川一带的河谷、山岭和道路旁边，即使经过严寒的冬天也不会冻死。每年三月三日采摘，焙干。陶弘景注："这或者就是今天所称的茶，又叫茶，饮用可以使人没有睡意。"苏恭《本草注》加按语说："《诗经》上说'谁说茶苦'，又说'堇和茶像饴糖一样甜'，说的都是苦菜。陶弘景所说的苦茶，是木本植物的茶，而不是菜类。茗，春天采摘的叫做苦茶。"

《枕中方》中说：治疗多年不愈的瘘疮，用苦茶、蜈蚣一同炙烤，使其熟透发出香气，等分成若干份，捣碎并筛成细末，煮甘草汤擦洗患处，然后再用筛出的细末敷上。

《孺子方》中说：治疗小孩无故的惊厥，以苦茶和葱的须根煮水服用。

八之出

山南：以峡州上［峡州，生远安、宜都、夷陵三县山谷］，襄州、荆州次［襄州，生南漳①县山谷；荆州，生江陵县山谷］，衡州下［生衡山、茶陵二县山谷］，金州、梁州又下［金州，生西城、安康二县山谷；梁州，生褒②城、金牛二县山谷］。

淮南：以光州上［生光山县黄土港者，与峡州同］，义阳郡、舒州次［生义阳县钟山者，与襄州同；舒州，生太湖县潜山者，与荆州同］，寿州下［盛唐县生霍山者，与衡山同也］，蕲州、黄州又下［蕲州，生黄梅县山谷；黄州，生麻城县山谷，并与荆州、梁州同也］。

浙西：以湖州上［湖州，生长城县顾渚山谷，与峡州、光州同；生山桑、儒师二坞③，白茅山悬脚岭，与襄州、荆州、义阳郡同；生凤亭山伏翼阁，飞云、曲水二寺，啄木岭，与寿州、常州同；生安吉、武康二县山谷，与金州、梁州同］，常州次［常州，义兴县生君山悬脚岭北峰下，与荆州、义阳郡同；生圈岭善权寺，石亭山，与舒州同］，宣州、杭州、睦州、歙州下［宣州，生宣城县雅山，与蕲州同；太平县生上睦、临睦，与黄州同。杭州，临安、于潜二县生天目山，与舒州同。钱塘生天竺、灵隐二寺；睦州，生桐庐县山谷；歙州，生婺源山谷，与衡州同］，润州、苏州又下［润州，江宁县生傲山；苏州，长洲县生洞庭山，与金州、蕲州、梁州同］。

剑南：以彭州上［生九陇县马鞍山至德寺、棚口，与襄州同］，绵州、蜀州次［绵州，龙安县生松岭关，与荆州同；其西昌、昌明、神泉县西山者并佳；有过松岭者，不堪采。蜀州，青城县生丈人山，与绵州同；青城县有散茶、木茶］，邛州次、雅州、泸州下［雅州，百丈山、名山；泸州，泸川者，与金州同也］，眉州、汉州又下［眉州，丹棱县生铁山者；汉州，绵竹县生竹山者，与润州同］。

浙东：以越州上［余姚县生瀑布泉岭，曰仙茗，大者殊异，小者与襄州同］，明州、婺州次［明州，贸县生榆荚村；婺州，东阳县东白山④，与荆州同］，台州⑤下［始丰县⑥生赤城者，与歙州同］。

黔中：生思州、播州、费州、夷州。

江南：生鄂州、袁州、吉州。

岭南：生福州、建州、韶州、象州。［福州，生闽县方山之阴也。⑦］

其思、播、费、夷、鄂、袁、吉、福、建、韶、象十一州，未详。往往得之，其味极佳。

［注释］

①漳：原作"郑"，别本作"郭"、"部"、"彰"，据《新唐书》卷三九《地理志》改。②褒：原本不清，一作"襄"，据《新唐书》卷三九《地理志》改。③坞：原本不清，一作"寺"，此据《太平寰宇记》卷九四改。④东白山：原作"东自山"，别本作"日"、"目"。唐李肇《国史补》卷下有"婺州有东白"的记载。清嵇曾筠《浙江通志》卷一〇六引《茶经》云："婺州次，东阳县东白山，与荆州同。"据改。⑤台州：原作"始山"，据竟陵本改。⑥始丰县：原作"丰县"，别本作"酆县"、"曹县"，据《新唐书》卷四一及《唐会要》卷七一改。⑦生闽县方山之阴也：原作"生闽方山之阴县也"，据喻政茶书本改。

［译文］

（按照唐代的行政区划，茶叶产地可以分为八大茶区：）

山南茶区：以峡州（今湖北宜昌一带）所产为最好［峡州茶，出产于远安、宜都、夷陵三县的山谷］，襄州（今湖北襄阳一带）、荆州（今湖北江陵一带）所产次之［襄州茶，出产于南漳县的山谷；荆州茶，出产于江陵县的山谷］，衡州（今湖南衡阳一带）所产品质较差［衡州茶，出产于衡山、茶陵二县的山谷］，金州（今陕西安康一带）、梁州（今陕西汉中一带）所产的品质又差一些［金州茶，出产于西城、安康二县的山谷；梁州茶，出产于褒城（今陕西汉中西北）、金牛（今陕西勉县）二县的山谷］。

淮南茶区：以光州（今河南光山一带）所产为最好［光州茶，出产于光山县黄头港的，与峡州茶相同］，义阳郡（今河南信阳一带）、舒州（今安徽舒城一带）所产的品质次之［义阳茶，出产于义阳县钟山的，与襄州茶相同；舒州茶，出产于太湖县潜山的，与荆州茶相同］，寿州（今安徽寿县一带）所产的品质较差［寿州茶，出产于盛唐县霍山的，与衡山所产的相同］，蕲州（今湖北蕲春一带）、黄州（今湖北黄冈一带）所产的品质又差一些［蕲州茶，出产于黄梅县的山谷；黄州茶，出产于麻城县的山谷，均与荆州、梁州所产的相同］。

浙西茶区：以湖州（浙江吴兴一带）所产为最好［湖州茶，出产于长城县顾渚山谷的，与峡州、光州所产的相同；出产于山桑、儒师二坞和白茅山悬脚岭的，与襄州、荆州、义阳郡所产的相同；出产于凤亭山伏翼阁，飞云、曲水二寺和啄木岭的，与寿州、常州所产的相同；出产于安吉、武康二县山谷的，与金州、梁州所产的相同］，常州（今江苏常州、无锡一带）所产的品质次之［常州茶，出产于义兴县君山悬脚岭北峰下的，与荆州、义阳郡所产的相同；出产于圈岭善权寺、石亭山的，与舒州所产的相同］，宣州（今安徽宣城一带）、杭州（今浙江杭州一带）、睦州（今浙江建德一带）、歙州（今安徽黄山一带）所产的品质较差［宣州茶，出产于宣城县雅山的，与蕲州所产的相同；宣州茶，出产于太平县上睦、临睦的，与黄州所产的相同。杭州茶，出产于临安、于潜二县天目山的，与舒州所产的相同。杭州茶，出产于钱塘县天竺、灵隐二寺的；睦州茶，出产于桐庐县山谷的；歙州茶，出产于婺源县山谷的，都与衡州所产的相同］，润州（今江苏镇江一带）、苏州所产的品质又差一些［润州茶，出产于江宁县傲山的；苏州茶，出产于长洲县洞庭山的，都与金州、蕲州、梁州所产的相同］。

剑南茶区：以彭州（今四川彭州一带）所产的为最好［彭州

茶，出产于九陇县马鞍山至德寺和棚口的，与襄州所产的相同］、绵州（今四川绵阳一带）、蜀州（今四川成都一带）和邛州（今四川邛崃一带）所产的品质次之［绵州茶，出产于龙安县松岭关的，与荆州所产的相同；出产于绵州所属的西昌县、昌明县和神泉县西山的都很好；过松岭的就不值得采摘。蜀州茶，出产于青城县丈人山的，与绵州所产的相同；青城县有散茶、末茶两种］，雅州（今四川雅安一带）、泸州（今四川泸县一带）所产的品质较差［雅州茶，出产于百丈山、名山的；泸州茶，出产于泸川的，都与金州所产的相同］，眉州（今四川眉山一带）、汉州（今四川广汉一带）所产的品质又差一些［眉州茶，出产于丹棱县铁山的；汉州茶，出产于绵竹县竹山的，都与润州所产的相同］。

浙东茶区：以越州（今浙江绍兴一带）所产的为最好［越州茶，出产于余姚县瀑布泉岭的称为仙茗，大叶茶特别好，小叶茶与襄州所产的相同］，明州（今浙江宁波鄞州区一带）、婺州（今浙江金华一带）所产的品质次之［明州茶，出产于鄮县（今浙江宁波鄞州区）榆荚村的；婺州茶，出产于东阳县东白山的，都与荆州所产的相同］，台州（今浙江临海一带）所产的品质较差［台州茶，出产于始丰县（今浙江天台）赤城的，与歙州所产的相同］。

黔中茶区：茶叶出产于思州（今贵州务川一带）、播州（今贵州遵义一带）、费州（今贵州德江一带）、夷州（今贵州石阡一带）。

江南茶区：茶叶出产于鄂州（今湖北武昌一带）、袁州（今江西宜春一带）、吉州（今江西吉安一带）。

岭南茶区：茶叶出产于福州（今福建闽江流域）、建州（今福建建瓯一带）、韶州（今广东曲江一带）、象州（今广西象县一带）。［福州茶，出产于闽县的方山的北面。］

关于思州、播州、费州、夷州、鄂州、袁州、吉州、福州、建州、韶州、象州等十一个州所产茶叶的情况，还不大了解，但是往往能得到一些上述地区所产的茶叶，其味道都非常好。

九之略

其造具，若方春禁火之时，于野寺山园，<u>丛</u>手而掇，乃蒸、乃舂、乃炀①，以火干之，则又棨、朴、焙、贯、棚、穿、育等七事皆废。

其煮器，若松间石上可坐，则具列废。

用蒿薪、鼎铄之属，则风炉、灰承、炭挝、火筴、交床等废。

若瞰泉临涧，则水方、涤方、漉水囊废。

若五人已下，茶可末而精者，则罗合②废。

若援藟跻岩，引絙入洞，于山口炙而末之，或纸包合贮，则碾、拂末等废。

既瓢、碗、筴、札、熟盂、鹾簋悉以一<u>筥</u>盛之，则都篮废。

但城邑之中，王公之门，二十四器③阙一，则茶废矣。

[注释]

①炀：原本不清，此从秋水斋本。别本作"炙"、"规"、"复"、"拍"。②合：原本脱，据涵芬楼本补。③二十四器：《四之器》所列三十种煮饮用具中除去都篮及灰承、拂末、揭、纸帊四种附属器，罗、合作为一种，即为二十四器。

[译文]

首先是饼茶制造工具的省略：如果正当春季寒食节前后，在野外寺院和山间茶园里，大家一齐动手采摘茶叶，就地蒸熟、捣碎、烘烤，用火使其干燥。这样，《二之具》所列的十九种采制工具中的棨、朴、焙、贯、棚、穿、育等七种就可以废而不用了。

其次是煮茶工具的省略：如果在松林间的石上可以放置茶具，那么作为摆设用具的具列就可以不用。

用干柴、鼎（锅）之类烧水，那么作为生火用具的风炉、灰承、炭挝、火筴和煮茶用具的交床等就可以不用。

如果在泉水或溪涧旁边，那么作为盛水和清洁用具的水方、涤方、漉水囊就可以不用。

如果品茶人数在五人以下，茶叶又可以加工成精细的粉末，那么罗合就可以不用。

如果要攀藤附葛，登上山岩，或者拉着粗绳索进入山洞，事先在山口把茶烘干，研成细末，或用纸包好，或贮存在盒子里，那么作为加工工具的茶碾、拂末等就可以不用。

既然把瓢、碗、筴、竹札、熟盂、醯簋都用一个筥盛起来，那么都篮就可以不用了。

只有在城市之中，在王侯贵族之家，如果二十四种煮茶和饮茶用具中缺少了任何一件，那么品饮的雅兴就不存在了。

十之图^①

以绢素或四幅，或六幅，分布写之，陈诸座隅，则茶之源、之具、之造、之器、之煮、之饮、之事、之出、之略目击而存。于是，《茶经》之始终备矣。

[注释]

①十之图：《四库全书总目提要》谓："其曰图者，乃谓统上九类写绢素张之，非别有图，其类十，其文实九也。"

[译文]

用白绢四幅或六幅［唐令规定一幅一尺八寸］，把《茶经》上述的内容分别书写在上面，陈列在座位旁边，那么关于茶叶的起源、采制工具、制造方法、煮饮器具、煮茶方法、饮茶风俗、茶事记载、茶叶产地以及其简略方式等，就可以随时观摩，牢记心中。这样，《茶经》从头至尾就完备了。

茶经附录

陆羽传记

《文苑英华》卷七百九十三《陆文学自传》

陆子，名羽，字鸿渐，不知何许人也。或云字羽，名鸿渐，未知孰是。有仲宣、孟阳之貌陋，相如、子云之口吃，而为人才辩，为性褊躁，多自用意，朋友规谏，豁然不惑。凡与人宴处，意有所适，不言而去，人或疑之，谓生多瞋。又与人为信，纵冰雪千里，虎狼当道，而不愆也。

上元初，结庐于苕溪之湄，闭关读书，不杂非类，名僧高士，谈谑永日。常扁舟往来山寺，随身唯纱巾、藤鞋、短褐、犊鼻。往往独行野中，诵佛经，吟古诗，杖击林木，手弄流水，夷犹徘徊，自曙达暮，至日黑兴尽，号泣而归。故楚人相谓，陆子盖今之接舆也。

始三岁茕露，育于竟陵大师积公之禅院。自九岁学属文，积公示以佛书出世之业。子答曰：“终鲜兄弟，无复后嗣，染衣削发，号为释氏，使儒者闻之，得称为孝乎？羽将授孔圣之文。”公曰：“善哉！子为孝，殊不知西方染削之道，其名大矣。”公执释典不屈，子执儒典不屈。公因矫怜抚爱，历试贱务，扫寺地，洁僧厕，践泥污墙，负瓦施屋，牧牛一百二十蹄。

竟陵西湖无纸，学书以竹画牛背为字，他日于学者得张衡《南都赋》，不识其字，但于牧所仿青衿小儿，危坐展卷，口动而已。公知之，恐渐渍外典，去道日旷，又束于寺中，令芟剪卉莽，以门人之伯主焉。或时心记文字，惝然若有所遗，灰心木立，过日不作，主者以为慵堕，鞭之。因叹曰："恐岁月往矣，不知其书。"呜呼不自胜。主者以为蓄怒，不鞭其背，折其楚乃释。因倦所役，舍主者而去。卷衣诣伶党，著《谑谈》三篇，以身为伶正，弄木人、假吏、藏珠之戏。公追之曰："念尔道丧，惜哉！吾本师有言：我弟子十二时中，许一时外学，令降伏外道也。以吾门人众多，今从尔所欲，可捐乐工书。"

天宝中，郢人酺于沧浪，邑吏召子为伶正之师。时河南尹李公齐物黜守，见异，提手抚背，亲授诗集，于是汉沔之俗亦异焉。后负书于火门山邹夫子别墅，属礼部郎中崔公国辅出守竟陵，因与之游处，凡三年。赠白驴乌犎牛一头，文槐书函一枚。"白驴犎牛，襄阳太守李憕见遗，文槐函，故卢黄门侍郎所与。此物皆己之所惜也。宜野人乘蓄，故特以相赠。"

泊至德初，秦人过江，子亦过江，与吴兴释皎然为缁素忘年之交。少好属文，多所讽谕。见人为善，若己有之；见人不善，若己羞之。忠言逆耳，无所回避，由是俗人多忌之。

自禄山乱中原，为《四悲诗》，刘展窥江淮，作《天之未明赋》，皆见感激，当时行哭涕泗。著《君臣契》三卷，《源解》三十卷，《江表四姓谱》八卷，《南北人物志》十卷，《吴兴历官记》三卷，《湖州刺史记》一卷，《茶经》三卷，《占梦》上中下三卷，并贮于褐布囊。

上元年辛丑岁子阳秋二十有九日

《新唐书》卷一百九十六《陆羽传》

陆羽，字鸿渐，一名疾，字季疵，复州竟陵人，不知所生，或言有僧得诸水滨，畜之。既长，以《易》自筮，得"蹇"之"渐"，曰："鸿渐于陆，其羽可用为仪。"乃以陆为氏，名而字之。

幼时，其师教以旁行书，答曰："终鲜兄弟，而绝后嗣，得为孝乎？"师怒，使执粪除污塓以苦之，又使牧牛三十，羽潜以竹画牛背为字。得张衡《南都赋》不能读，危坐效群儿嗫嚅，若成诵状，师拘之，令薙草莽。当其记文字，懵懵若有所遗，过日不作，主者鞭苦，因叹曰："岁月往矣，奈何不知书！"呜咽不自胜，因亡去，匿为优人，作诙谐数千言。

天宝中，州人酺，吏署羽伶师，太守李齐物见，异之，授以书，遂庐火门山。

貌侻陋，口吃而辩。闻人善，若在己，见有过者，规切至忤人，朋友燕处，意有所行辄去，人疑其多嗔。与人期，雨雪虎狼不避也。

上元初，更隐苕溪，自称桑苎翁，阖门著书。或独行野中，诵诗击木，裴回不得意，或恸哭而归，故时谓今接舆也。久之，诏拜羽太子文学，徙太常寺太祝，不就职。贞元末，卒。

羽嗜茶，著经三篇，言茶之原、之法、之具尤备，天下益知饮茶矣。时鬻茶者，至陶羽形置炀突间，祀为茶神。有常伯熊者，因羽论复广著茶之功。御史大夫李季卿宣慰江南，次临淮，知伯熊善煮茶，召之，伯熊执器前，季卿为再举杯。至江南，又有荐羽者，召之，羽衣野服，挈具而入，季卿不为礼，羽愧之，更著《毁茶论》。

其后，尚茶成风，时回纥入朝，始驱马市茶。

《唐才子传》卷三《陆羽》

羽，字鸿渐，不知所生。初，竟陵禅师智积得婴儿于水滨，育为弟子。及长，耻从削发，以《易》自筮，得"蹇"之"渐"曰："鸿渐于陆，其羽可用为仪。"始为姓名。有学，愧一事不尽其妙。性诙谐。少年匿优人中，撰《谈笑》万言。天宝间，署羽伶师，后遁去。古人谓洁其行而秽其迹者也。上元初，结庐苕溪上，闭门读书。名僧高士，谈讌终日。貌寝，口吃而辩，闻人善，若在己，与人期，虽阻虎狼不避也。自称桑苎翁，又号东岗子。工古调歌诗，兴极闲雅，著书甚多。扁舟往来山寺，唯纱巾、藤鞋、短褐、犊鼻，击林木，弄流水。或行旷野中，诵古诗，裴回至月黑，兴尽恸哭而返。当时以比接舆也。与皎然上人为忘言之交。有诏拜太子文学。羽嗜茶，造妙理，著《茶经》三卷，言茶之原、之法、之具，时号茶仙，天下益知饮茶矣。鬻茶家以瓷陶羽形，祀为神，买十茶器，得一"鸿渐"。初，御史大夫李季卿宣慰江南，喜茶，知羽，召之，羽野服挈具而入。李曰："陆君善茶，天下所知。扬之中泠，水又殊绝。今二妙千载一遇，山人不可轻失也。"茶毕，命奴子与钱，羽愧之，更著《毁茶论》。与皇甫补阙善，时鲍尚书防在越，羽往依焉。冉送以序曰："君子究孔、释之名理，穷歌诗之丽则。远墅孤岛，通舟必行；鱼梁钓矶，随意而往。夫越地称山水之乡，辕门当节钺之重。鲍侯知子爱子者，将解衣推食，岂徒尝镜水之鱼，宿耶溪之月而已！"集并《茶经》今传。

《茶经》序跋

唐·皮日休《茶中杂咏序》（《松陵集》卷四）

案《周礼》酒正之职辨四饮之物，其三曰浆；又浆人之职，供王之六饮——水、浆、醴、凉、医、酏，入于酒府。郑司农云：以水和酒也。盖当时人率以酒醴为饮，谓乎六浆，酒之醴者也，何得姬公制？《尔雅》云：槚，苦荼。即不擷而饮之，岂圣人之纯于用乎？草木之济人，取舍有时也。

自周已降，及于国朝茶事，竟陵子陆季疵言之详矣。然季疵以前，称茗饮者，必浑以烹之，与夫瀹蔬而啜者无异也。季疵之始为《经》三卷，由是分其源、制其具、教其造、设其器、命其煮，俾饮之者，除痟而去疠，虽疾医之，不若也。其为利也，于人岂小哉！

余始得季疵书，以为备矣。后又获其《顾渚山记》二篇，其中多茶事；后又太原温从云、武威段碣之各补茶事十数节，并存于方册。茶之事，由周至于今，竟无纤遗矣。

昔晋杜育有《荈赋》，季疵有《茶歌》，余缺然于怀者，谓有其具而不形于诗，亦季疵之馀恨也。遂为十咏，寄天随子。

宋·陈师道《茶经序》（《后山集》卷十一）

陆羽《茶经》，家传一卷，毕氏、王氏书三卷，张氏书四卷，内外书十有一卷。其文繁简不同，王、毕氏书繁杂，意其旧文；张氏书简明，与家书合，而多脱误；家书近古，可考正，自七之事，其下亡。乃合三书以成之，录为二篇，藏于家。

夫茶之著书自羽始，其用于世亦自羽始，羽诚有功于茶者也。上自宫省，下迨邑里，外及戎夷蛮狄，宾祀燕享，预陈于前，山泽以成市，商贾以起家，又有功于人者也。可谓智矣。

《经》曰："茶之否臧，存之口诀。"则书之所载，犹其粗也。夫茶之为艺下矣，至其精微，书有不尽，况天下之至理，而欲求之文字纸墨之间，其有得乎？

昔先王因人而教，同欲而治，凡有益于人者，皆不废也。世人之说，曰先王诗书道德而已，此乃世外执方之论，枯槁自守之行，不可群天下而居也。史称羽持具饮李季卿，季卿不为宾主，又著论以毁之。夫艺者，君子有之，德成而后及，乃所以同于民也。不务本而趋末，故业成而下也。学者谨之！

明·鲁彭《刻茶经叙》（嘉靖二十一年柯双华竟陵本卷首）

粤昔己亥，上南狩郢，置荆西道。无何，上以监察御史青阳柯公来莅厥职。越明年，百废修举，乃观风竟陵，访唐处士陆羽故处龙盖寺。公喟然曰："昔桑苎翁名于唐，足迹遍天下，谁谓其产兹土耶？"因慨茶井失所在，乃即今井亭而存其故，已复构亭其北，曰茶亭焉。

他日，公再往索羽所著《茶经》三篇，僧真清者，业录而谋梓也，献焉。公曰："嗟，井亭矣！而《经》可无刻乎？"遂命刻诸寺。夫茶之为经，要矣，行于世，脍炙千古。乃今见之《百川学海》集中，兹复刻者，便览尔，刻于竟陵者，表羽之为竟陵人也。

按羽生甚异，类令尹子文，人谓子文贤而仕，羽虽贤，卒以不仕。又谓楚之生贤大类后稷云。今观《茶经》三篇，其大都曰源、曰具、曰造、曰饮之类，则固具体用之学者。其曰"伊公羹，陆氏茶"，取而比之，寔以自况，所谓易地皆然者，非欤？向使羽就文学、太祝之召，谁谓其事不伊且稷也！而卒以不仕，何哉？昔人有自谓不堪流俗，非薄汤武者，羽之意，岂亦以是乎？厥后茗饮之风行于中外，而回纥亦以马易茶，由宋迄今，大为边助，则羽之功固在万世，仕不仕奚足论也！

或曰：酒之用视茶为要，故北山亦有《酒经》三篇，曰酒始诸祀，然而妹也已有酒祸，惟茶不为败，故其既也《酒经》不传焉。

羽器业颠末，具见于传。其水味品鉴优劣之辨，又互见于张、欧浮槎等记，则并附之《经》，故不赘。僧真清者，新安之歙人，尝新其寺，以嗜茶，故业《茶经》云。

皇明嘉靖二十一年岁在壬寅秋重九日景陵后学鲁彭叙

明·陈文烛《茶经序》（明程福生竹素园本）

先通奉公论吾沔人物，首陆鸿渐，盖有味乎《茶经》也。夫茗久服，令人有力悦志，见《神农食经》，而昙济道人与子尚设茗八公山中，以为甘露，是茶用于古，羽神而明之耳。人莫不饮食也，鲜能知味也。稷树艺五谷而天下知食，羽辨水煮茶而天下知饮，羽之功不在稷下，虽与稷并祠可也。及读《自传》，清风隐隐起四座，所著《君臣契》等书，不行于世，岂自悲遇不禹、稷若哉！窃谓禹、稷、陆羽，易地则皆然。昔之刻《茶经》、作郡志者，岂未见兹篇耶？今刻于《经》首，次《六羡歌》，则羽之品流概见矣。玉山程孟孺善书法，书

《茶经》刻焉，王孙贞吉绘茶具，校之者，余与郭次甫。结夏金山寺，饮中泠第一泉。

明万历戊子夏日郡后学陈文烛玉叔撰

明·王寅《茶经序》（明孙大绶秋水斋本）

茶未得载于《禹贡》、《周礼》而得载于《本草》，载非神农，至唐始得附入之。陆羽著《茶经》三篇，故人多知饮茶，而茶之名为益显。

噫！人之嗜各有所好也，而好由于性若之。好茶者难以悉数，必其人之泊澹玄素者而茶乃好，不啻于金茎玉露羹之，以其性与茶类也。好肥甘而溺腥膻者，不知茶之为何物，以其性与茶异也。

《茶经》失而不传久矣，幸而羽之龙盖寺尚有遗经焉。乃寺僧真清所手录也。吾郡偈傀生孙伯符者，博雅士也，每有茶癖，以为作圣乃始于羽，而使遗经不传，亦大雅之罪人也。乃捡斋头藏本，仍附《茶具图赞》，全梓以传，用视海内好事君子。噫！若伯符者，可谓有功于茶而能振羽之流风矣。又以经不□于茶之所产、水之所品而已，至于时用，或有未备而多不合，再采《茶谱》兼集唐宋篇什于今人日用者，合为一编，付诸梓。人毋论其诡，即意致足嘉也。由是古今制作之法，悉得考见于千载之下，其为幸于后来，不亦大哉！

予性好茶为独甚，每笑卢仝七碗不能任，而以大卢君自号，以贬仝。今已买山南原而种茶以终老。伯符当弱冠亦好茶而同于予，又能表而出之，其嗜好亦可谓精博矣。伯符于予有交道也，故以其序请之于予。偈傀生乃予知伯符而赠者，予故乐闻不辞而序诸首简。

万历戊子年七夕十岳山人王寅撰并书

明·徐同气《茶经序》（光绪《沔阳州志》卷十一《艺文》）

余曾以屈、陆二子之书付诸梓，而毁于燹，计再有事。而屈，郡人。陆，里人也，故先镌《茶经》。

客曰："子之于《茶经》奚取？"曰："取其文而已。陆子之文，奥质奇离，有似《货殖传》者，有似《考工记》者，有似《周王传》者，有似《山海》、《方舆》诸记者。其简而赅，则《檀弓》也。其辨而纤，则《尔雅》也。亦似之而已，如是以为文，而能无取乎？"

客曰："其文遂可为经乎？"曰："经者，以言乎其常也。水以源之盈竭而变，泉以土脉之甘涩而变，瓷以壤之脆坚、焰之浮烬而变，器以时代之刜削、事工之巧利而变，其鹜之为经者，亦以其文而已。"

客曰："陆子之文，如《君臣契》、《源解》、《南北人物志》及《四悲歌》、《天之未明赋》诸书，而蔽之以《茶经》，何哉？"曰："诸书或多感愤，列之经传者，犹有猸冠、伧父气。《茶经》则杂于方技，迫于物理，肆而不厌，傲而不忤，陆子终古以此显，足矣。"

客曰："引经以绳茶，可乎？"曰："凡经者，可例百世，而不可绳一时者也。孔子作《春秋》，七十子惟口授传其旨，故《经》曰：'茶之臧否，存之口诀。'则书之所载，犹其粗者也。抑取其文而已。"

客曰："文则美矣，何取于茶乎？"曰："茶何所不取乎？神农取其悦志，周公取其解酲，华佗取其益意，壶居士取其羽化，巴东人取其不眠，而不可概于经也。陆子之经，陆子之文也。"

明·乐元声《茶引》（明乐元声倚云阁本）

余漫昧不辨淄渑，浮慕竟陵氏之为人。已而得苕溪编有欣赏备茶事图记，致足观也。余惟作圣乃始季疵，独其遗经不多行于世，博雅君子踪迹之无由也。斋头藏本，每置席间，津津有味不能去。窃不自揣，新之梓，人敢曰附臭味于达者，用以传诸好事云尔。

檇李长水县乐元声书

明·李维桢《茶经序》（民国西塔寺本卷首，明喻政《茶书》卷首，康熙《湖广通志》卷六十二《艺文》）

温陵林明甫治邑之三年，政通人和。讨求邑故实而表章之，于唐得处士陆鸿渐，井泉无恙，而《茶经》漶灭不可读，取善本复校，锲诸梓，而不佞为之序。

盖茶名见于《尔雅》，而《神农食经》、华佗《食论》、壶居士《食忌》、桐君及陶弘景《录》、《魏王花木志》胥载之，然不专茶也。晋杜育《荈赋》、唐顾况《茶论》，然不称经也。韩翃《谢茶启》云：吴主礼贤置茗，晋人爱客分茶，其时赐已千五百串。常鲁使西番，番人以诸方产示之，茶之用已广，然不居功也。其笔诸书，尊为经而人又以功归之，实自鸿渐始。

夫扬子云、王文中一代大儒，《法言》、《中说》，自可鼓吹六经，而以拟经之故，为世诟病。鸿渐品茶小技，与六经相提而论，安得人无异议？故溺其好者，谓"穷《春秋》，演河图，不如载茗一车"，称引并于禹、稷。而鄙其事者，使与佣保杂作，不具宾主礼。《氾论训》曰："伯成子高辞诸侯而耕，天下高之。"今之时，辞官而隐处为乡邑下，于古为义，于今为笑矣，岂可同哉！鸿渐混迹牧竖优伶，不就文学、太祝之拜，自以为高者，难为俗人言也。

所著《君臣契》三卷、《源解》三十卷、《江表四姓谱》十卷、《南北人物志》十卷、《占梦》三卷，不尽传，而独传《茶经》，岂以他书人所时有，此为觭长，易于取名，如承蜩、养鸡、解牛、飞鸢、弄丸、削镴之属，警世骇俗耶？李季卿直技视之，能无辱乎哉？无论季卿，曾仲明《隐逸传》且不收矣。费衮云：巩县有瓷偶人，号陆鸿渐，市沽茗不利，辄灌注之，以为偏好者戒。李石云：鸿渐为《茶论》并煎炙法，常伯熊广之，饮茶过度，遂患风气，北人饮者，多腰疾偏死。是无论儒流，即小人且多求矣。后鸿渐而同姓鲁望嗜茶，置园顾渚山下，岁收租，自判品第，不闻以技取辱。

鸿渐问张子同："孰为往来？"子同曰："大虚为宝，明月为烛，与四海诸公共处，未尝稍别，何有往来？"两人皆以隐名，曾无尤悔。僧昼对鸿渐，使有宣尼博议，胥臣多闻，终日目前，矜道侈义，适足以伐其性。岂若松岩云月，禅坐相偶，无言而道合，志静而性同。吾将入杼山矣，遂束所著毁之。度鸿渐不胜伎俩磊块，沾沾自喜，意奋飞扬，体大节疏，彼夫外饰边幅，内设城府，宁见客耶？圣人无名，得时则泽及天下，不知谁氏。非时则自埋于名，自藏于畔，生无爵，死无谥。有名则爱憎、是非、雌雄片合纷起。鸿渐殆以名诲诟耶？虽然，牧竖优伶，可与浮沉，复何嫌于佣保？古人玩世不恭，不失为圣，鸿渐有执以成名，亦寄傲耳！宋子京言：放利之徒，假隐自名，以诡禄仕，肩摩于道，终南嵩山，仕途捷径。如鸿渐辈各保其素，可贵慕也。

太史公曰："富贵而名磨灭，不可胜数，惟俶傥非常之人称焉。"鸿渐穷厄终身，而遗书遗迹，百世之下宝爱之，以为山川邑里重，其风足以廉顽立懦，胡可少哉！夫酒食禽鱼，博塞樗蒲，诸名经者夥矣，茶之有经也，奚怪焉！

清·曾元迈《茶经序》（清仪鸿堂本）

人生最切于日用者有二，曰饮，曰食。自炎帝制耒耜，后稷教稼穑，烝民乃粒，万世永赖，无俟缕缕矣。惟饮之为道，酒正著于《周礼》，茶事详于季疵。然禹恶旨酒，先王避酒祸，我皇上万言谕曰：酒之为物，能乱人心志，求其所以除痟去疠，风生两腋者，莫韵于茶。茶之事其来已旧，而茶之著书始于吾竟陵陆子，其利用于世亦始于陆子。由唐迄今，无论宾祀燕飨，宫省邑里，荒陬穷谷，脍炙千古。逮茗饮之风行于中外，而回纥亦以马易茶，大为边助。不有陆子品鉴水味，为之分其源，制其具、教其造与饮之类，神而明之，笔之于书而尊为经，后之人乌从而饮其和哉！

余性嗜茶，喜吾友王子闲园宅枕西湖，其所筑仪鸿堂竹木阴森，与桑苎旧趾相望。月夕花晨，余每过从，赏析之馀，常以西塔为遣怀之地，或把袂偕往，或放舟同济，汲泉煎茶，与之共酌于茶醉亭之上，凭吊季疵当年，披阅所著《茶经》，穆然想见其为人。昔人谓其功不稷下，其信然与！迩时余即忻然相订有重刻《茶经》之约，而赀斧难办。

厥后予以一官匏系金台，今秋奉命典试江南，复蒙恩旨归籍省觐，得与王子焚香煮茗，共话十馀载离绪。王子出平昔考订音韵、正其差伪，亲手楷书《茶经》一帙示余，欲重刻以广其传，而问序于余。余肃然曰：《茶经》之刻，向来每多脱误，且湮灭不可读，余甚憾之。非吾子好学深思，留心风雅韵事，何能周悉详核至此。亟宜授之梓人，公诸天下，后世岂不使茗饮远胜于酒，而与食并重之，为最切于日用者哉！同人闻之，应无不乐襄盛事，以志不朽者。是为序。

雍正四年岁次丙午仲冬秋月之既望日

民国·常乐《重刻陆子茶经序》（民国西塔寺本）

邑之胜在西湖，西湖之胜在西塔寺，寺藏菰芦、杨柳、芙蓉中，境邃且幽焉。寺东桑苎庐，陆子旧宅，野竹萧森，莓苔蚀地，幽为尤最也，游者无不憩，憩者无不问《茶经》。经续刻自道光元年，附邑志，志无存，经岂得见乎？

予虽缁流，性好书。每载酒从西江通叟七十七岁源老游，语及《茶经》，叟曰："读书须识字，《尔雅》：'槚，苦荼。'槚即茗，荼音戈奢反，古正字，其作茶者，俗也，释文可证也。字改于唐开元时，卫包圣经犹误，况陆子书'草木并'一语，疑后人窜入，议者归狱，季疵冤矣。"予心慨然，遂欲有《茶经》之刻。叟曰："刻必校，经无善本，校奚从？注复不佳，仪鸿堂更浅陋。"予曰："予校其知者，然窃有说也。佛法广大，予不能无界限；佛空诸相，予不能无鉴别。王刻附诸茶事与诗，松陵唱和，朱存理十二先生题词，与陆子何干？予心必乙之。予传陆子，不传无干于陆子者。予生长西湖，将老于西湖，知陆子而已。"叟曰："是也。"校成，遍质诸宿老名士，皆以为可。遂石印而传之。

时去道光辛巳已九十九年岁在己未仲秋吉日竟陵西塔寺住持僧常乐序

明·汪可立《茶经后序》（嘉靖二十一年柯双华竟陵本）

侍御青阳柯公双华，莅荆西道之三年，化行政洽，乃访先贤遗逸而追崇之。巡行所至郡邑，至景陵之西禅寺，问陆羽《茶经》，时僧真清类写成册以进，属校雠于余。将完，柯公又来命修茶亭。噫！千载嘉会也。按陆羽之生也，其事类后稷之于稼穑，羽之于茶，是皆有相之道存乎我者也。后稷教民稼穑，至周武王有天下，万世赖粒食者，春之祈，秋之报，至今祀不衰矣。夫饮犹食也，陆之烈犹稷也。不千馀年，遗迹湮灭，其《茶经》仅存诸残编断简中，是不可慨哉！及考诸经，为目凡十，其要则品水土之宜，利器用之备，严采造之法，酌煮饮之节，务聚其精腴致美，以致其隽永焉。其味于茶也，不既深乎？矧乃文字类古拙而实细腻，类质殻而实华腴，盖得之性成者不诬，是可以弗传耶？余闻昔之鬻茶者陶陆羽形，祀之为茶神，是亦祀稷之遗意耳。何今之不尔也？虽然，道有显晦，待人而彰，斯理之在人心不死，有如此者？柯公《茶经》之问、茶亭之树，岂偶然之故哉？今经既寿诸梓，又得儒先之论，名史之赞，群哲之声诗，汇集而彰厥美焉。要皆好德之彝有不容默默焉者也，予敢自附同志之末云。

嘉靖壬寅冬十月朔祁邑芝山汪可立书

明·吴旦《茶经跋》（明嘉靖二十一年柯双华竟陵本）

予闻陆羽著《茶经》旧矣，惜未之见。客景陵，于龙盖寺僧真清处见之，三复披阅，大有益于人。欲刻之而力未逮。乃率同志程子伯容，共寿诸梓，以公于天下，使冀之者无遗憾焉。刻完，敬叙数语，纪岁节于末简。

嘉靖壬寅岁一阳节望日新安县令后学吴旦识

明·张睿卿《茶经跋》（明喻政《茶书》著录）

余尝读东坡《汲江煎茶》诗，爱其得鸿渐风味，再读孙山人太初

《夜起煮茶》诗，又爱其得东坡风味。试于二诗三咏之，两腋风生，云霞泉石，磊块胸次矣。要之，不越鸿渐《茶经》中。《经》旧刻入《百川学海》。竟陵龙盖寺有茶井在焉，寺僧真清嗜茶，复掇张、欧浮槎等记并唐宋题咏附刻于《经》。但《学海》刻非全本，而竟陵本更烦秽，余故删次雕于垿参轩。时于松风竹月，宴坐行吟，眠云吸花，清谈展卷，兴自不减东坡、太初，奚止"六腑睡神去，数朝诗思清"哉！以茶侣者，当以余言解颐。

西吴张睿卿书

清·徐篁《茶经跋》（康熙《景陵县志》卷十二《杂录》）

茶何以经乎？曰：闻诸余先子矣。先子于楚产得屈子之骚、陆子之茶、杜陵之诗、周元公之太极。骚也、茶也而经矣，杜诗则史也，太极则图也。古人视图、史犹刺经也。河洛奥府，图也；《尚书》、《春秋》，史也；《太玄》、《中说》，何经之有，则僭矣。虽然，禽也、宅相也、水也、山海也、六博也，皆经矣。经者，常也，即物命则为后起之不能易耳。夫茶也，荼也，槚也，古无以别，则神农不识其名矣。衣之有木棉也，谷之有占粒也，皆季世耳。茶之减价，自君谟始。抑茶为南方之嘉木，古中国北地将浆医之饮，无挈瓶专官者耶？陆子，竟陵人，故邑人如鲁孝廉、陈太理、李宗伯皆为之立说。近人钟学使、潭徵君曾无所发明，岂亦如皮日休怪其不形于诗乎？陆子岂不能诗？以技掩耳。两先生，吾乡笃行君子，而以诗掩其行。诗亦技耳！余因先子有未就读陆子《四悲诗》，而谨志焉。

民国·新明《茶经跋》（民国西塔寺本）

《茶经》之刻，今传陆子也，而陆子不待今始传其校字也。人疑师借陆子传也，而师不欲传，亦不知陆子可假借也。其佽使成事也，遖叟也，而遖叟老益落落，亦无所用其传。四大皆空，彩云忽见。因念陆子当日，非僧非俗，亦僧亦俗，无僧相，亦无无僧相，无俗相，亦无无俗相。师于陆子，无处士相，亦无无处士相。逋叟于师，无和尚相，亦无无和尚相。僧于逋叟，无佚老相，亦无无佚老相。如诸菩萨天，镜亦无镜，花亦无花，水亦无水，月亦无月，无一毫思议，无一毫罣碍，何等通明，何等自在！一切僧众，师叔常福，莫不合掌诵曰：善哉！善哉！如是！如是！即茶之经亦当粉碎，虚空杳杳冥冥，而不尽然也。茶之有经，无翼无胫，不飞不走，而亦飞亦走，充塞布满阎浮世界。空仍是色，则又不得不染之楷墨以为跋也。

弟子新明沐浴敬跋中华民国二十二年岁次癸酉阴历小阳月中浣之吉日

续茶经

凡 例

　　《茶经》著自唐桑苎翁，迄今千有馀载，不独制作各殊，而烹饮迥异，即出产之处，亦多不同。余性嗜茶，承乏崇安，适系武夷产茶之地。值制府满公，郑重进献，究悉源流，每以茶事下询，查阅诸书，于武夷之外，每多见闻，因思采集为《续茶经》之举。曩以簿书鞅掌，有志未遑。及蒙量移，奉文赴部，以多病家居，翻阅旧稿，不忍委弃，爰为序次第。恐学术久荒，见闻疏漏，为识者所鄙，谨质之高明，幸有以教之，幸甚！

　　《茶经》之后，有《茶记》及《茶谱》、《茶录》、《茶论》、《茶疏》、《茶解》等书，不可枚举，而其书亦多湮没无传。兹特采所见各书，依《茶经》之例，分之源、之具、之造、之器、之煮、之饮、之事、之出、之略。至其图无传，不敢臆补，以茶具、茶器图足之。

　　《茶经》所载，皆初唐以前之书。今自唐、宋、元、明以至本朝，凡有绪论，皆行采录。有其书在前而《茶经》未录者，亦行补入。

　　《茶经》原本止三卷，恐续者太繁，是以诸书所见，止摘要分录。

　　各书所引相同者，不取重复。偶有议论各殊者，姑两存之，以俟论定。至历代诗文暨当代名公巨卿著述甚多，因仿《茶经》之例，不敢备录，容俟另编，以为外集。

　　原本《茶经》，另列卷首。

　　历代茶法附后。

续茶经卷上

一 茶之源

许慎《说文》：茗，荼芽也。

王褒《僮约》：前云"烹鳖烹茶"。后云"武阳买茶"。[注：前为苦菜，后为茗。]

张华《博物志》：饮真茶，令人少眠。

《诗疏》：椒树似茱萸，蜀人作茶，吴人作茗，皆合。煮其叶以为香。

《唐书·陆羽传》：羽嗜茶，著经三篇，言茶之源、之具、之造、之器、之煮、之饮、之事、之出、之略、之图尤备，天下益知饮茶矣。

《唐六典》：金英、绿片，皆茶名也。

《李太白集·赠族侄僧中孚玉泉仙人掌茶序》：余闻荆州玉泉寺近青溪诸山，山洞往往有乳窟，窟多玉泉交流。中有白蝙蝠，大如鸦。按《仙经》：蝙蝠，一名仙鼠。千岁之后，体白如雪，栖则倒悬，盖饮乳水而长生也。其水边处处有茗草罗生，枝叶如碧玉。惟玉泉真公常采而饮之，年八十馀岁，颜色如桃花。而此茗清香滑熟，异于他茗，所以能还童振枯，扶人寿也。余游金陵，见宗僧中孚示余茶数十片，卷然重叠，其状如掌，号为仙人掌茶。盖新出乎玉泉之山，旷古未觌。因持之见贻，兼赠诗，要余答之，遂有此作。俾后之高僧大隐，知仙人掌茶发于中孚禅子及青莲居士李白也。

《皮日休集·茶中杂咏诗序》：自周以降，及于国朝茶事，竟陵子陆季疵言之详矣。然季疵以前称茗饮者，必浑以烹之，与夫瀹蔬而啜者无异也。季疵之始为经三卷，由是分其源，制其具，教其造，设其器，命其煮。俾饮之者除痟而去疠，虽疾医之未若也。其为利也，于人岂小哉？余始得季疵书，以为备矣，后又获其《顾渚山记》二篇，其中多茶事；后又太原温从云、武威段碣之各补茶事十数节，并存于方册。茶之事由周而至于今，竟无纤遗矣。

《封氏闻见记》：茶，南人好饮之，北人初不多饮。开元中，太山灵岩寺有降魔师，大兴禅教。学禅务于不寐，又不夕食，皆许饮茶。人自怀挟，到处煮饮。从此转相仿效，遂成风俗。起自邹、齐、沧、棣，渐至京邑，城市多开店铺，煎茶卖之，不问道俗，投钱取饮。其茶自江淮而来，色额甚多。

《唐韵》：茶字，自中唐始变作茶。

裴汶《茶述》：茶，起于东晋，盛于今朝。其性精清，其味浩洁，其用涤烦，其功致和。参百品而不混，越众饮而独高。烹之鼎水，和以虎形，人人服之，永永不厌。得之则安，不得则病。彼芝术黄精，徒云上药，致效在数十年后，且多禁忌，非此伦也。或曰多饮令人体虚病风。余曰不然。夫物能祛邪，必能辅正，安有蠲逐聚病而靡裨太和哉？今宇内为土贡实众，而顾渚、蕲阳、蒙山为上，其次则寿阳、义兴、碧涧、澶湖、衡山，最下有鄱阳、浮梁。今者其精无以尚焉，得其粗者，则下里兆庶，瓯碗粉糅。顷刻未得，则胃腑病生矣。人嗜之若此者，西晋以前无闻焉。至精之味或遗也。因作《茶述》。

宋徽宗《大观茶论》：茶之为物，擅瓯闽之秀气，钟山川之灵禀。祛襟涤滞，致清导和，则非庸人孺子可得而知矣。冲淡闲洁，韵高致静，则非惶遽之时可得而好尚矣。

而本朝之兴，岁修建溪之贡，龙团凤饼，名冠天下，而壑源之品，亦自此而盛。延及于今，百废具举，海内宴然，垂拱密勿，幸致无为。缙绅之士，韦布之流，沐浴膏泽，薰陶德化，咸以雅尚相推，从事茗饮。故近岁以来，采择之精，制作之工，品第之胜，烹点之妙，莫不盛造其极。

呜呼！至治之世，岂惟人得以尽其材，而草木之灵者，亦得以尽其用矣。偶因暇日，研究精微，所得之妙，后人有不知为利害者，叙本末二十篇，号曰《茶论》。一曰地产，二曰天时，三曰择采，四曰蒸压，五曰制造，六曰鉴别，七曰白茶，八曰罗碾，九曰盏，十曰筅，十一曰瓶，十二曰杓，十三曰水，十四曰点，十五曰味，十六曰香，十七曰色，十八曰藏，十九曰品，二十曰外焙。

名茶各以所产之地，如叶耕之平园、台星岩，叶刚之高峰、青凤髓，叶思纯之大岚，叶屿之屑山，叶五崇林之罗汉上水桑芽，叶坚之碎石窠、石臼窠［一作穴窠］。叶琼、叶辉之秀皮林，叶师复、师贶之虎岩，叶椿之无双岩芽，叶懋之老窠园，各擅其美，未尝混淆，不可概举。焙人之茶，固有前优后劣、昔负今胜者，是以园地之不常也。

丁谓《进新茶表》：右件物产异金沙，名非紫笋。江边地暖，方呈"彼茁"之形，阙下春寒，已发"其甘"之味。有以少为贵者，焉敢韫而藏诸。见谓新茶，实遵旧例。

蔡襄《进〈茶录〉表》：臣前因奏事，伏蒙陛下谕，臣先任福建运使日，所进上品龙茶，最为精好。臣退念草木之微，首辱陛下知鉴，若处之得地，则能尽其材。昔陆羽《茶经》，不第建安之品；丁谓《茶图》，独论采造之本。至烹煎之法，曾未有闻。臣辄条数事，简而易明，勒成二篇，名曰《茶录》。伏惟清闲之宴，或赐观采，臣不胜荣幸。

欧阳修《归田录》：茶之品，莫贵于龙凤，谓之团茶，凡八饼重一斤。庆历中，蔡君谟始造小片龙茶以进，其品精绝，谓之小团，凡二十饼重一斤，其价值金二两。然金可有，而茶不可得。每因南郊致斋，中书、枢密院各赐一饼，四人分之。宫人往往缕金花于其上，盖其贵重如此。

赵汝砺《北苑别录》：草木至夜益盛，故欲导生长之气，以渗雨露之泽。茶于每岁六月兴工，虚其本，培其末，滋蔓之草，遏郁之木，悉用除之，政所以导生长之气而渗雨露之泽也。此之谓开畲。惟桐木则留焉。桐木之性与茶相宜，而又茶至冬则畏寒，桐木望秋而先落；茶至夏而畏日，桐木至春而渐茂。理亦然也。

王辟之《渑水燕谈》：建茶盛于江南，近岁制作尤精。龙团最为上品，一斤八饼。庆历中，蔡君谟为福建运使，始造小团，以充岁贡，一斤二十饼，所谓上品龙茶者也。仁宗尤所珍惜，虽宰相未尝辄赐，惟郊礼致斋之夕，两府各四人，共赐一饼。宫人剪金为龙凤花，贴其上。八人分蓄之，以为奇玩，不敢自试，有佳客，出为传玩。欧阳文忠公云："茶为物之至精，而小团又其精者也。"嘉祐中，小团初出时也。今小团易得，何至如此多贵？

周辉《清波杂志》：自熙宁后，始贡密云龙。每岁头纲修贡，奉宗庙及贡玉食外，赍及臣下无几。戚里贵近，丐赐尤繁。宣仁太后令建州不许造密云龙，受他人煎炒不得也。此语既传播于缙绅间，由是密云龙之名益著。淳熙间，亲党许仲启官苏沙，得《北苑修贡录》，序以刊行。其间载岁贡十有二纲，凡三等，四十有一名。第一纲曰龙焙贡新，止五十馀铐。贵重如此，独无所谓密云龙者。岂以贡新易其名耶？抑或别为一种，又居密云龙之上耶？

沈存中《梦溪笔谈》：古人论茶，惟言阳羡、顾渚、天柱、蒙顶之类，都未言建溪。然唐人重串茶粘黑者，则已近乎建饼矣。建茶皆乔木，吴、蜀惟丛茇而已，品自居下。建茶胜处，曰郝源、曾坑，其间又有垄根、山顶二品尤胜。李氏号为北苑，置使领之。

胡仔《苕溪渔隐丛话》：建安北苑，始于太宗太平兴国三年，遣使造之，取象于龙凤，以别入贡。至道间，仍添造石乳、蜡面。其后大小龙，又起于丁谓而成于蔡君谟。至宣、政间，郑可简以贡茶进用，久领漕，添续入，其数浸广，今犹因之。

细色茶五纲，凡四十三品，形制各异，共七千馀饼，其间贡新、试新、龙团胜雪、白茶、御苑玉芽，此五品乃水拣，为第一；馀乃生拣，次之。又有粗色茶七纲，凡五品。大小龙凤并拣芽，悉入龙脑，和膏为团饼茶，共四万馀饼。盖水拣芽即社前者，生拣茶即火前者，粗色茶即雨前者。闽中地暖，雨前茶已老而味加重矣。又有石门、乳吉、香口三外焙，亦隶于北苑，皆采摘茶芽，送官焙添造。每岁縻金共二万馀缗，日役千夫，凡两月方能迄事。第所造之茶不许过数，入贡之后市无货者，人所罕得。惟壑源诸处私焙茶，其绝品亦可敌官焙，自昔至今，亦皆入贡。其流贩四方者，悉私焙茶耳。

北苑在富沙之北，隶建安县，去城二十五里，乃龙焙造贡茶之处，亦名凤凰山。自有一溪，南流至富沙城下，方与西来水合而东。

车清臣《脚气集》：《毛诗》云："谁谓荼苦，其甘如荠。"注：荼，苦菜也。《周礼》："掌荼以供丧事。"取其苦也。苏东坡诗云："周诗记苦荼，茗饮出近世。"乃以今之茶为荼。夫茶，今人以清头目，自唐以来，上下好之，细民亦日数碗，岂是荼也？茶之粗者，是为茗。

宋子安《东溪试茶录序》：茶宜高山之阴，而喜日阳之早。自北苑凤山，南直苦竹园头，东南属张坑头，皆高远先阳处，岁发常早，芽极肥乳，非民间所比。次出壑源岭，高土沃地，茶味甲于诸焙。丁谓亦云：凤山高不百丈，无危峰绝崦，而冈翠环抱，气势柔秀，宜乎嘉植灵卉之所发也。又以建安茶品甲天下，疑山川至灵之卉，天地始和之气，尽此茶矣。又论石乳出壑岭断崖缺石之间，盖草木之仙骨也。近蔡公亦云："惟北苑凤凰山连属诸焙，所产者味佳，故四方以建茶为名，皆曰北苑云。"

黄儒《品茶要录序》：说者尝谓陆羽《茶经》不第建安之品。盖前此茶事未甚兴，灵芽真笋往往委翳消腐，而人不知惜。自国初以来，士大夫沐浴膏泽，咏歌升平之日久矣。夫体势洒落，神观冲淡，惟兹茗饮为可喜。园林亦相与摘英夸异，制卷鬻新，以趋时之好。故殊异之品，始得自出于榛莽之间，而其名遂冠天下。借使陆羽复起，阅其金饼，味其云腴，当爽然自失矣。因念草木之材，一有负瑰伟绝特者，未尝不遇时而后兴，况于人乎？

苏轼《书黄道辅〈品茶要录〉后》：黄君道辅讳儒，建安人，博学能文，淡然精深，有道之士也。作《品茶要录》十篇，委曲微妙，皆陆鸿渐以来论茶者所未及。非至静无求，虚中不留，乌能察物之情如此其详哉？

《茶录》：茶，古不闻食，自晋、宋已降，吴人采叶煮之，名为茗粥。

叶清臣《煮茶泉品》：吴楚山谷间，气清地灵，草木颖挺，多孕茶荈。大率右于武夷者为白乳，甲于吴兴者为紫笋，产禹穴者以天章显，茂钱塘者以径山稀。至于桐庐之岩，云衢之麓，雅山著于宣、歙，蒙顶传于岷、蜀，角立差胜，毛举实繁。

周绛《补茶经》：芽茶，只作早茶，驰奉万乘，尝之可矣。如一旗一枪，可谓奇茶也。

胡致堂曰：茶者，生人之所日用也。其急甚于酒。

陈师道《茶经丛谈》：茶，洪之双井，越之日注，莫能相先后，而强为之第者，皆胜心耳。

陈师道《茶经序》：夫茶之著书自羽始，其用于世亦自羽始，羽诚有功于茶者也。上自宫省，下逮邑里，外及异域遐陬，宾祀燕享，预陈于前；山泽以成市，商贾以起家，又有功于人者也。可谓智矣。《经》曰："茶之否臧，存于口诀。"则书之所载，犹其粗也。夫茶之为艺下矣，至其精微，书有不尽，况天下之至理，而欲求之文字纸墨之间，其有得乎？昔者先王因人而教，同欲而治，凡有益于人者，皆不废也。

吴淑《茶赋》注：五花茶者，其片作五出花也。

姚氏《残语》：绍兴进茶，自高文虎始。

王楙《野客丛书》：世谓古之荼，即今之茶。不知荼有数种，非一端也。《诗》曰"谁谓荼苦，其甘如荠"者，乃苦菜之荼，如今苦苣之类。《周礼》"掌荼"、《毛诗》"有女如荼"者，乃茅莠之荼也，此萑苇之属。惟荼槚之荼，乃今之茶也。世莫知辨。

《魏王花木志》：茶，叶似栀〔子〕，可煮为饮。其老叶谓之荈，嫩叶谓之茗。

《瑞草总论》：唐宋以来，有贡茶，有榷茶。夫贡茶，犹知斯人有爱君之心。若夫榷茶，则利归于官，扰及于民，其为害又不一端矣。

元熊禾《勿斋集·北苑茶焙记》：贡，古也。茶贡，不列《禹贡》，周《职方》，而昉于唐，北苑又其最著者也。苑在建城东二十五里，唐末里民张晖始表而上之。宋初丁谓漕闽，贡额骤益，斤至数万。庆历承平日久，蔡公襄继之，制益精巧，建茶遂为天下最。公名在四谏官列，君子惜之。欧阳公修虽实不与，然犹夸侈歌咏之。苏公轼则直指其过矣。君子创法可继，焉得不重慎也。

《说郛·臆乘》：茶之所产，六经载之详矣，独异美之名未备。唐宋以来，见于诗文者尤夥，颇多疑似，若蟾背、虾须、雀舌、蟹眼、瑟瑟、沥沥、霏霏、霭霭、鼓浪、涌泉、琉璃眼、碧玉池，又皆茶事中天然偶字也。

《茶谱》：衡州之衡山、封州之西乡茶，研膏为之，皆片团如月。又彭州蒲村、堋口，其园有仙芽、石花等号。

明人《月团茶歌序》：唐人制茶，碾末以酥滫为团，宋世尤精，元时其法遂绝。予效而为之，盖得其似，始悟古人咏茶诗所谓"膏油首面"，所谓"佳茗似佳人"，所谓"绿云轻绾湘娥鬟"之句。饮啜之馀，因作诗记之，并传好事。

屠本畯《茗笈·评》：人论茶叶之香，未知茶花之香。余往岁过友大雷山中，正值花开，童子摘以为供，幽香清越，绝自可人，惜非瓯中物耳。乃予著《瓶史月表》，以插茗花为斋中清玩。而高濂《盆史》，亦载"茗花足助玄赏"云。

《茗笈·赞》十六章：一曰溯源，二曰得地，三曰乘时，四曰揆制，五曰藏茗，六曰品泉，七曰候火，八曰定汤，九曰点瀹，十曰辨器，十一曰申忌，十二曰防滥，十三曰戒淆，十四曰相宜，十五曰衡鉴，十六曰玄赏。

谢肇淛《五杂俎》：今茶品之上者，松萝也，虎丘也，罗岕也，龙井也，阳羡也，天池也。而吾闽武夷、清源、彭山三种，可与角胜。六安、雁宕、蒙山三种，祛滞有功，而色香不称，当是药笼中物，非文房佳品也。

《西吴枝乘》：湖人于茗，不数顾渚，而数罗岕。然顾渚之佳者，其风味已远出龙井下。岕稍清隽，然叶粗而作草气。丁长孺尝以半角见饷，且教余烹煎之法，追试之，殊类羊公鹤。此余有解有未解也。余尝品茗，以武夷、虎丘第一，淡而远也。松萝、龙井次之，香而艳也。天池又次之，常而不厌也。馀子琐琐，勿置齿喙。

屠长卿《考槃馀事》：虎丘茶最号精绝，为天下冠，惜不多产，皆为豪右所据，寂寞山家无由获购矣。天池青翠芳馨，啜之赏心，嗅亦消渴，可称仙品。诸山之茶，当为退舍。阳羡俗名罗岕，浙之长兴者佳，荆溪稍下。细者其价两倍天池，惜乎难得，须亲自收采方妙。六安品亦精，入药最效，但不善炒，不能发香而味苦，茶之本性实佳。龙井之山不过十数亩，外此有茶，似皆不及。大抵天开龙泓美泉，山灵特生佳茗以副之耳。山中仅有一二家，炒法甚精。近有山僧焙者亦妙，真者天池不能及也。天目为天池、龙井之次，亦佳品也。地志云："山中寒气早严，山僧至九月即不敢出。冬来多雪，三月后方通行，其萌芽较他茶独晚。"

包衡《清赏录》：昔人以陆羽饮茶比于后稷树谷，及观韩翃《谢赐茶启》云："吴主礼贤，方闻置茗；晋人爱客，才有分茶。"则知开创之功，非关桑苎老翁也。若云在昔茶勋未普，则比时赐茶已一千五百串矣。

陈仁锡《潜确类书》：紫琳腴、云腴，皆茶名也。茗花，白色，冬开似梅，亦清香。［按：冒巢民《岕茶汇钞》云："茶花味浊无香，香凝叶内。”二说不同。岂荈与他茶独异欤！]

《农政全书》：六经中无茶字，茶即茶也。《毛诗》云："谁谓荼苦，其甘如荠。"以其苦而味甘也。

夫茶，灵草也。种之则利溥，饮之则神清。上而王公贵人之所尚，下而小夫贱隶之所不可阙，诚民生食用之所资，国家课利之一助也。

罗廪《茶解》：茶园不宜杂以恶木，惟古梅、丛桂、辛夷、玉兰、玫瑰、苍松、翠竹，与之间植，足以蔽覆霜雪，掩映秋阳。其下可植芳兰、幽菊清芬之品。最忌菜畦相逼，不免渗漉，滓厥清真。

茶地南向为佳，向阴者遂劣。故一山之中，美恶相悬。

李日华《六研斋笔记》：茶事于唐末未甚兴，不过幽人雅士手撷于荒园杂秽中，拔其精英，以荐灵爽，所以饶云露自然之味。至宋设茗纲，充天家玉食，士大夫益复贵之，民间服习寖广，以为不可缺之物。于是营植者拥溉孳粪，等于蔬薪，而茶亦隤其品味矣。人知鸿渐到处品泉，不知亦到处搜茶。皇甫冉《送羽摄山采茶》诗数言，仅存公案而已。

徐岩泉《六安州茶居士传》：居士姓茶，族氏众多，枝叶繁衍遍天下。其在六安一枝最著，为大宗；阳羡、罗岕、武夷、匡庐之类，皆小宗；蒙山，又其别枝也。

乐思白《雪庵清史》：夫轻身换骨，消渴涤烦，茶荈之功，至妙至神。昔在有唐，吾闽茗事未兴，草木仙骨，尚闷其灵。五代之季，南唐采茶北苑，而茗事兴。迨宋至道初，有诏奉造，而茶品日广。及咸平、庆历中，丁谓、蔡襄造茶进奉，而制作益精。至徽宗大观、宣和间，而茶品极矣。断崖缺石之上，木秀云腴，往往于此露灵。倘微丁、蔡来自吾闽，则种种佳品，不几于委翳消腐哉？虽然，患无佳品耳。其品果佳，即微丁、蔡来自吾闽，而灵芽真笋岂终于委翳消腐乎？吾闽之能轻身换骨、消渴涤烦者，宁独一茶乎？兹将发其灵矣。

冯时可《茶谱》：茶全贵采造。苏州茶饮遍天下，专以采造胜耳。徽郡向无茶，近出松萝，最为时尚。是茶始比丘大方，大方居虎丘最久，得采造法。其后于徽之松萝结庵，采诸山茶，于庵焙制，远迩争市，价忽翔涌。人因称松萝，实非松萝所出也。

胡文焕《茶集》：茶，至清至美物也，世皆不味之，而食烟火者又不足以语此。医家论茶，性寒能伤人脾。独予有诸疾，则必借茶为药石，每深得其功效。噫！非缘之有自，而何契之若是耶！

《群芳谱》：蕲州蕲门团黄，有一旗一枪之号，言一叶一芽也。欧阳公诗有"共约试新茶，旗枪几时绿"之句。王荆公《送元厚之》句云"新茗斋中试一旗"。世谓茶始生而嫩者为一枪，寖大而开者为一旗。

鲁彭《刻茶经序》：夫茶之为经，要矣。兹复刻者，便览尔。刻之竟陵者，表羽之为竟陵人也。按羽生甚异，类令尹子文。人谓子文贤而仕，羽虽贤，卒以不仕。今观《茶经》三篇，固具体用之学者。其曰"伊公羹，陆氏茶"，取而比之，实以自况。所谓易地皆然者，非欤？厥后茗饮之风，行于中外。而回纥亦以马易茶，由宋迄今，大为边助。则羽之功，固在万世，仕不仕奚足论也！

沈石田《书岕茶别论后》：昔人咏梅花云："香中别有韵，清极不知寒。"此惟岕茶足当之。若闽之清源、武夷，吴郡之天池、虎丘，武林之龙井，新安之松萝，匡庐之云雾，其名虽大噪，不能与岕相抗也。顾渚每岁贡茶三十二斤，则岕于国初，已受知遇。施于今，渐远渐传，渐觉声价转重。既得圣人之清，又得圣人之时，第蒸、采、烹、洗，悉与古法不同。

李维桢《茶经序》：羽所著《君臣契》三卷，《源解》三十卷，《江表四姓谱》十卷，《占梦》三卷，不尽传，而独传《茶经》，岂他书人所时有，此其觭长，易于取名耶？太史公曰："富贵而名磨灭，不可胜数，惟俶傥非常之人称焉。"鸿渐穷厄终身，而遗书遗迹，百世下宝爱之，以为山川邑里重。其风足以廉顽立懦，胡可少哉？

杨慎《丹铅总录》：茶，即古荼字也。周《诗》记苦荼，《春秋》书齐荼，《汉志》书荼陵。颜师古、陆德明虽已转入茶音，而未易字文也。至陆羽《茶经》、玉川《茶歌》、赵赞茶禁以后，遂以茶易荼。

董其昌《茶董题词》：荀子曰："其为人也多暇，其出入也不远矣。"陶通明曰："不为无益之事，何以悦有涯之生？"余谓茗碗之事足当之。盖幽人高士，蝉蜕势利，借以耗壮心而送日月。水源之轻重，辨若淄渑；火候之文武，调若丹鼎。非枕漱之侣不亲，非文字之饮不比也。当今此事，惟许夏茂卿拈出。顾渚、阳羡，肉食者往焉，茂卿亦安能禁？壹似强笑不乐，强颜无欢，茶韵故自胜耳。予凤秉幽尚，入山十年，差可不愧茂卿语。今者驱车入闽，念凤团龙饼，延津为瀹，岂必士思，如廉颇思用赵？惟是《绝交书》所谓"心不耐烦，而官事鞅掌"者，竟有负茶灶耳。茂卿能以同味谅吾耶！

董承叙《题陆羽传后》：余尝过竟陵，憩羽故寺，访雁桥，观茶井，慨然想见其为人。夫羽少厌髡缁，笃嗜坟素，本非忘世者。卒乃寄号桑苎，遁迹苕霅，啸歌独行，继以痛哭，其意必有所在，时乃比之接舆，岂知羽者哉？至其性甘茗荈，味辨淄渑，清风雅趣，脍炙今古。张颠之于酒也，昌黎以为有所托而逃，羽亦以是夫！

《谷山笔麈》：茶自汉以前不见于书，想所谓槚者，即是矣。

李贽《疑谓》：古人冬则饮汤，夏则饮水，未有茶也。李文正《资暇录》谓茶始于唐崔宁，黄伯思已辨其非。伯思尝见北齐杨子华作《邢子才魏收勘书图》，已有煎茶者。《南窗记谈》谓饮茶始于梁天监中，事见《洛阳伽蓝记》。及阅《吴志·韦曜传》，赐茶荈以当酒，则茶又非始于梁矣。余谓饮茶亦非始于吴也。《尔雅》曰："槚，苦荼。"郭璞注："可以为羹饮。早采为茶，晚采为茗，一名荈。"则吴之前亦以茶作茗矣。第未如后世之日用不离也。盖自陆羽出，茶之法始讲。自吕惠卿、蔡君谟辈出，茶之法始精。而茶之利，国家且藉之矣。此古人所不及详者也。

王象晋《茶谱小序》：茶，嘉木也。一植不再移，故婚礼用茶，从一之义也。虽兆自《食经》，饮自隋帝，而好者尚寡。至后兴于唐，盛于宋，始为世重矣。仁宗，贤君也，颁赐两府，四人仅得两饼，一人分数钱耳。宰相家至不敢碾试，藏以为宝，其贵重如此。近世蜀之蒙山，每岁仅以两计。苏之虎丘，至官府预为封识，公为采制，所得不过数斤。岂天地间尤物，生固不数数然耶？瓯泛翠涛，碾飞绿屑，不借云腴，孰驱睡魔？作《茶谱》。

陈继儒《茶董小序》：范希文云："万象森罗中，安知无茶星。"余以茶星名馆，每与客茗战，旗枪标格，天然色香映发。若陆季疵复生，忍作《毁茶论》乎？夏子茂卿叙酒，其言甚豪。予曰：何如隐囊纱帽，翛然林涧之间，摘露芽，煮云腴，一洗百年尘土胃耶？热肠如沸，茶不胜酒；幽韵如云，酒不胜茶。酒类侠，茶类隐。酒固道广，茶亦德素。茂卿，茶之董狐也，因作《茶董》。东佘陈继儒书于素涛轩。

夏茂卿《茶董序》：自晋唐而下，纷纷邾莒之会，各立胜场，品别淄渑，判若南董，遂以《茶董》名篇。语曰：穷《春秋》，演河图，不如载茗一车。诚重之矣。如谓此君面目严冷，而且以为水厄，且以为乳妖，则请效綦毋先生无作此事。冰莲道人识。

《本草》：石蕊，一名云茶。

卜万祺《松寮茗政》：虎丘茶，色味香韵，无可比拟。必亲诣茶所，手摘监制，乃得真产。且难久贮，即百端珍护，稍过时即全失其初矣。殆如彩云易散，故不入供御耶？但山岩隙地，所产无几，为官司禁据，寺僧惯杂赝种，非精鉴家卒莫能辨。明万历中，寺僧苦大吏需索，薙除殆尽。文文肃公震孟《薙茶说》以讥之。至今真产尤不易得。

袁了凡《群书备考》：茶之名，始见于王褒《僮约》。

许次纾《茶疏》：唐人首称阳羡，宋人最重建州。于今贡茶，两地独多。阳羡仅有其名，建州亦［非］上品，惟武夷雨前最胜。近日所尚者，为长兴之罗岕，疑即古顾渚紫笋。然岕故有数处，今惟峒山最佳。姚伯道云："明月之峡，厥有佳茗。韵致清远，滋味甘香，足称仙品。其在顾渚亦有佳者，今但以水口茶名之，全与岕别矣。若歙之松萝，吴之虎丘，杭之龙井，并可与颉颃。”郭次甫极称黄山，黄山亦在歙，去松萝远甚。往时士人皆重天池，然饮之略多，令人胀满。浙之产曰雁宕、大盘、金华、日铸，皆与武夷相伯仲。钱塘诸山产茶甚多，南山尽佳，北山稍劣。武夷之外，有泉州之清源，倘以好手制之，亦是武夷亚匹。惜多焦枯，令人意尽。楚之产曰宝庆，滇之产曰五华，皆表表有名，在雁茶之上。其他名山所产，当不止此，或余未知，或名未著，故不及论。

李诩《戒庵漫笔》：昔人论茶，以枪旗为美，而不取雀舌、麦颗。盖芽细则易杂他树之叶，而难辨耳。枪旗者，犹今称壶蜂翅是也。

《四时类要》：茶子于寒露候收晒干，以湿沙土拌匀，盛筐笼内，穰草盖之，不尔即冻不生。至二月中取出，用糠与焦土种之于树下或背阴之地，开坎圆三尺，深一尺，熟劚，著粪和土，每坑下子六七十颗，覆土厚一寸许，相离二尺，种一丛。性恶湿，又畏日，大概宜山中斜坡、峻坂、走水处。若平地，须深开沟垄以泄水，三年后方可收茶。

张大复《梅花笔谈》：赵长白作《茶史》，考订颇详，要以识其事而已矣。龙团、凤饼、紫茸、拣芽，决不可用于今之世。予尝论今之世，笔贵而愈失其传，茶贵而愈出其味。天下事，未有不身试而出之者也。

文震亨《长物志》：古今论茶事者，无虑数十家，若鸿渐之《经》，君谟之《录》，可为尽善。然其时法，用熟碾为丸、为挺，故所称有龙凤团、小龙团、密云龙、瑞云翔龙。至宣和间，始以茶色白者为贵。漕臣郑可简始创为银丝水芽，以茶剔叶取心，清泉渍之，去龙脑诸香，惟新铸小龙蜿蜒其上，称龙团胜雪。当时以为不更之法。而吾朝所尚又不同，其烹试之法，亦与前人异。然简便异常，天趣悉备，可谓尽茶之真味矣。而至于洗茶、候汤、择器，皆各有法，宁特侈言乌府、云屯等目而已哉？

《虎丘志》：冯梦祯云：“徐茂吴品茶，以虎丘为第一。”

周高起《洞山茶系》：芥茶之尚于高流，虽近数十年中事，而厥产伊始，则自卢仝隐居洞山，种于阴岭，遂有茗岭之目。相传古有汉王者，栖迟茗岭之阳，课童艺茶，踵卢仝幽致，故阳山所产，香味倍胜茗岭。所以老庙后一带茶，犹唐宋根株也。贡山茶今已绝种。

徐㶿《茶考》：按《茶录》诸书，闽中所产茶，以建安北苑为第一，壑源诸处次之，武夷之名未有闻也。然范文正公《斗茶歌》云："溪边奇茗冠天下，武夷仙人从古栽。"苏文忠公云："武夷溪边粟粒芽，前丁后蔡相笼加。"则武夷之茶在北宋已经著名，第未盛耳。但宋元制造团饼，似失正味。今则灵芽仙萼，香色尤清，为闽中第一。至于北苑壑源，又泯然无称。岂山川灵秀之气，造物生殖之美，或有时变易而然乎？

劳大与《瓯江逸志》：按茶非瓯产也，而瓯亦产茶，故旧制以之充贡，及今不废。张罗峰当国，凡瓯中所贡方物，悉与题蠲，而茶独留。将毋以先春之采，可荐馨香，且岁费物力无多，姑存之，以稍备芹献之义耶！乃后世因按办之际，不无恣取，上为一，下为十，而艺茶之圃遂为怨丛。惟愿为官于此地者，不滥取于数外，庶不致大为民病。

《天中记》：凡种茶树必下子，移植则不复生。故俗聘妇，必以茶为礼，义固有所取也。

《事物记原》：榷茶起于唐建中、贞元之间。赵赞、张滂建议税其什一。

《枕谭》：古传注："茶树初采为茶，老为茗，再老为荈。"今概称茗，当是错用事也。

熊明遇《芥山茶记》：产茶处，山之夕阳胜于朝阳，庙后山西向，故称佳。总不如洞山南向，受阳气特专，足称仙品云。

冒襄《芥茶汇钞》：茶产平地，受土气多，故其质浊。芥茗产于高山，浑是风露清虚之气，故为可尚。

吴拭云：武夷茶赏自蔡君谟始，谓其味过于北苑龙团，周右文极抑之。盖缘山中不谙制焙法，一味计多徇利之过也。余试采少许，制以松萝法，汲虎啸岩下语儿泉烹之，三德俱备，带云石而复有甘软气。乃分数百叶寄右文，令茶吐气；复酹一杯，报君谟于地下耳。

释超全《武夷茶歌注》：建州一老人始献山茶，死后传为山神，喊山之茶始此。

中原市语：茶曰渲老。

陈诗教《灌园史》：予尝闻之山僧言，茶子数颗落地，一茎而生，有似连理，故婚嫁用茶，盖取一本之义。旧传茶树不可移，竟有移之而生者，乃知晁采寄茶，徒袭影响耳。

唐李义山以对花啜茶为杀风景。予苦渴疾，何啻七碗，花神有知，当不我罪。

《金陵琐事》：茶有肥瘦。云泉道人云："凡茶肥者甘，甘则不香。茶瘦者苦，苦则香。"此又《茶经》、《茶诀》、《茶品》、《茶谱》之所未发。

野航道人朱存理云：饮之用必先茶，而茶不见于《禹贡》，盖全民用而不为利。后世榷茶，立为制，非古圣意也。陆鸿渐著《茶经》，蔡君谟著《茶谱》。孟谏议寄卢玉川三百月团，后侈至龙凤之饰，责当备于君谟。然清逸高远，上通王公，下逮林野，亦雅道也。

佩文斋《广群芳谱》：茗花即食茶之花，色月白而黄心，清香隐然，瓶之高斋，可为清供佳品。且蕊在枝条，无不开遍。

王新城《居易录》：广南人以蓼为茶。予顷著之《皇华记闻》。阅《道乡集》有张纠《送吴洞蓥绝句》，云："茶选修仁方破碢，蓥分吴洞忽当筵。君谟远矣知难作，试取一瓢江水煎。"盖志完迁昭平时作也。

《分甘馀话》：宋丁谓为福建转运使，始造龙凤团茶，上供不过四十饼。天圣中，又造小团，其品过于大团。神宗时，命造密云龙，其品又过于小团。元祐初，宣仁皇太后曰："指挥建州，今后更不许造密云龙，亦不要团茶，拣好茶吃了，生得甚好意智。"宣仁改熙宁之政，此其小者。顾其言，实可为万世法。士大夫家，膏粱子弟，尤不可不知也。谨备录之。

《百夷语》：茶曰芽。以粗茶曰芽以结，细茶曰芽以完。缅甸夷语，茶曰腊扒，吃茶曰腊扒仪索。

徐葆光《中山传信录》：琉球呼茶曰札。

《武夷茶考》：按丁谓制龙团，蔡忠惠制小龙团，皆北苑事。其武夷修贡，自元时浙省平章高兴始，而谈者辄称丁、蔡。苏文忠公诗云："武夷溪边粟粒芽，前丁后蔡相笼加。"则北苑贡时，武夷已为二公赏识矣。至高兴武夷贡后，而北苑渐至无闻。昔人云，茶之为物，涤昏雪滞，于务学勤政未必无助，其与进荔枝、桃花者不同。然充类至义，则亦宦官、宫妾之爱君也。忠惠直道高名，与范、欧相亚，而进茶一事乃侪晋公。君子举措，可不慎欤？

《随见录》：按沈存中《笔谈》云："建茶皆乔木。吴、蜀惟丛茇而已。"以余所见，武夷茶树俱系丛茇，初无乔木，岂存中未至建安欤？抑当时北苑与此日武夷有不同欤？《茶经》云"巴山峡川有两人合抱者"，又与吴、蜀丛茇之说互异，姑识之以俟参考。

《万姓通谱》载：汉时人有茶恬，主出《江都易王传》。按《汉书》：茶恬［苏林曰：茶，食邪反］，则茶本两音，至唐而荼、茶始分耳。

焦氏《说楛》：茶曰玉蕤。［补］

[译文]

东汉许慎《说文解字》中说：茗，就是茶叶。

东汉王褒的《僮约》在前面说"烹鳖烹茶"，后面又说"武阳买茶"。［注释：前面是苦菜，后面指茶叶。］

西晋张华的《博物志》中说：品饮真正的好茶，能够使人解困少睡。

三国吴人陆玑的《毛诗草木鸟兽虫鱼疏》中说：花椒树很像茱萸，蜀人做茶、吴人做茗时，都要把花椒叶与茶一起烹煮，以增加其香味。

《新唐书·陆羽传》中说：陆羽嗜好饮茶，编撰有《茶经》上中下三篇，讲述茶的起源、采制工具、加工制造、煮饮器具、烤煮方法、品饮方式、茶事典故、产地、省略、图画等很详备，于是天下的人渐渐都知道饮茶了。

《唐六典》中说：金英、绿片，都是茶叶的名字。

《李太白集·赠族侄僧中孚玉泉仙人掌茶序》中写道：我听说荆州玉泉寺附近青溪等山，山洞里面往往有钟乳窟，窟里有很多交汇的泉水。里面有白色的蝙蝠，大的就像乌鸦一样。按照《仙经》里的记载：蝙蝠又名仙鼠。千年之后，其身体如雪一样洁白。栖息的时候就倒挂起来，就是因为饮用了这里的钟乳水才能够长生的。水边到处都有茶树丛生，其枝叶如碧玉一般。只有玉泉真人经常采摘并饮用，他到了八十多岁时，脸色仍如桃花一样。而这里的茶叶清香滑熟，不同于其他的茶叶品种，所以能够返老还童、防止衰老，增进人的寿命。我游览金陵，见到同宗的僧人中孚给我展示茶叶数十片，卷曲重叠在一起，形状就像手掌一样，故名仙人掌茶。这是玉泉山新近出产的，从前从来没有见到过。于是拿来赠送给我，并赠诗给我，邀请我酬答，所以才有了这首诗作，以便使得后世的高僧和隐士知道仙人掌茶发源于中孚禅子和青莲居士李白。

《皮日休集·茶中杂咏诗序》中写道：自从周朝以来，一直到我们唐朝的茶事，竟陵子陆羽（字季疵）讲得非常详尽了。但是在陆羽之前所谓的茗饮，一定是含浑而烹煮茶叶，与一般的煮菜而啜没有什么两样。陆羽在历史上第一次编撰《茶经》三卷，从此分析了茶叶的起源，制造了采制的工具，教给了制造的方法，设置了烹饮的器具，命名了烹煮的方式，从而使得品饮的人解除了消渴病与毒疮的痛苦，即使是专门治疗疾病的医生也比不上。其对于人们的益处，难道还小吗？我刚得到陆羽的著作的时候，认为已经很详备了，后来又得到他所编撰的《顾渚山记》两篇，发现其中也有很多关于茶的内容；再后来又看到太原人温从云、武威人段碣之各自补充的茶事十数节，与陆羽《茶经》并存于方册。那么有关茶的史事，从周朝至今竟然没有一点遗漏了。

唐朝封演的《封氏闻见记》中说：茶叶，南方人喜欢品饮，北方人起初并不多饮。玄宗开元年间（713～741），泰山灵岩寺有一位降魔师大力倡导禅宗。学习参禅务必不能睡觉，又不吃夜宵，只允许饮茶。人们各自携带茶叶，到处烹煮品饮。从此彼此之间相互仿效，于是逐渐就形成了饮茶的风俗。从邹州（今山东邹城）、齐州（今山东淄博）、沧州（今属河北）、棣州（今河北无棣），渐渐传到了京都长安（今陕西西安），城市里有许多人开店铺煎茶而卖，不问是僧徒还是凡俗的人，出钱就可以取来品饮。其茶叶则从江淮地区转运而来，名色和数量都很繁多。

《唐韵》中说："荼"字，从中唐时期才开始减去一画变成了"茶"字。

唐朝裴汶《茶述》中说：茶，起源于东晋，盛行于唐朝。其本性精良清澈，其味道丰富纯净，其作用是消除烦恼，其功能是达到中和。即使在百种物品中也不会相混，而且会超越各种饮品而独具风味。以古鼎盛水烹煮，以虎形茶具调和，人人品饮，永远不会厌烦。得茶而饮就会身体安康，不得饮则会身患疾病。那些灵芝、白术、黄精等中药，徒称为益寿延年的上等药材，可是成效却在数十年之后，而且有很多禁忌，是不能和茶叶相类比的。有人说饮茶过多会令人体质虚弱、易于得风症。我说不是这样的。一般说来物品能够祛除邪气，就一定能够辅助正气，哪里有只消除疾病而无益于健康的呢？如今天下以茶叶作为土产贡献给朝廷的其实很多，而以顾渚（山名，在今浙江长兴境内）、蕲阳（今湖北蕲春北山）、蒙山（山名，在今四川雅安）所产的茶为上品，其次则为寿阳（今安徽寿县)、义兴(今江苏宜兴)、碧涧(今湖北松滋)、湄湖(今湖南岳阳)、衡山(今湖南衡山)所产的茶,最差的是鄱阳(今江西波阳)、浮梁(今江西景德镇)所产的茶。如今其中的精品可以说没有比它们更好的了,即使得到其中的粗茶,那么下层的民众无不推杯换盏,纷纷品饮。一时之间得不到茶叶品饮,肠胃内腑就会产生疾病。人们如此嗜好饮茶,在西晋以前从来没有听说过。考虑到如此天下最好的滋味,茶事的记载有时不免会被遗漏,所以我编撰了一篇《茶述》。

宋徽宗《大观茶论》中说:至于说到茶这种植物,它占有浙江、福建一带的秀美之气,集中了山岭川流之间自然之灵性。饮茶可以使人开阔胸襟、涤除郁闷,进而达到精神清爽、心境平和,其中的韵味却不是庸人和孩子所能体会得到的。品饮时的那种淡泊高洁、雅致宁静的幽趣,也是无法在生计窘迫、兵荒马乱的岁月中体味和崇尚的。

自从宋朝建立以来,每年都要把福建建溪所产的茶叶作为贡品,这里所产的"龙团"、"凤饼",美名甲于天下,而建安壑源的茶品也从此而日负盛名。发展到了今天(北宋大观年间,1107～1110年),我们的国家百废俱兴,海内晏然风清,朝廷之上君臣勤勉治国,幸而达到了无为而治、国泰民安的境地。无论是缙绅之士,还是平民百姓,都承蒙天地的恩泽,受到道德教化的熏陶,盛行高雅的生活风尚,竞相从事品茗斗茶之事。所以近年以来,人们采摘和挑选茶叶之精心,制作茶叶之工巧,讲究茶叶品级之优秀,烹点品饮技巧之高妙,无不达到了登峰造极的地步。

啊!天下升平的至治之世,不仅仅是人们得以充分发挥其才能,就是像茶叶这样本性通灵的草木之类,也得以充分展示其功用。我偶然借着闲暇的日子,潜心研究茶道的精微之处,领悟到了其中的奥秘,考虑到后世之人不一定能自然通晓品饮的利害,所以我在这里详细地叙述了茶事的本末，共分为二十篇，取名为《茶论》。第一叫做地产，第二叫做天时，第三叫做择采，第四叫做蒸压，第五叫做制造，第六叫做鉴别，第七叫做白茶，第八叫做罗碾，第九叫做盏，第十叫做筅，第十一叫做瓶，第十二叫做杓，第十三叫做水，第十四叫做点，第十五叫做味，第十六叫做香，第十七叫做色，第十八叫做藏，第十九叫做品，第二十叫做外焙。

茶叶的命名，各按其所产之地而取。例如叶耕的平园、台星岩，叶刚的高峰、青凤髓，叶思纯的大岚，叶屿的屑山，叶五崇林的罗汉山上水桑芽，叶坚的碎石窠、石臼窠［也叫做穴窠］，叶琼、叶辉的秀皮林，叶师复、叶师贶的虎岩，叶椿的无双岩芽，叶懋的老窠园。这些茶各自有其独具的美味，不曾混淆，无法一一列举。制茶工人生产出来的茶叶，本来就有先前质优而后来质劣的，或者是先前质量低劣而后来质量提高的，所以产茶园地并非一成不变的啊！

北宋丁谓《进新茶表》中写道：所进这件物产（惯例贡茶同时贡水），既不同于钱塘孤山的金沙泉水，其茶名也不是紫笋。江南边大地回暖，茶叶初发刚刚呈现出茁壮的样子；都城里春天依然寒冷，已经发出"其甘如荠"的味道。物以稀为贵，但我怎么敢独自收藏起来？我所进贡的新茶，其实也是遵循旧有的惯例。

北宋蔡襄《进〈茶录〉表》中写道：臣先前上奏言事，承蒙陛下颁发诏谕，说我从前担任福建转运使的时候，所进贡的上品龙团茶最为精妙。臣退朝之后私下感念茶叶作为一种微不足道的草木，竟蒙陛下的知遇和品鉴，如果使其得地利之便，就可以充分发挥其材用。从前陆羽的《茶经》，没有列举建安（今福建建瓯）的茶品，我朝丁谓的《茶图》，仅仅论述了茶叶采制的方法。至于茶叶烹点品饮的方式，还未曾听说过有专门的记载。臣于是就罗列了几个方面，简单而易于明白，分成上下两篇，取名叫做《茶录》。

诚恳希望陛下举行宫廷清闲之宴时，能有机会予以观览和采纳，臣将不胜惶恐荣幸之至。

北宋欧阳修《归田录》中说：茶叶的品类，没有比龙团、凤饼更为珍贵的了，通称为"团茶"，八饼重一斤。庆历（1041～1048）中，蔡襄（字君谟）开始创制小片龙团茶进贡，其品质精致绝伦，称为"小龙团"，二十饼重一斤，价值黄金二两。然而，黄金易得，而小龙团茶却极其难得。每年因于南郊举行祭天之礼而进行斋戒，中书省和枢密院各赏赐一饼龙团，四人分之。官人往往在龙团表面贴上镂刻的金色花纹，由此可见其贵重的程度。

南宋赵汝砺《北苑别录》中说：草木到了晚间更加茂盛，所以要引导其生长之气，渗透雨露之润泽。茶园的管理一般在每年六月开始兴工，修剪茶树枝条，以涵养嫩枝细芽，园中滋蔓的杂草，遮蔽茶树的树木，都要清除干净，这就是所谓的引导生长之气、渗透雨露之泽，也叫做开畬。只有园中的桐木予以保留。桐木的本性与茶树相适宜，而且茶树到了冬天就害怕寒冷，桐木到了秋天就先落叶；茶树到了夏天就害怕日晒，桐木到了春天就日渐茂盛。其中的道理也是这样。

南宋王辟之《渑水燕谈》中说：建茶兴盛于江南，近年来制作尤其精妙。其中又以龙团最为上品，八饼重一斤。庆历（1041～1048）中，蔡襄（字君谟）担任福建转运使，开始制作小龙团，以充当年的贡品，二十饼重一斤，也就是所谓的上品龙茶。仁宗皇帝非常珍惜，即使宰相也不曾随意赏赐，只有到了南郊祭天大礼前斋戒的晚上，中书省和枢密院两府各四人合起来赏赐一饼。官人剪金为龙凤花贴于其上。八个人分开珍藏，以为奇玩，不敢轻易烹点取饮，有高雅的客人到来就拿出来传阅把玩。欧阳修（谥号文忠）先生说："茶是物产中的至精妙品，而小龙团则又是茶中的精品。"嘉祐（1056～1063）中，是小龙团刚刚出世的时候。到如今小龙团也容易得到了，怎么能到如此珍贵的地步呢？

南宋周辉《清波杂志》中说：自熙宁（1068～1077）以后，北苑开始制造和进贡密云龙。每年第一批所贡的茶叶，除宗庙祭祀和皇宫饮用之外，赏赐臣下的很少。皇帝的亲戚与身边亲近的人请求赏赐更多。宣仁太后下令建州不许再制造密云龙，就是因为受不了他人求索烦扰的缘故。这样的消息在缙绅士大夫之间传播之后，密云龙的名声从此就更加大了。淳熙（1174～1189）间，皇室的亲戚许仲启在苏沙（或为"麻沙"之误）做官，得到一部《北苑修贡录》，就为之作序并刊刻行世。其间记载每年进贡茶叶十二批，共三等，四十一个品种。第一批叫做龙焙贡新，只生产五十多铐。其贵重如此，其中独无所谓密云龙。难道是以"贡新"改易其名吗？或者是别为一种，又位居密云龙之上呢？

北宋沈括（字存中）《梦溪笔谈》中说：古人谈论茶叶，只说阳羡、顾渚、天柱、蒙顶之类，都没有谈到建溪。然而唐朝人很看重一种黏黑的串茶，已经接近于建溪的饼茶了。建溪的茶树都是乔木，而吴地、蜀地的茶叶只是丛生的灌木，品质自然居下。建茶著名的产地叫做郝源、曾坑，其间又有垄根、山顶两个品种更胜一筹。南唐李氏将其命名为北苑，并设置官吏管理其事。

南宋胡仔《苕溪渔隐丛话》中说：建安北苑进贡茶叶，开始于宋太宗太平兴国三年（978），朝廷派遣使者监督制造，取龙凤图像，以分别进贡。至道（995～997）间，添造石乳、腊面。其后又兴起大小龙团，起于丁谓而成于蔡襄。到宣和、政和年间（依顺序应为政和、重和、宣和年间，1111～1125），福建郑可简因为贡茶得宠，任福建路转运使，长期掌管漕运，不断增加新品种进贡，其贡品数量渐广，至今仍然承袭以前的做法。

细色茶五批，共有四十三个品种，形制各异，共计七千多饼，其中贡新、试新、龙团胜雪、白茶、御苑玉芽五个品种，乃是水拣茶，为第一等；其余都是生拣茶，质量次之。又有粗色茶七批，共有五个品种。大小龙凤茶以及拣芽，都要加入龙脑香料，调和为膏制成团饼茶，共计四万余饼。水拣茶就是春社之前采摘的茶芽，生拣茶则是火前即寒食之前采摘的茶芽，粗色茶则是雨前即雨水节气之前采摘的茶芽。福建气候温暖，雨前茶已经显老而味道浓重了。还有石门、乳吉、香口三个外焙，也隶属于北苑，都是采摘茶芽，送到官焙添造。每年花费白银两万多缗，每天动用上千的夫役采制茶叶，持续两月方才完成。只是所采制的茶叶不允许超过规定数目，进贡之后市面已是无货可买了，所以民间很少能够得到。只有鳌源等地的私焙茶，其中的绝品也可以与官焙茶相提并论，从古到今，也进贡朝廷。而那些流贩四方的茶叶，全都是私焙茶罢了。

北苑在富沙的北面，隶属于建安县，距离县城二十五里，乃是龙焙制造贡茶的地方，又名凤凰山。那里有一条小溪，向南流到富沙城下，才与自西而来的水汇合一起向东流去。

南宋车若水（字清臣）《脚气集》中说：《诗经·邶风·谷风》记载："谁谓茶苦，其甘如荠。"注：茶，即苦菜。《周礼·地官司徒》记载："掌茶以供丧事。"就是取其苦的含义。苏东坡有诗咏道："周诗记苦茶，茗饮出近世。"乃是以今天的茶为茶。茶叶，今天的人们以其清心明目，自唐朝以来，上下阶层的人们都普遍喜欢品饮，即使百姓也每天饮茶数碗，难道会是茶吗？茶中粗糙的，叫做茗。

南宋宋子安《东溪试茶录序》中说：茶叶适宜高山的阴坡，而喜欢阳光普照的早晨。从北苑凤凰山，向南属苦竹园头，向东南则属于张坑头，都是地处高远而且先得阳光照耀的地方，每年发芽都较早，茶芽极为肥嫩，非民间茶山所可比拟。其次出鳌源岭，山势较高，土地肥沃，所产茶味在诸焙中独占鳌头。丁谓也说过：凤凰山高不过百丈，也没有险峻的高峰和陡峭的山头，而是山冈环抱，满目苍翠，气势柔美灵秀，非常适宜嘉木灵卉的生长繁衍。又因为建安茶品甲于天下，所以有人认为山川之间最灵秀的草木，天地之间最和谐的气息，都集中在这里的茶叶当中。又有人议论说壑源岭的断崖残石之间有石乳生出，正是灵草嘉木的仙骨。近来蔡襄也说过："只有北苑凤凰山相连的诸焙所产茶叶味道最好，因此天下四方以建茶为名的，都自称是北苑茶。"

南宋黄儒《品茶要录序》中说：谈论茶史的人们常常责备陆羽《茶经》没有论列建安茶品，这大概是因为在这以前茶事还不很兴盛，上好的茶叶往往任其枯萎腐败，自然消失，而人们却不知道珍惜。自从宋朝初年以来，士大夫承蒙皇上的恩泽，歌咏升平盛世，已经很久了。他们风度潇洒脱俗，精神清静淡泊，只有品茶这种生活艺术与之相契合，成了他们修身养性的赏心乐事。生产茶叶的园户也争相采摘上好的茶叶，不断发现新奇的品种，精心加工制造出新茶珍品，以迎合士大夫的时尚。所以茶中的珍稀绝品才得以从杂乱丛生的草木中被发现和开发出来，从此就名冠天下。假使茶圣陆羽能够复生，观赏那色泽金黄的茶饼，品味那清香馥郁的茶汤，恐怕也会感受到自身的失落。由此使人想到，在普通的草木之中，一旦出现了瑰玮独特、新奇殊绝的名优品种，没有不遇到时机而后兴起盛行的，何况是人呢？

苏轼《书黄道辅〈品茶要录〉后》中说：黄道辅先生，名儒，建安（今福建建瓯）人，博学能文，淡然精深，是一位学养深厚的人。编撰有《品茶要录》十篇，洞其委曲，臻于微妙，都是陆羽以来谈论茶事的人们所不曾有过的。如果不是内心修为极度平和，一无所求，襟怀空阔，不滞于物，怎么能够体察事物的情状如此详尽呢？

《茶录》中说：茶，古时不曾听说饮用，自从东晋、南朝宋以来，吴人采摘其叶煮之，叫做茗粥。

北宋叶清臣《煮茶泉品》中说：长江中下游地区的山谷之间，空气清新，土地灵异，草木苗壮挺拔，多孕育生长着茶叶。大体说来，武夷山区所产最好的是白乳茶，吴兴地区（今浙江湖州）所产最好的是紫笋茶，会稽地区（今浙江绍兴）所产最好的是天章茶，钱塘地区（今浙江杭州）所产最好的是径山茶。至于说到桐庐（一作续庐）的山岩、云衢的山麓，都是名茶的产地，雅山茶著称于宣城、歙县一带，蒙顶茶则驰名于四川地区，这些名茶相比较而言，都颇具盛名，如果要一一列举实在是过于烦琐了。

北宋周绛《补茶经》中说：芽茶只是作为早茶，乘驿传进奉给皇上，品尝新茶就可以了。如果是一旗一枪（即一叶一芽），可以说是奇茶了。

胡致堂说：茶，是人们日常生活所必需的物品，其急切实用远远超过了酒。

南宋陈师道《茶经丛谈》（或当为《后山丛谈》）中说：茶，洪州（今江西修水）的双井茶、越州（今浙江绍兴）的日注茶（一作日铸茶），都是极品，无法确定先后次序，如果强行分出个等第来，那只能是心中品鉴的结果。

陈师道《茶经序》中写道：茶事的专门著作是从陆羽开始的，其为世所用也是从陆羽开始的，陆羽的确是茶文化的有功之臣。上自宫廷官府，下到城邑乡里，外到边疆异域，礼宾祭祀，宴会应酬，都要预先设置茶饮；山泽因茶叶而成为市场，商贾因茶叶而起家发财，陆羽又是人类的有功之臣，可以说是一位智者。《茶经》上说："茶叶品质好坏的鉴别，另存有一套口诀。"那么书中所记载的，还是比较粗略的。饮茶的技艺是行而下者，至于其中的精深微妙之处，书中有不尽的馀味，况且天下的至理名言，如果想从文字纸墨之间求得，怎么能够得到呢？从前，古圣先王对不同的人实行不同的教育，根据人们想法不同而采用不同的治理方式，所以凡是有益于人的方法，都不会轻易偏废。

宋吴淑《茶赋》注释中说：所谓五花茶，其叶片呈现出五瓣形状的花。

姚氏《残语》中记载：绍兴进贡茶叶，从高文虎开始。

南宋王楙《野客丛书》中记载：世俗认为古代的茶，就是今天的茶。殊不知茶有很多种类，并不是只有一种含义。《诗经·邶风·谷风》所说的"谁谓荼苦，其甘如荠"中，荼指的是苦菜，如同今天的苦苣菜之类。《周礼·地官·司徒》所谓的"掌荼"、《诗经》毛注所谓的"有女如荼"，都是指的苕荼之荼，属于芦苇一类的植物。只有茶槚的茶，才是今天所说的茶。世俗的人都不知道加以辨别。

《魏王花木志》中说：茶叶与栀子树叶很相似，可以烹煮作为饮料。其老叶称为荈，嫩叶则称为茗。

《瑞草总论》中说：唐宋以来就有贡茶，有榷茶。贡茶，还可从中知晓人们有热爱君王的心思；至于说榷茶，则是对茶叶进行征税和专卖，利益归于官府，烦扰则归于百姓，其为害远不止一个方面。

元代熊禾《勿斋集·北苑茶焙记》（《勿斋集》当为《勿轩集》之误）中说：任土作贡，是一种古老的制度；贡茶，《尚书·禹贡》、《周礼·职方》都没有记载，而是开始于唐代，而宋代的北苑贡茶又是其中最为著名的。北苑位于建安城东二十五里，唐朝末年才有当地人张晖上表并贡茶于朝廷。宋初丁谓担任福建转运使，贡茶数额急剧增加，达到数万斤。庆历年间承平日久，蔡襄继任，贡茶的制造更加精巧，建茶于是成为天下最好的茶品。蔡襄名列四谏官（另外有欧阳修、余靖、王素）之中，正人君子都为之感到可惜。欧阳修虽然没有参与贡茶的实践活动，还是写下了诗文夸张铺排，吟咏贡茶。苏轼则直截了当指出贡茶的危害和错误。由此可见，君子创始法制必须考虑其可继承性，怎么可以不慎重呢？

《说郛》所收宋人杨伯嵒《臆乘》中说：茶叶的生产，六经中都有详细记载，只是还没有形成独特、美好的名声。唐宋以来，诗文之中的记载尤其繁多，词藻和用典颇多疑似之处，例如蟾背、虾须、雀舌、蟹眼、瑟瑟、沥沥、霏霏、霭霭、鼓浪、涌泉、琉璃眼、碧玉池，这些都是茶事中天然的对仗词语。

五代毛文锡《茶谱》中说：衡州的衡山茶，封州的西乡茶，都是蒸青后研成膏状、压制成饼，成片、成团如同月亮。另外彭州的蒲村、堋口，当地茶园中有"仙芽"、"石花"等名号。

明初诗人高启《月团茶歌序》中说：唐人制茶，首先将茶叶碾成细末，以酥调和做成团状。宋代制茶方法更加精巧，发展到元代，这种饼茶制法就消失了。我曾仿效其法制茶，只得其形似，然而也因此才领悟了古人咏茶诗所谓的"膏油首面"、"佳茗似佳人"、"绿云轻绾湘娥鬟"等诗句的含义。品饮之余，于是作诗记录，并希望以此方式传播这件好事。

明代屠本畯《茗笈·评》中说：人们谈论茶叶的香，却不知道茶花的香。往年我曾经到大雷山中去拜访朋友，正值茶花盛开，童子采摘茶花以供欣赏，幽香清越，绝自可人，可惜并不能作为瓯中品饮之物罢了。因此，我在所著《瓶史月表》中，以插茶花作为书斋中的清赏之一。高濂《盆史》，也记载有"茗花足助玄赏"的说法。

明代屠本畯《茗笈·赞》上下篇共十六章：第一章叫做溯源，第二章叫做得地，第三章叫做乘时，第四章叫做揆制，第五章叫做藏茗，第六章叫做品泉，第七章叫做候火，第八章叫做定汤，第九章叫做点瀹，第十章叫做辨器，第十一章叫做申忌，第十二章叫做防滥，第十三章叫做戒淆，第十四章叫做相宜，第十五章叫做衡鉴，第十六章叫做玄赏。

明代谢肇淛《五杂俎》中说：如今茶叶中的上品，有松萝茶、虎丘茶、罗岕茶、龙井茶、阳羡茶、天池茶。而我们福建武夷、清源、彭山三个品种，可以与这些名茶一争高下。六安、雁宕、蒙山这三个品种，对于消除积食很有作用，可是色泽和香味却不突出，应当说是医家实用之物，而不是文人书房的清玩佳品。

明代谢肇淛《西吴枝乘》中说：湖州人对于当地所产茶叶，不推崇顾渚，而推崇罗岕。但是顾渚茶中的上品，风味已经远远超过了龙井。罗岕茶稍显清隽，可是叶粗而带有草气。丁长儒曾经赠送给我半角的罗岕茶，而且教导我烹煎的方法，等到我烹试之后，感到特别像羊公鹤（典出《世说新语·排调》），名不副实。这就是我有所理解而又没有完全理解的缘故。我曾经品饮天下名茶，以武夷茶、虎丘茶为第一，因为其茶冲淡而悠远；松萝茶、龙井茶次之，因为其茶馨香而娇艳；天池茶又次之，因为其茶味平常而饮之不厌。其馀的都比较平常，不值得加以评论。

明代屠隆（字长卿，号赤水）《考槃馀事》中说：苏州虎丘茶最称精妙绝伦，为天下名茶之冠，可惜这种茶并不多产，都被当地豪强势要所把持，寂寞无闻的山林之家没有办法购买得来。天池茶青翠芳香，品饮之下赏心悦目，即使闻一闻也能消渴，堪称仙品。其他诸山的茶叶都得退避三舍，无法相提并论。阳羡茶俗名罗岕茶，产于浙江长兴县的最佳，产于荆溪的稍嫌不足。其中精细的品种，价格两倍于天池茶，只可惜十分难得，必须亲自采摘加工才好。江北的六安茶品质也很精妙，入药最好，但是当地人不善于炒茶，不能使茶的真香充分发挥出来，从而略感味道偏苦，其实茶的本性非常好。龙井山不过十数亩，超过这一范围有茶出产，然与龙井外表相似却品质不及。大约大自然开辟了龙泓美泉（即龙井泉，在西湖凤凰岭下龙泓村），山中则特意生长佳茶与之相配。龙井山中只有一两家炒法非常精妙。近年来有山中和尚烘焙的茶叶也非常好，其真品即使天池茶也无法企及。天目山茶的品质略次于天池茶、龙井茶，也称得上是茶中佳品。当地方志记载："山中寒气来得早而且重，山中和尚到九月以后就不敢出山。冬天多雪，三个月以后才可以通行，所以茶叶较其他茶叶独晚。"

明代包衡（字彦平，秀水人）《清赏录》中说：从前，人们以陆羽对饮茶的贡献与后稷教民种植谷物相提并论，等到读到韩翃《谢赐茶启》（即《为田神玉谢茶表》）中说："三国吴主礼贤下士，才听说了置茗以代酒的典故；东晋王濛好客善饮，才有了分茶的品饮技艺。"于是知道饮茶艺术的开创之功，并不是桑苎翁陆羽。如果说从前茶叶的功效尚未普及，那么当时赐茶数量已经达到一千五百串了。

明代陈仁锡（字明卿，长洲人）《潜确类书》中说：紫琳腴、云腴，都是茶的名称。茶花呈白色，冬天盛开，与梅花相似，也清香异常。[按语：冒襄（字辟疆，号巢民，如皋人）《岕茶汇钞》记载："茶花味浊，没有香味，香气凝结在叶内。"这两种说法不一样，难道唯独岕茶与其他茶不一样吗？]

明代徐光启（字子先，号玄扈，上海人）《农政全书》中说：六经中没有茶字，茶也就是茶。《诗经》中说"谁谓荼苦，其甘如荠"，是因为茶叶清苦而味道甘香。

茶叶是一种灵草，种植茶叶能够获得可观的利益，品饮茶叶则能使人神清气爽。上层社会中的王公贵族非常崇尚这一风习，下层社会中的夫役皂隶生活也都必不可少，茶叶的确是民生日用所依赖的，是国家赋税收入的一项来源。

明代罗廪（字高君，慈溪人）《茶解》中说：茶园之中不适宜混杂其他不洁净的树木。只有梅花、桂花、辛夷、玉兰、玫瑰、苍松、翠竹之类，可以与茶树间植，也足以屏蔽和覆盖冬日的霜雪，掩映秋日的阳光。茶树下面可以种植芬芳的兰花、幽静的梅花以及各种清新芳香的花草。茶树最忌讳与菜畦接近，不可避免会有污秽之气渗透进来，玷污茶叶的清香和自然之味。

茶地以向南朝阳的为佳，向北背阴的就较劣。所以即使在同一座山中，茶叶的品质好坏相差也会很悬殊。

明代李日华（字君实，嘉兴人）《六研斋笔记》中说：茶事在唐朝末年还没有很兴盛，只是幽人雅士亲自从荒凉的茶园或杂草丛生的地方采摘出来，选择其中的精华，以供物质和精神的享受，所以富有云水烟霞的自然之味。到了宋朝，形成了成批进贡朝廷的制度，茶叶充作皇室的美食，士大夫阶层更加推重，民间品饮之风也日渐推广，把它作为不可或缺的生活必需品。于是种植茶叶的人们灌溉培植，与管理种植蔬菜的园圃一样，这样就损害了茶叶的品味。人们知道陆羽到处品评泉水，却不知道他到处探访品味名茶。皇甫冉《送羽摄山采茶》（一作《送陆鸿渐栖霞寺采茶》）诗数言，只是仅存的故事罢了。

明代徐岩泉《六安州茶居士传》中说：居士姓茶，宗族众多，枝叶繁衍，遍于天下。其在六安的这一支脉最为著名，称为大宗；至于阳羡、罗岕、武夷、匡庐之类，都是小宗；蒙山则又是其另外一个支脉。

明代乐纯（字思白，号雪庵）《雪庵清史》中说：能够使人轻身换骨、消渴涤烦的，是茶叶的功用，堪称至妙至神。从前在唐朝的时候，我们福建的茶事尚未兴起，被誉为草木仙骨的茶叶还隐藏着其灵性。五代后期的南唐，开始在北苑采制茶叶，茶事从此兴起。到北宋至道（995～997）初年，有诏令造茶进奉，于是茶品日渐众多。到咸平（998～1003）、庆历（1041～1048）年间，丁谓、蔡襄相继任职福建，造茶进贡朝廷，于是建茶制造更加精致。到宋徽宗大观（1107～1110）、宣和（1119～1125）年间，建茶的品质达到了兴盛的极点。在山间的断崖残石之上，林木挺秀，云气氤氲，往往于此显灵。如果没有丁谓、蔡襄来我们福建，那么这种种的茶中佳品，不是也会丢弃不见、自然消失腐败了吗？即使如此，还是担忧没有佳品。其品质如果真好，那么即使没有丁谓、蔡襄来我们福建，而灵芽真笋的茶叶难道最终会丢弃不见、自然消失腐败吗？我们福建的物产能够使人轻身换骨、消渴涤烦的，难道只有茶叶这一种吗？这里我将揭示其灵性。

明代冯时可（字敏卿，号元成，华亭人）《茶谱》中说：茶叶，最关键的全在采摘制造技术。苏州茶之所以能饮遍天下，就是以采摘制造技术取胜的。徽州向来不产茶叶，最近出产松萝茶，最为时人所重。这种茶创始于大方和尚，大方和尚在苏州虎丘居住最久，深得虎丘茶的采摘制造方法。后来在徽州休宁松萝山结庵修行，采摘各山的茶叶，在庵中烘焙制造，远近的人们争相来买，价格飞快上涨。人们于是称为松萝茶，其实并非松萝山所出产的茶叶。

胡文焕（字德甫，号全庵，钱塘人）《茶集》中说：茶叶是至清至美的物品，世上的人都不能体味到这一点，而世俗的人又不足以谈论这一点。医家谈论茶叶，说性寒会伤害人的脾脏。只有我有各种疾病，必须借助茶叶来治疗，所以每每深得其功效。唉！如果不是自有缘分，怎么可能如此契合相得呢？

明代王象晋（字荩臣，一字康宇，山东新城人）《群芳谱》中说：蕲州（今湖北蕲春）的蕲门团黄茶，有一旗一枪之号，说的是一叶一芽。欧阳修先生有诗句咏道："共约试新茶，旗枪几时绿。"王安石《送元厚之》诗中也有"新茗斋中试一旗"的句子。世人称茶叶刚发的嫩芽为一枪，生长期长而叶片大的茶芽为一旗。

明代鲁彭《刻茶经序》中说：以茶书而称经，说明其重要；如今重刻行世，是为了便于阅览；之所以在竟陵（今湖北天门）刊刻，是为了表明陆羽是竟陵人士。陆羽出生颇具传奇色彩，与楚国的令尹子文很类似，都是弃儿。世人都说令尹子文贤明而入仕，陆羽虽然贤明，却终身不仕。如今读《茶经》三篇，本来就是具备实用之学问。其中说到"伊公羹，陆氏茶"，取来作为比喻，其实是以自己作比。所谓改变地域都是一样的，难道不是这样的吗？此后饮茶的风气，流行于中土和外国。而回纥也来以马匹交换茶叶，从宋朝至今，对于边疆防务大有助益。如此说来，陆羽的功劳，本来就流芳万世，是否出仕哪里值得争议呢！

明代沈周（字启南，号石田，长洲人）《书岕茶别论后》中说：古人吟咏梅花道："香中别有韵，清极不知寒。"这种境界只有岕茶足以当之。例如福建的清源茶、武夷茶，苏州的天池茶、虎丘茶，杭州的龙井茶，徽州的松萝茶，庐山的云雾茶，名声虽然已经大噪，但是依然不能与岕茶相提并论。顾渚茶每年进贡三十二斤，说明岕茶在明朝初年已经受到重视。流传至今，其名声越传越远，更加为世所重。不仅得到圣人之清，而且还恭逢圣人之时，只是其蒸、采、烹、洗各道工序，都与古时的方法不同。

明代李维桢（字本宁，京山人）《茶经序》中说：陆羽所著有《君臣契》三卷，《源解》三十卷，《江表四姓谱》十卷，《占梦》三卷，都没有流传下来，流传于世的只有《茶经》，难道是因为其他书人们随时都能得到，此书是其特长，因而容易出名吗？司马迁说："富有而显贵却名声磨灭的人，历史上不可胜数，只有奇特卓异而不同凡俗的人得以青史留名。"陆羽终身贫穷困顿，可是他留下的著作和遗迹，百代以下却备受人们的宝爱，成为山川所重的标志、乡里所传的遗产。其高尚的风操能够使顽者廉、懦夫立，奋发向上，怎么可以缺少呢？

明代杨慎（字用修，号升庵，四川新都人）《丹铅总录》（一作《丹铅杂录》）中说：茶，也就是古代的荼字。例如《诗经》所说的苦荼，《春秋》所说的齐荼，《汉书·地理志》所说的荼陵。

到唐代颜师古注释《汉书》、陆德明编撰《经典释文》，虽然已经转入茶的读音，但还没有改变荼字的写法。一直到陆羽《茶经》、卢仝《茶歌》以及赵赞的茶禁以后，才以茶字取代了荼字。

明代董其昌（字玄宰，又字思白，华亭人）《茶董题词》中说：荀子说："为人处世多有闲暇，那么其出入进退的自由就不远了。"陶弘景（字通明）说："不做无益的事情，如何使有限的生命充满愉悦呢？"我认为饮茶之事就足以当之。高人隐士，摆脱权势、名利的烦扰，以此来消磨雄壮之心和打发悠长的时光。水源的轻清重浊，辨别起来就如同辨别淄水和渑水一样困难；火候的文武急缓，操作起来则如同调和炼丹的鼎炉一样不易。如果不是枕石漱流的隐逸之人，不能与茶亲近；如果不是文人之间的饮酒赋诗，不能与茶相比。当今天下的茶事，只有夏树芳（字茂卿）予以拈出，撰成《茶董》一书。顾渚茶、阳羡茶，都是做官的人往来采制，茂卿怎么能够禁止？正像强笑而不快乐，强颜而不欢忭，茶韵以此自胜罢了。我一向具有爱好山林的意愿，入山隐居十年，大概可以无愧于茂卿的说法。如今驱车来得福建，感念龙团凤饼，机缘巧合得以寓目亲见，难道一定如廉颇想为赵王所重用那样"士思为己用"？这是《绝交书》所谓的"心中不耐烦，而官事又烦杂无暇"，究竟有负于茶灶的中和之性。茂卿是否能以共同的感受谅解我呢？

明代童承叙《题陆羽传后》（一作《陆羽赞》）中说：我曾经过访陆羽故里竟陵，下榻于陆羽故寺，探访雁桥，参观茶井，慨然想见陆羽的为人。陆羽从小厌倦佛教僧徒的生活，而酷爱图书典籍，本来就不是出世忘世的人。最终寄号桑苎翁，隐居在苕、霅二溪，狂歌独行，继之以痛哭，其本意必定有其所在，当时人把他比作春秋时代的隐士接舆，怎么能算是理解陆羽呢？至于他生性喜欢茶叶，能够辨别水味，清风雅趣，脍炙千古。唐代张旭嗜酒，世称酒颠，韩愈认为他是有所寄托而逃避于此，陆羽也是这样吧。

明代于慎行（字可远，一字无垢，谥文定）《谷山笔麈》中说：茶事在汉代以前不见于文献记载，我想所谓的槚，也就是茶了。

李贽《疑谓》（当为《疑耀》，明张萱撰，旧本书贾托名李贽）中说：古人冬天就饮汤，夏天就饮水，并没有所谓的茶。李匡乂（唐人，一作李匡义，字文正）《资暇录》记载：茶事起源于唐代崔宁，黄伯思已经考辨其非，伯思曾经见到过北齐杨子华所作的《邢子才魏收勘书图》，其中已经有煎茶了。《南窗记谈》记载：饮茶开始于南朝梁天监（502～519）年间，其事见载于《洛阳伽蓝记》。等到阅读《三国志·吴志·韦曜传》，有赏赐茶叶以代替酒的说法，可知饮茶又不是开始于天监年间了。我认为饮茶也不是开始于三国吴国。《尔雅》中说："槚，苦茶。"郭璞的注释说："可以作为羹饮，早采者称为茶，晚采者称为茗，也叫荈。"那么吴之前也已经以茶作茗了，只不像后世民生日用都离不开茶。大概从陆羽开始，才讲究品饮之法。自从宋朝的吕惠卿、蔡襄等人开始，饮茶之法才更加精巧。而茶叶也借此成为专卖商品，从而有利于国家。这些都是古人没有详细记载的。

明代王象晋《茶谱小序》中说：茶，是一种优良的树木。一经种植就不可移栽，所以婚姻聘礼中一定用茶，就是取其从一而终的含义。茶事虽然萌芽于《食经》，饮用自隋文帝，但喜爱的人还很少。到了后来，兴起于唐朝，鼎盛于宋朝，才为世人所推重。宋仁宗是个贤明的君主，每年南郊祭天斋戒前赏赐给中书省和枢密院的龙团，四个人合得两饼，一个人只分得几钱罢了。以至于宰相之家也舍不得烹点试茶，而珍藏以为宝，宋朝龙凤团茶贵重如此。近代四川的蒙山茶，每年进贡的仅以两计。苏州的虎丘茶，甚至于官府预先封上标记，统一组织采制，所得也不过数斤。难道天地之间人们喜爱之物本来就不会频繁出现吗？茶盏中泛着翠涛，茶碾上飘着绿屑，不借助佳茶，如何驱除睡魔？于是编撰了《茶谱》。

明代陈继儒（字仲醇，号眉公，华亭人）《茶董小序》中说：范仲淹（字希文）曾写下诗句："万象森罗中，安知无茶星。"我于是以茶星来命名馆舍，常常与客人斗茶，以茶的芽叶旗枪作为标志，使其天然的色泽和香味自相映发。如果是茶圣陆羽复生，怎么忍心再作《毁茶论》呢？夏茂卿先生叙述酒事，其言论非常豪气。我说："酒事怎么比得上茶事，身着隐士的装束，悠游于山林泉石之间，采摘带露的茶芽，烹点茶中的佳品，一洗为百年尘土所污染的肠胃呢？热肠如沸，茶不胜酒；幽韵如云，酒不胜茶。酒事与侠客相类，茶事则与隐士相似。酒的内涵固然很广泛，而茶的品德也很高洁。茂卿先生就是茶中的良史董狐，于是编撰《茶董》一书。东佘山陈继儒书于素涛轩。

夏树芳（字茂卿，号冰莲道人）《茶董序》中说：自从晋朝和唐朝以来，各种饮食之会纷纷纭纭，茶与其他饮食各有所长，品质如淄渑之水难分轩轾，要像南史、董狐那样秉笔直书，所以就以《茶董》来命名本书。俗话说：穷研《春秋》，推演河图，不如载茗一车，的确很推重茶叶。如果认为此君面目严酷冷峻，而且认为饮茶是水厄，是乳妖，那么请仿效綦毋先生不要做此事。冰莲道人识。

《本草》中说：石蕊，又叫做云茶。

明末清初卜万祺《松寮茗政》中说：虎丘茶的色泽、味道、香气和韵致，都是无可比拟的。一定要亲临产茶之地，亲手采摘，并监督制造，才能够获得真正的虎丘茶。况且虎丘茶难以长久保存，即便是千方百计加以珍藏保管，稍一过时立即丧失其初始的真味馨香，差不多就像天上的彩云容易飘散，因而没有列入上贡朝廷的品种。然而山岩之间的间隙之地，所产的真品虎丘茶没有多少；加上其地列为官府禁地，即使当地寺院的僧侣也习惯于掺杂赝品，如果不是精于赏鉴的行家终究分辨不出来。明朝万历（1573～1620）年间，当地寺院的僧人苦于官吏的需索苛求，忍痛将茶树铲除殆尽。文震孟（字文起，谥文肃，长洲人）曾为此写下《薙茶说》加以讥刺评论。时至今日，真正的虎丘茶更加难以得到了。

明代袁黄（字坤仪，号了凡，嘉善人）《群书备考》中说：茶之名称，最早见于东汉王褒的《僮约》。

明代许次纾（字然明，钱塘人）《茶疏》中说：江南名茶，唐朝人称道的是阳羡（今江苏宜兴）茶，宋朝人最推重的是建州（今福建建瓯）茶。影响至于今日，进奉朝廷的贡茶仍以这两地为最多。然而，如今的阳羡茶已是徒有虚名，建州茶也并非最上佳品，只有武夷山的雨前茶才是最好的。近来人们所崇尚的，是长兴（今浙江湖州）的罗岕茶，我怀疑这就是古人所说的顾渚紫笋茶。但是罗岕茶产地原本有数处，现今只有峒山所出的最好。姚伯道说过："在明月之峡，出产有好茶。这种茶的韵致清爽悠远，滋味甘甜醇香，足可以称得上是仙品。至于在顾渚山出产的茶叶，也有比较好的品种，今人只是以水口茶来命名，与罗岕茶全然不同。至于歙县的松萝茶，苏州的虎丘茶，杭州的龙井茶，都与罗岕茶不相上下。"从前郭次甫极力称道黄山茶，黄山也在歙县，但是黄山茶的品质却与松萝茶相差甚远。过去的士人都很推重天池茶，然而天池所产茶叶饮用略微多一些，就会使人感到腹中胀满。浙江盛产茶叶的地方，还有天台的雁荡山，括苍的大盘山，东阳的金华，绍兴的日铸，所产茶叶都与武夷茶不相上下。杭州附近的许多山中，产茶很多，其中生长在南山的茶叶品质俱佳，生长在北山的茶叶品质稍差一些。福建名茶，除了武夷茶以外，还有泉州的清源茶，如果请高手来加工制造，也可以与武夷茶相匹敌而略逊一筹。可惜大多被炒制得焦枯，令人扫兴。两湖地区生产茶叶的地方有宝庆（今属湖南）等地，云南盛产茶叶的地方有五华等地，所产茶叶都赫赫有名，品质甚至在雁荡茶之上。其余各名山胜地所产的茶叶，应当不止上述这些，有的是我不知道，有的则是名声尚未显著，因而我在这里没有评论和涉及。

明代李诩（字厚德，号戒庵老人，江阴人）《戒庵漫笔》（一作《戒庵老人漫笔》）中说：从前人们论茶，以枪旗为美，而不取雀舌、麦颗（一作谷粒）之名，这是因为茶芽细嫩，就容易混杂其他树木之叶，从而难以分辨。所谓枪旗，也就是一个茶芽带一片嫩叶，形状如马蜂翅，即今人所说的壶蜂翅。

《四时类要》中说：茶子在寒露时收取晒干，用潮湿的沙土拌匀，盛于筐笼之内，以草秸覆盖，否则就会因受冻而无法生长。到次年二月中取出来，用糠和焦土播种下去。播种之时，要选择树下或背阴之地挖一个坑，方圆三尺，深一尺，反复刨掘挖好之后放进粪和土，每个坑中下六七十颗子，然后覆盖一寸左右的土，坑与坑之间相距二尺，每坑种植一丛。茶的本性害怕潮湿，又畏惧阳光直射，一般适宜种在山中的斜坡、较陡的山坡以及排水较好的地方。如果是平地，必须深挖沟垄以便泄水，种植三年之后才可以收茶。

明代张大复（字长元，一字星期、心其，号寒山子，昆山人）《梅花草堂笔谈》中说：赵长白作《茶史》，考订颇为详尽，主要是记载其事罢了。龙团、凤饼，紫茸、拣芽，这些绝不可能在当今之世通行。我曾经谈论当今之世，毛笔价格腾贵，制笔技艺就更会失传，茶叶价格腾贵，其本色香味就更能生发出来。天下的事情，没有不亲身实践而能够有所成就的。

明代文震亨（字启美，长洲人）《长物志》中说：古往今来谈论茶事的，不下数十家，例如陆羽的《茶经》、蔡襄的《茶录》，都可以说是尽善尽美之作。但是当时的制茶方法，是用茶碾碾碎，调和成膏，制成茶丸、茶挺，因而其名称有龙凤团、小龙团、密云龙、瑞云翔龙等。到宋徽宗宣和年间，才以茶色白者为贵。福建转运使郑可简开始创制银丝水芽，将茶叶剔除叶子而取其中心，以清泉浸泡，祛除龙脑等香料，只有新刻的小龙蜿蜒盘旋在上面，称为龙团胜雪。当时以为不可变更的方法。我们明朝的风尚有所不同，烹点试茶的方法，也与前人不同。但是却非常简便，充分发挥其天然之趣味，可以称得上是穷尽了茶叶的真味。至于洗茶、候汤、择器也都各有其法，难道只是侈谈乌府、云屯等茶具名目罢了？

《虎丘志》中记载：冯梦祯（字开之，秀水人）说："徐茂吴品茶，以虎丘茶为第一。"

明代周高起（字伯高，江阴人）《洞山茶系》（当作《洞山岕茶系》）中说：罗岕茶被上流社会所喜爱，虽然是近数十年之间的事情，但是其出产之初，则从唐朝卢仝隐居洞山、种茶阴岭开始，于是就有茗岭的说法。相传古代有汉王居住在茗岭的南边，一边教育儿童读书，一边种植茶树，继承卢仝的清幽韵致，所以南山所产茶叶，香味远远超过茗岭。据说如今老庙后一带所产的茶叶，还出自唐宋时期的树木根株。贡山茶如今已经绝种。

明代徐𤊹（字惟起、兴公，闽人）《茶考》中说：考查《茶录》等书，福建所产的茶叶，以建安北苑为第一，壑源等处次之，武夷之名尚未为世人所知。但是范仲淹（谥文正）《斗茶歌》中有"溪边奇茗冠天下，武夷仙人从古栽"的诗句，苏轼（谥文忠）《荔枝叹》中有"武夷溪边粟粒芽，前丁后蔡相笼加"的诗句，可见武夷之茶在北宋时期已经著名，只是尚未达到鼎盛罢了。但是宋元时期制造团饼，似乎已经失去茶的正味。如今武夷茶灵芽仙萼，香味和色泽尤其清新，堪称福建茶中第一。至于北苑壑源等地所产，又泯然无人所知了。难道自然山川灵秀之气、造物生产繁衍之美，有时会随时势变易而形成如此局面吗？

清初劳大与（字宜斋，石门人）《瓯江逸志》中说：茶叶并非浙江南部地区的特产，但这里也产茶，因此旧时制度以茶充作贡品，至今尚未废止。明朝张璁（字秉用，赐名孚敬，字茂恭，号罗峰，瓯海即今温州人）执政时，凡是浙江南部所进贡的特产，都奏请蠲免，只有贡茶保留下来。也许是因为先春采制茶叶，可以作为祭祀用茶，而且每年所费人力和物力也不多，姑且保留，以便稍微用作向朝廷进献忠忱的礼仪吧！只是后世在具体实施的时候，不免会有恣意多取的情况，上定一分，下派十分，从而使得种茶的园圃成了怨声汇聚的地方。只希望在这里做官的人不要在规定的数额之外滥取无度，不至于造成民众的沉重负担。

明代陈耀文《天中记》中说：大凡种植茶树一定要先下子，移植之后就不可能成活了。因此民俗婚姻中的聘礼，必定以茶作为聘礼，也是取其从一而终的含义。

宋代高承《事物记原》中说：榷茶起源于唐朝建中（780～783）、贞元（785～805）之间。赵赞（建中三年）、张滂（贞元九年）建议按照每十税一的标准征收茶税。

明代陈继儒《枕谭》中说：古传注（郭璞为《尔雅·释木》所作的注释）认为："茶树初次采摘的叫做茶，老者叫做茗，再老者叫做荈。"如今既然茶又称作茗，当是错用其事了。

明代熊明遇（字良孺，进贤人）《岕山茶记》（当作《罗岕茶记》）中说：产茶的地方，山中夕阳照射的地方要胜过朝阳照射的地方，罗岕产地的庙后山正好是西向，所以产茶上好；但总不如洞山南向，接受阳气最专，足可以称为仙品。

冒襄《岕茶汇钞》中说：茶叶产于平地，接受的土气较多，因而其品质重浊。岕茶产于高山之上，全是风霜雨露清虚之气，所以值得推崇。

吴拭（字去尘，号逋道人，休宁人）说：武夷茶，其赏鉴从北宋蔡襄开始，认为其味道超过北苑的龙团茶，周右文极力贬低它。大概是因为山中不熟悉采制烘焙方法，一味追求量大利多的结果。

我曾经试着采摘少许，以松萝茶的制法进行加工，汲取虎啸岩下语儿泉水烹煮，色、香、味俱备，带云石者还有甘软之气。于是我分出数百叶寄给周右文，希望使武夷佳茶能够扬眉吐气；同时又洒一杯于地，以告慰蔡襄的在天之灵。

超全和尚《武夷茶歌注》中说：建州有一位老人最初献上山茶，民间传说他死后成了山神，喊山之茶的习俗就是由此兴起的。

中原市语说：茶叫做渲老（倡优阶层中流行的秘密语）。

明代陈诗教（字四可，自号灌园叟，秀水人）《灌园史》中说：我曾经听山中和尚说，数颗茶子落地，只生长出一茎茶树，好比连理枝，因此婚嫁要以茶为礼，大概也是取其一个根本的含义。旧时传说茶树不可移植，终究也有移植而存活下来的，于是可知晃采寄茶，只是沿袭前人的影响罢了。

唐朝李商隐（字义山，河内人）《杂纂》以对花啜茶作为煞风景之事的一种。我苦于口渴病，每日饮茶何止七碗，那么花神能够体察的话，当不会怪罪我。

明代周晖《金陵琐事》中说：茶叶有肥瘦之分。云泉道人说："大凡茶叶肥者味甘，味甘就不香。茶叶瘦者味苦，味苦就香。"这又是《茶经》、《茶诀》、《茶品》、《茶谱》等书所未曾阐发的观点。

野航道人朱存理（字性甫，明朝吴县人）说：品饮之用，以茶为首，可是茶叶却不见载于《尚书·禹贡》，大概是为了保全民生日用而不以此为利。后世榷茶成为制度，并非古圣先王的本意。陆羽编撰《茶经》，蔡襄编撰《茶录》，孟谏议寄给卢仝（号玉川）三百片月团，后来奢侈浪费以至于雕饰龙凤，应当责备蔡襄。然而饮茶清逸高远，上通王公贵族，下至山林隐逸，也可以说是一种雅道。

清朝佩文斋《广群芳谱》中说：茗花，也就是日常茶叶的花，色泽月白，中间黄心，隐然清香，插在书斋的花瓶中，可以作为清供佳品。而且花蕊在枝条之上，无不开遍。

清代王士祯（字子真，号渔阳山人，山东新城人）《居易录》中说：广南人以瞪（即苦丁，又名皋卢）为茶。我将其写入《皇华记闻》中。阅读《道乡集》，其中有张纠的一首《送吴洞瞪绝句》说："茶选修仁方破碾，瞪分吴洞忽当筵。君谟远矣知难作，试取一瓢江水煎。"大约是志完升任昭平时所作。

王士祯《分甘馀话》中说：北宋丁谓担任福建转运使，开始制造龙凤团茶上贡朝廷，总量不超过四十饼。天圣（1023～1032）中，又制造小团，其品质要超过大团。神宗时期，诏令制造密云龙，其品质又超过了小团。元祐（1086～1094）初年，摄政的宣仁皇太后说："敕令建州，今后不许再造密云龙，也不要再造团茶，只选择上好的茶品吃了，就会生得甚好智慧。"宣仁皇太后一改熙宁（1068～1077）新政，贡茶的改制只是其中的一件小事。然而审视其言论，实在可以为万世所效法。士大夫之家，尤其是其膏粱子弟不可不知道其中的蕴涵。谨备录于此。

《百夷语》中说：茶也叫做芽。以粗茶叫做芽以结，以细茶叫做芽以完。缅甸少数民族称茶叫做腊扒，吃茶叫做腊扒仪索。

清代徐葆光《中山传信录》中说：琉球称茶叫做札。

《武夷茶考》中说：北宋丁谓制造龙团，蔡襄制造小龙团，都是北苑的事情。武夷茶进贡朝廷，是从元朝浙江省平章高兴开始的，可是谈论此事的人们动辄称丁谓、蔡襄。苏轼诗说："武夷溪边粟粒芽，前丁后蔡相笼加。"可见在北苑修贡之时，武夷茶已经为两位先生所赏识了。到了高兴以武夷茶进贡之后，北苑就逐渐湮没无闻了。从前有人说，茶叶作为一种物产，涤除昏昧，消化积滞，对于学习、从政都是有帮助的，所以贡茶与进贡荔枝、桃花是不同的。然而，将此道理放在更高的大义层面来看，贡茶也不过是和宦官、宫女敬爱君王的表现类似。蔡襄直言敢谏，名高天下，与名臣范仲淹、欧阳修差不多齐名，可是因为贡茶一事却与号称贪婪小人的丁谓相提并论。如此说来，君子的言行举止，难道可以不慎重吗？

清代屈擢升《随见录》中说：按照沈括《梦溪笔谈》的说法："建州茶都是乔木，而吴地、蜀地的茶叶只是丛生的灌木罢了。"根据我的见闻，武夷茶树都是丛生，起初并无乔木，难道沈括没有到过建安吗？抑或是当时的北苑与如今的武夷有所不同呢？《茶经》记载"巴山峡川中有两人合抱的"，这又与吴地、蜀地茶叶是丛生灌木的说法不同，姑且记述于此以便参考。

明代凌迪知（字稚哲，号绎泉，乌程人）《万姓通谱》中记载：汉朝的时候有茶恬，出于《汉书·江都易王传》。根据《汉书》所说的茶恬〔苏林说：茶，食邪反〕，则茶本有两种读音，到唐朝时，茶、荼才分开了。

明代焦周（字茂孝，上元人）《说楉》中说：茶叶，又叫做玉茸。

二　茶之具

《陆龟蒙集·和茶具十咏》

茶坞

茗地曲隈回，野行多缭绕。向阳就中密，背涧差还少。遥盘云髻慢，乱簇香篝小。何处好幽期，满岩春露晓。

茶人

天赋识灵草，自然钟野姿。闲来北山下，似与东风期。雨后探芳去，云间幽路危。唯应报春鸟，得共斯人知。

茶笋

所孕和气深，时抽玉筍短。轻烟渐结华，嫩蕊初成管。寻来青霭曙，欲去红云暖。秀色自难逢，倾筐不曾满。

茶籝

金刀劈翠筠，织似波纹斜。制作自野老，携持伴山娃。昨日斗烟粒，今朝贮绿华。争歌调笑曲，日暮方还家。

茶舍

旋取山上材，架为山下屋。门因水势斜，壁任岩隈曲。朝随鸟俱散，暮与云同宿。不惮采掇劳，只忧官未足。

茶灶 [经云灶无突]

无突抱轻岚，有烟映初旭。盈锅玉泉沸，满甑云芽熟。奇香袭春桂，嫩色凌秋菊。炀者若吾徒，年年看不足。

茶焙

左右捣凝膏，朝昏布烟缕。方圆随样拍，次第依层取。山谣纵高下，火候还文武。见说焙前人，时时炙花脯。[紫花，焙人以花为脯。]

茶鼎

新泉气味良，古铁形状丑。那堪风雨夜，更值烟霞友。曾过赭石下，又住清溪口。[赭石、清溪，皆江南出茶处。]且共荐皋卢，何劳倾斗酒。

茶瓯

昔人谢坯埏，徒为妍词饰。[《刘孝威集》有《谢坯埏启》。]岂如珪璧姿，又有烟岚色。光参筥席上，韵雅金罍侧。直使于阗君，从来未尝识。

煮茶

闲来松间坐，看煮松上雪。时于浪花里，并下蓝英末。倾馀精爽健，忽似氛埃灭。不合别观书，但宜窥玉札。

《皮日休集·茶中杂咏·茶具》

茶籝

筤篠晓携去，蓦过山桑坞。开时送紫茗，负处沾清露。歇把傍云泉，归将挂烟树。满此是生涯，黄金何足数。

茶灶

南山茶事动，灶起岩根傍。水煮石发气，薪燃杉脂香。青琼蒸后凝，绿髓饮来光。如何重辛苦，一一输膏粱。

茶焙

凿彼碧岩下，恰应深二尺。泥易带云根，烧难碍石脉。初能燥金饼，渐见干琼液。九里共杉林〔皆焙名〕，相望在山侧。

茶鼎

龙舒有良匠，铸此佳样成。立作菌蠢势，煎为潺湲声。草堂暮云阴，松窗残月明。此时勺复茗，野语知逾清。

茶瓯

邢客与越人，皆能造前器。圆似月魂堕，轻如云魄起。枣花势旋眼，蘋沫香沾齿。松下时一看，支公亦如此。

《江西志》：余干县冠山有陆羽茶灶。羽尝凿石为灶，取越溪水煎茶于此。

陶谷《清异录》：豹革为囊，风神呼吸之具也。煮茶啜之，可以涤滞思而起清风。每引此义，称之为水豹囊。

《曲洧旧闻》：范蜀公与司马温公同游嵩山，各携茶以行。温公取纸为帖，蜀公用小木合子盛之，温公见而惊曰："景仁乃有茶具也。"蜀公闻其言，留合与寺僧而去。后来士大夫茶具，精丽极世间之工巧，而心犹未厌。晁以道尝以此语客，客曰："使温公见今日之茶具，又不知云如何也。"

《北苑贡茶别录》：茶具有银模、银圈、竹圈、铜圈等。

梅尧臣《宛陵集·茶灶》诗：山寺碧溪头，幽人绿岩畔。夜火竹声干，春瓯茗花乱。兹无雅趣兼，薪桂烦燃爨。又《茶磨》诗云：楚匠斫山骨，折檀为转脐。乾坤人力内，日月蚁行迷。又有《谢晏太祝遗双井茶五品茶具四枚》诗。

《武夷志》：五曲朱文公书院前，溪中有茶灶。文公诗云："仙翁遗石灶，宛在水中央。饮罢方舟去，茶烟袅细香。"

《群芳谱》：黄山谷云："相茶瓢与相筇竹同法，不欲肥而欲瘦，但须饱风霜耳。"

乐纯《雪庵清史》：陆羽溺于茗事，尝为茶论，并煎炙之法，造茶具二十四事，以都统笼贮之。时好事者家藏一副，于是若韦鸿胪、木待制、金法曹、石转运、胡员外、罗枢密、宗从事、漆雕秘阁、陶宝文、汤提点、竺副帅、司职方辈，皆入吾篚中矣。

许次纾《茶疏》：凡士人登山临水，必命壶觞，若茗碗薰炉，置而不问，是徒豪举耳。余特置游装，精茗名香，同行异室。茶罂、铫、注、瓯、洗、盆、巾诸具毕备，而附以香奁、小炉、香囊、匙、箸……未曾汲水，先备茶具，必洁，必燥。瀹时壶盖必仰置，磁盂勿覆案上。漆气、食气，皆能败茶。

朱存理《茶具图赞序》：饮之用必先茶，而制茶必有其具。锡具姓而系名，宠以爵，加以号，季宋之弥文；然清逸高远，上通王公，下逮林野，亦雅道也。愿与十二先生周旋，尝山泉极品以终身，此间富贵也，天岂靳乎哉？

审安老人茶具十二先生姓名：韦鸿胪［文鼎，景旸，四窗闲叟］，木待制［利济，忘机，隔竹主人］，金法曹［研古，元锴，雍之旧民；铄古，仲鉴，和琴先生］，石转运［凿齿，遄行，香屋隐君］，胡员外［惟一，宗许，贮月仙翁］，罗枢密［若药，传师，思隐寮长］，宗从事［子弗，不遗，扫云溪友］，漆雕秘阁［承之，易持，古台老人］，陶宝文［去越，自厚，兔园上客］，汤提点［发新，一鸣，温谷遗老］，竺副帅［善调，希默，雪涛公子］，司职方［成式，如素，洁斋居士］。

高濂《遵生八笺》：茶具十六事，收贮于器局内，供役于苦节君者，故立名管之。盖欲归统于一，以其素有贞心雅操，而自能守之也。商像〔古石鼎也，用以煎茶〕，降红〔铜火箸也，用以簇火，不用联索为便〕，递火〔铜火斗也，用以搬火〕，团风〔素竹扇也，用以发火〕，分盈〔挹水勺也，用以量水斤两，即《茶经》水则也〕，执权〔准茶秤也，用以衡茶，每勺水二斤，用茶一两〕，注春〔磁瓦壶也，用以注茶〕，啜香〔磁瓦瓯也，用以啜茗〕，撩云〔竹茶匙也，用以取果〕，纳敬〔竹茶橐也，用以放盏〕，漉尘〔洗茶篮也，用以浣茶〕，归洁〔竹筅帚也，用以涤壶〕，受污〔拭抹布也，用以洁瓯〕，静沸〔竹架，即《茶经》支镀也〕，运锋〔劖果刀也，用以切果〕，甘钝〔木碪墩也〕。

王友石《谱》：竹炉并分封茶具六事：苦节君〔湘竹风炉也，用以煎茶，更有行省收藏之〕，建城〔以箬为笼，封茶以贮庋阁〕，云屯〔磁瓦瓶，用以勺泉以供煮水〕，水曹〔即磁缸瓦缶，用以贮泉，以供火鼎〕，乌府〔以竹为篮，用以盛炭，为煎茶之资〕，器局〔编竹为方箱，用以总收以上诸茶具者〕，品司〔编竹为圆撞提盒，用以收贮各品茶叶，以待烹品者也〕。

屠赤水《茶笺》：茶具：湘筠焙〔焙茶箱也〕，鸣泉〔煮茶磁罐〕，沉垢〔古茶洗〕，合香〔藏日支茶瓶，以贮司品〕，易持〔用以纳茶，即漆雕秘阁〕。

屠隆《考槃馀事》：构一斗室，相傍书斋，内设茶具，教一童子专主茶役，以供长日清谈，寒宵兀坐。此幽人首务，不可少废者。

《灌园史》：卢廷璧嗜茶成癖，号茶庵。尝蓄元僧讵可庭茶具十事，具衣冠拜之。

王象晋《群芳谱》：闽人以粗磁胆瓶贮茶。近鼓山支提新茗出，一时尽学新安，制为方圆锡具，遂觉神采奕奕不同。

冯可宾《岕茶笺·论茶具》：茶壶，以窑器为上，锡次之。茶杯，汝、官、哥、定如未可多得，则适意为佳耳。

李日华《紫桃轩杂缀》：昌化茶，大叶如桃枝柳梗，乃极香。余过逆旅偶得，手摩其焙甄，三日龙麝气不断。

朣仙云：古之所有茶灶，但闻其名，未尝见其物，想必无如此清气也。予乃陶土粉以为瓦器，不用泥土为之，大能耐火。虽猛焰不裂。径不过尺五，高不过二尺余，上下皆镂铭、颂、箴戒之。又置汤壶于上，其座皆空，下有阳谷之穴，可以藏瓢瓯之具，清气倍常。

《重庆府志》：涪江青蟆石，为茶磨极佳。

《南安府志》：崇义县出茶磨，以上犹县石门山石为之，尤佳。苍礜缜密，镌琢堪施。

闻龙《茶笺》：茶具涤毕，覆于竹架，俟其自干为佳。其拭巾只宜拭外，切忌拭内。盖布帨虽洁，一经人手，极易作气。纵器不干，亦无大害。

[译文]

《陆龟蒙集·和茶具十咏》（略）

《皮日休集·茶中杂咏·茶具》（略）

《江西志》记载：在余干县冠山，有陆羽茶灶。陆羽曾经在这里凿石为灶，取越溪（即余干市湖）水煎茶。

宋初陶谷（字秀实，邠州新平人）《清异录》记载：用豹子皮做风囊，可以作为风神呼吸也就是鼓风的器具。烹煮茶叶品饮，可以荡涤艰涩不通的思虑，从而生发飘然清风的愉悦。人们常常引申此义，称之为水豹囊。

南宋朱弁（字少章，号观如居士，婺源人）《曲洧旧闻》记载：北宋名臣范镇（字景仁，封蜀郡公）与司马光（字君实，卒赠温国公）一同游览嵩山，各自携带茶叶旅行。司马光取纸为帖包裹茶叶，范镇则用小盒子盛茶，司马光见后惊叹道："景仁还有茶具呢！"范镇听到他的话，把茶盒子留给寺中的和尚就离去了。后来士大夫所用的茶具精致华丽，可以说极尽世间之工巧，可是心中尚且追求豪华没有止境。晁说之（字以道，号景迁生）曾经对客人说过这番话，客人回答："假使司马光见到今天的茶具，又不知道会如何说了。"

《北苑贡茶别录》（当为宋代熊蕃《宣和北苑贡茶录》）记载：茶具有银模、银圈、竹圈、铜圈等。

北宋梅尧臣《宛陵集》中有《茶灶》诗写道："山寺碧溪头，幽人绿岩畔。夜火竹声干，春瓯茗花乱。兹无雅趣兼，薪桂烦燃爨。"又有《茶磨》诗写道："楚匠斫山骨，折檀为转脐。乾坤人力内，日月蚁行迷。"又有《谢晏太祝遗双井茶五品茶具四枚》诗。

《武夷志》记载：武夷山五曲朱文公（朱熹，谥文）书院前，山溪中有茶灶。朱熹《茶灶》诗写道："仙翁遗石灶，宛在水中央。饮罢方舟去，茶烟袅细香。"

王象晋《群芳谱》记载：黄庭坚（号山谷道人）曾说过："观赏选择茶瓢与观赏选择筇竹方法相同，不要过肥而要偏瘦，但是需要饱经风霜。"

乐纯《雪庵清史》记载：陆羽沉酒于茶事，曾经著有《茶论》，兼及煎煮、烘焙的方法，并创制了一套茶具，包括二十四件，以都统笼盛起来贮藏。当时好事者每家收藏一副，于是像韦鸿胪、木待制、金法曹、石转运、胡员外、罗枢密、宗从事、漆雕秘阁、陶宝文、汤提点、竺副帅、司职方等以古代官爵名称命名的茶具，都进入了我的箱笼之中。

许次纾《茶疏》记载：大凡士大夫外出游历，登山临水，一定要带上酒壶和酒杯，至于茶碗和熏炉却弃置一旁不予理睬，这就只是在豪饮中游玩，而忘记了老朋友茶。我外出游历时，特意置备一套行装，准备好精品茶叶、名贵香料，行旅之中随身携带，住下时则要放在另外一间房中。这些行装包括：茶瓶、茶铫、茶壶、小茶杯、茶洗、瓷盆、手巾等各种茶具，附带着香奁、小炉、香囊、羹匙、筷子……在没有汲取泉水之前，就要预先准备好茶具。茶具一定要清洁而干燥。冲泡时壶盖一定要仰放着，瓷盘不能直接向下扣着放置在桌案上。油漆的气味和食物的味道，都能够败坏茶味。

明代朱存理《茶具图赞序》中说：品饮的功用，以茶为首，而制茶必须具备相应的茶具。赐予茶具姓名，并宠以爵位，加以名号，这是宋朝末年更加崇尚文采的表象；但是这种做法格调清逸，蕴涵高远，上通王公贵族，下达山林隐逸，也是一种雅道。我希望能够常与茶具十二先生周旋往还，品尝山泉极品，并以此终老此生。此间的富贵，上天难道吝惜而不给予吗？

审安老人茶具十二先生的姓、名、字、号如下：韦鸿胪［文鼎，景旸，四窗贤叟］，木待制［利济，忘机，隔竹主人］，金法曹［研古，元锴，雍之旧民；铄古，仲鉴，和琴先生］，石转运［凿齿，遄行，香屋隐君］，胡员外［惟一，宗许，贮月仙翁］，罗枢密［若药，传师，思隐寮长］，宗从事［子弗，不遗，扫云溪友］，漆雕秘阁［承之，易持，古台老人］，陶宝文［去越，自厚，兔园上客］，汤提点［发新，一鸣，温谷遗老］，竺副帅［善调，希默，雪涛公子］，司职方［成式，如素，洁斋居士］。

明代高濂（字深甫，钱塘人）《遵生八笺》中说：茶具十六件，都收藏贮存在器局即方箱之内，供役于苦节君即风炉，所以将其一一命名以便于管理。这也是想将其归于一统，由于茶具素有坚贞的心志和高雅的节操，自然能够坚守。商像［就是古石鼎，以商彝周鼎刻纹铸像，用来煎茶］，降红［就是铜火箸，用来夹拢火，不用铁链连在一起用时很方便］，递火［就是铜火斗，用来搬火］，团风［就是素竹扇，用来发火］，分盈［就是挹水勺，用来度量水的多少，相当于《茶经》中的水则］，执权［就是称量茶的秤，用来计量茶的多少，每勺水二斤，用茶一两］，注春［就是瓷瓦壶，用来倒茶］，啜香［就是瓷瓦瓯，用来喝茶］，撩云［就是竹茶匙，用来取果]，纳敬［就是竹茶橐，用来放茶盏]，漉尘［就是洗茶篮，用来洗茶]，归洁［就是竹筅帚，用来清洗茶壶]，受污［就是擦拭的抹布，用来清洁茶瓯]，静沸［就是竹架，相当于《茶经》中的支镀]，运锋［就是劚果刀，用来切水果]，甘钝［就是木制的碪墩]。

明代王绂（字孟端，号友石生、九龙山人，无锡人）《谱》（即钱椿年《茶谱》的附录）记载竹炉并分封茶具六事：苦节君［就是湘竹做的风炉，用来煎茶，更有行省收藏之]，建城［用竹叶做成笼子，包裹茶叶以便收藏贮存]，云屯［就是瓷瓦瓶，用来舀取泉水，以供应煮水]，水曹［就是瓷缸瓦缶，用来贮存泉水，以供应火鼎]，乌府［用竹子做篮，以盛木炭，作为煎茶的燃料]，器局［用竹子编成方箱，用来把上述茶具收拢起来集中贮存]，品司［用竹子编成圆形的提盒，用来收藏贮存各种茶叶，以待烹煮品饮]。

明代屠隆（号赤水）《茶笺》记载的茶具有：湘筠焙［就是烘焙茶叶的箱子]，鸣泉［就是煮茶的瓷罐]，沉垢［就是古代的茶洗]，合香［就是收藏日常用的茶瓶，以贮存茶具]，易持［用来盛茶，就是漆雕秘阁]。

屠隆《考槃馀事》中说：构建一个斗室，与书斋相邻，室内设置茶具，指导一个童子专门从事烹茶，以供应终日清谈，寒夜独坐。这是幽人隐士的首要工作，不可稍有荒废。

明代陈诗教《灌园史》记载：卢廷璧嗜茶成癖，号称茶庵。他曾经收藏元代和尚讵可庭茶具十件，衣冠整齐地进行参拜。

明代王象晋《群芳谱》（一作周亮工《闽小记》）记载：福建人以粗瓷胆瓶贮存茶叶。近年来鼓山佛教寺院半岩茶下来后，一时风气全都学习新安（即徽州，今安徽黄山），制成方形或圆形锡茶具，就觉得神采奕奕，与众不同。

明代冯可宾《岕茶笺·论茶具》中说：茶壶，以瓷器为上，锡器次之。茶杯，汝窑（在今河南汝州）、官窑（在今河南开封）、哥窑（在今浙江龙泉）、定窑（在今河北曲阳）为佳，如果不可多得，只要适意就好了。

明代李日华《紫桃轩杂缀》记载：昌化（今浙江杭州）茶大叶好像桃叶和柳梗，味道特别香。我经过当地的旅馆偶然得到昌化茶，用手在制茶的焙甑上摩挲，龙涎、麝香的味道三日不绝。

臞仙（当为明初宁王朱权，晚年自号臞仙，然以下文字不见于朱权《茶谱》）说：古代所用的茶灶，只听说过其名声，不曾见过其实物，想必没有如此的清香之气。我于是以陶土做成瓦器，不用泥土烧制，更能耐火，即使处猛烈的高温焰火也不会烧裂。直径不超过一尺五寸，高不过二尺多，上下都雕刻有铭、颂、箴、戒之类的文字。又把汤壶放在上面，底座都是空的，下面还有空穴，可以贮藏瓢、瓯等茶具，清香之气倍于平常。

《重庆府志》记载：涪江的青蟆石做茶磨极好。

《南安府志》记载：崇义县出产茶磨，以上犹县石门山的石头制成的尤其好。色呈青黑，纹理缜密，镌刻雕琢得很好。

明代闻龙《茶笺》记载：茶具洗涤好之后，反扣过来放在竹架上面，等待其自然风干为佳。擦拭的抹布只适宜擦拭茶具表面，切忌擦拭茶具内部。因为布巾虽然清洁，然一旦经过人手，非常容易产生异味。即使茶具不干燥，也没有什么大碍。

三　茶之造

《唐书》：太和七年正月，吴、蜀贡新茶，皆于冬中作法为之。上务恭俭，不欲逆物性，诏所在贡茶，宜于立春后造。

《北堂书钞》：《茶谱》续补云：龙安造骑火茶，最为上品。骑火者，言不在火前，不在火后作也。清明改火，故曰火。

《大观茶论》：茶工作于惊蛰，尤以得天时为急。轻寒，英华渐长，条达而不迫，茶工从容致力，故其色味两全。故焙人得茶天为庆。

撷茶以黎明，见日则止。用爪断芽，不以指揉。凡芽如雀舌谷粒者为斗品，一枪一旗为拣芽，一枪二旗为次之，馀斯为下。茶之始芽萌，则有白合，不去害茶味。既撷则有乌蒂，不去害茶色。

茶之美恶，尤系于蒸芽、压黄之得失。蒸芽欲及熟而香，压黄欲膏尽亟止。如此则制造之功十得八九矣。

涤芽惟洁，濯器惟净，蒸压惟其宜，研膏惟熟，焙火惟良。造茶先度日晷之长短，均工力之众寡，会采择之多少，使一日造成，恐茶过宿，则害色味。

茶之范度不同，如人之有首面也。其首面之异同，难以概论。要之，色莹彻而不驳，质缜绎而不浮，举之［则］凝结，碾之则铿然，可验其为精品也。有得于言意之表者。

白茶，自为一种，与常茶不同。其条敷阐，其叶莹薄。崖林之间，偶然生出，有者不过四五家，生者不过一二株，所造止于二三锌而已。须制造精微，运度得宜，则表里昭澈，如玉之在璞，他无与伦也。

蔡襄《茶录》：茶味主于甘滑，惟北苑凤凰山连属诸焙所造者味佳。隔溪诸山，虽及时加意制作，色味皆重，莫能及也。又有水泉不甘，能损茶味，前世之论水品者以此。

《东溪试茶录》：建溪茶比他郡最先，北苑、壑源者尤早。岁多暖则先惊蛰十日即芽，岁多寒则后惊蛰五日始发。先芽者，气味俱不佳，惟过惊蛰者为第一。民间常以惊蛰为候。诸焙后北苑者半月，去远则益晚。

凡断芽必以甲，不以指。以甲则速断不柔，以指则多湿易损。择之必精，濯之必洁，蒸之必香，火之必良，一失其度，俱为茶病。

芽择肥乳，则甘香而粥面著盏而不散。土瘠而芽短，则云脚涣乱，去盏而易散。叶梗长，则受水鲜白；叶梗短，则色黄而泛。乌蒂、白合，茶之大病。不去乌蒂，则色黄黑而恶。不去白合，则味苦涩。蒸芽必熟，去膏必尽。蒸芽未熟，则草木气存。去膏未尽，则色浊而味重。受烟则香夺，压黄则味失，此皆茶之病也。

《北苑别录》：御园四十六所，广袤三十余里。自官平而上为内园，官坑而下为外园。方春灵芽萌坼，先民焙十馀日，如九窠、十二陇、龙游窠、小苦竹、张坑、西际，又为禁园之先也。而石门、乳吉、香口三外焙，常后北苑五七日兴工。每日采茶、蒸榨，以其黄悉送北苑并造。

造茶旧分四局。匠者起好胜之心，彼此相夸，不能无弊，遂并而为二焉。故茶堂有东局、西局之名，茶铸有东作、西作之号。凡茶之初出研盆，荡之欲其匀，揉之欲其腻，然后入圈制铸，随笪过黄。有方铸，有花铸，有大龙，有小龙，品色不同，其名亦异。随纲系之于贡茶云。

采茶之法，须是侵晨，不可见日。晨则夜露未晞，茶芽肥润。见日则为阳气所薄，使芽之膏腴内耗，至受水而不鲜明。故每日常以五更挝鼓集群夫于凤凰［山有伐鼓亭，日役采夫二百二十二人］，监采官人给一牌，入山至辰刻，则复鸣锣以聚之，恐其逾时贪多务得也。大抵采茶亦须习熟，募夫之际必择土著及谙晓之人，非特识茶发早晚所在，而于采摘亦知其指要耳。

茶有小芽，有中芽，有紫芽，有白合，有乌蒂，不可不辨。小芽者，其小如鹰爪。初造龙团胜雪、白茶，以其芽先次蒸熟，置之水盆中剔取其精英，仅如针小，谓之水芽，是小芽中之最精者也。中芽，古谓之一枪二旗是也。紫芽，叶之紫者也。白合，乃小芽有两叶抱而生者是也。乌蒂，茶之带头是也。凡茶，以水芽为上，小芽次之，中芽又次之。紫芽、白合、乌蒂，在所不取。使其择焉而精，则茶之色味无不佳。万一杂之以所不取，则首面不均，色浊而味重也。

惊蛰节万物始萌。每岁常以前三日开焙，馀闰则后之，以其气候少迟故也。

蒸芽再四洗涤，取令洁净，然后入甑，俟汤沸蒸之。然蒸有过熟之患，有不熟之患。过熟则色黄而味淡，不熟则色青而易沉，而有草木之气。故惟以得中为当。

茶既蒸熟，谓之茶黄，须淋洗数过［欲其冷也］，方入小榨，以去其水，又入大榨，以出其膏［水芽则高榨压之，以其芽嫩故也］，先包以布帛，束以竹皮，然后入大榨压之，至中夜取出揉匀，复如前入榨，谓之翻榨。彻晓奋击，必至于干净而后已。盖建茶之味远而力厚，非江茶之比。江茶畏沉其膏，建茶惟恐其膏之不尽。膏不尽则色味重浊矣。

茶之过黄，初入烈火焙之，次过沸汤爁之，凡如是者三，而后宿一火，至翌日，遂过烟焙之。火不欲烈，烈则面泡而色黑。又不欲烟，烟则香尽而味焦。但取其温温而已。凡火之数多寡，皆视其铐之厚薄。铐之厚者，有十火至于十五火。铐之薄者，六火至于八火。火数既足，然后过汤上出色。出色之后，置之密室，急以扇扇之，则色泽自然光莹矣。

研茶之具，以柯为杵，以瓦为盆，分团酌水，亦皆有数。上而胜雪、白茶以十六水，下而拣芽之水六，小龙凤四，大龙凤二，其馀皆以十二焉。自十二水而上，曰研一团，自六水而下，曰研三团至七团。每水研之，必至于水干茶熟而后已。水不干，则茶不熟，茶不熟，则首面不匀，煎试易沉。故研夫尤贵于强有力者也。尝谓天下之理，未有不相须而成者。有北苑之芽，而后有龙井之水。龙井之水清而且甘，昼夜酌之而不竭，凡茶自北苑上者皆资焉。此亦犹锦之于蜀江，胶之于阿井也，讵不信然？

姚宽《西溪丛语》：建州龙焙面北，谓之北苑。有一泉极清淡，谓之御泉。用其池水造茶，即坏茶味。惟龙团胜雪、白茶二种，谓之水芽，先蒸后拣。每一芽先去外两小叶，谓乌蒂；又次取两嫩叶，谓白合；留小心芽置于水中，呼为水芽。聚之稍多，即研焙为二品，即龙团胜雪、白茶也。茶之极精好者，无出于此。每铸计工价近二十千，其他皆先拣而后蒸研，其味次第减也。茶有十纲，第一纲、第二纲太嫩，第三纲最妙，自六纲至十纲，小团至大团而止。

黄儒《品茶要录》：茶事起于惊蛰前，其采芽如鹰爪。初造曰试焙，又曰一火，其次曰二火。二火之茶，已次一火矣。故市茶芽者，惟伺出于三火前者为最佳。尤喜薄寒气候，阴不至冻。芽登时尤畏霜，有造于一火二火者皆遇霜，而三火霜霁，则三火之茶胜矣。晴不至于暄，则谷芽含养约勒而滋长有渐，采工亦优为矣。凡试时泛色鲜白，隐于薄雾者，得于佳时而然也。有造于积雨者，其色昏黄，或气候暴暄，茶芽蒸发，采工汗手熏渍，拣摘不洁，则制造虽多，皆为常品矣。试时色非鲜白、水脚微红者，过时之病也。

茶芽初采，不过盈筐而已，趋时争新之势然也。既采而蒸，既蒸而研。蒸或不熟，虽精芽而所损已多。试时味作桃仁气者，不熟之病也。惟正熟者味甘香。

蒸芽以气为候，视之不可以不谨也。试时色黄而粟纹大者，过熟之病也。然过熟愈于不熟，以甘香之味胜也。故君谟论色，则以青白胜黄白。而余论味，则以黄白胜青白。

茶，蒸不可以逾久，久则过熟，又久则汤干，而焦釜之气出。茶工有泛薪汤以益之，是致熏损茶黄。故试时色多昏黯，气味焦恶者，焦釜之病也［建人谓之热锅气］。

夫茶本以芽叶之物就之卷模。既出卷，上笪焙之，用火务令通彻。即以灰覆之，虚其中，以透火气。然茶民不喜用实炭，号为冷火。以茶饼新湿，急欲干以见售，故用火常带烟焰。烟焰既多，稍失看候，必致熏损茶饼。试时其色皆昏红，气味带焦者，伤焙之病也。

茶饼光黄而又如阴润者，榨不干也。榨欲尽去其膏，膏尽则有如干竹叶之意。惟喜饰首面者，故榨不欲干，以利易售。试时色虽鲜白，其味带苦者，渍膏之病也。

茶色清洁鲜明，则香与味亦如之。故采佳品者，常于半晓间冲蒙云雾而出，或以瓷罐汲新泉悬胸臆间，采得即投于中，盖欲其鲜也。如或日气烘烁，茶芽暴长，工力不给，其采芽已陈而不及蒸，蒸而不及研，研或出宿而后制。试时色不鲜明、薄如坏卵气者，乃压黄之病也。

茶之精绝者曰斗，曰亚斗，其次拣芽。茶芽，斗品虽最上，园户或止一株，盖天材间有特异，非能皆然也。且物之变势无常，而人之耳目有尽，故造斗品之家，有昔优而今劣、前负而后胜者。虽人工有至有不至，亦造化推移不可得而擅也。其造，一火曰斗，二火曰亚斗，不过十数铸而已。拣芽则不然，遍园陇中择其精英者耳。其或贪多务得，又滋色泽，往往以白合盗叶间之。试时色虽鲜白，其味涩淡者，间白合盗叶之病也。[一凡鹰爪之芽，有两小叶抱而生者，白合也。新条叶之初生而白者，盗叶也。造拣芽者只剔取鹰爪，而白合不用，况盗叶乎！]

物固不可以容伪，况饮食之物，尤不可也。故茶有入他草者，建人号为入杂。铸列入柿叶，常品入桴槛叶。二叶易致，又滋色泽，园民欺售直而为之。试时无粟纹甘香，盏面浮散，隐如微毛，或星星如纤絮者，入杂之病也。善茶品者，侧盏视之，所入之多寡，从可知矣。向上下品有之，近虽铸列，亦或勾使。

《万花谷》：龙焙泉在建安城东凤凰山，一名御泉。北苑造贡茶，社前芽细如针。用此水研造，每片计工直钱四万。分试其色如乳，乃最精也。

《文献通考》：宋人造茶有二类，曰片，曰散。片者即龙团旧法，散者则不蒸而干之，如今时之茶也。始知南渡之后，茶渐以不蒸为贵矣。

《学林新编》：茶之佳者，造在社前；其次火前，谓寒食前也；其下则雨前，谓谷雨前也。唐僧齐己诗曰："高人爱惜藏岩里，白甄封题寄火前。"其言火前，盖未知社前之为佳也。唐人于茶，虽有陆羽《茶经》，而持论未精。至本朝蔡君谟《茶录》，则持论精矣。

《茗溪诗话》：北苑，官焙也，漕司岁贡为上；壑源，私焙也，土人亦以入贡，为次。二焙相去三四里间。若沙溪，外焙也，与二焙绝远，为下。故鲁直诗"莫遣沙溪来乱真"是也。官焙造茶，常在惊蛰后。

朱翌《猗觉寮记》：唐造茶与今不同，今采茶者得芽即蒸熟焙干，唐则旋摘旋炒。刘梦得《试茶歌》："自傍芳丛摘鹰嘴，斯须炒成满室香。"又云："阳崖阴岭各不同，未若竹下莓苔地。"竹间茶最佳。

《武夷志》：通仙井在御茶园，水极甘冽，每当造茶之候，则井自溢，以供取用。

《金史》：泰和五年春，罢造茶之防。

张源《茶录》：茶之妙，在乎始造之精，藏之得法，点之得宜。优劣定于始铛，清浊系乎末火。

火烈香清，铛寒神倦。火烈生焦，柴疏失翠。久延则过熟，速起却还生。熟则犯黄，生则著黑。带白点者无妨，绝焦点者最胜。

藏茶切勿临风近火。临风易冷，近火先黄。其置顿之所，须在时时坐卧之处，逼近人气，则常温而不寒。必须板房，不宜土室。板房温燥，土室潮蒸。又要透风，勿置幽隐之处，不惟易生湿润，兼恐有失检点。

谢肇淛《五杂俎》：古人造茶，多春令细，末而蒸之。唐诗"家僮隔竹敲茶臼"是也。至宋始用碾。若揉而焙之，则本朝始也。但揉者，恐不及细末之耐藏耳。

今造团之法皆不传，而建茶之品，亦远出吴会诸品下。其武夷、清源二种，虽与上国争衡，而所产不多，十九赝鼎，故遂令声价靡复不振。

闽之方山、太姥、支提，俱产佳茗，而制造不如法，故名不出里闬。予尝过松萝，遇一制茶僧，询其法，曰："茶之香，原不甚相远，惟焙之者火候极难调耳。茶叶尖者太嫩，而蒂多老。至火候匀时，尖者已焦，而蒂尚未熟。二者杂之，茶安得佳？"制松萝者，每叶皆剪去其尖蒂，但留中段，故茶皆一色。而工力烦矣，宜其价之高也。闽人急于售利，每斤不过百钱，安得费工如许？若价高，即无市者矣。故近来建茶所以不振也。

罗廪《茶解》：采茶制茶，最忌手汗、体膻、口臭、多涕、不洁之人及月信妇人，更忌酒气。盖茶酒性不相入，故采茶制茶，切忌沾醉。

茶性淫，易于染著，无论腥秽及有气息之物不宜近，即名香亦不宜近。

许次纾《茶疏》：岕茶非夏前不摘。初试摘者，谓之开园，采自正夏，谓之春茶。其地稍寒，故须待时，此又不当以太迟病之。往时无秋日摘者，近乃有之。七八月重摘一番，谓之早春。其品甚佳，不嫌少薄。他山射利，多摘梅茶，以梅雨时采，故名。梅茶苦涩，且伤秋摘，佳产戒之。

茶初摘时，香气未透，必借火力以发其香。然茶性不耐劳，炒不宜久。多取入铛，则手力不匀。久于铛中，过熟而香散矣。炒茶之铛，最忌新铁。须预取一铛以备炒，毋得别作他用。一说惟常煮饭者佳，既无铁腥，亦无脂腻。炒茶之薪，仅可树枝，勿用干叶。干则火力猛炽，叶则易焰、易灭。铛必磨洗莹洁，旋摘旋炒。一铛之内，仅可四两，先用文火炒软，次加武火催之。手加木指，急急钞转，以半熟为度，微俟香发，是其候也。

清明太早，立夏太迟，谷雨前后，其时适中。若再迟一二日，待其气力完足，香烈尤倍，易于收藏。

藏茶于庋阁，其方宜砖底数层，四围砖研，形若火炉，愈大愈善，勿近土墙。顿瓮其上，随时取灶下火灰，候冷，簇于瓮傍。半尺以外，仍随时取火灰簇之，令里灰常燥，以避风湿。却忌火气入瓮，盖能黄茶耳。日用所须，贮于小磁瓶中者，亦当箬包苎扎，勿令见风。且宜置于案头，勿近有气味之物，亦不可用纸包。盖茶性畏纸，纸成于水中，受水气多也。纸裹一夕既，随纸作气而茶味尽矣。虽再焙之，少顷即润。雁宕诸山之茶，首坐此病。纸帖贻远，安得复佳！

茶之味清，而性易移，藏法喜温燥而恶冷湿，喜清凉而恶郁蒸，宜清触而忌香惹。藏用火焙，不可日晒。世人多用竹器贮茶，虽加箬叶拥护，然箬性峭劲，不甚伏帖，风湿易侵。至于地炉中顿放，万万不可。人有以竹器盛茶，置被笼中，用火即黄，除火即润。忌之！忌之！

闻龙《茶笺》：尝考《经》言茶焙甚详。愚谓今人不必全用此法。予构一焙室，高不逾寻，方不及丈，纵广正等，四围及顶绵纸密糊，无小罅隙，置三四火缸于中，安新竹筛于缸内，预洗新麻布一片以衬之。散所炒茶于筛上，阖户而焙。上面不可覆盖，以茶叶尚润，一覆则气闷罨黄，须焙二三时，俟润气既尽，然后覆以竹箕。焙极干出缸，待冷，入器收藏。后再焙，亦用此法，则香色与味犹不致大减。

诸名茶，法多用炒，惟罗岕宜于蒸焙，味真蕴藉，世竞珍之。即顾渚、阳羡，密迩洞山，不复仿此。想此法偏宜于岕，未可概施诸他茗也。然《经》已云"蒸之焙之"，则所从来远矣。

吴人绝重岕茶，往往杂以黑箬，大是阙事。余每藏茶，必令樵青入山采竹箭箬，拭净烘干，护罂四周，半用剪碎，拌入茶中。经年发覆，青翠如新。

吴兴姚叔度言："茶若多焙一次，则香味随减一次。"予验之良然。但于始焙时，烘令极燥，多用炭箬，如法封固，即梅雨连旬，燥仍自若。惟开坛频取，所以生润，不得不再焙耳。自四月至八月，极宜致谨。九月以后，天气渐肃，便可解严矣。虽然，能不弛懈尤妙。

炒茶时须用一人从傍扇之，以祛热气。否则茶之色香味俱减，此予所亲试。扇者色翠，不扇者色黄。炒起出铛时，置大磁盆中，仍须急扇，令热气稍退。以手重揉之，再散入铛，以文火炒干之。盖揉则其津上浮，点时香味易出。田子艺以生晒不炒不揉者为佳，其法亦未之试耳。

《群芳谱》：以花拌茶，颇有别致。凡梅花、木樨、茉莉、玫瑰、蔷薇、兰、蕙、金橘、栀子、木香之属，皆与茶宜。当于诸花香气全时摘拌，三停茶，一停花，收于磁罐中，一层茶，一层花，相间填满，以纸箸封固，入净锅中，重汤煮之，取出待冷，再以纸封裹，于火上焙干贮用。但上好细芽茶，忌用花香，反夺其真味。惟平等茶宜之。

《云林遗事》：莲花茶，就池沼中，于早饭前日初出时，择取莲花蕊略绽者，以手指拨开，入茶满其中，用麻丝缚扎定，经一宿。次早连花摘之，取茶纸包晒。如此三次，锡罐盛贮，扎口收藏。

邢士襄《茶说》：凌露无云，采候之上。霁日融和，采候之次。积日重阴，不知其可。

田艺蘅《煮泉小品》：芽茶以火作者为次，生晒者为上，亦更近自然，且断烟火气耳。况作人手器不洁，火候失宜，皆能损其香色也。生晒茶，瀹之瓯中，则旗枪舒畅，清翠鲜明，香洁胜于火炒，尤为可爱。

《洞山［岕］茶系》：岕茶采焙，定以立夏后三日，阴雨又需之。世人妄云"雨前真岕"，抑亦未知茶事矣。茶园既开，入山卖草枝者，日不下二三百石。山民收制，以假混真。好事家躬往予租采焙，戒视惟谨，多被潜易真茶去。人地相京，高价分买，家不能二三斤。近有采嫩叶、除尖蒂、抽细筋焙之，亦曰片茶。不去尖筋，炒而复焙，燥如叶状，曰摊茶，并难多得。又有俟茶市将阑，采取剩叶焙之，名曰修山茶，香味足而色差老，若今四方所货岕片，多是南岳片子，署为"骗茶"可矣。茶贾炫人，率以长潮等茶，本岕亦不可得。噫！安得起陆龟蒙于九京，与之赓《茶人》诗也？茶人皆有市心，令予徒仰真茶而已。故余烦闷时，每诵姚合《乞茶诗》一过。

《月令广义》：炒茶，每锅不过半斤，先用干炒，后微洒水，以布卷起，揉做。

茶择净微蒸，候变色摊开，扇去湿热气。揉做毕，用火焙干，以箬叶包之。语曰："善蒸不若善炒，善晒不若善焙。"盖茶以炒而焙者为佳耳。

《农政全书》：采茶在四月。嫩则益人，粗则损人。茶之为道，释滞去垢，破睡除烦，功则著矣。其或采造藏贮之无法，碾焙煎试之失宜，则虽建芽、浙茗，只为常品耳。此制作之法，宜亟讲也。

冯梦祯《快雪堂漫录》：炒茶，锅令极净。茶要少，火要猛，以手拌炒令软净，取出摊于匾中，略用手揉之，揉去焦梗。冷定复炒，极燥而止。不得便入瓶，置于净处，不可近湿。一二日后再入锅炒，令极燥，摊冷，然后收藏。

藏茶之罂，先用汤煮过烘燥。乃烧栗炭透红，投罂中，覆之令黑。去炭及灰，入茶五分，投入冷炭，再入茶。将满，又以宿箬叶实之，用厚纸封固罂口。更包燥净无气味砖石压之，置于高燥透风处，不得傍墙壁及泥地方得。

屠长卿《考槃馀事》：茶宜箬叶而畏香药，喜温燥而忌冷湿。故收藏之法，先于清明时收买箬叶，拣其最青者，预焙极燥，以竹丝编之，每四片编为一块，听用。又买宜兴新坚大罂，可容茶十斤以上者，洗净焙干听用。山中采焙回，复焙一番，去其茶子、老叶、梗屑及枯焦者，以大盆埋伏生炭，覆以灶中，敲细赤火，既不生烟，又不易过，置茶焙下焙之，约以二斤作一焙。别用炭火入大炉内，将罂悬架其上，烘至燥极而止。先以编箬衬于罂底，茶焙燥后，扇冷方入。茶之燥，以拈起即成末为验。随焙随入，既满，又以箬叶覆于茶上，每茶一斤约用箬二两。罂口用尺八纸焙燥封固，约六七层，抵以方厚白木板一块，亦取焙燥者。然后于向明净室或高阁藏之。用时以新燥宜兴小瓶，约可受四五两者，另贮。取用后随即包整。夏至后三日再焙一次，秋分后三日又焙一次，一阳后三日又焙一次，连山中共焙五次。从此直至交新，色味如一。罂中用浅，更以燥箬叶满贮之，虽久不浥。

又一法，以中坛盛茶，约十斤一瓶。每年烧稻草灰入大桶内，将茶瓶座于桶中，以灰四面填桶，瓶上覆灰筑实。用时拨灰开瓶，取茶些少，仍复封瓶覆灰，则再无蒸坏之患。次年另换新灰。

又一法，于空楼中悬架，将茶瓶口朝下放，则不蒸。缘蒸气自天而下也。

采茶时，先自带锅入山，别租一室，择茶工之尤良者，倍其雇值。戒其搓摩，勿使生硬，勿令过焦。细细炒燥，扇冷方贮罂中。

采茶，不必太细，细则芽初萌而味欠足；不可太青，青则叶已老而味欠嫩。须在谷雨前后，觅成梗带叶微绿色而团且厚者为上。更须天色晴明，采之方妙。若闽广岭南，多瘴疠之气，必待日出山霁，雾瘴岚气收净，采之可也。

冯可宾《岕茶笺》：茶，雨前精神未足，夏后则梗叶太粗。然以细嫩为妙，须当交夏时，看风日晴和，月露初收，亲自监采入篮。如烈日之下，应防篮内郁蒸，又须伞盖。至舍，速倾于净匾内薄摊，细拣枯枝、病叶、蛸丝、青牛之类，一一剔去，方为精洁也。

蒸茶，须看叶之老嫩，定蒸之迟速，以皮梗碎而色带赤为度。若太熟，则失鲜。其锅内汤，须频换新水，盖熟汤能夺茶味也。

陈眉公《太平清话》：吴人于十月中采小春茶，此时不独逗漏花枝，而尤喜日光晴暖。从此磋过，霜凄雁冻，不复可堪矣。

眉公云：采茶欲精，藏茶欲燥，烹茶欲洁。

吴拭云：山中采茶歌，凄清哀婉，韵态悠长，一声从云际飘来，未尝不潸然堕泪。吴歌未便能动人如此也。

熊明遇《岕山茶记》：贮茶器中，先以生炭火煅过，于烈日中曝之，令火灭，乃乱插茶中，封固罂口，覆以新砖，置于高爽近人处。霉天雨候，切忌发覆，须于清燥日开取。其空缺处，即当以箬填满，封闷如故，方为可久。

《雪蕉馆记谈》：明玉珍子昇，在重庆取涪江青蟰石为茶磨，令宫人以武隆雪锦茶碾，焙以大足县香霏亭海棠花，味倍于常。海棠无香，独此地有香，焙茶尤妙。

《诗话》：顾渚涌金泉，每岁造茶时，太守先祭拜，然后水稍出。造贡茶毕，水渐减。至供堂茶毕，已减半矣。太守茶毕，遂涸。北苑龙焙泉亦然。

《紫桃轩杂缀》：天下有好茶，为凡手焙坏。有好山水，为俗子妆点坏。有好子弟，为庸师教坏。真无可奈何耳。

匡庐顶产茶，在云雾蒸蔚中，极有胜韵，而僧拙于焙，瀹之为赤卤，岂复有茶哉！戊戌春，小住东林，同门人董献可、曹不随、万南仲，手自焙茶，有"浅碧从教如冻柳，清芬不遣杂花飞"之句。既成，色香味殆绝。

顾渚，前朝名品，正以采摘初芽，加之法制，所谓"罄一亩之入，仅充半环"，取精之多，自然擅妙也。今碌碌诸叶茶中，无殊菜沈，何胜括目。

金华仙洞与闽中武夷俱良材，而厄于焙手。

堁头本草市溪庵施济之品，近有苏焙者，以色稍青，遂混常价。

《岕茶汇钞》：岕茶不炒，甑中蒸熟，然后烘焙。缘其摘迟，枝叶微老，炒不能软，徒枯碎耳。亦有一种细炒岕，乃他山炒焙，以欺好奇者。岕中人惜茶，决不忍嫩采，以伤树本。余意他山摘茶，亦当如岕之迟摘老蒸，似无不可。但未尝试，不敢漫作。

茶以初出雨前者佳，惟罗岕立夏开园。吴中所贵梗粗叶厚者，有箫箸之气，还是夏前六七日，如雀舌者，最不易得。

《檀几丛书》：南岳贡茶，天子所尝，不敢置品。县官修贡，期以清明日入山肃祭，乃始开园采造。视松萝、虎丘而色香丰美，自是天家清供，名曰片茶。初亦如岕茶制法，万历丙辰，僧稠荫游松萝，乃仿制为片。

冯时可《滇行记略》：滇南城外石马井泉，无异惠泉；感通寺茶，不下天池、伏龙。特此中人不善焙制耳。徽州松萝，旧亦无闻，偶虎丘一僧往松萝庵，如虎丘法焙制，遂见嗜于天下。恨此泉无逢陆鸿渐，此茶不逢虎丘僧也。

《湖州志》：长兴县啄木岭金沙泉，唐时每岁造茶之所也，在湖、常二郡界，泉处沙中，居常无水。将造茶，二郡太守毕至，具仪注，拜敕祭泉，顷之发源。其夕清溢，供御者毕，水即微减；供堂者毕，水已半之；太守造毕，水即涸矣。太守或还旆稽期，则示风雷之变，或见鸷兽、毒蛇、木魅、阳睒之类焉。商旅多以顾渚水造之，无沾金沙者。今之紫笋，即用顾渚造者，亦甚佳矣。

高濂《八笺》：藏茶之法，以箬叶封裹入茶焙中，两三日一次。用火当如人体之温温然，而湿润自去。若火多，则茶焦不可食矣。

陈眉公《太平清话》：武夷、㐌峣、紫帽、龙山皆产茶。僧拙于焙，既采，则先蒸而后焙，故色多紫赤，只堪供宫中浣濯用耳。近有以松萝法制之者，既试之，色香亦具足，经旬月，则紫赤如故。盖制茶者，不过土著数僧耳。语三吴之法，转转相效，旧态毕露。此须如昔人论琵琶法，使数年不近，尽忘其故调，而后以三吴之法行之，或有当也。

徐茂吴云："实茶大瓮，底置箬，瓮口封闭，倒放，则过夏不黄，以其气不外泄也。"子晋云："当倒放有盖缸内。缸宜砂底，则不生水而常燥。加谨封贮，不宜见日，见日则生翳而味损矣。藏又不宜于热处。新茶不宜骤用，贮过黄梅，其味始足。"

张大复《梅花笔谈》：松萝之香馥馥，庙后之味闲闲，顾渚扑人鼻孔，齿颊都异，久之不忘。然其妙在造，凡宇内道地之产，性相近也，习相远也。吾深夜被酒，发张震所遗顾渚，连啜而醒。

宗室文昭《古瓶集》：桐花颇有清味，因收花以熏茶，命之曰桐茶。有"长泉细火夜煎茶，觉有桐香入齿牙"之句。

王草堂《茶说》：武夷茶，自谷雨采至立夏，谓之头春；约隔二旬复采，谓之二春；又隔又采，谓之三春。头春叶粗味浓，二春、三春叶渐细，味渐薄，且带苦矣。夏末秋初又采一次，名为秋露，香更浓，味亦佳，但为来年计，惜之不能多采耳。茶采后以竹筐匀铺，架于风日中，名曰晒青。俟其青色渐收，然后再加炒焙。阳羡岕片只蒸不炒，火焙以成。松萝、龙井皆炒而不焙，故其色纯。独武夷炒焙兼施，烹出之时半青半红，青者乃炒色，红者乃焙色。茶采而摊，摊而摝，香气发越即炒，过时不及皆不可。既炒既焙，复拣去其中老叶枝蒂，使之一色。释超全诗云："如梅斯馥兰斯馨，心闲手敏工夫细。"形容殆尽矣。

王草堂《节物出典》：《养生仁术》云："谷雨日采茶，炒藏合法，能治痰及百病。"

《随见录》：凡茶见日则味夺，惟武夷茶喜日晒。

武夷造茶，其岩茶以僧家所制者最为得法。至洲茶中采回时，逐片择其背上有白毛者，另炒另焙，谓之白毫，又名寿星眉。摘初发之芽，一旗未展者，谓之莲子心。连枝二寸剪下烘焙者，谓之凤尾、龙须。要皆异其制造，以欺人射利，实无足取焉。

[译文]

《唐书》记载：太和七年（833）正月，吴地、蜀地进贡新茶，都是在冬天特别加工而成。皇上为政恭俭，不想忤逆植物的自然之性，于是诏令各地贡茶，应在立春以后加工制造。

《北堂书钞》记载：毛文锡《茶谱》续补说：龙安（今四川安县东北）制造有骑火茶，最称上品。骑火的意思，就是说既不在改火前，也不在改火后。清明节改火，所以称为火。

宋徽宗《大观茶论》中说：茶叶采摘和加工制造开始于每年的惊蛰时节，尤其要把得天时之利也就是把握气候寒暖、阴晴变化作为最为急迫的事情。如果天气还稍微有些寒冷，茶树芽叶开始生长，枝条伸展得比较缓慢，茶农可以从容不迫地投入劳动，所以采制而成的茶叶，其色泽与味道两全而兼美。所以采制茶叶的人们都把得到天时之利作为最可庆幸的事情。

采茶要在黎明时分进行，看到太阳出来就要停止。采摘时要用指甲掐断茶芽，而不要用手指揉搓。一般说来，采摘的茶芽如果像雀舌、谷粒般大小，便可以称作斗品；一芽带一叶，也就是所谓的一枪一旗，称作拣芽；一芽带二叶，也就是所谓的一枪二旗，称作中芽，质量次之；其余的质量就更等而下之了。茶叶刚开始萌芽的时候，会出现一个小芽而外包较大二叶的情形，称作白合，如果不去掉，就会过于苦涩，损害茶味；采摘之后则会出现带有蒂头的情形，称作乌蒂，如果不去掉乌蒂，就会过于黄黑，损害茶色。

茶叶质量的优劣高下，尤其取决于蒸芽、压黄这两道工序操作的得失成败。蒸芽这一工序的关键，就是要把握刚好蒸熟的时机，茶味最香；压黄这一工序的关键，就是要把握膏汁榨尽的火候，便果断停止。能够做到这样，那么制造茶叶的功夫，十分之中已经掌握了八九分了。

在制茶过程中，工艺要求非常严格：洗涤茶芽务求清洁，清洗茶具务求干净，蒸芽和压黄务求时机火候把握得当，研膏即将经过压黄的茶叶碾成细末并调和成胶合状态则务求水干茶熟，烘焙茶饼则务求火力均匀，不烟不烈。制茶的时候首先要考虑时间的长短，均衡所用劳动力的多少，合计采摘茶叶的多少，从而计划在一天之内将这些茶叶制造完成。恐怕采摘下来而没有经过加工的茶叶，在那里存放一夜，将会损害其色泽和香味。

由于制茶的范模大小、形状、纹饰、风格不同，加上制作工艺和制作人员操作的区别，所以制成的茶饼就像人各有其面容，彼此不同。茶饼表面形态各不相同，很难一概而论。择要而言之，茶饼的表面颜色晶莹剔透而不杂乱，质地细密厚实而不浮漂，举在手中就会感到凝结得很坚固，用茶碾碾时就会铿然有声，这样就可以验证为茶中精品了。有的可以从中得到结论，有的则不可得而知，需要用心去体味。

白茶风格独特，自成一种，与一般的茶叶不同。它的枝条舒展，叶芽晶莹单薄。这种茶树是在山崖丛林之间偶然生长出来的珍稀品种。有此茶者也不过四五家，每家也不过一两株，所制造出来的白茶也不过二三铸罢了。白茶的制造必须做到精致入微，运作把握得恰到好处，这样才会使得茶叶表里鲜明透彻，如同美玉蕴涵于璞石之中，其品质是无与伦比的。

北宋蔡襄《茶录》中说：茶味的评判标准，主要是甘甜和润滑。只有建安（今福建建瓯）北苑凤凰山一带的茶焙所制的贡茶味道最好。隔溪对岸各山所产的茶叶，即使及时采摘、精心制作，但是其色泽比较浑浊、味道也比较厚重，比不上北苑茶。另外还有的水泉不甘甜，也能够损害茶的味道，前人之所以论述水泉的品质，就是因为这个缘故。

宋子安《东溪试茶录》记载：建溪的茶比其他地方都要早，出产于北苑、壑源的就更早了。如果气候暖和的话，惊蛰前十天就发芽了；如果气候寒冷的话，惊蛰后五天才开始发芽。最先萌发的茶芽气味都不好，只有过惊蛰之后的茶芽最好。所以民间经常以惊蛰作为采制茶叶的节气。其他地方的茶焙要比北苑晚半个月左右，距离较远的地方就更晚了。

大凡掐断茶芽，只能用指甲，不能用手指。用指甲就会快速掐断而不致揉损茶叶，用手指则容易损伤茶叶。拣择茶叶一定要精细，清洗茶叶一定要干净，蒸压茶叶一定要散发并保留其香味，烘焙茶叶一定要把握好火候，一旦任何一个环节失去其应有的标准尺度，都会给茶叶带来危害。

茶芽选择肥嫩厚实的，制成的茶味道就会甘甜清香，烹点出的茶面着盏而不散。如果是土地贫瘠、茶芽短小，那么烹点出的茶面就会云脚涣散，沫饽去盏而易散。茶叶的梗长，经过烹点之后就色泽鲜白；茶叶的梗短，经过烹点之后就色泽黄泛。乌蒂、白合是茶叶的两种大的病害，不去掉乌蒂，那么茶汤的色泽就显得黄黑而难看；不去掉白合，那么茶汤的味道就会苦涩。蒸芽的时候一定要使得茶叶蒸熟，压黄的时候一定要去尽茶中的膏油。如果蒸芽不熟，就会使茶中保存有草木之气；如果去膏未尽，就会使茶色浑浊而茶味过重。过黄的时候火中烟气过多就会侵夺茶的香味，压黄去膏的时候久压而不研造就会使茶味丧失，这些都是制造茶叶过程中的弊病。

赵汝砺《北苑别录》记载：北苑御茶园共有四十六所，分布在方圆三十馀里的广袤地区。从官平以上为内园，官坑以下为外园。每到春暖花开之时，茶树开始发芽，采制茶叶要比民间茶园早十多天，例如九窠、十二陇、龙游窠、小苦竹、张坑、西际，又是御茶园中开始制茶最早的官焙。而石门、乳吉、香口三个外焙，经常是比北苑晚上五六天、六七天开工。每天采茶、蒸芽、榨膏，然后把压好的茶黄送到北苑一同烘焙制造。

制造团茶原来分为四个茶局，因为工匠起了好胜之心，彼此骄矜自夸，不免会导致很多弊端，于是合并成为两个茶局。所以茶堂也有所谓的东局、西局之名号，茶铸也有所谓的东作、西作之名号。大凡茶叶经过蒸、榨、研的工序初出研盆，要通过摇荡使其均匀，通过揉搓使其细腻，然后把已成糊状的茶注入茶模，制成茶铸，放在竹席上过黄也就是用炭火焙干。制成的茶饼，有方铸，有花铸，有大龙，有小龙，品种不同，名号也不一样，根据批次列入贡茶的目录。

采茶的时间，必须是在早晨，不可见到太阳。早晨则夜间露水尚未干，茶芽肥嫩湿润。见到太阳就会被阳气所迫，使茶芽的汁液养分从内部消耗，等到烹点时受水就不鲜明清澈。因此，到了采茶时节，每天五更时分就擂鼓聚集劳力到凤凰山〔山上有伐鼓亭，每天参加采茶的劳力达到二百二十二人〕，监采官发给每人一个牌子，入山采茶到辰时，就要再次鸣锣集合，恐怕采茶人贪多超过时辰。大抵采茶也必须熟练，招募劳力的时候一定要选择当地居民或者熟悉茶事的人，不仅仅是为了了解各处茶芽萌发早晚的情况，而且采摘茶芽也知道其中的要领。

茶芽有小芽，有中芽，有紫芽，有白合，有乌蒂，不可不仔细加以辨别。小芽，小如鹰爪。当初制造龙团胜雪、白茶之时，就是用小芽按照先后次序蒸熟，放到水盆中，剔取其精英，只有针尖般大小，称作水芽，这是小芽中最为精华的部分。中芽，也就是古代所谓的一枪二旗。紫芽，是叶子呈紫色的茶芽。白合，是指小芽中有两叶合抱而生的茶芽。乌蒂，则是指带有乳头的茶芽。一般说来，茶芽以水芽为最好，小芽次之，中芽又次之。紫芽、白合、乌蒂根本不能要。假使选择茶叶时仔细精当，那么茶的色香味没有不好的。万一混杂了不取的紫芽、白合和乌蒂，就会使得茶饼的表面纹理不均匀，茶色浑浊而且味道苦涩厚重。

惊蛰时节，万物开始萌动。每年常常在惊蛰前三日开焙造茶，遇到闰年就相应推迟，这是气候稍微迟后的缘故。

茶芽经过多次的洗涤，取出来清洁干净，然后放入甑中，等候水烧开后进行蒸茶。但是蒸茶有蒸得过熟的问题，也有蒸得不熟的问题。蒸得过熟就会使茶叶色黄而味淡，蒸得不熟就会使茶叶色青而易沉，从而带有草木之气。因此，蒸茶以适中为得当。

茶叶蒸熟之后，称作茶黄，必须淋洗多遍［以便使茶冷却］，才放入小榨，去其水分，然后再放入大榨，以便压出茶膏［水芽则用高榨压之，因为其茶芽鲜嫩的缘故］。接下来先用布帛包起来，用竹皮束扎好，然后放入大榨压之，到半夜时分取出来揉搓均匀，再按前一道工序入榨，称作翻榨。直到拂晓，用力捶打，一定要达到彻底干净为止。建茶味道绵远而力道厚重，不是江南茶所能比拟的。江南茶在压榨时害怕膏油流出，建茶则惟恐膏油流不净尽，膏油流不净尽，茶的色泽和味道就厚重而浑浊。

茶饼烘焙的过程叫做过黄，先放在烈火上烘焙，其次以沸水烫过再进行炙烤，共如此反复三次，而后在火上烘烤一宿，到第二天就过烟烘焙。火不要过于猛烈，过于猛烈茶饼表面会起泡，颜色也会发黑；也不要烟气过于浓重，烟气过于浓重就会使茶香味出尽而味道焦苦。只是温温然就可以了。大凡火烤次数的多少，都是根据茶铸的厚薄而定。茶铸厚的，要经过十次火到十五次火；茶铸薄的，则经过六次火到八次火。火烤次数用足之后，然后过汤出色；出色之后，放置到密室之中，赶快用扇子扇风，这样茶饼的色泽自然就会光亮莹润了。

研茶的器具，用木枝作为杵，以瓦器作为盆，根据茶等级不同研茶中兑水多少也不一样，也都有一定的标准。上到龙团胜雪、白茶，研茶时要加十六次水（每注水研茶至水干为一水），下到拣芽研茶时要加六次水，小龙凤茶要加四次水，大龙凤茶要加两次水，其余都要加十二次水。从十二次水以上，叫做研一团，从六次水以下，叫做研三团至研七团。每次加水研茶，一定要达到水干茶熟而后停止。水不干，茶就不熟，茶不熟，茶饼表面就不均匀，烹煎时容易下沉。因此，研茶所贵的是强而有力。我曾经认为天下的道理，没有不是互相依赖、相辅相成的。有北苑的茶叶，而后有龙井的泉水。龙井的泉水清澈而甘洌，日夜取之而不尽，凡是茶叶从北苑进贡的，都有赖于龙井之水。这也好比四川地区的蜀锦，因为蜀江水的漂洗而最佳，山东东阿的阿胶，因为东阿井水的调制而最佳，难道不是这样的吗？

南宋姚宽（字令威，号西溪，嵊县人）《西溪丛语》记载：建州龙焙面向北方，称作北苑。有一泓泉水，极为清淡，称作御泉。用这个池中的泉水造茶，就会败坏茶味。只有龙团胜雪、白茶这两种极品可以，称作水芽，先蒸后拣。每一个茶芽先去掉外面的两个小叶，称作乌蒂；其次则要取出两个嫩叶，称作白合；留下中心的小芽放到水中，称作水芽。积累较多之后，即研制、烘焙成为二品，也就是龙团胜雪、白茶。茶叶中极精的绝品，没有超过这两种的，每一铸茶计算工价接近二十千。其他品种都是先拣茶而后蒸茶和研茶，其味道也依次递减。贡茶分批入贡，一批称作一纲，建茶共分十纲，第一、第二纲太嫩，第三纲最好，从第六纲到第十纲，从小团到大团而止。

北宋黄儒《品茶要录》中说：每年的茶事活动开始于惊蛰之前，所采摘的茶芽就像鹰爪般大小。第一次制造称做试焙，又叫一火，其次叫做二火。二火所制的茶叶，已经比第一火所制的次一等了。所以购买茶芽的人们，只认准出于三火之前的茶叶是最好的。尤其喜欢在微寒的气候下所采的茶叶，那时天气虽然阴冷，却达不到冰冻的程度。初生的茶芽特别怕霜，有时在一火、二火制茶时都遇上了霜冻，而三火时霜已经消散，因而三火所制的茶叶就是最好的了。天气虽然晴朗，却达不到暴晒的程度，这样茶叶像谷粒般的幼芽蕴涵着长期积存的养分，又受气候的制约，从而渐渐滋长起来，而对采制茶叶的人们来说也是最佳的工作时机了。大凡在烹试时泛出鲜白色泽、隐隐约约好像处于薄雾之中的茶叶，都是在最佳时节采制的好茶。有的茶叶在采制时正好遇到阴雨连绵的天气，其色泽昏黄发暗；有的茶叶在采制时正好遇到阳光暴晒的天气，茶芽上的水分蒸发，采茶人的汗手沾染，采来的茶叶也来不及拣择，这样采制的茶叶虽然很多，但全都是平常的品级。烹试的时候，如果茶汤不能呈现出鲜白的色泽，茶汤表面沫饽消退时在盏壁上留下的水痕也就是所谓的水脚微微泛红，这就是茶叶采制超过了适当的时机的弊病。

茶芽初次采摘，也不过采满一筐罢了。这是人们趋时争新所造成的。茶芽采摘之后就要蒸，蒸好了榨去水分就要进行研茶，使之成为胶和状态。蒸茶有时会出现火候欠缺而不熟的问题，即使是精选出来的优质芽茶，其成色也会因此而损失很多。烹试的时候茶味之中杂有核桃的气味，就是蒸茶不熟所带来的弊病。只有蒸到恰到火候的茶，其味道才是甘甜清香的。

蒸茶，根据蒸汽来判断火候，所以观测蒸汽的大小变化，是不可不谨慎的。烹试的时候茶色泛黄而且粟纹过大的，就是蒸得过熟的弊病。但是蒸得过熟，还是要胜过蒸得不熟的茶叶，因为甘甜清香的味道要胜过没有蒸熟的茶叶。所以，蔡襄评论茶的色泽，就认为青白色（指没有蒸熟的茶）要胜过黄白色（指蒸得过熟的茶）。而我论茶的味道，就认为黄白色要胜过青白色。

蒸茶的时间不能过久，如果时间久了，超过了一定火候就会过熟，时间过久了，其中的水分就会烤干，从而发出锅底焦煳的气味。有的茶工这时就往里面加进新水，这样做必然导致烟熏之味损坏茶黄。因而烹试的时候茶色多为暗红，气味焦煳难闻的，正是这种锅底焦煳的弊病 [建安人把这种气味称为热锅气]。

茶叶，本来是芽叶形状的东西，采制之后放入卷模当中压制成型后取出，放在用粗竹篾编成的状如竹席的笪上用炭火烘烤。烘烤的时候，一定要用文火把茶饼烤得均匀透彻。烤好之后，随即用灰把炭火覆盖，炭火的中间要虚，从而使炭火充分燃烧，保持火温，以涵养茶之色香味。可是茶农不喜欢用实炭，称之为冷火。因为刚刚制成的茶饼很潮湿，茶农都希望迅速烘烤干燥，以便早日出售，所以烘烤时用的火都比较大，并常常冒着烟、带着火焰。这样烟气和火焰既然很多，烘烤时稍微不留意看护守候，就会熏坏和烤煳茶饼。烹试的时候茶色昏暗发红，茶味带有焦煳之气，这就是伤焙之病，即烘烤时茶饼熏烤过重所导致的弊病。

加工制作出来的茶饼，如果光亮发黄，又好像潮湿润泽的样子，就是蒸过的茶黄没有榨干膏油和水分的缘故。榨茶就是要把其中的膏油清除干净，膏油除尽之后，茶叶就好像干竹叶的色泽。只有那些为了装饰茶饼表面色泽的人，才故意不把茶叶中的膏油榨尽，以使茶饼显得色泽光莹、精致华丽，便于销售。烹试的时候色泽虽然鲜白，其味道却带有苦涩，这就是渍膏之病，即茶中含有膏油所带来的弊病。

茶色清洁鲜明，那么香气和色泽就会很好。因此采摘上好的茶，茶农往往在拂晓的时候顶着云雾去工作，有人还用罐汲上新鲜的泉水挂在胸间，采到茶芽就投入其中，大概是想保持茶的新鲜。有时遇到阳光很好，茶园烘热，茶芽疯长，而采茶的人力跟不上，他们采摘的茶芽已经放得不新鲜了，还来不及蒸，蒸过之后却来不及研磨，研成细末之后经过一夜之后才能放入模具制作茶饼。这样制成的茶在烹试的时候色泽就不鲜明，味道也稍微带有坏鸡蛋的气味，这就是所谓的压黄之病，即压了工时的茶黄带来的弊病。

　　茶叶之中的精品、绝品，叫做斗、亚斗，其次叫做拣芽。茶芽之中，斗品虽然最为上乘，但是生产茶叶的园户有的只有一株。大概是天然茶树中非常稀有的特殊品种，不是所有的茶树都能生长出这样的茶芽。况且事物的变化无穷无尽，而人们的目见耳闻却是十分有限的，所以能够制造斗品的园户，有从前产品质优如今变得粗劣、从前质量低劣如今质量优胜的。这虽然有人为的技艺的差别，可也是大自然的发展变化、时光的转化推移不可能使某个人得以专有和垄断。茶叶的制造，一火叫做斗，二火叫做亚斗，每年仅仅生产十多铸罢了。而拣芽却不是这样，遍寻茶园山陇之间，只要选择其中的上好的茶芽就可以了。有的茶农贪多务得，又要滋润茶叶的色泽，往往就把白合、盗叶也掺杂进茶芽当中。这样的茶叶，在烹试的时候虽然色泽鲜白，味道却苦涩而淡薄，这就是其中掺杂了白合、盗叶的弊病。[一个鹰爪般的茶芽，有两片小叶合抱而生，就叫做白合；茶树新枝条上的叶芽合抱而生，而颜色又发白的，就叫做盗叶。采制拣芽的时候，常常要剔取鹰爪，去掉白合而不用，更何况是盗叶呢？]

　　人们日常所用的物品当然容不得假冒伪劣，何况是饮食的物品，尤其不可以容忍假冒伪劣。所以茶叶中掺杂进其他草木叶子，建安人就叫做入杂。通常的情况是上等的茶芽中掺杂柿树叶子，普通的茶芽中掺杂进桴槛叶子。这两种叶子很容易搞得到，又可增加茶叶的色泽，是茶农为了欺骗客商从而卖得高价才这样做的。这种茶叶在烹试的时候没有粟纹和甘香的味道，茶汤表面浮散而不能凝聚，隐隐好像细细的毛发，有的则是星星点点好像纤细的絮丝一般，这就是茶中入杂的弊病。善于品茶的人遇到这种情况，就会把茶盏侧起来进行观察，那么茶中掺进杂叶的多少，就可以一目了然了。从前通常是上品、下品茶叶中有入杂的情况，近来即使一般茶叶当中也有假冒伪劣、掺进杂叶的。

《锦绣万花谷》记载：龙焙泉在建安城东凤凰山，也叫做御泉。北苑制造贡茶，社前茶芽细如针，用此泉水研造，每片合计工值四万钱。烹试的时候其色泽如乳汁，是茶中最佳的精品。

南宋马端临《文献通考》记载：宋代茶的制造分为两类，一种叫做片茶，一种叫做散茶。片茶就是龙团茶的传统制法，散茶则是不经过蒸而直接焙干的，就像今天的制茶方法。由此可知，宋室南渡之后，茶叶的制造逐渐以不蒸为贵了。

宋代王观国（字彦宾，长沙人）《学林新编》中说：茶中的上品，要在社前制造，也就是春社（立春后的第五个戊日）前；其次，要在火前制造，也就是寒食节前；其下品则在雨前制造，也就是谷雨前。唐代僧人齐己《闻道林诸友尝茶因有寄》诗中写道："高人爱惜藏岩里，白甄封题寄火前。"他所说的火前，大概是还不知道社前茶更佳的缘故。唐代人对于茶的研究，虽然有陆羽《茶经》，但持论并未达到精审。到了本朝的蔡襄《茶录》，才达到持论精审的境界。

南宋胡仔《苕溪渔隐丛话》记载：北苑，是官府的茶焙，制造转运司每年的贡茶，称为上品；壑源，是私人茶焙，当地民间也制茶上贡，品质较次。这两处茶焙相距三四里。至于像沙溪，则称为外焙，与以上二焙相距很远，品质下等。因此黄庭坚诗句"莫遣沙溪来乱真"，正是说的这种情况。官焙制茶，一般在惊蛰之后。

宋代朱翌（字新仲，舒州怀宁人）《猗觉寮记》（当为《猗觉寮杂记》）记载：唐朝的制茶方法与今天不同，今天采摘茶芽随即蒸熟焙干，唐朝人则是旋摘旋炒。刘禹锡《西山兰若试茶歌》写道："自傍芳丛摘鹰嘴，斯须炒成满室香。"又说："阳崖阴岭各不同，未若竹下莓苔地。"竹林间的茶叶最好。

《武夷志》记载：通仙井在御茶园，泉水非常甘甜清凉，每当制茶的时节，井水自然溢出，以供取用。

《金史》记载：泰和五年（1205）春，取消造茶的禁令。

明代张源（字伯渊，号樵海山人）《茶录》中说：茶叶的奥妙，在于开始制作时要做到精益求精，收藏要得法，冲泡时方法得当。茶叶的优劣，在开始炒制时就决定了；而茶叶冲泡出来的清浊，则取决于最后烘焙时火候的把握。

火力强烈，制成的茶叶就会清香宜人；开始炒茶时锅比较凉，那么制成的茶叶就会缺少神韵。但是如果火力过于猛烈，就会使茶叶变得焦枯；相反，如果柴薪火力跟不上，那么制成的茶叶就会失去青翠的色泽。茶叶炒好后在锅中停留时间过长，就会使茶叶过熟；相反，如果拿出来过早，那么茶叶就可能没有炒熟。过熟，茶叶就会泛黄；不熟，茶叶就会带有黑色。炒制出来的茶叶，带有白点的无妨，没有一点炒焦的地方的最好。

收藏茶叶的坛子切不可临近风口和靠近火。临近风口，容易使茶叶过冷；靠近火，茶叶的色泽就会首先变黄。放置茶叶的处所，必须选择人们时常坐卧起居的地方。靠近人的气息的地方，就会保持相对的温暖而不至于过分寒冷。一定要放置木板房内，不适合放在土屋里。木板房比较温暖干燥，而土屋就比较潮湿闷热。放置茶叶的地方还要保持通风，不要放在昏暗隐蔽的地方。昏暗隐蔽的地方不仅容易闷热和潮湿，同时恐怕还不便于时时检查。（本节内容见许次纾《茶疏》，而非张源《茶录》。）

明代谢肇淛《五杂俎》中说：古人制茶，大多是把茶叶舂成细末，然后再蒸。唐诗中所说的"家僮隔竹敲茶臼"就是指的这种情况。到宋朝开始运用茶碾。至于揉而炒之的方法，则从本朝开始。但是，揉后炒之的方法，恐怕比不上研成细末方便贮藏。

如今团饼茶的制造方法都不再流传，因而建茶的品质，也远远落后于江浙各个品种之下。其中福建的武夷茶、清源茶两个品种，虽然可与江浙诸茶相抗衡，可是所产不多，而且十之八九为赝品，因而使得福建茶叶的声誉一再地委靡不振。

福建的方山（今福州城南）、太姥（今福建福鼎）、支提（今福建鼓山）都出产上品佳茶，但制造不得其法，所以其名声不出里巷。我曾经过访松萝，遇到一个制茶的高僧，向他询问制茶的方法，他回答说："茶叶的香味本来相差并不太多，只是在烘焙之时火候非常难以把握罢了。茶叶的尖蕊太嫩，而蒂部过老，烘焙时火候均匀，其尖蕊已经焦枯，可是蒂部还没有炒熟。二者掺杂在一起制造，制成的茶叶怎么能好呢？"松萝茶的制造方法，是每个叶子都剪去其尖蕊和蒂部，只保留中段，因而制成的茶叶都是一色。既然工序繁杂，其价格高也是适宜的。福建人急于抛售求利，每斤茶叶不超过百钱，怎么能够做到耗费工力、精心制造呢？如果提高价格，就会失去市场，这就是福建茶叶近来委靡不振的原因。

明代罗廪《茶解》中说：采摘和制造茶叶，最忌讳手汗、身体有膻味、口臭、多鼻涕、不干净整洁的人以及月经来潮的妇女，更忌讳酒气。因为茶与酒的本性不相得，所以采摘和制造茶叶，切忌喝酒、醉酒。

茶叶本性容易发散，容易沾染，所以无论是油腥污秽以及一切有气味的物品都不宜接近，即使是名贵香料也不宜接近。

明代许次纾《茶疏》中说：出产于长兴的罗岕茶，不到立夏前不采摘。初次试摘茶叶，叫做开园。正当立夏时节所采茶叶，称作春茶。这是因为当地气候偏寒，所以要等到立夏时节，对此不应当因为采摘太迟而有所批评。过去没有在秋天采茶的，近来才有人这样做。在秋天七八月间重新采摘一遍，称为早春茶。这种茶的品质非常好，饮用起来并没有味道淡薄的感觉。其他山中的茶农为了图谋经济利益，很多在梅雨季节采摘茶叶，因在此时采而得名。这种梅茶味道又涩又苦，而且有损于秋茶的采摘，品种优良的茶树要力戒这种做法。

新鲜的茶芽刚刚采摘下来，香气还没有充分发透，必须借助火力进行炒制，以便把茶的清香促发出来。然而茶叶生性经不起折腾，炒制也不宜时间太久。如果一下子把很多茶叶放入茶铛内，那么在炒制时手力翻炒就会用力不均匀。如果茶叶在茶铛中的时间过长，就会因炒得过熟而使香气失散。炒茶所用的茶铛，最忌讳以新铁制成。因此必须事先预备一个炒铛，专门用来炒茶，不能同时兼有其他用途。也有人认为经常用来煮饭的炒铛较好，既没有铁腥气，也没有油腻。炒茶所用的柴薪只能是树枝，而不能用树干和树叶，树干燃烧时火力过大过猛，树叶燃烧时则容易起大火焰又容易熄灭，火力不稳定。炒茶的时候，茶铛要磨得光亮洁净，茶叶则要随摘随炒。一铛之中，只能放入四两生茶；首先用文火烘软，然后再用武火炙烤。手上要戴上木指，急急地翻炒转动茶叶；炒茶以半熟为适度，等到茶的香气微微散发出来，也就到了火候了。

采茶的最佳时节，清明时间太早，立夏就显得太迟，谷雨前后，时间正适宜。如果再推迟一两天，等到茶叶所蕴涵的气力完全充足，然后采摘，茶叶的清香甘洌就更加成倍地增长，而且也容易收藏。

藏茶于庋阁，其方法应该用几层砖铺地，四周也用砖围砌起来，形状如同火炉，越大越好，不要接近土墙。把收藏茶叶的瓷瓮搁在上面，随时取来灶下的火灰，等冷却之后堆于瓷瓮的周围。在瓷瓮半尺以外的地方，仍旧随时取来火灰堆于周围，从而使得里面的火灰经常保持干燥，一方面可以用来避风，另一方面可以用来防潮。但是要切忌火气进入瓷瓮中，因为那样就会使茶叶变黄。日常生活所必需的茶叶，贮存到小瓷瓶中，也应当用箬竹叶包裹，不要让茶叶见风。而且适宜放置在案头，不可接近有气味的物品，也不可用纸来包裹。这是因为茶叶的本性害怕纸，而纸是由水浆制成的，接受水汽较多。用纸包裹茶叶一晚上过后，随纸作气，茶味就被败坏殆尽了。即使再次烘焙茶叶，可是不一会儿就又湿润了。雁荡各山所产的茶叶，首先就是存在这种弊病。如此，用纸帖包裹茶叶寄赠远方亲友，怎么能得到真正的好茶呢？

　　茶叶的味道清香，而其本性却容易转移，所以收藏茶叶的方法，是喜欢温暖干燥而忌讳阴冷潮湿，喜欢清凉而忌讳闷热，适宜接近清新之物而忌讳沾染香气。收藏的时候用炭火烘焙而不可阳光暴晒。世人多用竹器贮存茶叶，虽然也用很多层箬叶包裹加以保护，但是箬叶生性坚劲峭直，不很服帖，寒风和潮气容易侵入。至于在地炉中放置，更是万万不可采用。有人用竹器盛放茶叶，铺于被笼之中，用火烘焙马上就会发黄，离开了火就会受潮湿润。这种方法也切忌不可使用。

　　明代闻龙《茶笺》中说：我曾经考察《茶经》讲述茶焙非常详尽，但我认为今人不必要完全采用这种方法。我自己建造一茶焙室，高不过八尺，周长不过一丈，长和宽相等，四周墙壁和房顶都用绵纸严密糊裱起来，不留一点小的缝隙。然后放置三四个火缸在室内，安装新的竹筛于缸内，预先洗好新麻布一片衬着。把炒好的茶叶散置在竹筛上，关起门来进行焙制。竹筛上面不可覆盖，因为茶叶还不够干燥，一旦覆盖就会气闷而发黄。必须焙制两三个时辰，等到茶叶的湿润之气烘焙净尽之后，用竹簸箕盖上。烘焙非常干燥之后出缸，等待冷却后放入器皿收藏。以后再次烘焙，也采用

三　茶之造　155

这种方法，这样茶的色泽和香味还不至于有较大的消减。

各种名茶的制法多采用炒法，只有罗岕茶适宜用蒸焙，茶味纯正而持久，世人竞相珍藏。即使接近罗岕茶所出产的洞山的顾渚茶、阳羡茶，也不再仿照这种方法。可想而知这种方法只适宜于罗岕茶，不可一概适用于其他名茶。然而《茶经》已经讲过"蒸之焙之"，那么这种方法由来已久了。

苏州人非常推重罗岕茶，往往掺杂青黑色的箬竹叶，的确是令人遗憾的事情。我每当收藏茶叶的时候，一定要让打柴的人采摘竹箭叶，擦拭干净烘焙干燥，围护在藏茶陶罐的四周，另以一半剪碎后拌入茶中。一年后打开封口，茶叶依然青翠如新。

吴兴姚叔度说："茶叶如果多烘焙一次，其香味就随之消减一次。"我经过试验，果然如此。但是在初次烘焙的时候，烘焙得非常干燥，多用木炭和箬竹叶，按照上述方法密封起来，即使是梅雨连旬，茶叶依然和原来一样干燥。只是因为频繁地开坛取茶，所以会使茶叶湿润，不得不再次烘焙罢了。从四月到八月，尤其应当加倍小心谨慎。九月以后，天气逐渐转冷，便可以稍微解严。即使如此，若能仍不懈怠放松更好。

炒茶的时候，必须有一个人从旁边扇风，以便除去其中的热气，否则茶的色香味都会有所消减，这是我亲自试验的结果。有人扇风的茶色青翠，无人扇风的茶色泛黄。炒茶完毕出铛之时，要放在大瓷盆中，仍然要急急扇风，使热气稍退，用手反复揉搓，再次散入茶铛之中，用文火烘焙干燥。因为揉搓就会使茶中的津液上浮，烹点的时候香味容易散发。田艺蘅认为茶叶生晒不炒不揉为最佳，这种方法也没有经过实践检验。

明代王象晋《群芳谱》中说：以花拌茶，颇为别致。大凡梅花、木樨花、茉莉花、玫瑰花、蔷薇花、兰花、蕙花、金橘花、栀子花、木香花之类，都与茶性相适宜。应当在各种花卉盛开、香气充盈之时采摘下来拌入茶中，其比例大体是三份茶叶里放一份花，收藏到瓷罐中，一层茶一层花，相间填满，用纸或箬叶密封放到干净的锅中，热水煮过，取出来等待冷却后，再用纸封裹起来，在火上烘焙干燥贮存待用。但是上好的精细芽茶，忌用花香，以花入茶反而会侵夺其纯正的味道，只有平常的茶叶适宜。

明代顾元庆《云林遗事》记载：莲花茶，莲花盛开在池沼中，于早饭前太阳刚刚出来的时候，选择莲花花蕊略开者，用手指拨开，把茶叶放满其中，用麻线或丝线扎紧，一定要经过一个晚上。次日早晨连同莲花采摘下来，取茶纸包好晒干。如此三次，用锡罐盛着贮存，扎口收藏。

明代邢士襄（字三若）《茶说》中说：清晨踏着露水，天空无云，这是采茶最好的天气；雨过初晴，天气融和，是采茶较好的天气；阴雨连绵或阴天多云，是不可以采茶的。

明代田艺蘅（字子艺，号品嵒子，钱塘人）《煮泉小品》中说：芽茶经过炒制而成的，品质要次一些；而以阳光晒制而成的为最好，也更加接近自然天成，并且断绝了烟火之气。况且，制作加工人的手和器具不洁净，或者不能恰当地掌握火候，都能够损害茶叶的香气和色泽。阳光晒制的芽茶冲泡于茶瓯之中，则能达到叶芽舒展畅达、青翠鲜明的效果。其香味和洁净都胜过火炒的茶叶，尤其可爱。

明代周高起《洞山岕茶系》中说：罗岕茶的采摘和焙制，一定要在立夏后三日，遇到阴雨又须推迟。世人妄言说"雨前真岕"，也可能是不懂得茶事。茶园开放之后，入山贩卖的草枝每天不下两三百石，山中茶农收购制造，以假乱真。喜好茶事之人亲自到山中预先租下茶园，进行采摘焙制，谨慎仔细地加以监督视察，但也多被暗中替换真茶而去。但是人们依然竞相以高价购买，每家不到两三斤。近来有人采摘嫩叶、除去尖蒂、抽取细针进行焙制，也叫做片茶。如果不去除尖蒂、细针，炒后再烘焙干燥，形状如叶，就叫做摊茶，都很难多得。又有等到茶市接近尾声的时候，采摘剩余的茶叶进行焙制，叫做修山茶，香味充足但色泽较老。如今四方所贩卖的芥片，大多是南岳片子，称为"骗茶"还可以。茶商为了炫人耳目，纷纷以长潮等地茶叶充数，真正的芥茶已经无法得到了。唉！怎么能够使陆龟蒙复起于地下，与他一起续写并唱和其《茶人》诗呢？当地茶农都有谋利之心，让我只能徒自仰望真茶罢了。因此，我在烦闷的时候，常常诵读唐代姚合的《乞茶诗》一遍。

明代冯应京《月令广义》中说：炒茶时每锅不能超过半斤，首先采用干炒，然后稍微洒一点水，用布卷起来揉搓。

茶叶要拣择干净，轻微蒸过，等到色泽变化后摊开，用扇扇去其湿热之气。揉搓完毕，用火烘焙干燥，用箬竹叶包裹起来。俗语说："善蒸不若善炒，善晒不若善焙。"因为茶叶以炒过之后再进行烘焙的为最好。

明代徐光启《农政全书》中说：采茶一般在四月，嫩茶对人体有益，过于粗糙的茶则对人体有害。茶之为道，消除壅滞，祛除污垢，破除睡眠，清除烦闷，其功用非常明显。有时因为采摘、制造或者收藏贮存不得要领，有时因为焙制烹试不合法度，这样的话，即使是建安贡茶、浙茶极品，也只能变为平常的茶叶。因此茶叶制作的方法，亟须多加练习讲究。

明代冯梦祯（字开之，秀水人）《快雪堂漫录》中说：炒茶的时候，炒锅要极其干净。茶叶要少，火力要猛，用手搅拌着炒制使茶叶绵软洁净，取出来摊在竹制的平底园中，稍微用手揉搓，拣去炒焦的茶梗，冷却后再次炒制，直到极为干燥才停止。炒制完后不可当即放入瓶中，而应当放在干净的地方，切不可接近潮湿之气，一两天之后再次入锅炒制，使茶叶非常干燥，摊出晾冷，然后收藏起来。

藏茶的瓷器，要先用开水煮过，烘烤干燥。把烧红的栗木炭投入其中，覆盖起来让炭火变黑。然后去掉木炭和炭灰，放入一半茶叶，再投入冷却的木炭，再在上面放入茶叶。将近装满时，用旧的箬竹叶填实，用厚纸密封瓶口。还要用包好的干燥洁净无气味的砖石压在上面，放到高处干燥通风的地方，不能靠近墙壁以及有泥土的地方，这样才算适宜。

明代屠隆（字长卿）《考槃馀事》中说：茶叶适宜箬叶而畏惧香料，喜欢温暖干燥而忌讳阴冷潮湿。所以茶叶的收藏之法，要在清明之前就收买箬叶，选择其中最为青翠的，预先烘焙到非常干燥，用竹篓编起来，每四片箬叶编为一块，以便备用。再购买宜兴新出产的坚固的陶罂，可以盛茶十斤以上的那种，清洗洁净并烘焙干燥待用。山中采摘焙制的茶叶，回来后要再烘焙一番，去除其中的茶子、老叶、梗屑以及枯焦的部分，用大盆装满生炭，扣到灶中，敲碎赤火，既不会生发烟气，又不容易过热，放到茶焙下面烘焙，大约以两斤作一焙。另外用炭火放入大炉内，将盛茶的陶罂悬架在上面，烘焙到极其干燥为止。先用编好的箬叶衬到陶罂底下，茶叶烘焙干燥后，扇冷才放进去。茶叶的干燥程度，以拈起来即成细末为标准。随即烘焙随即放入陶罂，盛满之后再用箬叶覆盖到茶叶上面，每一斤茶叶大约需要箬叶二两。陶罂的口部用一尺八寸见方的纸烘焙干燥密封起来，大约密封六七层，压上一块方形厚重白木板，也要选择烘焙干燥的。然后选择朝向明亮的净室或者高阁收藏起来。取用的时候要用新买的干燥宜兴小陶瓶，大约可以盛茶四五两的，另外贮藏。取用后随即包装整齐。夏至后三天再拿出来烘焙一次，秋分后三天再烘焙一次，冬至后三天还要烘焙一次，加上山中第一次烘焙，共计五次。从此直到来年新茶上市，其色泽香味依然保持如新。陶罂中的茶叶取用少了之后，就要用干燥的箬叶盛满贮藏，这样即使贮藏时间很久也不会受潮。

还有一种藏茶的方法，用中型的坛子盛茶，大约十斤一瓶。每年烧稻草灰放入大桶内，将茶瓶放入桶中，用灰把四周填满，茶瓶上面也覆盖上灰，压实盖好。取用的时候拨开灰打开茶瓶，取茶少许，仍旧密封茶瓶，覆盖上灰，这样就再也不会出现蒸坏的弊病。次年需要另换新灰。

还有一种藏茶的方法，是在空楼中悬架，把茶瓶口朝下放置，这样就不会有蒸汽而受潮，因为蒸汽是从上而下的。

采摘茶叶的时候，要预先带着锅入山，另外租赁一间房子；挑选制茶工人中的优秀者，加倍给他们工钱。告诫他们采茶时不可搓摩，制茶时不要使茶叶生硬，也不可使茶叶过焦。仔细炒制干燥，扇冷后才贮藏到陶器之中。

采摘茶叶，不必要太过选择细小的茶芽，细小的茶芽刚刚萌发，味道欠足；也不可以采摘过于青翠的茶叶，茶叶过青就说明茶叶已经过老，味道欠嫩。必须在谷雨前后，寻找成梗带微绿色叶而团且厚的茶叶，这才是上品。还必须是天气晴朗，采茶才好。至于福建、广东岭南地区，多有瘴疠之气，一定要等到太阳出来、雾气消散，瘴疠和山岚之气都收净，才可以开始采摘茶叶。

明代冯可宾《芥茶笺》中说：茶叶，在谷雨之前精神尚未充足，立夏以后则梗叶太粗。但是茶叶以细嫩为佳，所以采茶应当选择立夏之际，观察风和日丽，清晨月光和露水刚刚收起，亲自监督采摘放入篮中。如果在烈日之下采摘，应当防止竹篮内闷热潮湿，还需要用伞盖住。拿回房中，尽快倒入洁净的竹匾中，薄薄地摊上一层，仔细拣出其中的枯枝、病叶、蛸丝（蟢子、蜘蛛等所结的网）、青牛（一种吸食茶树芽叶、嫩枝的昆虫）之类的杂物，一一剔除干净，才算精致洁净。

蒸茶必须根据茶叶的老或嫩，决定蒸茶的快与慢，要以皮梗煮碎、汤色略带红色作为标准。如果过熟，就会失去茶叶的鲜味。蒸茶锅中的水必须频繁地更换新水，因为熟汤能够侵夺茶叶纯正的香味。

陈继儒（字仲醇，号眉公）《太平清话》记载：苏州人在每年的十月采摘小春茶。这时小阳天气，有些花又开放，尤其可喜的是阳光晴朗温和。错过时机，霜冻降临，就不能再采茶了。

陈继儒说：采茶时要讲究精细，藏茶时要讲究干燥，烹茶时要讲究洁净。

吴拭说：山中所流行的采茶歌，凄清哀婉，韵味悠长，一声声从云际飘来，未尝不令人潜然泪下。即使是吴歌（即以苏州为中心的长江三角洲地区的民间歌谣）也不一定能如此动人！

熊明遇（字良儒，号坛石，江西进贤人）《岕山茶记》（一作《罗岕茶记》）中说：贮藏茶叶的陶罂，预先要用生炭火烘烤，并在烈日下暴晒，使火熄灭，于是散乱放入茶叶，密封罂口，上面用新砖覆盖，放到高处通风且接近人的地方。潮湿或下雨的天气，切忌打开封口，必须在清爽干燥的天气打开取用。取用茶叶留下的空缺，即刻用箬叶填满，封闭如故，这样才可以持久保存。

明初孔迩《云蕉馆纪谈》（一作《雪蕉馆记谈》）记载：明玉珍的儿子明昇，在重庆用涪江青蟠石做成茶磨，让官人用武隆雪锦茶碾，焙制大足县香霏亭海棠花茶，味道倍于平常的茶叶。海棠花不香，只有这里的海棠花有香味，用来焙茶效果非常好。

《蔡宽夫诗话》记载：浙江长兴顾渚涌金泉，每年造茶的时候，太守（即知府）首先祭拜，然后泉水稍稍涌出。贡茶制造完毕，泉水逐渐减小。到供堂茶制造完毕，已经减半了。太守制造好茶后，泉水就干涸了。福建北苑龙焙泉也是这样。

明代李日华《紫桃轩杂缀》中说：天下有佳茶，却被凡夫焙制坏了。天下有好山好水，却被俗人装点坏了。天下有好子弟，却被庸师教育坏了。真是无可奈何啊！

庐山顶上出产茶叶，在云蒸霞蔚之中，极有韵味，可是僧人不擅焙制，冲泡之后茶汤呈红褐色，味道涩苦，难道还有茶味吗？戊戌年春天我在庐山东林寺小住，同门人董献可、曹不随、万南仲亲自焙制茶，曾留下"浅碧从教如冻柳，清芬不遣杂花飞"的诗句。制成之后，茶的色香味绝佳。

顾渚茶，是前朝的名品，正是因为采摘刚刚萌发的茶芽，如法焙制，所谓馨尽一亩茶园所产，仅仅制成半方茶饼，选取精华之多，自然独擅精妙。如今的顾渚茶制作不精，混杂于平常茶品之中，和菜叶没有两样，怎么会引起人们的重视？

浙江金华仙洞和福建武夷山出产的茶叶，都是优良的品种，却受制于焙制技术的不精。

埭头本草市溪庵施济之品，近来有苏州人进行焙制，因为色泽稍青，于是价格也与平常茶品无异。

冒襄《岕茶汇钞》中说：罗岕茶不用炒制，而是先放入甑中蒸熟，然后再进行烘焙。这是因为岕茶采摘较晚，枝叶稍微偏老，炒制不能使茶叶变软，徒自使之焦枯揉碎罢了。也有一种细炒岕，是用其他山中所产茶叶进行炒制烘焙而成，以欺骗好奇者的。岕山中的茶农爱惜茶叶，决不忍心在茶芽鲜嫩时采摘，以伤害茶树。我想其他山中采摘茶叶，也应当像岕茶一样，较晚采摘，采取蒸的方法，似乎没有什么不可以。但没有经过尝试，不敢随意作出论断。

茶叶以谷雨之前初萌的芽茶为佳，只有罗岕在立夏时节才开园采茶。吴中地区人们所珍贵的佳品是梗粗叶厚的茶叶，夹带有箫箸竹叶的气味，还是立夏前六七天犹如雀舌的芽茶，最为难得。

清代王晫《檀几丛书》记载：南岳衡山的贡茶，是天子所品尝的名品，不敢置评。县官修贡，定期在清明节这一天入山进行祭拜，才开始开园采摘制造。与松萝茶、虎丘茶相比，色香丰美，自然不愧为皇家清供，称为片茶。起初其制造方法与罗岕茶一样，万历丙辰（万历四十四年，1616 年），僧人稠荫游历松萝，才仿制为片茶。

明代冯时可《滇行记略》记载：滇南城外的石马井泉，水质与号称天下第二泉的无锡惠山泉没有什么差别；感通寺的茶叶，也不亚于苏州天池茶和伏龙茶；只可惜当地人不善于焙制罢了。徽州的松萝茶原来也是默默无闻，偶然有一位苏州虎丘的和尚到松萝庵，按照虎丘茶的制法进行焙制，于是就被天下人所嗜爱。遗憾的是石马井泉没有遇到陆羽的品鉴，感通寺茶没有遇到虎丘和尚的焙制！

《湖州志》记载：长兴县啄木岭的金沙泉，唐朝的时候是每年制造贡茶的地方，该地正好处于湖州、常州两郡（府）的交界处，泉水处于沙中，平常没有水。每年开始制造贡茶的时候，两郡太守（知府）都来到这里，履行完备的礼节，拜读诏敕，祭祀泉水，顷刻间泉水涌出。当晚清泉四溢，等到进贡皇家的茶叶制造完毕，泉水就稍微减小了；进贡中央各部堂官的茶叶制造完毕，泉水只剩一半；等到太守（知府）所要的茶叶制造完毕，泉水就干涸了。一旦太守（知府）用泉水制造茶叶的日期延长，就会有上天示警的灾异，有时会出现凶恶的野兽、毒蛇、山间的鬼怪、阳光下的幻景之类的怪异现象。一般商旅之人多用顾渚泉水造茶，无法沾溉金沙泉水的惠爱。如今的紫笋茶，就是用顾渚泉水制造的，也非常好。

明代高濂《遵生八笺》中说：收藏茶叶的方法，用箬叶密封包裹放入茶焙之中，两三天一次进行烘焙，火的温度应当像体温一样，这样茶中的湿气自然祛除。如果火力过大，就会使茶叶焦枯，不可饮用了。

明代陈继儒《太平清话》（一作周亮工《闽小记》）记载：福建武夷山、邡崃、紫帽、龙山，都出产茶叶。当地的僧人不善焙制，采摘之后先蒸后焙，所以茶色多呈紫红，只配供应官中洗涤所用罢了。近来有采用松萝茶的制法进行焙制的，经过试验，色泽香味都很充足。经过一个月，茶色依然紫红如故。因为以此法制茶的，不过是当地的几个僧人罢了。谈论三吴地区的制茶方法，转相仿效，旧态毕露。这就好比古人谈论琵琶弹奏方法，假如数年不弹奏，就把原来的调子全忘记了，而后再用三吴地区的制茶方法进行焙制，或许有其适当之处。

徐桂（字茂吴，明长洲人）说："把茶叶装在大瓮中，瓮底放上箬叶，瓮口密封，颠倒过来放置，这样就可以使茶叶经过夏天也不变黄。这是因为其气味不会外泄的缘故。"子晋（清宗室文昭，字子晋）说："茶叶应当放置在有盖的缸内，缸适宜砂底，这样就不致产生水汽而经常保持干燥。仔细谨慎地密封贮存，不宜见到阳光，见到阳光就会产生潮气而有损茶味。贮藏还不宜在热处。新茶不宜马上饮用，贮藏过了梅雨季节，其味道才会充足。"

明代张大复《梅花草堂笔谈》中说：松萝茶的香味馥郁，庙后的岕茶香味清淡，顾渚茶的香味扑人鼻孔，品饮口感都不一样，却都会令人难忘。然而其中的奥妙在于制造，大凡天下正宗的名茶，其本性都相近，只是制造和品饮的风习相去甚远。我曾经在深夜饮酒而醉，打开张震所赠送的顾渚茶，连饮数杯，随即清醒。

清代宗室文昭（字子晋，号芗婴居士）《古瓶集》中说：桐花颇有清淡之味，于是收桐花用来熏茶，命名叫做桐茶，有"长泉细火夜煎茶，觉有桐香入齿牙"的诗句。

清代王复礼（字需人，号草堂，钱塘人）《茶说》中说：武夷茶从谷雨到立夏采制，称作头春；大约间隔两旬再采，称作二春；再间隔两旬又采，称作三春。头春茶叶粗味浓，二春、三春茶叶逐渐纤细，味道也逐渐淡薄，而且带有苦味。夏末秋初再采摘一次，称作秋露，香更浓，味也佳，但是为了来年考虑，珍惜茶树而不能多采。茶叶采摘之后，用竹筐均匀摊开铺好，悬架到通风而且阳光充足的地方，称作晒青。等到其青色逐渐消退，然后再进行炒焙。

阳羡的芥片只蒸不炒，以火烘焙而成。松萝茶、龙井茶则是只炒而不焙，所以其色泽更为纯正。只有武夷茶兼用炒法和烘焙，烹点之时茶色半青半红，青的是炒色，红的是焙色。茶叶采摘之后要摊开，摊开之后要摇动，等到香气散发出来随即炒制，超过或不到时机都不行。经过炒制和烘焙之后，还要拣择去掉其中的老叶和枝蒂，使之色泽一致。超全和尚有诗写道："如梅斯馥兰斯馨，心闲手敏工夫细。"可以说形容殆尽了。

王复礼《节物出典》中说：《养生仁术》记载："谷雨日采摘茶叶，炒制、收藏合乎标准，就能治疗痰疾以及其他各种疾病。"

清代屈擢升《随见录》中说：大凡茶叶见到阳光就使茶味受到侵夺，只有武夷茶喜欢阳光暴晒。

武夷山制造茶叶，其中的岩茶以僧家所制的最为得法。至于洲茶，采摘回来要逐片拣择其背上有白毛的茶叶，另外炒制和烘焙，称为白毫，又叫做寿星眉。采摘刚刚萌发的茶芽，一个茶芽尚未舒展开来的，称为莲子心。连同茶枝二寸剪下来烘焙的，称为凤尾、龙须。总之都是追求制作方法的新奇，以便欺骗世人，谋求高利，其实都不足以取法。

续茶经卷中

四 茶之器

《御史台记》：唐制，御史有三院：一曰台院，其僚为侍御史；二曰殿院，其僚为殿中侍御史；三曰察院，其僚为监察御史。察院厅居南，会昌初，监察御史郑路所葺。礼察厅，谓之松厅，以其南有古松也。刑察厅谓之魇厅，以寝于此者多梦魇也。兵察厅主掌院中茶，其茶必市蜀之佳者，贮于陶器，以防暑湿。御史辄躬亲缄启，故谓之茶瓶厅。

《资暇集》：茶托子，始建中蜀相崔宁之女，以茶杯无衬，病其熨指，取楪子承之。既啜而杯倾。乃以蜡环楪子之央，其杯遂定，即命工匠以漆代蜡环，进于蜀相。蜀相奇之，为制名而话于宾亲，人人为便，用于当代。是后，传者更环其底，愈新其制，以至百状焉。

贞元初，青郓油缯为荷叶形，以衬茶碗，别为一家之楪。今人多云托子始此，非也。蜀相即今升平崔家，讯则知矣。

《大观茶论》：茶器：罗碾。碾以银为上，熟铁次之。槽欲深而峻，轮欲锐而薄。罗欲细而面紧，碾必力而速。惟再罗，则入汤轻泛，粥面光凝，尽茶之色。

盏须度茶之多少，用盏之大小。盏高茶少，则掩蔽茶色；茶多盏小，则受汤不尽。惟盏热，则茶立发耐久。

筅以筋竹老者为之，身欲厚重，筅欲疏劲，本欲壮而末必眇，当如剑脊之状。盖身厚重，则操之有力而易于运用。筅疏劲如剑脊，则击拂虽过，而浮沫不生。

瓶宜金银，大小之制惟所裁给。注汤利害，独瓶之口嘴而已。嘴之口差大而宛直，则注汤力紧而不散。嘴之末欲圆小而峻削，则用汤有节而不滴沥。盖汤力紧则发速有节，不滴沥则茶面不破。

勺之大小，当以可受一盏茶为量。有馀不足，倾勺烦数，茶必冰矣。

蔡襄《茶录·茶器》：茶焙，编竹为之，裹以箬叶。盖其上以收火也，隔其中以有容也。纳火其下，去茶尺许，常温温然，所以养茶色香味也。

茶笼，茶不入焙者，宜密封裹，以箬笼盛之，置高处，切勿近湿气。

砧椎，盖以碎茶。砧，以木为之，椎则或金或铁，取于便用。

茶钤，屈金铁为之，用以炙茶。

茶碾，以银或铁为之。黄金性柔，铜及碖石皆能生铁，不入用。

茶罗，以绝细为佳。罗底用蜀东川鹅溪绢之密者，投汤中揉洗以罩之。

茶盏，茶色白，宜黑盏。建安所造者绀黑，纹如兔毫，其坯微厚，熁之久热难冷，最为要用。出他处者，或薄或色紫，不及也。其青白盏，斗试不宜用。

茶匙要重，击拂有力。黄金为上，人间以银铁为之。竹者太轻，建茶不取。

茶瓶要小者，易于候汤，且点茶注汤有准。黄金为上，若人间以银铁或瓷石为之。若瓶大啜存，停久味过，则不佳矣。

孙穆《鸡林类事》：高丽方言，茶匙曰茶戍。

《清波杂志》：长沙匠者，造茶器极精致，工直之厚，等所用白金之数。士大夫家多有之，置几案间，但知以侈靡相夸，初不常用也。凡茶宜锡，窃意以锡为合，适用而不侈。贴以纸，则茶易损。

张芸叟云：吕申公家有茶罗子，一金饰，一棕栏。方接客，索银罗子，常客也；金罗子，禁近也；棕栏，则公辅必矣。家人常挨排于屏间以候之。

《黄庭坚集·同公择咏茶碾》诗：要及新香碾一杯，不应传宝到云来。碎身粉骨方馀味，莫厌声喧万壑雷。

陶谷《清异录》：富贵汤，当以银铫煮之，佳甚。铜铫煮水，锡壶注茶，次之。

《苏东坡集·扬州石塔试茶》诗：坐客皆可人，鼎器手自洁。

《秦少游集·茶臼》诗：幽人耽茗饮，刳木事捣撞。巧制合臼形，雅音伴枙栊。

《文与可集·谢许判官惠茶器图》诗：成图画茶器，满幅写茶诗。会说工全妙，深谙句特奇。

谢宗可《咏物诗·茶筅》：此君一节莹无瑕，夜听松声漱玉华。万里引风归蟹眼，半瓶飞雪起龙芽。香凝翠发云生脚，湿满苍髯浪卷花。到手纤毫皆尽力，多因不负玉川家。

《乾淳岁时记》：禁中大庆会，用大镀金瓫。以五色果簇钉龙凤，谓之绣茶。

《演繁露》：《东坡后集二·从驾景灵宫》诗云："病贪赐茗浮铜叶。"按今御前赐茶皆不用建盏，用大汤瓫，色正白，但其制样似铜叶汤瓫耳。铜叶，色黄褐色也。

周密《癸辛杂志》：宋时，长沙茶具精妙甲天下。每副用白金三百星或五百星，凡茶之具悉备。外则以大缨银合贮之。赵南仲丞相帅潭，以黄金千两为之，以进尚方。穆陵大喜，盖内院之工所不能为也。

杨基《眉庵集·咏木茶炉》诗：绀绿仙人炼玉肤，花神为曝紫霞腴。九天清泪沾明月，一点芳心托鹧鸪。肌骨已为香魄死，梦魂犹在露团枯。嫦娥莫怨花零落，分付馀醺与酪奴。

张源《茶录》：茶铫，金乃水母，银备刚柔，味不咸涩，作铫最良。制必穿心，令火气易透。

茶瓯，以白瓷为上，蓝者次之。

闻龙《茶笺》：茶镀，山林隐逸，水铫用银尚不易得，何况镀乎？若用之恒，归于铁也。

罗廪《茶解》：茶炉，或瓦或竹皆可，而大小须与汤铫称。凡贮茶之器，始终贮茶，不得移为他用。

李如一《水南翰记》：韵书无鐅字，今人呼盛茶酒器曰鐅。

《檀几丛书》：品茶用瓯，白瓷为良，所谓"素瓷传静夜，芳气满闲轩"也。制宜弇口邃肠，色浮浮而香不散。

《茶说》：器具精洁，茶愈为之生色。今时姑苏之锡注，时大彬之沙壶，汴梁之锡铫，湘妃竹之茶灶，宣、成窑之茶盏，高人词客，贤士大夫，莫不为之珍重。即唐宋以来，茶具之精，未必有如斯之雅致。

《闻雁斋笔谈》：茶既就筐，其性必发于日，而遇知己于水。然非煮之茶灶、茶炉，则亦不佳。故曰饮茶，富贵之事也。

《雪庵清史》：泉冽性驶，非峙以金银器，味必破器而走矣。有馈中泠泉于欧阳文忠者，公诧曰："君故贫士，何为致此奇贶？"徐视馈器，乃曰："水味尽矣。"噫！如公言，饮茶乃富贵事耶。尝考宋之大小龙团，始于丁谓，成于蔡襄。公闻而叹曰："君谟士人也，何至作此事！"东坡诗曰："武夷溪边粟粒芽，前丁后蔡相笼加。吾君所乏岂此物，致养口体何陋耶。"此则二公又为茶败坏多矣。故余于茶瓶而有感。

茶鼎，丹山碧水之乡，月涧云龛之品，涤烦消渴，功诚不在艺术下。然不有似泛乳花、浮云脚，则草堂暮云阴，松窗残雪明，何以勺之野语清。噫！鼎之有功于茶大矣哉！故日休有"立作菌蠢势，煎为潺湲声"，禹锡有"骤雨松风入鼎来，白云满碗花徘徊"，居仁有"浮花原属三昧手，竹斋自试鱼眼汤"，仲淹有"鼎磨云外首山铜，瓶携江上中泠水"，景纶有"待得声闻俱寂后，一瓯春雪胜醍醐"。噫！鼎之有功于茶大矣哉！虽然，吾犹有取卢仝"柴门反关无俗客，纱帽笼头自煎吃"，杨万里"老夫平生爱煮茗，十年烧穿折脚鼎"。如二君者，差可不负此鼎耳。

冯时可《茶录》：芘莉，一名篣筤，茶笼也。牺，木勺也，瓢也。

《宜兴志》：茗壶，陶穴环于蜀山，原名独山，东坡居阳羡时，以其似蜀中风景，改名蜀山。今山椒建东坡祠以祀之，陶烟飞染，祠宇尽黑。

冒巢民云：茶壶以小为贵，每一客一壶，任独斟饮，方得茶趣。何也？壶小则香不涣散，味不耽迟。况茶中香味，不先不后，恰有一时。太早或未足，稍缓或已过，个中之妙，清心自饮，化而裁之，存乎其人。

周高起《阳羡茗壶系》：茶至明代，不复碾屑、和香药、制团饼，已远过古人。近百年中，壶黜银锡及闽豫瓷，而尚宜兴陶，此又远过前人处也。陶曷取诸？取其制，以本山土砂，能发真茶之色香味，不但杜工部云"倾金注玉惊人眼"，高流务以免俗也。至名手所作，一壶重不数两，价每一二十金，能使土与黄金争价。世日趋华，抑足感矣。考其创始，自金沙寺僧，久而逸其名。又提学颐山吴公读书金沙寺中，有青衣供春者，仿老僧法为之。栗色暗暗，敦庞周正，指螺纹隐隐可按，允称第一，世作龚春，误也。

万历间，有四大家：董翰、赵梁、玄锡、时朋。朋即大彬父也。大彬号少山，不务妍媚，而朴雅坚栗，妙不可思，遂于陶人擅空群之目矣。

此外，则有李茂林、李仲芳、徐友泉；又大彬徒欧正春、邵文金、邵文银、蒋伯荂四人；陈用卿、陈信卿、闵鲁生、陈光甫；又婺源人陈仲美，重镂叠刻，细极鬼工；沈君用、邵盖、周后溪、邵二孙、陈俊卿、周季山、陈和之、陈挺生、承云从、沈君盛、陈辰辈，各有所长。徐友泉所自制之泥色，有海棠红、朱砂紫、定窑白、冷金黄、淡墨、沉香、水碧、榴皮、葵黄、闪色、梨皮等名。大彬镌款，用竹刀画之，书法闲雅。

茶洗，式如扁壶，中加一盏，鬲而细窍其底，便于过水漉沙。茶藏，以闭洗过之茶者。陈仲美、沈君用各有奇制。水杓、汤铫，亦有制之尽美者，要以椰瓢、锡缶为用之恒。

名壶宜小不宜大，宜浅不宜深。壶盖宜盎不宜砥。汤力茗香，俾得团结氤氲，方为佳也。

壶若有宿杂气，须满贮沸汤涤之，乘热倾去，即没于冷水中，亦急出水泻之，元气复矣。

许次纾《茶疏》：茶盒，以贮日用零茶，用锡为之，从大坛中分出，若用尽时再取。

茶壶，往时尚龚春，近日时大彬所制，极为人所重。盖是粗砂制成，正取砂无土气耳。

臞仙云：茶瓯者，予尝以瓦为之，不用磁。以笋壳为盖，以檞叶攒覆于上，如箬笠状，以蔽其尘。用竹架盛之，极清无比。茶匙，以竹编成，细如笊篱，样与尘世所用者大不凡矣，乃林下出尘之物也。煎茶用铜瓶，不免汤铦，用砂铫，亦嫌土气，惟纯锡为五金之母，制铫能益水德。

谢肇淛《五杂俎》：宋初闽茶，北苑为最。当时上供者，非两府禁近不得赐，而人家亦珍重爱惜。如王东城有茶囊，惟杨大年至，则取以具茶，他客莫敢望也。

《支廷训集》有《汤蕴之传》，乃茶壶也。

文震亨《长物志》：壶以砂者为上，既不夺香，又无熟汤气。锡壶有赵良璧者亦佳。吴中归锡，嘉禾黄锡，价皆最高。

《遵生八笺》：茶铫、茶瓶，瓷砂为上，铜锡次之。瓷壶注茶，砂铫煮水为上。茶盏，惟宣窑坛为最，质厚白莹，样式古雅，有等宣窑印花白瓯，式样得中，而莹然如玉。次则嘉窑，心内有茶字小盏为美。欲试茶色黄白，岂容青花乱之。注酒亦然，惟纯白色器皿为最上乘，馀品皆不取。

试茶以涤器为第一要。茶瓶、茶盏、茶匙生锃，致损茶味，必须先时洗洁则美。

曹昭《格古要论》：古人吃茶汤用擊，取其易干不留滞。

陈继儒《试茶》诗，有"竹炉幽讨"、"松火怒飞"之句。[竹茶炉，出惠山者最佳。]

《渊鉴类函·茗碗》：韩诗"茗碗纤纤捧"。

徐葆光《中山传信录》：琉球茶瓯，色黄，描青绿花草，云出土噶喇。其质少粗无花，但作水纹者，出大岛。瓯上造一小木盖，朱黑漆之，下作空心托子，制作颇工。亦有茶托、茶帚。其茶具、火炉与中国小异。

葛万里《清异论录》：时大彬茶壶，有名钓雪，似带笠而钓者。然无牵合意。

《随见录》：洋铜茶铫，来自海外。红铜荡锡，薄而轻，精而雅，烹茶最宜。

[译文]

唐代韩琬（字茂贞，邓州南阳人）《御史台记》记载：唐朝制度，御史有三院：第一个叫做台院，其官员叫做侍御史；第二个叫做殿院，其官员叫做殿中侍御史；第三个叫做察院，其官员叫做监察御史。察院的办公场所察院厅居南，唐武宗会昌（841~846）初年监察御史郑路所修葺。其中的礼察厅，称作松厅，因为其南有一棵古松；刑察厅，称作魇厅，因为在这里就寝的人多梦魇；兵察厅，主管察院的茶饮。其茶叶一定要购买蜀茶中的佳品，贮存在陶器中，以防备暑天发潮变质。御史往往亲自封存或者开启，所以兵察厅又称为茶瓶厅。

唐代李匡乂《资暇集》记载：茶托子，创始于唐德宗建中（780~783）年间蜀相崔宁之女，因为茶杯没有衬垫，害怕烫手，于是就取碟子托起来。品饮之后，杯子又倾倒了，于是就用蜡环绕在碟子中央，茶杯就固定下来，随即派工匠用漆代替蜡环，进奉给蜀相。蜀相很惊奇，就为之命名并告诉亲朋好友，人们都认为很方便，当时就流行开来。此后，传承者再环其底部，更新其规制，从而使茶托子发展到上百种形状。

唐德宗贞元（785~805）初年，青州郓城用缯布加油漆制成荷叶形状，用来衬垫茶碗，形成另外一种碟子。今人大多说茶托子就是起源于此，其实不然。蜀相即如今的升平崔家，一问便知究竟。

宋徽宗《大观茶论》中谈论茶器说：罗碾，茶碾以银质的为最好，熟铁制成者次之。槽要做得又深又陡，轮要做得又锐又薄。罗网要细密，罗面要拉紧，碾茶时一定要用力，并且速度要快。（罗茶时则要动作轻缓，罗面掌握水平，不怕反复多次，这样茶的细末几乎不会有什么损耗。）只有经过两次过罗的茶末，入水之后会轻轻漂起，在茶汤的表面有光泽凝聚，从而充分显现出好茶所应有的色泽。

茶盏，必须度量茶叶的多少，从而决定所用茶盏的大小。如果茶盏高而茶叶较少，就会遮盖住茶的色泽；如果茶叶较多而茶盏较小，就会使水量不足以充分溶解茶末，尽显茶之真味。茶盏只有在加热的情况下，才会使茶叶充分发挥其色香味，而且持续时间较长。

茶筅，是击拂专用的工具，以竹节细密的老竹加工而成。筅身即筅把要厚重，筅头即前端的竹帚则要稀疏有力，根部要粗壮而末梢要纤细，应当像剑脊般的形状。这是因为筅身厚重，就能在操作时有力，便于运用；筅头稀疏有力，根粗末细如剑脊的形状，就会使得在击拂时即便用力过猛也不会产生浮沫。

茶瓶，适合用金银，其大小规格，只有按照具体需要来决定。注汤（即将煎好的水注入茶盏）这个环节的关键，只是取决于茶瓶口嘴的大小和形状罢了。茶瓶的口，要稍微大一些，而且曲度要小一些，这样注汤时力量就比较集中，水流不会分散；茶瓶嘴的末端，要圆小而且尖削，那么在注汤时就会有所节制，水流不会形成滴沥。这是因为注汤时力量集中，那么茶叶的色香味就能迅速发挥出来；注汤时有所节制而不形成滴沥，那么茶盏表层的粥面就不会被破坏。

茶勺，是添续茶水的工具，其规格大小，应当以可以盛下一盏茶水为适量标准。如果盛水超过一盏，就要把多余的水倒回去；如果不足一盏，又要再舀一次加以补充。这样倾倒数次，就会使盏中的茶水凉了。

北宋蔡襄《茶录》下篇论茶器：茶焙，用竹篾编制而成，外面包裹箬叶。上面盖起来，以便收拢火气；中间隔成两层，以便扩大容量。把茶饼放在上层，下层放置炭火，与茶饼保持一尺左右距离，使其中保持温暖的状态，就是为了保养茶的色香味。

茶笼，没有放入茶焙烘烤的茶饼，应当用箬叶紧密封裹，放在茶笼中盛起来，置于高处，切不要接近潮湿之气。

砧椎，砧和椎是用来捶碎茶饼的工具。砧板以木头做成，椎以金或者铁制成，取其方便实用。

茶钤，用金或铁屈曲而制成，用来夹住茶饼进行烘焙。

茶碾，用银或铁制成。黄金本性柔软，而铜和黄铜都容易生锈，不能选用。

茶罗，以罗网极细的为最好。罗底要用四川东川鹅溪绢中特别细密的，放到开水中揉洗干净后罩在罗圈之上。

茶盏，茶色浅白，适宜黑色的茶盏。建安所制造的茶盏黑里透红，纹理犹如兔毫，其坯稍厚，经过烘烤后久热难冷，最适宜饮茶之用。其他地方出产的茶盏，有的坯太薄，有的颜色发紫，都比不上建盏。那些青白色的茶盏，斗茶品茗的行家自然不会使用。

茶匙，茶匙要有一定重量，这样用来击拂才会有力。以黄金制作的茶匙为最好，民间多用银、铁制成。用竹子制成的茶匙太轻，建茶一般不用。

茶瓶，用于烧水的汤瓶要小一点，以便于观察开水变化的情形，而且点茶注水的时候能够把握好分寸。汤瓶以黄金制作的为最好，民间多用银、铁或者瓷制作。如果茶瓶过大，品饮时有所剩余，停久茶味过熟，就不好了。

宋代孙穆《鸡林类事》记载：高丽方言，茶匙叫做茶成。

宋代周辉《清波杂志》记载：长沙的工匠，制造茶具极其精致，其工价之高几乎与所使用的白银的价格相等，士大夫之家多有收藏，放置到几案之间，只知道相互夸耀珍贵奢侈，并不经常使用。一般说来茶叶适宜锡器，我认为锡器比较合适，而且实用而不奢侈。如果器具上贴上纸，则容易损坏茶的味道。

张舜民（字芸叟）说：吕公著（字晦叔，封申国公，世称吕申公）家有茶罗子，一个以黄金装饰，一个以棕毛为栏。正接待宾客的时候，招呼要银罗子，就是接待平常的客人；索要金罗子，就是接待皇帝身边的人；索要棕栏罗子，就一定是公辅大臣。家人经常要排着队在屏风间等候召唤。

《黄庭坚集》中有《同公择咏茶碾》诗写道：要及新香碾一杯，不应传宝到云来。碎身粉骨方馀味，莫厌声喧万壑雷。

北宋陶谷《清异录》中说：富贵汤，应当用白银制作的茶铫煎煮，非常好。用铜制的茶铫煮水，用锡制的茶壶注茶，次之。

《苏东坡集》中有《扬州石塔试茶》诗写道：坐客皆可人，鼎器手自洁。

《秦少游集》中有《茶臼》诗写道：幽人耽茗饮，刳木事捣撞。巧制合白形，雅音伴枥橦。

《文与可集》中有《谢许判官惠茶器图》诗写道：成图画茶

器，满幅写茶诗。会说工全妙，深谙句特奇。

元代谢宗可《咏物诗》中有《茶筅》诗写道：此君一节莹无瑕，夜听松声漱玉华。万里引风归蟹眼，半瓶飞雪起龙芽。香凝翠发云生脚，湿满苍髯浪卷花。到手纤毫皆尽力，多因不负玉川家。

南宋周密《乾淳岁时记》记载：宫中大的庆典活动，用镀金的大斝（陶制的扁形口大而撇的器皿）摆设五色水果，中间放龙凤团茶，称作绣茶。

南宋程大昌《演繁露》中说：《东坡后集二》中有《从驾景灵宫》诗写道：病贪赐茗浮铜叶。按今天御前赐茶都不用建盏，而用大汤斝，色泽正白，只是其制作的形制类似薄铜片所做的铜叶汤斝罢了。这种称为铜叶的茶盏呈黄褐色。

南宋周密《癸辛杂志》记载：宋代，长沙茶具制造精妙，甲于天下。每副茶具用白银三百星或五百星（金银一钱为一星），凡是有关茶的器具都应有尽有。外面用一个饰有穗带的银盒子盛起来贮存。赵葵（字南仲）丞相做潭州（治今长沙）知府的时候，用黄金千两制造茶具，进贡给朝廷。理宗皇帝（葬穆陵）大喜，因为这是官中的工匠所不能制作的。

元末杨基《眉庵集》中有《咏木茶炉》诗写道：绀绿仙人炼玉肤，花神为曝紫霞腴。九天清泪沾明月，一点芳心托鹧鸪。肌骨已为香魄死，梦魂犹在露团枯。嫦娥莫怨花零落，分付馀醺与酪奴。

明代张源《茶录》中说：茶铫，金是水之母，银则刚柔兼备，味道不咸不涩，是用来做茶铫的最好材料。茶铫的中间一定要穿透，以便能透过火气。（以上不见于张源《茶录》，而近于许次纾《茶疏》）

茶瓯，以白瓷为最好，蓝白色的次之。

明代闻龙《茶笺》中说：茶镤，山林隐逸之人，所用茶铫以白银制成也不可能，何况用黄金制作茶镀呢？如果就使用长久而言，还是用铁制作的为好。

明代罗廪《茶解》中说：茶炉，用陶器或者竹子制成，其大小要与茶壶的大小相称。凡是贮藏茶叶的器具，一定要始终贮藏茶叶，不能改作他用。

明代李如一（名鹗翀，以字行，又字贯之，江阴人）《水南翰记》中说：韵书没有氅字，今人称盛茶、酒的器具叫做氅。

《檀几丛书》中说：品茶所用的茶瓯，以白瓷为佳，所谓"素瓷传静夜，芳气满闲轩"。其形制适宜小口而中间部分较深，这样能使茶色漂浮而香味不散。

明代黄龙德《茶说》中说：饮茶器具精致洁净，茶就会因此而增添光彩。至于当今苏州的锡壶、宜兴出产的时大彬紫砂壶、开封出产的锡铫、湘妃竹所制成的茶灶以及宣德窑、成化窑所出产的茶盏，无论高人隐士、诗人词客，还是贤明的士大夫，没有不倍加珍重和宝爱的。就是说自唐宋以来茶具的精致，也未必有当今如此雅致的。

明代张大复《闻雁斋笔谈》中说：茶叶采摘之后，其自然之性一定要借阳光散发开来，并且遇到作为知己的水。但是，不经过茶灶、茶炉烹煮，也达不到最佳效果。所以说，饮茶是一种富贵之事。

明代乐纯《雪庵清史》中说：甘洌的泉水容易变形，如果不是用金银器盛起来，那么其味道必定冲破茶具的局限而散发出来。宋代有人赠送中冷泉给欧阳修的，欧阳修惊讶地说道："先生您本来是贫寒的士人，为什么还要奉送如此厚重的礼物呢？"然后徐徐观察所馈赠的茶具，于是说道："水味穷尽啦！"唉！诚如欧阳修先生所说，饮茶乃是富贵的事情。曾经考察宋朝的大小龙团茶，创始于丁谓，成于蔡襄。欧阳修听说后感慨道："君谟作为一个士人，怎么能够做这样的事情？"苏东坡有诗写道："武夷溪边粟粒芽，前丁后蔡相笼加。吾君所乏岂此物，致养口体何陋耶。"由此可见，丁、蔡二人对于茶的声誉又败坏很多啊！因此，我面对茶瓶而有所感触。

茶鼎，是炼丹和煮水的地方，那些在明月之涧和白云之龛所出产的茶品，经过茶鼎的烹煎，可以涤烦消渴，其功用确实不在灵芝、白术等养生妙品之下。然而，如果没有泛乳花（烹茶时茶盏上所泛的浮沫）、浮云脚（盏面所浮的蒸汽），那么草堂暮云阴，松窗残雪明，用什么伴随野语清言？啊！鼎对于茶事的功用太大了！因此，唐代皮日休有"立作菌蠢势，煎为漋渫声"的诗句，刘禹锡有"骤雨松风入鼎来，白云满碗花徘徊"的诗句，宋代吕居仁有"浮花原属三昧手，竹斋自试鱼眼汤"的诗句，范仲淹有"鼎磨云外首山铜，瓶携江上中泠水"的诗句，罗大经（字景纶）有"待得声闻俱寂后，一瓯春雪胜醍醐"的诗句。啊！鼎对于茶事的功用是太大了！即使如此，我还是叹赏卢仝的"柴门反关无俗客，纱帽笼头自煎吃"，杨万里的"老夫平生爱煮茗，十年烧穿折脚鼎"，像这两位先生，差不多可以无负此鼎了。

明代冯时可《茶录》记载：芘莉，也叫做筹筤，就是茶笼。牺，就是木勺，也就是茶瓢。

《宜兴志》记载茗壶说：陶窑分布于蜀山的周围。蜀山又叫做独山，苏东坡居住阳羡的时候，认为这里很像蜀中的风景，改名叫做蜀山。如今山顶还建有东坡祠进行祭祀，因为制陶的烟雾飘来熏染，东坡祠的建筑尽呈黑色。

冒襄（字巢民）《岕茶汇钞》中说：茶壶，以小巧为最佳，每一个客人一个茶壶，任其独自斟茶品饮，这样才能得到茶中真味。为什么呢？茶壶小巧就不会使香气消散，味道也不会改变。况且茶中的香味，不早不晚，恰在一时之间，太早或者未足，稍缓或者已过，其中的奥妙，清心悦神，品饮自知，通晓其中的变化而采取适当的措施，完全在于其人的自我体味。

明代周高起《阳羡茗壶系》中说：饮茶风尚发展到明代，不再碾成细末、加入香药、制成团饼，这也是远远超过古人的地方。近百年以来，茶壶淘汰了银壶、锡壶以及福建、河南的瓷壶，而崇尚宜兴紫砂陶壶，这又是近人远远超过前人的地方。宜兴陶壶的可取之处何在？就在于它用当地山中的含砂陶土，能够充分发挥天然真茶的色香味，如杜甫《少年行》诗中所吟咏的"倾金注玉惊人眼"，其形制高流也是着意于免俗。至于名家所制作的茶壶，一个茶壶的重量不过数两，其价格往往高达一二十两银子，从而能使泥土与黄金争价。世风日趋浮华，也足以令人感慨了。考察宜兴陶壶的创始，可以追溯到金沙寺的和尚，因为年代久远已经不知道他的名字了。另一种说法，是提学副使吴仕（字克学，又字颐山，宜兴人）曾在金沙寺中读书，其青衣小童名叫供春，他模仿老和尚的方法制作陶壶。如今传世的供春壶，色泽如栗子黯然沉着，坚实刚硬，犹如古代的金银铁器；敦厚笃实，形制周正，壶上手指的螺纹隐隐泛起，清晰可辨，可以称得上天下第一了。世人称它为龚春，是不对的。

万历（1573~1620）年间，有四大制壶名家：董翰（号后溪）、赵梁（一作赵良）、玄锡、时朋。时朋即时大彬的父亲。时大彬号少山，他在艺术风格上不追求艳丽妩媚，而以古朴、雅致、坚实、栗色作为特征，工艺奇妙，巧夺天工。于是就在陶艺领域标举大雅遗风，独擅空群之名目。（韩愈《送温处士赴河阳军序》："伯乐一过冀北之野，而马群遂空。"）

此外，还有李茂林（名养心）、李仲芳（茂林子）、徐友泉（名士衡）；又有时大彬的徒弟欧正春、邵文金、邵文银、蒋伯荂（名时英）四人；陈用卿（俗名陈三呆子）、陈信卿、闵鲁生（名贤）、陈光甫；还有婺源人陈仲美，所制文玩器具反复镂刻，重叠雕饰，极其细腻，堪称鬼斧神工；沈君用（名士良）、邵盖、周后溪、邵二孙、陈俊卿、周季山、陈和之、陈挺生、承云从、沈君盛、陈辰（字共之）等，也都各有所长。徐友泉所自制的茶壶，泥色有海棠红、朱砂紫、定窑白、冷金黄、淡墨、沉香、水碧、榴皮、葵黄、闪色、梨皮等名目。在茶壶上镌刻题款也是从时大彬开始的，运用竹刀刻画，书法娴雅。

茶洗，又叫做滤尘，式样像扁壶，中间加有一个弧形的鬲，底部有细孔，以便于冲洗掉茶叶中的沙尘。茶藏，是用来留住洗过的茶叶的工具。这两种茶具，陈仲美、沈君用都有非常奇异的制作工艺。至于水勺、汤铫之类的茶具，世间也有制作得尽善尽美的，但日常还是以椰壳、葫芦器、锡器最为实用和常见。

茶壶的制作，宜小不宜大，宜浅不宜深；壶盖适宜弧形拱起而不适宜平面，这样可以使得汤力集中，香气氤氲，才称得上达到了最佳效果。

茶壶如果出现有陈杂气味，就要先用沸水倒满洗涤，并且乘热倒掉，随即浸入冷水之中，也要马上拿出来将水倒掉，这样其元气就可以恢复了。

明代许次纾《茶疏》中说：茶盒，用来贮藏日常所用的零星茶叶，以锡制成，其作用是从大坛中分取茶叶，一盒用完之后再从大坛中取用。（此则不见于《茶疏》，而与张源《茶录·分茶盒》略似）

茶壶，往时崇尚龚（供）春所制的紫砂壶，近日则是时大彬所制的茶壶，非常受人珍重和宝爱。因为紫砂壶都是用粗砂烧制而成，正是取其砂不含土气的优点。

瞿仙说：茶瓯，我曾经以陶制成，而不用瓷。用笋壳作为盖子，再用槲叶覆盖在上面，如同箬叶斗笠的形状，以此来遮蔽尘埃。然后以竹架盛起来，无比清幽。茶匙，用竹篾编成，细如筅篱一样，形状与尘世所使用的大不相同，乃是山林隐逸生活中的物件。煎茶使用铜制的茶瓶，不免会有铜锈之味，用砂陶所制的茶铫也嫌有土腥气，只有纯锡乃是五金之母，制成茶铫能够增益茶水的质量。

明代谢肇淛《五杂俎》记载：宋初福建所出产的茶叶，以北苑为最好。当时上贡给朝廷的茶叶，如果不是中书省和枢密院以及皇帝身边的人都得不到赏赐，而民间也都极其珍重爱惜。例如王东城有一个茶囊，只有杨大年来，才会取出来烹茶待客，其他客人没有敢于奢望的。

明代支廷训《支廷训集》中有一篇《汤蕴之传》，也就是给茶壶所做的传记。

明代文震亨《长物志》中说：茶壶以砂陶所做的为最好，既不会侵夺茶的香味，而且也没有熟汤气。锡壶有赵良璧所制的也很好。吴中的归锡、嘉禾的黄锡，价格都是最高的。

明代高濂《遵生八笺》中说：茶铫和茶瓶，以瓷器、陶器为最好，铜器、锡器次之。以瓷壶注茶、砂铫煮水这样的配置为最好。茶盏，只有宣德窑所出的坛盏为最好，质地厚重，色白莹润，样式古雅。有一种宣德窑的印花白色茶瓯，式样得中，莹然如玉。其次是嘉靖官窑，以茶盏底部中心有茶字的小盏为美。要烹试茶叶，以色泽黄白为好，怎么能容忍青花瓷器变乱其色泽？注酒也是一样，只有纯白色的器皿最为上乘，其馀的品种都不足取。

烹试茶叶，以洗涤器具作为第一要务。茶瓶、茶盏、茶匙等茶具一旦出现铁锈味，就会损坏茶的色香味，所以必须预先清洗洁净才好。

明代曹昭（字明仲，松江人）《格古要论》中说：古人饮茶用擎，取其容易喝干而不会留滞的优点。

明代陈继儒《试茶》中有"竹炉幽讨"、"松火怒飞"的诗句。[原注：竹茶炉以出产于无锡惠山的为佳。]

清代《渊鉴类函·茗碗》记载：韩愈诗中有"茗碗纤纤捧"的句子。

清代徐葆光（字亮直，长洲人）《中山传信录》记载：琉球群岛的茶瓯，表面呈黄色，上面描画着青绿花草，据说出产于土噶喇。其质地略显粗糙而没有花纹，但有作水纹的，出产于大岛。茶瓯之上造有一个小木盖，用朱黑色漆好，下面有一个空心托子，制作颇为精致；另外，还有茶托、茶帚等。只有茶具、火炉与我国大陆稍微有些差异。

清代葛万里《清异论录》中说：时大彬所制的茶壶，有一种名叫钓雪，形状好像一个人戴着斗笠在垂钓，但是形制意态自然，没有一点牵强之意。

清代屈擢升《随见录》记载：洋铜茶铫，来自海外。红铜表面烫上锡，器形很薄，重量很轻，精致而且高雅，用来烹茶最为合适。

续茶经卷下

五 茶之煮

唐陆羽《六羡歌》：不羡黄金罍，不羡白玉杯；不羡朝入省，不羡暮入台；千羡万羡西江水，曾向竟陵城下来。

唐张又新《水记》：故刑部侍郎刘公讳伯刍，于又新丈人行也。为学精博，有风鉴。称较水之与茶宜者，凡七等：扬子江南零水第一；无锡惠山寺石水第二；苏州虎丘寺石水第三；丹阳县观音寺井水第四；大明寺井水第五；吴淞江水第六；淮水最下第七。余尝具瓶于舟中，亲挹而比之，诚如其说也。客有熟于两浙者，言搜访未尽，余尝志之。及刺永嘉，过桐庐江，至严濑，溪色至清，水味甚冷，煎以佳茶，不可名其鲜馥也，愈于扬子南零殊远。及至永嘉，取仙岩瀑布用之，亦不下南零，以是知客之说信矣。

陆羽论水次第，凡二十种：庐山康王谷水帘水第一；无锡惠山寺石泉水第二；蕲州兰溪石下水第三；峡州扇子山下虾蟆口水第四；苏州虎丘寺石泉水第五；庐山招贤寺下方桥潭水第六；扬子江南零水第七；洪州西山瀑布泉第八；唐州桐柏县淮水源第九；庐州龙池山岭水第十；丹阳县观音寺水第十一；扬州大明寺水第十二；汉江金州上游中零水第十三［原注：水苦］；归州玉虚洞下香溪水第十四；商州武关西洛水第十五；吴淞江水第十六；天台山西南峰千丈瀑布水第十七；柳州圆泉水第十八；桐庐严陵滩水第十九；雪水第二十［原注：用雪水不可太冷］。

唐顾况《论茶》：煎以文火细烟，煮以小鼎长泉。

苏廙《仙芽传》第九卷载《作汤十六法》谓：汤者，茶之司命。若名茶而滥汤，则与凡味同调矣。煎以老嫩言，凡三品；注以缓急言，凡三品；以器标者，共五品；以薪论者，共五品。一得一汤，二婴汤，三百寿汤，四中汤，五断脉汤，六大壮汤，七富贵汤，八秀碧汤，九压一汤，十缠口汤，十一减价汤，十二法律汤，十三一面汤，十四宵人汤，十五贱汤，十六魔汤。

丁用晦《芝田录》：唐李卫公德裕，喜惠山泉，取以烹茗。自常州到京，置驿骑传送，号曰水递。后有僧某曰："请为相公通水脉。"盖京师有一眼井与惠山泉脉相通，汲以烹茗，味殊不异。公问："井在何坊曲？"曰："昊天观常住库后是也。"因取惠山、昊天各一瓶，杂以他水八瓶，令僧辨晰。僧止取二瓶井泉，德裕大加奇叹。

《事文类聚》：赞皇公李德裕居廊庙日，有亲知奉使于京口。公曰："还日，金山下扬子江南零水，与取一壶来。"其人敬诺。及使回，举棹日，因醉而忘之，泛舟至石城下方忆，乃汲一瓶于江中，归京献之。公饮后，叹诧非常，曰："江表水味有异于顷岁矣，此水颇似建业石头城下水也。"其人即谢过，不敢隐。

《河南通志》：卢仝茶泉在济源县。仝有庄，在济源之通济桥二里馀，茶泉存焉。其诗曰："买得一片田，济源花洞前。"自号玉川子，有寺名玉泉。汲此寺之泉煎茶。有《玉川子饮茶歌》，句多奇警。

《黄州志》：陆羽泉在蕲水县凤栖山下，一名兰溪泉，羽品为天下第三泉也。尝汲以烹茗，宋王元之有诗。

无尽法师《天台志》：陆羽品水，以此山瀑布泉为天下第十七水。余尝试饮，比余幽溪、蒙泉殊劣。余疑鸿渐但得至瀑布泉耳。苟遍历天台，当不取金山为第一也。

《海录》：陆羽品水，以雪水第二十，以煎茶滞而太冷也。

陆平泉《茶寮记》：唐秘书省中水最佳，故名秘水。

《檀几丛书》：唐天宝中，稠锡禅师名清晏，卓锡南岳涧上，泉忽迸石窟间，字曰真珠泉。师饮之，清甘可口，曰："得此瀹吾乡桐庐茶，不亦称乎！"

《大观茶论》：水以轻清甘洁为美，用汤以鱼目、蟹眼连络迸跃为度。

《咸淳临安志》：栖霞洞内有水洞，深不可测，水极甘冽。魏公尝调以瀹茗。又莲花院有三井，露井最良，取以烹茗，清甘寒冽，品为小林第一。

《王氏谈录》：公言茶品高而年多者，必稍陈。遇有茶处，春初取新芽轻炙，杂而烹之，气味自复在。襄阳试作甚佳，尝语君谟，亦以为然。

欧阳修《浮槎水记》：浮槎与龙池山皆在庐州界中，较其味不及浮槎远甚。而又新所记，以龙池为第十，浮槎之水弃而不录，以此知又新所失多矣。陆羽则不然，其论曰："山水上，江次之，井为下，山水乳泉石池漫流者上。"其言虽简，而于论水尽矣。

蔡襄《茶录》：茶或经年，则香色味皆陈。煮时先于净器中以沸汤渍之，刮去膏油，一两重即止。乃以钤拑之，用微火炙干，然后碎碾。若当年新茶，则不用此说。

碾时，先以净纸裹捶碎，然后熟碾。其大要旋碾则色白，如经宿则色昏矣。

碾毕即罗。罗细则茶浮，粗则沫浮。

候汤最难，未熟则沫浮，过熟则茶沉。前世谓之蟹眼者，过熟汤也。沉瓶中煮之不可辨，故曰候汤最难。

茶少汤多则云脚散，汤少茶多则粥面聚。［原注：建人谓之云脚、粥面。］钞茶一钱匕，先注汤，调令极匀。又添注入，环回击拂。汤上盏，可四分则止，视其面色鲜白，著盏无水痕为绝佳。建安斗茶，以水痕先退者为负，耐久者为胜，故校胜负之说曰相去一水两水。

茶有真香，而入贡者微以龙脑和膏，欲助其香。建安民间试茶，皆不入香，恐夺其真也。若烹点之际，又杂以珍果香草，其夺益甚，正当不用。

陶谷《清异录》：馔茶而幻出物象于汤面者，茶匠通神之艺也。沙门福全生于金乡，长于茶海，能注汤幻茶成一句诗，如并点四瓯，共一首绝句，泛于汤表。小小物类，唾手办尔。檀越日造门，求观汤戏。全自咏诗曰："生成盏里水丹青，巧画工夫学不成。却笑当时陆鸿渐，煎茶赢得好名声。"

茶至唐而始盛。近世有下汤运匕，别施妙诀，使汤纹水脉成物象者，禽兽、虫鱼、花草之属，纤巧如画，但须臾即就散灭，此茶之变也。时人谓之"茶百戏"。

又有漏影春法。用缕纸贴盏，糁茶而去纸，伪为花身。别以荔肉为叶，松实、鸭脚之类珍物为蕊，沸汤点搅。

《煮茶泉品》：予少得温氏所著《茶说》，尝识其水泉之目，有二十焉。会西走巴峡，经虾蟆窟；北憩芜城，汲蜀冈井；东游故都，绝扬子江。留丹阳酌观音泉，过无锡啜慧山水。粉枪末旗，苏兰薪桂，且鼎且缶，以饮以歠，莫不瀹气涤虑，蠲病析酲，祛鄙吝之生心，招神明而还观。信乎！物类之得宜，臭味之所感，幽人之佳尚，前贤之精鉴，不可及已。

昔郦元善于《水经》，而未尝知茶；王肃癖于茗饮，而言不及水，表是二美，吾无愧焉。

魏泰《东轩笔录》：鼎州北百里，有甘泉寺，在道左，其泉清美，最宜瀹茗。林麓回抱，境亦幽胜。寇莱公谪守雷州经此，酌泉志壁而去。未几，丁晋公窜朱崖，复经此，礼佛留题而行。天圣中，范讽以殿中丞安抚湖外，至此寺睹二相留题，徘徊慨叹，作诗以志其旁曰："平仲酌泉方顿辔，谓之礼佛继南行。层峦下瞰岚烟路，转使高僧薄宠荣。"

张邦基《墨庄漫录》：元祐六年七夕日，东坡时知扬州，与发运使晁端彦、吴倅晁无咎，大明寺汲塔院西廊井，与下院蜀井二水，校其高下，以塔院水为胜。

华亭县有寒穴泉，与无锡惠山泉味相同，并尝之不觉有异，邑人知之者少。王荆公尝有诗云："神震冽冰霜，高穴雪与平。空山淳千秋，不出鸣咽声。山风吹更寒，山月相与清。北客不到此，如河洗烦醒。"

罗大经《鹤林玉露》：余同年友李南金云：《茶经》以鱼目、涌泉、连珠为煮水之节。然近世瀹茶，鲜以鼎镬，用瓶煮水，难以候视。则当以声辨一沸、二沸、三沸之节。又陆氏之法，以未就茶镬，故以第二沸为合量而下末。若今以汤就茶瓯瀹之，则当有用背二涉三之际为合量也。乃为声辨之诗曰："砌虫唧唧万蝉催，忽有千车捆载来。听得松风并涧水，急呼缥色绿磁杯。"其论固已精矣。然瀹茶之法，汤欲嫩而不欲老。盖汤嫩则茶味甘，老则过苦矣。若声如松风涧水而遽瀹之，岂不过于老而苦哉！惟移瓶去火，少待其沸止而瀹之，然后汤适中而茶味甘。此南金之所未讲也。因补一诗云："松风桂雨到来初，急引铜瓶离竹炉。待得声闻俱寂后，一瓯春雪胜醍醐。"

赵彦卫《云麓漫钞》：陆羽别天下水味，各立名品，有石刻行于世。《列子》云孔子"淄渑之合，易牙能辨之"。易牙，齐威公大夫。淄渑二水，易牙知其味，威公不信，数试皆验。陆羽岂得其遗意乎？

《黄山谷集》：泸州大云寺西偏崖石上，有泉滴沥，一州泉味皆不及也。

林逋《烹北苑茶有怀》：石碾轻飞瑟瑟尘，乳花烹出建溪春。人间绝品应难识，闲对《茶经》忆古人。

《东坡集》：予顷自汴入淮泛江，溯峡归蜀，饮江淮水盖弥年。既至，觉井水腥涩，百馀日然后安之。以此知江水之甘于井也，审矣。今来岭外，自扬子始饮江水，及至南康，江益清驶，水益甘，则又知南江贤于北江也。近度岭入清远峡，水色如碧玉，味益胜。今游罗浮，酌泰禅师锡杖泉，则清远峡水又在其下矣。岭外惟惠州人喜斗茶，此水不虚出也。

惠山寺东为观泉亭，堂曰漪澜，泉在亭中，二井石甃相去咫尺，方圆异形。汲者多由圆井，盖方动圆静，静清而动浊也。流过漪澜，从石龙口中出，下赴大池者，有土气，不可汲。泉流冬夏不涸，张又新品为天下第二泉。

《避暑录话》：裴晋公诗云："饱食缓行初睡觉，一瓯新茗侍儿煎。脱巾斜倚绳床坐，风送水声来耳边。"公为此诗必自以为得意，然吾山居七年，享此多矣。

冯璧《东坡海南烹茶图》诗：讲筵分赐密云龙，春梦分明觉亦空。地恶九钻黎火洞，天游两腋玉川风。

《万花谷》：黄山谷有《井水帖》云："取井傍十数小石，置瓶中，令水不浊。"故《咏慧山泉》诗云"锡谷寒泉椭石俱"是也。石圆而长曰椭，所以澄水。

茶家碾茶，须碾着眉上白，乃为佳。曾茶山诗云："碾处须看眉上白，分时为见眼中青。"

《舆地纪胜》：竹泉，在荆州府松滋县南。宋至和初，苦竹寺僧浚井得笔。后黄庭坚谪黔过之，视笔曰："此吾虾蟆碚所坠。"因知此泉与之相通。其诗曰："松滋县西竹林寺，苦竹林中甘井泉。巴人谩说虾蟆碚，试裹春茶来就煎。"

周辉《清波杂志》：余家惠山泉石，皆为几案间物。亲旧东来，数问松竹平安信。且时致陆子泉，茗碗殊不落寞。然顷岁亦可致于汴都，但未免瓶盎气。用细砂淋过，则如新汲时，号拆洗惠山泉。天台竹沥水，彼地人断竹稍屈而取之盈瓮，若杂以他水则亟败。苏才翁与蔡君谟比茶，蔡茶精，用惠山泉煮。苏茶劣，用竹沥水煎，便能取胜。此说见江邻几所著《嘉祐杂志》。果尔，今喜击拂者，曾无一语及之，何也？双井因山谷乃重，苏魏公尝云："平生荐举不知几何人，惟孟安序朝奉岁以双井一瓮为饷。"盖公不纳苞苴，顾独受此，其亦珍之耶！

《东京记》：文德殿两掖，有东西上阁门，故杜诗云："东上阁之东，有井泉绝佳。"山谷《忆东坡烹茶》诗云："阁门井不落第二，竟陵谷帘空误书。"

陈舜俞《庐山记》：康王谷有水帘，飞泉破岩而下者二三十派。其广七十馀尺，其高不可计。山谷诗云"谷帘煮甘露"是也。

孙月峰《坡仙食饮录》：唐人煎茶多用姜，故薛能诗云："盐损添常戒，姜宜著更夸。"据此，则又有用盐者矣。近世有此二物者，辄大笑之。然茶之中等者，用姜煎，信佳。盐则不可。

冯可宾《岕茶笺》：茶虽均出于岕，有如兰花香而味甘，过霉历秋，开坛烹之，其香愈烈，味若新沃。以汤色尚白者，真洞山也。他嶰初时亦香，秋则索然矣。

《群芳谱》：世人情性嗜好各殊，而茶事则十人而九。竹炉火候，茗碗清缘。煮引风之碧云，倾浮花之雪乳。非借汤勋，何昭茶德？略而言之，其法有五：一曰择水，二曰简器，三曰忌混，四曰慎煮，五曰辨色。

《吴兴掌故录》：湖州金沙泉，至元中，中书省遣官致祭，一夕水溢，溉田千亩，赐名瑞应泉。

《职方志》：广陵蜀冈上有井，曰蜀井，言水与西蜀相通。茶品天下水有二十种，而蜀冈水为第七。

《遵生八笺》：凡点茶，先须熁盏令热，则茶面聚乳，冷则茶色不浮。〔熁音协，火迫也。〕

陈眉公《太平清话》：余尝酌中泠，劣于惠山，殊不可解。后考之，乃知陆羽原以庐山谷帘泉为第一。《山疏》云："陆羽《茶经》言，瀑泻湍激者勿食。今此水瀑泻湍激无如矣，乃以为第一，何也？又云液泉在谷帘侧，山多云母，泉其液也，洪纤如指，清冽甘寒，远出谷帘之上，乃不得第一，又何也？"又碧淋池东西两泉，皆极甘香，其味不减惠山，而东泉尤冽。

蔡君谟"汤取嫩而不取老"，盖为团饼茶言耳。今旗芽枪甲，汤不足则茶神不透，茶色不明。故茗战之捷，尤在五沸。

徐渭《煎茶七类》：煮茶非漫浪，要须其人与茶品相得，故其法每传于高流隐逸，有烟霞泉石磊块于胸次间者。

品泉以井水为下。井取汲多者，汲多则水活。

候汤眼鳞鳞起，沫饽鼓泛，投茗器中。初入汤少许，俟汤茗相投即满注，云脚渐开，乳花浮面，则味全。盖古茶用团饼碾屑，味易出。叶茶骤则乏味，过熟则味昏底滞。

张源《茶录》：山顶泉清而轻，山下泉清而重，石中泉清而甘，砂中泉清而冽，土中泉清而厚。流动者良于安静，负阴者胜于向阳。山削者泉寡，山秀者有神。真源无味，真水无香。流于黄石为佳，泻出青石无用。

汤有三大辨：一曰形辨，二曰声辨，三曰捷辨。形为内辨，声为外辨，捷为气辨。如虾眼、蟹眼、鱼目、连珠，皆为萌汤，直至涌沸如腾波鼓浪，水气全消，方是纯熟；如初声、转声、振声、骇声，皆为萌汤，直至无声，方为纯熟。如气浮一缕、二缕、三缕，及缕乱不分，氤氲缭绕，皆为萌汤，直至气直冲贯，方是纯熟。

蔡君谟因古人制茶，碾磨作饼，则见沸而茶神便发。此用嫩而不用老也。今时制茶，不假罗碾，全具元体，汤须纯熟，元神始发也。

炉火通红，茶铫始上。扇起要轻疾，待汤有声，稍稍重疾，斯文武火之候也。若过乎文，则水性柔，柔则水为茶降；过于武，则火性烈，烈则茶为水制，皆不足于中和，非茶家之要旨。

投茶有序，无失其宜。先茶后汤，曰下投；汤半下茶，复以汤满，曰中投；先汤后茶，曰上投。夏宜上投，冬宜下投，春秋宜中投。

不宜用：恶木、敝器、铜匙、铜铫、木桶、柴薪、烟煤、麸炭、粗童、恶婢、不洁巾帨，及各色果实香药。

谢肇淛《五杂俎》：唐薛能茶诗云："盐损添常戒，姜宜著更夸。"煮茶如是，味安佳？此或在竟陵翁未品题之先也。至东坡《和寄茶》

诗云："老妻稚子不知爱，一半已入姜盐煎。"则业觉其非矣。而此习犹在也。今江右及楚人，尚有以姜煎茶者，虽云古风，终觉未典。

闽人苦山泉难得，多用雨水，其味甘不及山泉而清过之。然自淮而北，则雨水苦黑，不堪煮茗矣。惟雪水，冬月藏之，入夏用，乃绝佳。夫雪固雨所凝也，宜雪而不宜雨，何哉？或曰：北方瓦屋不净，多用秽泥涂塞故耳。

古时之茶，曰煮，曰烹，曰煎。须汤如蟹眼，茶味方中。今之茶惟用沸汤投之，稍著火即色黄而味涩，不中饮矣。乃知古今煮法亦自不同也。

苏才翁斗茶用天台竹沥水，乃竹露，非竹沥也。若今医家用火逼竹取沥，断不宜茶矣。

顾元庆《茶谱》：煎茶四要：一择水，二洗茶，三候汤，四择品。点茶三要：一涤器，二熁盏，三择果。

熊明遇《岕山茶记》：烹茶，水之功居大。无山泉则用天水，秋雨为上，梅雨次之，秋雨冽而白，梅雨醇而白。雪水，五谷之精也，色不能白。养水须置石子于瓮，不惟益水，而白石清泉，会心亦不在远。

《雪庵清史》：余性好清苦，独与茶宜。幸近茶乡，恣我饮啜。乃友人不辨三火三沸法，余每过饮，非失过老，则失之太嫩，致令甘香之味荡然无存，盖误于李南金之说耳。如罗玉露之论，乃为得火候也。友曰："吾性惟好读书，玩佳山水，作佛事，或时醉花前，不爱水厄，故不精于火候。昔人有言：释滞消壅，一日之利暂佳；瘠气耗精，终身之害斯大。获益则归功茶力，贻害则不谓茶灾。甘受俗名，缘此之故。"噫！茶冤甚矣。不闻秃翁之言：释滞消壅，清苦之益实多；瘠气耗精，情欲之海最大。获益则不谓茶力，自害则反谓茶殃。且无火候，不独一茶。读书而不得其趣，玩山水而不会其情，学佛而不破其宗，好色而不饮其韵，皆无火候者也。岂余爱茶而故为茶吐气哉？亦欲以此清苦之味，与故人共之耳！

煮茗之法有六要：一曰别，二曰水，三曰火，四曰汤，五曰器，六曰饮。有粗茶，有散茶，有末茶，有饼茶；有斫者，有熬者，有炀者，有舂者。余幸得产茶方，又兼得烹茶六要，每遇好朋，便手自煎烹。但愿一瓯常及真，不用撑肠拄腹文字五千卷也。故曰饮之时义远矣哉！

田艺蘅《煮泉小品》：茶，南方嘉木，日用之不可少者。品固有媺恶，若不得其水，且煮之不得其宜，虽佳弗佳也。但饮泉觉爽，啜茗忘喧，谓非膏粱纨绔可语。爱著《煮泉小品》，与枕石漱流者商焉。

陆羽尝谓："烹茶于所产处无不佳，盖水土之宜也。"此论诚妙。况旋摘旋瀹，两及其新耶！故《茶谱》亦云"蒙之中顶茶，若获一两，以本处水煎服，即能祛宿疾"，是也。今武林诸泉，惟龙泓入品，而茶亦惟龙泓山为最。盖兹山深厚高大，佳丽秀越，为两山之主。故其泉清寒甘香，雅宜煮茶。虞伯生诗："但见瓢中清，翠影落群岫。烹煎黄金芽，不取谷雨后。"姚公绶诗："品尝顾渚风斯下，零落《茶经》奈而何！"则风味可知矣，又况为葛仙翁炼丹之所哉？又其上为老龙泓，寒碧倍之，其地产茶，为南北两山绝品。鸿渐第钱塘天竺、灵隐者为下品，当未识此耳。而郡志亦只称宝云、香林、白云诸茶，皆未若龙泓之清馥隽永也。

余尝一一试之，求其茶泉双绝，两浙罕伍云。

山厚者泉厚，山奇者泉奇，山清者泉清，山幽者泉幽，皆佳品也。不厚则薄，不奇则蠢，不清则浊，不幽则喧，必无用矣。

江，公也，众水共入其中也。水共则味杂，故曰江水次之。其水取去人远者，盖去人远，则湛深而无荡漾之漓耳。

严陵濑，一名七里滩，盖沙石上曰濑、曰滩也，总谓之浙江，但潮汐不及，而且深澄，故入陆品耳。余尝清秋泊钓台下，取囊中武夷、金华二茶试之，固一水也，武夷则黄而燥冽，金华则碧而清香，乃知择水当择茶也。鸿渐以婺州为次，而清臣以白乳为武夷之右，今优劣顿反矣。意者所谓离其处，水功其半者耶！

去泉再远者，不能日汲。须遣诚实山僮取之，以免石头城下之伪。

苏子瞻爱玉女河水，付僧调水符以取之，亦惜其不得枕流焉耳。故曾茶山《谢送惠山泉》诗有"旧时水递费经营"之句。

汤嫩则茶味不出，过沸则水老而茶乏。惟有花而无衣，乃得点瀹之候耳。

有水有茶，不可以无火，非谓其真无火也，失所宜也。李约云"茶须活火煎"，盖谓炭火之有焰者。东坡诗云"活火仍将活火烹"是也。余则以为山中不常得炭，且死火耳，不若枯松枝为妙。遇寒月，多拾松实房蓄，为煮茶之具，更雅。

人但知汤候，而不知火候。火然则水干，是试火当先于试水也。《吕氏春秋》伊尹说汤五味，"九沸九变，火为之纪"。

许次纾《茶疏》：甘泉旋汲，用之斯良，丙舍在城，夫岂易得。故宜多汲，贮以大瓮，但忌新器，为其火气未退，易于败水，亦易生虫。久用则善，最嫌他用。水性忌木，松杉为甚。木桶贮水，其害滋甚，挈瓶为佳耳。

沸速，则鲜嫩风逸。沸迟，则老熟昏钝。故水入铫，便须急煮。候有松声，即去盖，以息其老钝。蟹眼之后，水有微涛，是为当时。大涛鼎沸，旋至无声，是为过时。过时老汤，决不堪用。

茶注、茶铫、茶瓯，最宜荡涤。饮事甫毕，馀沥残叶，必尽去之。如或少存，夺香败味。每日晨兴，必以沸汤涤过，用极熟麻布向内拭干。以竹编架覆而庋之燥处，烹时取用。

三人以上，止热一炉。如五六人，便当两鼎炉，用一童，汤方调适。若令兼作，恐有参差。

火必以坚木炭为上。然木性未尽，尚有馀烟，烟气入汤，汤必无用。故先烧令红，去其烟焰，兼取性力猛炽，水乃易沸。既红之后，方授水器，乃急扇之。愈速愈妙，毋令手停。停过之汤，宁弃而再烹。

茶不宜近：阴室、厨房、市喧、小儿啼、野性人、僮奴相哄、酷热斋舍。

罗廪《茶解》：茶色白，味甘鲜，香气扑鼻，乃为精品。茶之精者，淡亦白，浓亦白，初泼白，久贮亦白。味甘色白，其香自溢，三者得则俱得也。近来好事者，或虑其色重，一注之水，投茶数片，味固不足，香亦宛然，终不免水厄之诮，虽然，尤贵择水。

香以兰花为上，蚕豆花次之。

煮茗须甘泉，次梅水，梅雨如膏，万物赖以滋养，其味独甘。梅后便不堪饮。大瓮满贮，投伏龙肝一块以澄之，即灶中心干土也，乘热投之。

李南金谓，当背二涉三之际为合量。此真赏鉴家言。而罗鹤林惧汤老，欲于松风涧水后，移瓶去火，少待沸止而瀹之。此语亦未中窾。殊不知汤既老矣，虽去火何救哉？

贮水瓮置于阴庭，覆以纱帛，使昼挹天光，夜承星露，则英华不散，灵气常存。假令压以木石，封以纸箬，暴于日中，则内闭其实，外耗其精，水神敝矣，水味败矣。

《考槃馀事》：今之茶品与《茶经》迥异，而烹制之法，亦与蔡、陆诸人全不同矣。

始如鱼目微微有声为一沸，缘边涌泉如连珠为二沸，奔涛溅沫为三沸。其法非活火不成。若薪火方交，水釜才炽，急取旋倾，水气未消，谓之嫩。若人过百息，水逾十沸，始取用之，汤已失性，谓之老。老与嫩皆非也。

《夷门广牍》：虎丘石泉，旧居第三，渐品第五。以石泉淳泓，皆雨泽之积，渗窦之潢也。况阖庐墓隧，当时石工多闷死，僧众上栖，不能无秽浊渗入。虽名陆羽泉，非天然水。道家服食，禁尸气也。

《六研斋笔记》：武林西湖水，取贮大缸，澄淀六七日。有风雨则覆，晴则露之，使受日月星之气。用以烹茶，甘淳有味，不逊慧麓。以其溪谷奔注，涵浸凝淳，非复一水，取精多而味自足耳。以是知凡有湖陂大浸处，皆可贮以取澄，绝胜浅流。阴井，昏滞腥薄，不堪点试也。

古人好奇，饮中作百花熟水，又作五色饮，及冰蜜、糖药种种各殊。余以为皆不足尚。如值精茗适乏，细劚松枝，瀹汤漱咽而已。

《竹懒茶衡》：处处茶皆有，然胜处未暇悉品，姑据近道日御者：虎丘气芳而味薄，乍入盎，菁英浮动，鼻端拂拂如兰初析，经喉吻亦快然，然必惠麓水，甘醇足佐其寡薄。龙井味极腴厚，色如淡金，气亦沉寂，而后咀咽之久，鲜腴潮舌，又必借虎跑空寒熨齿之泉发之，然后饮者，领隽永之滋，无昏滞之恨耳。

松雨斋《运泉约》：吾辈竹雪神期，松风齿颊，暂随饮啄人间，终拟逍遥物外。名山未即，尘海何辞？然而搜奇炼句，液沥易枯；涤滞洗蒙，茗泉不废。月团三百，喜拆鱼缄；槐火一篝，惊翻蟹眼。陆季疵之著述，既奉典刑；张又新之编摩，能无鼓吹。昔卫公宦达中书，颇烦递水；杜老潜居夔峡，险叫湿云。今者，环处惠麓，逾二百里而遥；问渡松陵，不三四日而致。登新捐旧，转手妙若辘轳；取便费廉，用力省于桔槔。凡吾清士，咸赴嘉盟。运惠水：每坛偿舟力费银三分，水坛坛价及坛盖自备之计。水至，走报各友，令人自抬。每月上旬敛银，中旬运水。月运一次，以致清新。愿者书号于左，以便登册，并开坛数，如数付银。某月某日付。松雨斋主人谨订。

《岕茶汇钞》：烹时先以上品泉水涤烹器，务鲜务洁。次以热水涤茶叶，水若太滚，恐一涤味损，当以竹箸夹茶于涤器中，反复洗荡，去尘土、黄叶、老梗既尽，乃以手搦干，置涤器内盖定。少刻开视，色青香冽，急取沸水泼之。夏先贮水入茶，冬先贮茶入水。

茶色贵白，然白亦不难。泉清、瓶洁、叶少、水冽，旋烹旋啜，其色自白，然真味抑郁，徒为目食耳。若取青绿，则天池、松萝及之最下者，虽冬月，色亦如苔衣，何足为妙？若余所收真洞山茶，自谷雨后五日者，以汤荡浣，贮壶良久，其色如玉。至冬则嫩绿，味甘色淡，韵清气醇，亦作婴儿肉香。而芝芬浮荡，则虎丘所无也。

《洞山岕茶系》：岕茶德全，策勋惟归洗控。沸汤泼叶即起，洗鬲敛其出液。候汤可下指，即下洗鬲，排荡沙沫。复起，并指控干，闭之茶藏候投。盖他茶欲按时分投，惟岕既经洗控，神理绵绵，止须上投耳。

《天下名胜志》：宜兴县湖㳇镇，有于潜泉，窦穴阔二尺许，状如井。其源沇流潜通，味颇甘冽，唐修茶贡，此泉亦递进。

洞庭缥缈峰西北，有水月寺，寺东入小青坞，有泉莹澈甘凉，冬夏不涸。宋李弥大名之曰无碍泉。

安吉州，碧玉泉为冠，清可鉴发，香可瀹茗。

徐献忠《水品》：泉甘者，试称之必厚重，其所由来者远大使然也。江中南零水，自岷江发源数千里，始澄于两石间，其性亦厚重，故甘也。

处士《茶经》，不但择水，其火用炭或劲薪。其炭曾经燔为腥气所及，及膏木败器，不用之。古人辨劳薪之味，殆有旨也。

山深厚者，雄大者，气盛丽者，必出佳泉。

张大复《梅花笔谈》：茶性必发于水，八分之茶遇十分之水，茶亦十分矣。八分之水试十分之茶，茶只八分耳。

《岩栖幽事》：黄山谷赋："汹汹乎，如涧松之发清吹；浩浩乎，如春空之行白云。"可谓得煎茶三昧。

《剑扫》：煎茶乃韵事，须人品与茶相得。故其法往往传于高流隐逸，有烟霞泉石磊块胸次者。

《涌幢小品》：天下第四泉，在上饶县北茶山寺。唐陆鸿渐寓其地，即山种茶，酌以烹之，品其等为第四。邑人尚书杨麒读书于此，因取以为号。

余在京三年，取汲德胜门外水烹茶，最佳。

大内御用井，亦西山泉脉所灌，真天汉第一品，陆羽所不及载。

俗语"芒种逢壬便立霉"，霉后积水烹茶，甚香冽，可久藏，一交夏至便迥别矣。试之良验。

家居苦泉水难得，自以意取寻常水煮滚，入大磁缸，置庭中避日色。俟夜天色皎洁，开缸受露，凡三夕，其清澈底。积垢二三寸，亟取出，以坛盛之，烹茶与惠泉无异。

闻龙《它泉记》：吾乡四陲皆山，泉水在在有之，然皆淡而不甘。独所谓它泉者，其源出自四明，自洞抵埭，不下三数百里。水色蔚蓝。素砂白石，粼粼见底。清寒甘滑，甲于郡中。

《玉堂丛语》：黄谏尝作《京师泉品》，郊原玉泉第一，京城文华殿大庖井第一。后谪广州，评泉以鸡爬井为第一，更名学士泉。

吴栻云：武夷泉出南山者，皆洁冽味短。北山泉味迥别。盖两山形似而脉不同也。予携茶具共访得三十九处，其最下者亦无硬冽气质。

王新城《陇蜀馀闻》：百花潭有巨石三，水流其中，汲之煎茶，清冽异于他水。

《居易录》：济源县段少司空园，是玉川子煎茶处。中有二泉，或曰玉泉，去盘谷不十里；门外一水曰溂水，出王屋山。按《通志》，玉泉在泷水上，卢仝煎茶于此，今《水经注》不载。

《分甘馀话》：一水，水名也。郦元《水经注·渭水》："又东会一水，发源吴山。"《地里志》："吴山，古汧山也，山下石穴，水溢石空，悬波侧注。"按此即一水之源，在灵应峰下所谓"西镇灵湫"是也。余丙子祭告西镇，常品茶于此，味与西山玉泉极相似。

《古夫于亭杂录》：唐刘伯刍品水，以中泠为第一，惠山、虎丘次之。陆羽则以康王谷为第一，而次以惠山。古今耳食者，遂以为不易之论。其实二子所见，不过江南数百里内之水，远如峡中虾蟆碚，才一见耳。不知大江以北如吾郡，发地皆泉，其著名者七十有二。以之烹茶，皆不在惠泉之下。宋李文叔格非，郡人也，尝作《济南水记》，与《洛阳名园记》并传。惜《水记》不存，无以正二子之陋耳。谢在杭品平生所见之水，首济南趵突，次以益都孝妇泉［原注：在颜神镇］。青州范公泉，而尚未见章丘之百脉泉，右皆吾郡之水，二子何尝多见。予尝题王秋史［苹］二十四泉草堂云："翻怜陆鸿渐，跬步限江东。"正此意也。

陆次云《湖壖杂记》：龙井泉从龙口中泻出。水在池内，其气恬然。若游人注视久之，忽波澜涌起，如欲雨之状。

张鹏翮《奉使日记》：葱岭乾涧侧有旧二井，从旁掘地七八尺，得水甘冽，可煮茗。字之曰塞外第一泉。

《广舆记》：永平滦州有扶苏泉，甚甘冽。秦太子扶苏尝憩此。

江宁摄山千佛岭下，石壁上刻隶书六字，曰"白乳泉试茶亭"。

钟山八功德水，一清，二冷，三香，四柔，五甘，六净，七不饐，八蠲疴。

丹阳玉乳泉，唐刘伯刍论此水为天下第四。

宁州双井在黄山谷所居之南，汲以造茶，绝胜他处。

杭州孤山下有金沙泉，唐白居易尝酌此泉，甘美可爱。视其地沙光灿如金，因名。

安陆府沔阳有陆子泉，一名文学泉。唐陆羽嗜茶，得泉以试，故名。

《增订广舆记》：玉泉山，泉出罅石间，因凿石为螭头，泉从口出，味极甘美。潴为池，广三丈，东跨小石桥，名曰玉泉垂虹。

《武夷山志》：山南虎啸岩语儿泉，浓若停膏，泻杯中，鉴毛发，味甘而博，啜之有软顺意。次则天柱三敲泉，而茶园喊泉可伯仲矣。北山泉味迥别。小桃源一泉，高地尺许，汲不可竭，谓之高泉，纯远而逸，致韵双发，愈啜愈想愈深，不可以味名也。次则接笋之仙掌露，其最下者，亦无硬冽气质。

《中山传信录》：琉球烹茶，以茶末杂细粉少许入碗，沸水半瓯，用小扫帚搅数十次，起沫满瓯面为度，以敬客。且有以大螺壳烹茶者。

《随见录》：安庆府宿松县东门外，孚玉山下福昌寺旁井，曰龙井，水味清甘，瀹茗甚佳，质与溪泉较重。

[译文]

唐朝陆羽《六羡歌》写道：不羡黄金罍，不羡白玉杯；不羡朝入省，不羡暮入台；千羡万羡西江水，曾向竟陵城下来。

唐代张又新《煎茶水记》中说：原刑部侍郎刘伯刍先生，是我尊敬的长辈。他为学精深博大，而且很有鉴识。他曾经比较天下之水与茶叶相适宜的，共分以下七等：扬子江南零水（一作南泠水）第一，无锡惠山寺石水（一作泉水）第二，苏州虎丘寺石水（一作泉水）第三，丹阳县（今属江苏）观音寺井水第四，扬州大明寺井水第五，吴淞江（即苏州河）水第六，淮河水最下品，名列第七。这七种水，我曾经携带茶瓶乘船汲取，亲自品尝比较，的确像刘伯刍先生所言。有熟悉浙江水泉情况的朋友提出说我们搜访得不够全面，我曾经记录下来。等到我做永嘉（治今温州）刺史时，经过桐庐江（即钱塘江的桐庐段），到东汉隐士严光垂钓处的严子濑，山溪的水色极为清澈，水味非常寒冷。用来烹煎上好的茶叶，其新鲜馨香的味道不可名状，又超过扬子江南零水很远。等到了永嘉，汲取仙岩瀑布的水来煎茶，也不下于扬子江南零水，因此知道那位朋友的说法的确是可信的。

陆羽谈论适宜煎茶的水，按照顺序有以下二十种：庐山康王谷水帘水第一，无锡惠山寺石泉水第二，蕲州（今湖北蕲春）兰溪石下水第三，峡州（今湖北宜昌）扇子山下虾蟆口水第四，苏州虎丘寺石泉水第五，庐山招贤寺下方桥潭水第六，扬子江南零水第七，洪州（今江西南昌）西山瀑布泉水第八，唐州桐柏县（今属河南）淮水源第九，庐州（今安徽合肥）龙池山岭水第十，丹阳县观音寺水第十一，扬州大明寺水第十二，汉江金州（辖今陕西石泉以东、旬阳以西汉水流域）上游中零水第十三，归州（今湖北秭归）玉虚洞下香溪水第十四，商州（今属陕西）武关西洛水第十五，吴淞江水第十六，浙江天台山西南峰千丈瀑布水第十七，柳州（应为郴州）圆泉水第十八，桐庐严陵滩水第十九，雪水第二十［原注：用雪水煎茶不可太冷］。

唐代顾况《论茶》中说：以文火细烟煎茶，以小鼎长泉烹煮。

唐代苏廙《仙芽传》第九卷所载《作汤十六法》（通称《十六汤品》）中说：水，是决定茶之命运的关键。如果名贵好茶而用平常的水来煎，就与一般的茶味道无异了。以煎水的过与不及而言，分三种情况；以注水的缓慢与急迫而言，分三种情况；以茶具来评判，分五种情况；以煎水所用柴薪而言，分五种情况。共计十六种情况，称为十六汤：第一叫做得一汤（指火候适中，语出《老子》："天得一则清，地得一则宁。"），第二叫做婴汤（指未到火候，刚刚沸腾就断火），第三叫做百寿汤（指火候过头，沸腾多次），第四叫做中汤（指缓急适中），第五叫做断脉汤（指注水不连贯），第六叫做大壮汤（指注水过急过快，水量过头），第七叫做富贵汤（指金银茶具），第八叫做秀碧汤（指玉石茶具），第九叫做压一汤（指瓷器），第十叫做缠口汤（指铜铁锡铅等茶具），第十一叫做减价汤（指陶器），第十二叫做法律汤（指以炭火煎），第十三叫做一面汤（指以麸火或虚炭煎），第十四叫做宵人汤（指以粪火煎），第十五叫做贱汤（又称贼汤，指以干竹枯叶煎），第十六叫做魔汤（指以浓烟侵夺茶味）。

唐末五代丁用晦《芝田录》记载：唐朝名相李德裕（封卫国公，世称李卫公）喜欢惠山泉，不远千里汲取烹茶。从常州到达京师长安，设置驿马进行传送，当时称作水递。后来有一个和尚说："我请求为相公打通水脉。"京师有一眼井与惠山泉水脉相通，这样从京师井中汲水煎茶，味道与惠山泉水也没有一点差异。李卫公问他："井在哪个里巷？"回答说："就是昊天观常住库的后面。"于是汲取惠山泉水、昊天观井水各一瓶，同时夹杂其他泉水八瓶，让和尚辨别清楚。和尚只取了惠山泉水、昊天井泉，李德裕大为惊叹。

南宋祝穆《事文类聚》记载：唐代李德裕（赞皇人，故称赞皇公）在朝当政的时候，有亲信的人奉命到京口（今江苏镇江）公干。李德裕对他说："回来的时候，将金山下扬子江南零水取一壶回来。"其人恭敬应诺。等到办完事务乘船回来的那天，因为醉酒而忘记了，乘船到南京石头城下才想起来，乃从长江中汲取一瓶水，回到京师献上。李德裕品饮之后，非常惊讶，说道："扬子江水的味道与以往不同了，此水很像是南京石头城下的水。"其人当即承认错误，不敢有所隐瞒。

《河南通志》记载：卢仝茶泉在济源县。仝有庄，在济源县的通济桥二里多的地方，茶泉就保存在那里。卢仝有诗写道："买得一片田，济源花洞前。"他自号玉川子，有寺名玉泉。汲取此寺的泉水，可以用来煎茶。卢仝还有《玉川子饮茶歌》，其中多有奇词警句。

《黄州志》记载：陆羽泉在蕲水县（今湖北浠水县）凤栖山下，也叫做兰溪泉，陆羽品评为天下第三泉。曾经汲取此泉水烹茶，宋朝王禹偁（字元之）有《陆羽泉茶》诗。

无尽法师《天台志》记载：陆羽品评天下泉水，以天台山瀑布泉水为天下第十七水。我曾经试验品饮，比余齑溪、蒙泉的水品质差得多。我因此怀疑陆羽仅仅到过瀑布泉罢了。如果他遍历天台山各处泉水，当不会取金山下扬子江南零水为天下第一了。

宋代叶廷珪（字嗣忠，崇安人）《海录碎事》中说：陆羽品水，以雪水为第二十，因为用雪水煎茶过慢而且太冷。

明代陆树声（字与吉，号平泉，华亭人）《茶寮记》记载：唐朝秘书省中的泉水最好，所以称作秘水。

《檀几丛书》记载：唐朝天宝（742～756）年间，有一位稠锡禅师，名叫清晏，云游卓锡南岳衡山洞上，泉水忽然迸发出来，石窟间有字叫真珠泉。禅师品饮之后，感觉清凉甘甜，十分可口，于是说道："用此泉水冲泡我家乡的桐庐茶，不是很相称吗？"

宋徽宗《大观茶论》中说：品评水的高下，以清澈、量轻、甘甜、洁净为美。而煎茶的时候火候的把握，则以水刚烧开沸腾起泡如鱼目、蟹眼般接连不断地迸发跳跃的程度为最好。

《咸淳临安志》记载：栖霞洞内有一个水洞，深不可测，其中的泉水极为甘甜清凉。苏颂（赠魏国公，世称苏魏公）曾经用此水煎茶。另外，莲花院中有三口井，其中露井水质最好，汲取用来烹茶，清甜寒冽，被品评为小林第一。

北宋王钦臣《王氏谈录》中说：先生说名茶品质高而且年代久的，贮藏时间一定稍微长些。遇到出产茶叶的地方，初春采摘新芽轻轻烘焙，与陈茶掺杂一起烹点，香味自然还存在。米芾（字元章，号襄阳漫士、鹿门居士、海岳外史）以此进行试验，效果甚好，曾经告诉蔡襄（字君谟），蔡襄也认为是这样。

宋代欧阳修《浮槎山水记》记载：浮槎山与龙池山都在庐州（今安徽合肥）境内，但比较两地泉水的味道，龙池水远远比不上浮槎水。而唐代张又新《煎茶水记》以龙池水为第十，而浮槎水则摈弃而不加记载，因此可知张又新的缺漏很多。陆羽则不是这样，他论水说："山水上，江次之，井为下，山水乳泉石池漫流者上。"其言语虽然简略，而对于品评水来说已经穷尽了。

宋代蔡襄《茶录》中说：有时茶饼贮存达一年以上，其香气、色泽、味道都已陈旧了。煎茶的时候首先要把茶饼放在干净的器皿中用开水浸泡，刮去表面的膏油，刮掉一两层即可停止，然后用茶钤夹住茶饼，文火烤干，然后碾碎成末，烹煮饮用。如果是当年的新茶，就不必用这种方法了。

碾茶的时候，首先要用干净的纸把茶饼紧密地封裹起来捶碎，然后再把碎茶放进茶碾，反复压碾。碾出的茶末大体上是刚刚碾出时色泽鲜白，如果过了一夜，色泽就变得昏暗了。

碾出的碎茶要用茶罗筛成细末。如果茶罗过细，烹煮时茶末就会浮于水面；如果茶罗过粗，烹煮时水沫则会浮在茶上。

候汤（即观察开水的变化，把握恰当的时机投入茶末进行烹煮）是饮茶中最难把握的一个环节。水温没有达到火候，投入茶末后水沫就会漂浮在水面；如果超过了火候，投入的茶末就会沉底。前人所谓的蟹眼，就是指超过了火候的开水。况且水是放在茶瓶中煮的，水温的变化不易分辨，所以说候汤是最难的。

点茶的时候，茶与水要保持一定的比例。如果茶少水多，就会使云脚涣散；如果水少茶多，就会使粥面凝聚。[原注：建安人称点茶之后茶汤表面的幻象叫做云脚、粥面。]用茶匙取茶末一钱放入茶盏，先注入开水调和得很均匀，再注入开水，同时用茶筅旋转搅动茶汤。茶盏中注水达到四分就停止，观察茶汤的表面颜色鲜白，着盏之处没有水痕的为最好。建安人斗茶时，以先出现水痕的为负，保持很久没有水痕的为胜。所以他们比较胜负的说法，叫做相去一水两水。

茶叶有其天然的香气，而进奉朝廷的贡茶往往用少量的龙脑和入茶膏，想以此增加茶的香气。建安民间斗茶品茗，都不添加香料，唯恐侵夺了茶叶本身的天然香气。如果在烹煮点茶之际，又掺杂进去一些珍贵的果品、香草，那么其侵夺茶叶的天然香气就会更加严重，的确不应当使用。

宋初陶谷《清异录》中说：注汤点茶的时候，能够在汤面上幻化出各种物象，这是茶艺高手可以通神的技艺。福全和尚生于金乡（今属山东），成长在盛产茶叶的地方，能够在注汤的时候在茶汤表面变幻出图案和文字，形成一句诗，连续点茶四瓯，合成一首绝句，浮于茶瓯的表面。小小的物类，唾手可以办成。施主每天登门布施，要求观看汤戏。福全和尚自己创作了一首吟咏汤戏的诗："生成盏里水丹青，巧画工夫学不成。却笑当时陆鸿渐，煎茶赢得好名声。"

茶事从唐朝开始兴盛。近代以来有在点汤击拂的时候运用茶匙，另外使用妙法，使茶汤表面的茶纹水脉幻化出各种物象的，例如禽兽、虫鱼、花草之类，纤巧如同绘画。只是可能瞬间就会消散。这就是饮茶的变化，当时的人们就称作"茶百戏"。

还有一种叫做漏影春法的煮茶方法，是用剪好的纸贴到茶盏的里面，投入茶末之后就去掉纸，假装成花身；另外用荔枝的果肉作为叶子，松子、银杏之类的珍贵果品作为花蕊，然后加入开水，点汤击拂。

宋代叶清臣《述煮茶泉品》中说：我年轻的时候看到温庭筠的《茶说》（即《采茶录》），曾经记得他所谈到的泉水的名目大约有二十个。后来适逢向西游历到达巴峡，经过虾蟆窟（即虾蟆口水，张又新品为天下第四水）；向北游历小憩芜城（今扬州西北），汲取蜀冈井水（当即扬州大明寺水）；向东游历金陵故都，渡过扬子江，在丹阳（今江苏镇江）逗留时酌取丹阳观音寺泉水；经过无锡时，汲取惠山寺泉水。将茶叶碾成细末，以兰桂等作为燃料，用鼎或者缶作为茶器，烹点品饮，无不感到清心涤虑、除病解酒，祛除卑鄙吝啬的机心，招致神明达观的精神。的确可以说是物类的相得益彰，气味的感应而发，这些都是幽人隐士的高雅习尚，是前贤往圣的精审品鉴，实在是不可企及。

从前郦道元精于《水经》，可是却不曾通晓茶事。王肃有饮茶的癖好，可是却不见他谈论水品。至于能同时表彰茶、水这两件美事，我差不多可以感到无愧。

宋代魏泰（字道辅，号溪上丈人，襄阳人）《东轩笔录》记载：鼎州（治今湖南常德）以北百里，有甘泉寺，在大道的左边，其泉水清澈甘美，最适宜煎茶。这里山林环抱，环境幽胜。名相寇准（字平仲，封莱国公，世称寇莱公）被贬官雷州（治今广东海康）时经过这里，酌取泉水，题壁而去。不久，丁谓（字谓之，封晋国公，世称丁晋公）被流放朱崖（治今海南琼山东南），又从这里经过，拜祭佛像并留题而行。天圣（1023～1032）年间，范讽（字补之）以殿中丞出任湖南安抚使，来甘泉寺中看到两位丞相的题诗，徘徊良久，感慨万分，作诗题于其旁边道："平仲酌泉方顿辔，谓之礼佛继南行。层峦下瞰岚烟路，转使高僧薄宠荣。"

宋代张邦基《墨庄漫录》记载：宋哲宗元祐六年（1091）七夕的这一天，苏东坡当时正担任扬州知州，与发运使晁端彦（字美叔）、苏州同知晁补之（字无咎）在大明寺汲取塔院西廊井与下院蜀井两种水，比较其高下，结果以塔院西廊井水为佳。

华亭县有寒穴泉，与无锡惠山泉水味道相同，同时品尝，感觉不到二者的差异，当地人也很少知道。王安石（字介甫，封荆国公，世称王荆公）曾有诗吟咏道："神震冽冰霜，高穴雪与平。空山渟千秋，不出呜咽声。山风吹更寒，山月相与清。北客不到此，如何洗烦醒。"

南宋罗大经《鹤林玉露》记载：我同年考中进士的朋友李南金说：陆羽《茶经》分别以鱼目、涌泉、连珠三个词来形容煮水三个阶段的标志。可是近世以来煎茶煮水很少用鼎、镬，而改用茶瓶来煮水，难以观察把握。这就应当以煮水的声音来分辨一沸、二沸、三沸。另外，陆羽的煮水方法，因为没有就茶镬投茶烹点，所以以第二沸作为下茶的最佳时机。如果按照如今的煎茶方法，以沸水就茶瓯中冲点，则应当以背二涉三之际也就是二沸已过刚到三沸之时作为停火点茶最佳时机。于是写下一首专咏声辨的诗："砌虫唧唧万蝉催，忽有千车捆载来。听得松风并涧水，急呼缥色绿磁杯。"其论述已经非常精到了。然而，瀹茶的方法，煮水要嫩，而不可过老。因为水嫩就会使茶味甘香，水老就会使茶味过苦。如果煮水时声音像松风声起、涧水流淌的时候，急忙进行烹点，难道不是过于水老而味苦吗？只有赶忙移开茶瓶，稍微等待其沸腾平息而进行烹点，然后会使煮水老嫩适中而茶味甘香。这是李南金所不曾探究的。于是我补充了一首诗："松风桂雨到来初，急引铜瓶离竹炉。待得声闻俱寂后，一瓯春雪胜醍醐。"

南宋赵彦卫（字景安，宋宗室）《云麓漫钞》中说：陆羽鉴别天下的水味，各立名品，各地都有石刻行于当世。《列子》上说：孔子说过："淄渑之合，易牙能辨之。"易牙是齐威公（即齐桓公）的大夫，淄渑二水（在今山东省，二水滋味不同，合在一起则不易辨）的滋味，只有易牙能够分辨出来。齐威公不相信，数次试验都很灵验。陆羽难道也是得到了易牙的遗意吗？

北宋黄庭坚《黄山谷集》记载：泸州（今属四川）大云寺西偏悬崖石头之上，有泉水滴沥，一州所有的泉水都比不上这里。

北宋林逋（字君复，钱塘人，谥和靖先生）《烹北苑茶有怀》诗写道：石碾轻飞瑟瑟尘，乳花烹出建溪春。人间绝品应难识，闲对《茶经》忆古人。

苏轼《东坡集》中说：我近来从京师开封经汴水入淮河，进而泛长江西去，通过三峡逆流而上回到故乡四川，一路之上饮用江淮之水整整一年有余。回到故乡之后，感觉到井水腥涩，直到百余天后才适应下来。由此可知，江水要比井水甘甜，千真万确。如今来到岭南，从扬子江开始饮用江水，等到了南康（今江西赣州），水流更加清澈，江水也更加甘甜，由此知道南方的江水又比北方的江水更好。近来又翻过五岭到达清远峡（在今广东清远市），水色犹如碧玉，水味更好。今天游历罗浮山，酌取泰禅师的锡杖泉水，就感到清远峡水又在其下了。岭南地区只有惠州人喜欢斗茶，可见此水没白流啊！

无锡惠山寺，东边有观泉亭，上有匾额"漪澜"，泉水就在亭中，两个井石甃（即井壁）相距咫尺，却一方一圆形态各异。汲取泉水的人们多从圆井汲水，因为方者易动而圆者易静，静者清澈而动者浑浊。泉水流过漪澜亭，从石龙口中流出，汇入下面的大池之中后，就有了土气，不可汲取饮用。惠山泉水一年四季不会干涸，张又新品评为天下第二泉。

南宋叶梦得（字少蕴，号石林）《避暑录话》中说：唐代名臣裴度（字中立，封晋国公，世称裴晋公）有诗写道："饱食缓行初睡觉，一瓯新茗侍儿煎。脱巾斜倚绳床坐，风送水声来耳边。"他写下这首诗必定自以为很得意，然而我在山中居住了七年，享受此等生活多了。

金代冯璧（字叔献，别字天粹，真定人）《东坡海南烹茶图》诗写道：讲筵分赐密云龙，春梦分明觉亦空。地恶九钻黎火洞，天游两腋玉川风。

《锦绣万花谷》中说：黄庭坚有《井水帖》写道："取井旁边小石头十数个，放入瓶中，可以使瓶中的水不浑浊变质。"所以他《咏惠山泉》诗中有"锡谷寒泉椭石俱"的句子。石头圆而且长，就叫做椭，是用来澄清水质的。

制茶人家碾茶，须要碾茶碾到眉毛皆白的程度，乃可称得上最好。曾几（字吉甫，号茶山居士）有诗写道："碾处须看眉上白，分时为见眼中青。"

南宋祝穆《舆地纪胜》记载：竹泉，在荆州府松滋县（今属湖北）南部。北宋至和（1054～1056）初年，苦竹寺的和尚淘井以疏通水源，淘得一支毛笔。后来黄庭坚贬官贵州从此经过，仔细审视毛笔说："这是我在虾蟆碚所坠落水中的那支笔。"由此可知竹泉与虾蟆泉是相通的。黄庭坚有诗写道："松滋县西竹林寺，苦竹林中甘井泉。巴人谩说虾蟆碚，试裹春茶来就煎。"

北宋周辉《清波杂志》记载：我的故乡无锡惠山，其泉水、美石都是士大夫几案间的玩赏之物。每有亲朋故旧东来，多次通问松竹平安讯息，而且经常带来陆子泉水（即惠山泉，宋代在惠山建陆子泉亭，故称）使我得以不时品饮，茗碗不致落寞。但是往岁也有人送惠山泉水到汴京（今河南开封）的，不免会带有久贮瓶盘的气味。如果用细砂淋滤一过，就会像刚刚汲取一样新鲜，称作拆洗惠山泉。浙江天台山的竹沥水，当地人砍断竹梢，使竹身弯曲过来汲取其中的竹沥水满瓮，如果掺杂其他的水，就会马上败坏水味。苏舜元（字才翁）与蔡襄（字君谟）斗茶，蔡襄所用的茶叶很好，而且以惠山泉来煎煮；苏舜元的茶叶较差，但用竹沥水来煎煮，就能够取胜。这种说法见于江休复（字邻几）所著的《嘉祐杂志》。果真如此，那么如今喜欢点汤击拂斗茶的人们，为什么没有一句话提到这件事呢？江西的双井茶和双井泉，因为黄庭坚（号山谷道人）的缘故才为世人所重。苏颂（赠魏国公，世称苏魏公）曾说过，平生举荐的人才不知有多少，只有孟安序朝奉每年以一瓮双井泉水赠送给我。因为苏魏公不接受馈送礼物，但是却单单接受双井泉水，也可说明双井泉水是如何受珍重啊！

北宋宋敏求《东京记》记载：文德殿的两侧，有东西上阁门。所以杜诗写道："东上阁之东，有井泉绝佳。"黄庭坚《忆东坡烹茶》诗写道："阁门井不落第二，竟陵谷帘空误书。"

北宋陈舜俞《庐山记》记载：庐山康王谷有瀑布，飞泉破岩而下的有二三十个支派，宽度达七十多尺，其高则不可胜计。黄庭坚诗中所吟咏的"谷帘煮甘露"，就是指的庐山康王谷的飞泉。

孙月峰《坡仙食饮录》记载：唐朝人煎茶多用姜作为辅料，所以唐代诗人薛能（字太拙，汾州人）有《蜀州郑史君寄乌嘴茶因以赠答八韵》诗写道："盐损添常戒，姜宜著更夸。"由此可知，还有用盐作为作料的。近代以来如果有此二物作为作料煎茶，人们就会大笑之。然而，中等的茶叶用姜作为作料煎煮的确不错，但用盐煎则不可以。

明代冯可宾《岕茶笺》中说：罗岕茶虽然同样出产于岕山，但不同地方所产依然多有差别。如果茶叶有兰花香味，味道甘美，经过霉天（农历入伏前的几天，潮湿发霉，故称）和秋天，打开茶坛烹煮，其香味更加浓烈，味道就像刚刚冲泡的一样，汤色鲜白，就是真正的洞山所产的岕茶。其他地方所出的茶叶刚刚采制时也很香，经过秋天就索然无味了。

明代王象晋《群芳谱》中说：世人的情性嗜好各不一样，可是喜欢饮茶却达到十分之九。以竹炉煮茶，把盏清谈，烹煮引来清风的碧云（即茶叶），倾注浮花满瓯的雪乳（即茶汤），如果不借助于泉水的功勋，如何能够昭显茶叶的品德？概略而言，其方法有五个关键：一是选择泉水，二是选择茶具，三是忌讳污秽不洁，四是谨慎烹煮，五是分辨汤色。

明代徐献忠（字伯臣，号长谷，华亭人）《吴兴掌故录》（一作《吴兴掌故集》）记载：湖州金沙泉，元代至元（前至元为1264~1294，后至元为1335~1340，查《吴兴掌故集》原文为至元十五年，显然是前至元）年间中书省派遣官员前去祭祀。一夕之间泉水外溢，可以灌溉田地千亩，赐名为瑞应泉。

《职方志》记载：广陵（今江苏扬州）蜀冈上有一口井，名叫蜀井，是说其泉水与西蜀相通。茶圣陆羽品评天下泉水，共有二十种，蜀冈水名列第七（当为第十二大明寺水）。

明代高濂《遵生八笺》中说：大凡点茶，首先必须将茶盏烘烤令热，这样就会使茶面汤花凝聚，如果茶盏冷的话就会使茶色不能散发出来。

明代陈继儒《太平清话》中说：我曾经酌取中泠泉水（在今镇江金山）烹茶，味道比惠山泉水要差，感到实在不可理解。后来经过考证，才知道陆羽原本以庐山康王谷帘泉为第一。《山疏》上说："陆羽《茶经》曾经说过，瀑泻湍急的水不可饮用。如今这庐山瀑布，可以说瀑泻湍急无水可比，却认为天下第一，这是为什么呢？又有一个云液泉在谷帘水的旁边，山中多出云母，云液泉乃是云母的汁液，泉水只有如指头大的水流，清凉甘美，远远超出谷帘水之上，却不能得到第一，这又是为什么呢？"还有碧淋池东西两泉，水味都极为甘甜馨香，不比惠山泉水差，其中的东泉尤其甘冽。

蔡襄认为煮水取其鲜嫩而不取过老，这是针对团饼茶而言的。如今茶叶不经过碾罗加工，都是自然的芽叶枝梗，如果水热不够就不能使茶的精神发越、色泽显现，所以斗茶的取胜法宝，尤其在于煮水到五次沸腾之时进行冲泡。

明代徐渭《煎茶七类》中说：煮茶不是一件随意作为的事情，关键是必须要求人的品质与茶的品性相得益彰，因此煎茶之法往往流传于高人隐士，有烟霞泉石堆积胸中也就是向往山林隐逸生活的人。

品评泉水，以山水为上，江水次之，井水为下。如果不得已而用井水，则要取经常汲取的，汲取得多水性就活。

烹茶要用活火，观察水泡鳞鳞泛起，到达沸腾，就把茶叶放到茶具中，先倒入少量开水，等到茶与水相溶，再倒满开水，这时水汽渐开，沫饽浮于茶面，茶味就会散发开来，达到最佳效果。因为古时茶叶用团饼碾成碎末，味道容易散发出来，叶茶冲泡太急就不易出味，过于煮熟则味道浑浊不清而沉积不通。

明代张源《茶录》中说：山顶的泉水清澈而较轻，山下的泉水清澈而较重，石中流出的泉水清澈而甘甜，沙中渗出的泉水清澈而寒冽，土中形成的泉水清澈而绵厚。流动的泉水要比静止不动的泉水好，在山的北面背阴的泉水要比在山的南面向阳的泉水好。山势陡峭的地方泉水就少，山势挺拔俊秀的地方就有神韵。真正的天然泉源的水是无味的，真正的天然泉水是没有香气的。从黄色的石头中流出的泉水比较好，从青色的石头中流出的泉水则不能饮用。

关于烹茶煮水火候的把握，有三大辨别标准：第一叫做形辨，第二叫做声辨，第三叫做气辨。形辨就是通过水性加以鉴别，称为内辨；声辨就是通过水声加以鉴别，称为外辨；气辨就是通过水汽加以鉴别，称为捷辨。其中形辨又可以分为四小辨：水面浮起水泡如虾眼、如蟹眼、如鱼眼、连珠，这四种都是萌汤也就是刚刚烧热的水，直到水面汹涌沸腾如腾波鼓浪，水汽全部消散，才达到了纯熟。声辨又可以分为五小辨：如初起之声、旋转之声、振动之声、骤雨之声，这四种声音都是萌汤，直到无声，才达到了纯熟。气辨又可以分为六小辨：如水汽漂浮起一缕、二缕、三缕，以及漂浮的气缕混乱不分、水汽氤氲环绕飘动，这五种水汽都是萌汤的标志，直到水汽升腾冲贯，才达到了纯熟。

蔡襄认为茶汤用嫩而不用老，这是因为古人制茶必须经过碾、磨、罗等工序，制成茶饼，这样茶末见水之后，其神韵便会很快散发出来，这就是茶汤用嫩而不用老的原因。如今制茶，不再使用茶罗、茶碾进行加工，而是完全保持茶叶天然形色的芽叶状态，这样茶汤就必须达到纯熟，才能使茶叶的神韵得到充分发挥。

烹茶的时候，炉火要烧得通红，才把茶铫放在炉火之上。用扇子扇火，开始时要又轻又快，等到水热发出声音时稍微用力又重又快，这就是所谓的文武之火候。火力过于文，那么烧出来的水性就柔和，水性柔和就会为茶所降伏；火力过于武，那么烧出来的水性就猛烈，水性猛烈茶就会为水所制导。这两种情况都不足以称得上中正平和，不符合茶人和鉴赏家的茶艺要旨。

往茶壶中投放茶叶要有一定的程序，不能违背其适宜的标准。先放茶叶后冲开水，叫做下投；先冲半壶开水再投放茶叶，然后注满开水，叫做中投；先注满开水后投放茶叶，叫做上投。这三种方法要根据季节的变化而分别运用，夏季适宜上投，冬季适宜下投，春秋两季则适宜中投。

茶事活动不适宜使用的人和物包括：贱劣的树木、破败的器具、铜勺、铜铫、木桶、木柴、烟煤麸炭、笨手笨脚的童子、相貌丑陋的女佣、不洁净的手巾、各种各样的果实香药等。（此则不见于《茶录》而见于《茶疏》）

明代谢肇淛《五杂俎》记载：唐代薛能《茶诗》（即《蜀州郑史君寄乌觜茶因以赠答八韵》）写道："盐损添常戒，姜宜著更夸。"这样来煮茶，茶味怎么会好呢？此事或许是发生在陆羽品题之前。到了苏东坡《和蒋夔寄茶》诗中写道："老妻稚子不知爱，一半已入姜盐煎。"可见已经知道这种做法不正确，可是这种习俗依然存在。如今的江西和湖广地区的人们，还有以姜煎茶的。虽然说是古风犹存，终究感到不合典则。

福建人苦于山泉难以得到，多用雨水煎茶。其甘甜的味道虽然比不上山泉，但清冽却有过之而无不及。可是淮河以北地区，雨水味苦色黑，无法用来煮水烹茶。只有雪水可用，冬天收藏雪水，入夏用来煮水烹茶，效果非常好。雪本来是雨水所凝结而成的，煮水烹茶适宜雪水却不宜雨水，这是什么原因呢？有人说是北方的瓦屋不洁净，多用污泥涂抹填塞而成，故而雨水也不洁净。

古时候泡茶，有称煮茶，有称烹茶，有称煎茶，必须等到水面起泡如蟹眼连珠，茶味方为适中。如今的茶叶，只要以沸水冲泡，稍微着火，就会色泽泛黄、味道涩苦而不能饮用了。由此可知，古今的煮茶方法，自有其不同。

宋代苏舜元（字才翁）与蔡襄斗茶，用天台山的竹沥水，应当是竹露水而不是竹沥水。如果像今天医生用火逼竹取沥的方法，所取的竹沥水绝不适合用来煎茶。

明代顾元庆《茶谱》所说的煎茶四要：第一是择水，第二是洗茶，第三是候汤，第四是择品。点茶三要：第一是涤器，第二是熁盏，第三择果。

明代熊明遇《岕山茶记》（一作《罗岕茶记》）中说：烹茶，水的功用至关重要。没有山泉就使用雨水，秋雨最好，梅雨次之。秋雨甘冽而色白，梅雨醇厚而色白。雪水是五谷的精华，色泽不能过白。保养雨水要放置石子于盛水的瓮中，不仅能增益水质，而且白石清泉，悦人心目，会心处并不在远。

乐纯《雪庵清史》中说：我生性喜欢清苦，恰好与茶的本性相适宜。所幸的是我的家乡邻近茶叶产地，可以随意品饮尽兴。只是当地友人不了解三火、三沸的烹茶方法，我每次过往品茶，不是烹点过老，就是太嫩，以至于让茶叶的甘香的美味荡然无存，其原因大概是误听了李南金的说法。只有像罗大经《鹤林玉露》所论，才称得上是把握住了煎茶的火候。友人说："我生性只喜欢读书，游玩好山水，参禅拜佛，或者经常饮酒醉倒花前，不喜欢品茶，因此对把握煎茶的火候不精通。古人曾经说过，饮茶对于消除郁闷积滞，短期的利益暂时很好；耗费元气精神，终身之危害却很大。获取好处就归功于茶叶，贻害身体却不说茶叶的灾害。甘心承受世俗的名声，就是这样的缘故。"唉！茶叶的冤枉太大了。怎么不听听秃翁的说法：消除郁闷积滞，坚持清苦生活的好处的确很多；耗费元气精神，放纵情欲的危害最大。得到了好处却不说是饮茶的功劳，自我放纵的危害反而归咎于饮茶。况且把握不好火候，不仅仅对饮茶而言。读书而不能够获得其中的趣味，游历山水而不能够陶冶自己的性情，参禅拜佛而不能够参破其根本，喜欢饮酒赏花而不能够获得其中的韵致，都是没有把握火候的表现。难道仅仅是因为我喜欢品茶而故意为茶说好话吗？也就是想以此清苦之味，与故人共享共勉罢了。

煮茶的方法有六个关键：第一是辨别茶叶，第二是选择泉水，第三是把握火候，第四是煮水，第五是选择茶具，第六是品饮。茶叶的分类有粗茶，有散茶，有末茶，有饼茶。相对应的制作方法有斫（将粗茶切碎煮饮）、熬（散茶蒸青后直接烘焙，然后煮饮）、炀（末茶烘焙碾研成末以后煮饮）、舂（饼茶的制作工艺和品饮方法）。我有幸懂得了加工茶的方法，同时也掌握了烹茶的六个关键，每当遇到亲朋好友，便亲自煎茶烹饮。但愿通过一瓯佳茶能够经常得到自然真性，而不用搜肠刮肚的文字五千卷。因此说品饮的现实意义的确很深远啊！

明代田艺蘅《煮泉小品》中说：茶是我国南方的一种优良的常绿树种，是人们日常生活所不可缺少的饮料。其品质固然有善恶好坏的分别，但是若得不到好的泉水，而且烹煮不得其法，即使是好茶也达不到上佳的效果。只要饮泉而感觉精神清爽，品茶而忘掉尘世喧闹，这都不是膏粱子弟、纨绔之人所可谈论的。于是编撰《煮泉小品》，与那些幽人隐士进行商榷。（此节见赵观《叙》）

陆羽曾经说过："就在产茶之地汲水烹茶，没有效果不佳的，这是因为水土相适宜。"这种说法的确是精妙之论。况且随即采摘随即烹煮，茶叶和泉水二者都非常新鲜呢！因此五代毛文锡《茶谱》也说"四川蒙山中顶上清峰的好茶，如果能获取一两，用本地的泉水烹煮服用，就能祛除长期的病痛"，说的就是这个道理。如今杭州各处的泉水，只有龙泓能够列入佳品，而当地的茶叶，也只有龙泓山出产的最好。因为此山深厚高大，清秀壮丽，是南北两山的主峰。所以其泉水清澈寒冷、甘冽芳香，非常适宜煮茶。元代文学家虞集（字伯生，号道园）有诗写道："但见瓢中清，翠影落群岫。烹煎黄金芽，不取谷雨后。"明代姚绶（字公绶）诗写道："品尝顾渚风斯下，零落《茶经》奈而何！"其独特风味从中可以想见，又何况这里曾经是葛仙翁炼丹的所在呢！在龙泓的上面还有老龙泓，其寒冷清澈又两倍于龙泓。其地出产茶叶为南北两山的绝品。茶圣陆羽品第钱塘天竺、灵隐二寺的茶叶为下品，当是尚未认识此茶。而当地方志中也只记载有宝云、香林、白云等茶，都比不上龙泓茶的清香馥郁、滋味绵长。

我曾经对上述各种茶叶一一进行品尝，得出的结论是龙井茶叶和泉水堪称双绝，两浙地区没有能与之相比的。

山体厚重，那么其中的泉水味道就醇厚；山势奇特，那么其中泉水的味道就奇异；山脉清秀，那么其中泉水的味道就清澈；山峦幽深，那么其中泉水的味道就幽静。这都是泉水中的佳品。如果不醇厚，就会淡薄；不奇异，就会笨拙；不清澈，就会浑浊；不幽静，就会喧嚣，也就一定不会发挥其作用。

江，就是公共的意思，是说众多的河水都汇流其中。许多河水汇流一起，味道就会混杂，所以陆羽《茶经》中说"江水次之"。他还说"饮用江水要汲取离开人们生活区域较远的"，这是因为离开人们生活区域较远的地方，水会比较澄清，而且不会因为荡漾而味道浇漓。

浙江桐庐的严子濑，也叫七里滩，因为在砂石上叫做濑、叫做滩，总称为浙江，但是潮汐不如钱塘江，而且水深而清澈，所以列入了陆羽的泉品。我曾经在清秋时节乘船停泊于严子陵钓台之下，取出行囊中的武夷、金华两种茶，进行烹试。本来是同一种水，可是烹出的茶却有很大差别：武夷茶则显得色黄而燥冽，金华茶则显得碧绿而清香。于是可知在选择水的同时，还要选择茶。陆羽以婺州茶为次，而叶清臣以北苑贡茶的白乳比武夷茶为好，可是如今则其茶的优劣正好相反。通晓其意的行家认为这就是所谓的离开了茶的原产地进行试验的缘故，其中泉水的功效占有一半。

如果泉水相去更远一些，不能亲自去汲取，必须派遣诚实的山间童子去汲取，以免出现石头城下假冒名泉的故事。

宋朝诗人苏轼（字子瞻）喜欢玉女河水，吩咐僧人调取水符去汲取，也曾叹惜得不到枕流的佳泉。所以宋朝诗人曾几（号茶山）在《吴傅朋送惠山泉两瓶并所书石刻》诗中有"旧时水递费经营"的句子。

如果茶汤煎得沸点不够，就不能使茶的自然真味充分发挥出来；如果超过了沸点，水煮得过老则会使茶力消乏，失去清香。只有达到有花而无衣即烹点时泛出汤花而没有水痕的境界，才算是掌握了烹点冲瀹的火候。

有了好水，有了佳茶，还不可无火。并不是说真的无火，而是火候没有把握好。唐人李约说："茶必须用缓火即文火烘烤，用活火进行煎煮。"活火是指有火焰的炭火。苏东坡《汲江煎茶》诗中所说的"活水仍将活火烹"，就是这个意思。我则认为山居之中不可能常常有炭，况且炭是已经燃烧过的死火，不如用干枯的松枝煎茶为妙。如果在秋冬季节多捡些松果，储备作为煎茶的燃料，就更为风雅。

人们一般只知道煎水的征候，而不懂得把握烧火的征候。火燃烧起来就会使水蒸发，因此试验火力要比试验水温更为重要。《吕氏春秋·本味篇》上说：伊尹以调和五味之说向商汤进言，其中说到五味三材、九沸九变，而以火候作为其鉴别的标准。

明代许次纾《茶疏》中说：甘洌的泉水刚刚汲取来时，就用来煎茶品饮效果非常好。然而寒舍在城市，怎么能够轻易得到新鲜的泉水呢？因此应当一次多汲取些，贮存在大瓮之中。但最忌讳用新的水容器，因为烧制的火气尚未消尽，容易败坏水味，而且容易生虫。长期使用的容器最好，但最忌讳兼作他用。水的本性很忌讳木器，尤其是松木和杉木更不行。以木桶贮存泉水，其危害非常严重，还不如拿瓶子装水为好。

在煮水的时候，如果水烧开得迅速，那么味道就鲜嫩可口，清馨宜人；如果开水烧得迟缓，那么味道就会因为茶叶过熟而混沌不纯，兼有熟汤之气。所以泉水一放入茶铫，就必须急忙进行烹煮。等听到有松涛声起，就马上揭开盖子，以便观察和把握水的老嫩程度。水面冒出蟹眼似的水泡后，就开始有了微微的波涛，这就正当水烧开的火候。等到水面波涛汹涌，水声鼎沸，一会儿就又无声无息了，这就已经超过了火候。超过了火候就使得开水过老而香气失散，决不可以再用来烹茶了。

茶注、茶铫、茶瓯等器具，最应该保持干燥洁净。每次品饮刚刚结束，就一定要把剩馀的茶水残叶清除干净。如果有一些残留，就会侵夺茶的香气、败坏茶的味道。每天早晨起来，一定要用开水烫好洗净，用极熟的黄麻做成的巾帕把里边擦拭干净，用竹编的架子，把这些茶具扣在上面，放置到干燥的地方，烹茶时再随手取来使用。

根据客人的多少来决定茶事活动的繁简。三人以下，只生一炉火就可以了；如果有五六人，就应当用两个鼎炉。每一炉专用一个童子，调和烹煮和点茶。如果一人兼顾两炉以上，就恐怕会操作不当或者出现差错。

煮水的火，要数坚硬的木炭所烧的为最好。然而木炭的木性尚未消失殆尽，还有残留的烟气。烟气一旦进入水中，那么水就一定不能饮用了。因此要先把木炭烧红，使其烟焰冒尽，同时在火力最猛烈的时候开始烧水，这样水就容易沸腾。等到木炭烧红之后，再放上煮水器具，仍然要急急扇火，使水开得越快越好；不要停止扇火，一旦停手之后，宁可把水倒掉，再重新烹煮。

茶事活动不适宜接近的外部环境包括：阴暗的房屋、厨房、喧闹的市场、小孩啼哭、性格粗野的人、侍童和佣人相互起哄、酷热难耐的斋堂居舍。

明代罗廪《茶解》中说：茶的色泽以白为贵，茶色鲜白，味道甘甜鲜美，香气扑鼻，这样的茶可以称为精品。茶中的精品，冲泡得淡时固然呈白色，冲得浓时也会呈白色，刚刚沏好时呈白色，存放久了依然是白色。茶味甘甜，茶色鲜白，其香气自然芬芳四溢，色、香、味三者都具备了，那么精品茶叶的标准也就具备了。近来有好事之家，有人担心茶色过重，一壶开水只投放几片茶叶，不仅茶味不足，而且香气也十分淡薄，终究免不了要遭受水厄那样的讥讽。即使这样，特别关键的还是要精心选择烹茶用水。

茶的香气，以如同兰花的香气为最好，如同蚕豆花的香气次之。

烹茶一定要用甘甜的山泉，其次是梅雨水。梅雨如同膏泽滋润大地，万物赖以生长，其味道独具甘甜的特色。梅雨季节过后，雨水就不可饮用了。梅雨水汲取之后要倒满一个大瓮进行贮存，其中要放上一块伏龙肝以便澄清水质。伏龙肝就是炉灶中心的干土，要趁热放进水中。

宋人李南金认为，煮水火候的把握应当以背二涉三即第二沸和第三沸之际为合适，这的确是鉴赏家的至理名言。而罗大经先生害怕水煮得过老，想在开水发出松涛涧水一般的声响之后，将水壶从火上移开，稍等一会儿沸腾停止，再来烹茶。这种说法也没有抓住问题的关键。殊不知开水煮老了之后，即使从火上移开，又怎么能够补救呢？

贮存泉水的陶瓮，必须放置阴凉的庭院中，用纱巾或者布帛覆盖，以便使其白天吸收阳光，夜间承接星光雨露之气，从而使泉水的灵气不致消散，泉水的神韵长久保存。假如在陶瓮上面压上木板或石头，或者用纸、箬叶密封，在太阳下面暴晒，这样里面封闭和凝滞泉水的灵气，外面则耗散泉水的神韵，那么泉水的精神就损坏了，泉水的味道也就败坏了。（此节不见于《茶解》而见于张源《茶录》）

明代屠隆《考槃馀事》中说：如今茶叶的品类与陆羽《茶经》的记载大相径庭，而且烹制的方法，也与蔡襄、陆羽等人所说的方法完全不同了。

观察煮水沸腾的情况，开始的时候水面犹如鱼眼，微微有声响起，这就叫做一沸；水面边缘犹如涌泉、连珠，这就叫做二沸；水面犹如浪涛奔涌、水沫飞溅，这就叫做三沸。煮水的方法必须使用活火。如果用柴薪煎煮，火力刚刚上来，水和锅刚刚烧热，马上就倒水冲茶，水汽尚未消散，称作水太嫩；如果人过百岁，水过十沸，才开始冲泡，那么开水已经失去其本性，称作水过老。太嫩与过老，都不可用。

明代周履靖《夷门广牍》丛书所收徐献忠《水品》记载：苏州虎丘石泉水，唐朝刘伯刍品评为天下第三，陆羽（字鸿渐）品评为天下第五。因为石泉清冽深邃，都是地下积累的雨泽，是山中渗出的泉水。况且虎丘本为春秋时代吴王阖庐的墓道，当时修墓的石工都被关闭其中而死；而且虎丘寺中僧众住在上面，不可能没有污秽之物渗入地下。虽然名叫陆羽泉，却不是天然水脉。道家服食养生，禁止与尸气接近。

明代李日华《六研斋笔记》记载：杭州西湖的水，汲取贮存于大缸之中，澄清六七天。如果遇到风雨天气就盖起来，天气晴朗就打开来，使其接受日月星辰之气。以此水来烹茶，甘甜醇厚，很有滋味，不逊于惠山泉水。这是因为西湖水由四周山谷溪流奔腾注入，蕴涵凝聚，并不仅仅是一水，这样摄取精华多，自然味道充足了。由此可知凡是湖泊巨浸的去处，都可以贮存其水加以澄清，水质绝对胜过浅水细流。阴井中的水，浑浊凝滞，味腥而且淡薄，不可用来烹试点茶。

古人好奇，在饮品中制作百花熟水即花茶，又制作五色饮品，以及冰蜜、糖药等，各种名目自不相同。我认为都不足以推崇。如果正好逢上好茶缺乏，用劈得很细的松枝开水冲泡，也可以饮用。

李日华《竹懒茶衡》中说：天下处处都有好茶，然而名茶胜地没有时间一一身临并品尝，姑且根据距离较近地方所产日常可以品尝的茶叶略加品评：苏州虎丘茶香气芬芳，而滋味淡薄，初入茶盏，菁英浮动，闻起来如同初析的兰花，品饮之后口感也相当爽快，但必须用惠山泉水冲泡，泉水的甘甜醇厚足以弥补茶叶的滋味淡薄。杭州西湖的龙井茶，味道极其醇厚，色泽如同淡淡的黄金，香气则沉寂而不易散发，品饮时间久了，就感到鲜嫩潮舌，必须借助杭州虎跑泉空寒冰冽的泉水来进行发挥，然后才感到滋味绵长，没有浑浊凝滞的遗憾。

李日华所撰松雨斋《运泉约》中说：我们这些嗜茶的同道，神情交合于竹林雪野，烹煮如松风涧水般的山泉好茶，暂时随俗饮食人间，终究要逍遥尘世之外。天下名山尚未游历，如何能够辞却尘海、超然物外呢？然而搜奇炼句，作为文章，灵感思绪容易枯竭；涤除积滞，清除昏蒙，只有坚持汲水煎茶，不废茗饮。朋友寄来佳茶三百片，高兴地拆开书信；一堆槐枝燃起的篝火上，山泉之水刚泛蟹眼，正可烹茶。陆羽的《茶经》，已经被奉为典型；张又新的《煎茶水记》，不能不加以议论。从前李德裕（封卫国公，世称李卫公）官至太尉，还颇为运送泉水劳心；杜甫晚年隐居在夔峡，惊叹山势险峻，胜地湿云。如今我们环处惠山之下，相距不过二百里之遥；如果从松陵（今江苏吴江）渡江，也不过三四天的行程。汲取新泉，捐弃旧水，就像运用辘轳一样转手；方便汲取，费用又省，就像运用桔槔一样快捷省力。凡是我们清雅之士，希望都能前来加盟！转运惠山泉水，每坛偿付船运人力费用白银三分，水坛的坛价及坛盖自备，不计在内。泉水运来，请报告各位朋友，让他们各自前来运走。每月的上旬收取费用，中旬运水。每月转运一次，以保持泉水的清新。请愿意加盟的朋友在左边写下名字，以便造册登记，连同所要坛数，如数交付银钱。

尊号　用水　坛　月　日付　松雨斋主人谨订

冒襄《岕茶汇钞》中说：烹茶的时候，首先要用上品的泉水洗涤烹茶用具，一定要新鲜洁净。其次要用热水洗涤茶叶，水如果过热，恐怕经过洗涤会损坏茶味。应当用竹箸夹着茶叶在洗茶的器具中反复洗涤游荡，祛除其中的尘土、黄叶、老梗等。洗过之后，用手拧干，放到洗茶的器具中盖好。过一会儿打开观察，色泽青翠，香气甘洌，这时候急忙取沸水冲泡，效果极佳。夏季要先备好水而后放茶叶，冬季则要先备好茶而后放水。

茶的色泽以白为贵，然而色白也并不难做到。如果能做到泉水清澈、茶瓶洁净、芽多叶少、水味甘洌，随即烹茶随即品饮，其色泽就自然会鲜白，但是茶叶的真味蕴结而未能发挥出来，仅仅是为了一饱眼福罢了。如果取青绿色泽为贵，那么苏州天池茶、徽州松萝茶以及长兴的罗岕茶中的最下等茶，即使在冬季，其色泽也会如苔藓般青绿可爱，何足为奇？像我所收藏的真正的洞山老庙后上品岕茶，自谷雨后第五天，用开水冲洗荡涤，贮于壶中很久，其色泽依然鲜白如玉。到了冬季则色泽嫩绿，味道甘美，色泽稍淡，韵致清新，香气醇厚，也作婴儿肉的香味。其芳香浮荡，这是虎丘茶所不具备的。

明代周高起《洞山岕茶系》中说：罗岕茶品质优异，其功劳只是在于洗茶并控干。用沸腾的开水泼洗茶叶，随即捞起，用洗鬲（一种沥水的工具）敛出其中的水分，等到开水稍凉可以放进手指的程度，就放下洗鬲清洗排荡出沙土和浮沫；然后再捞出来，用手指控干，放到封闭的容器中等待冲泡。因为其他茶叶都要把握煮水的时机分别投茶烹点，只有罗岕茶经过清洗控干之后，芽叶软绵润泽，所以只须上投（即先注水后下茶叶）。

《天下名胜志》记载：宜兴县湖㳇镇有一个于潜泉。泉穴宽约两尺左右，形状好像水井。其泉源到泉穴之间有伏流相通，味道非常甘洌。唐朝的时候这里制造贡茶，此泉水也随着贡茶一起进贡朝廷。

太湖洞庭西山缥缈峰西北，有一个水月寺。寺东进入小青坞，有一泓泉水清澈甘凉，一年四季不会干涸。宋人李弥大（字似矩，号无碍居士，晚年隐居苏州道隐园）将此泉命名为无碍泉。

安吉州（今浙江湖州安吉县）的泉水，以碧玉泉为第一，泉水清澈可以照见头发，清香可以用来烹茶。

明代徐献忠《水品》中说：泉水甘甜，如果称量试验一定会比较重。这是因为其源远流长的缘故。扬子江南零水，从岷江发流，奔腾数千里才到达镇江金山下的两个大石之间，澄清之后，品质优异，其性厚重，其味甘美。

陆羽的《茶经》，不仅选择品鉴泉水，还论述了煎茶用炭火或者木质坚硬的柴薪木。木炭如果曾经燃烧、沾染了油腻腥膻气味的，以及含有油脂的木柴、腐朽废弃的木器，都不可用。古人分辨用过的木器炊煮食物会有怪味的说法，应当说是有其用意的。

山脉深厚、山体雄大、山势盛丽的地方，一定会出上佳的泉水。

明代张大复《梅花草堂笔谈》中说：茶的自然本性必须借助水来发挥出来，八分的好茶，如果用十分的好水来烹点，那么茶的效果也就达到十分了。如果用八分的好水，烹试十分的好茶，那么茶的效果也只能达到八分罢了。

陈继儒《岩栖幽事》中说：黄庭坚《煎茶赋》写道："泑泑乎，如涧松之发清吹；浩浩乎，如春空之行白云。"可以说是得到了煎茶的真谛。

陆绍珩《醉古堂剑扫》中说：扫叶煎茶乃是格调幽雅的事情，必须人品与茶品相得益彰。因此煎茶的方法往往流传于高人隐士、有烟霞泉石堆积胸中也就是向往隐逸生活的人们中间。

明代朱国桢《涌幢小品》记载：天下第四泉，在江西上饶县以北的茶山寺。唐代陆羽曾经寓居此地，就在这里的山上种植茶叶，汲取此泉水煎茶，品鉴其为天下第四泉。当地人尚书杨麒早年曾经在这里读书，于是取"茶山"二字为号。

我在北京三年，汲取德胜门外的泉水烹茶品饮，效果最好。

皇宫中御用的井水，也是北京西山的泉脉所灌注的，的确是天下第一等的泉品，这是茶圣陆羽《茶经》所没有记载的。

俗话说："芒种逢壬便立霉。"霉（指农历入伏前的几天多雨潮湿）后接取雨水烹茶，极为芳香甘冽，而且所接雨水还可以久藏。时节一到夏至就迥然不同了。我经过试验，的确如此。

居住家中，难得泉水，于是就按照自己的想法取平常的水烧开，然后放入大磁缸中，放置庭院中，避开阳光照射。等到夜间天色皎洁，打开磁缸接受露水之气，如此共经过三个晚上，其水清澈见底。缸底堆积尘垢两三寸，这时赶快将水取出，用坛子盛起来，用来烹茶，与无锡惠山泉没有两样。

明代闻龙《它泉记》记载：我的家乡四明（今浙江宁波）四周都是山，到处都有泉水，可是都味淡而不甘美。只有所谓的它泉，其泉源出于四明山，从潺湲洞经过许多山洞到达它山堰（唐代鄞令王元伟筑），不下数百里，水的色泽蔚蓝，水中白沙白石，粼粼见底，水质清澈寒冽，甘甜绵滑，可以称为全郡第一。

明代焦竑《玉堂丛语》记载：明代翰林学士黄谏曾经写过《京师泉品》，认为城郊的泉水，以玉泉为第一；城中的泉水，以文华殿东大庖井水为第一。后来他被贬为判广州府事，著《广州水记》品评泉水，以鸡爬井为第一，更名为学士泉。

吴栻说：武夷山的泉水，出于南山的，都是洁净甘冽，但回味不长；出于北山的，泉味则迥然不同。这是因为两山形状虽然相同，山脉却不一样。我曾经携带着茶具去探访品尝山泉，共计三十九处，其中最差的泉水也没有硬冽的气质。

清代王士祯（新城人，世称王新城）《陇蜀馀闻》（载《池北偶谈》）记载：成都百花潭中有三块巨石，水从其中流过，汲取此水煎茶，比其他水更加清澈甘冽。

王士祯《居易录》记载：河南省济源县段少司空园，是唐代卢仝（号玉川子）煎茶的地方。园中有两处泉水，有人称为玉泉，距离盘谷不到十里；园门外有一条河，叫做潣水，发源于王屋山。查阅《河南通志》，玉泉在洈水上，卢仝曾经煎茶于此，现在通行的《水经注》没有记载。

王士祯《分甘馀话》记载：一水（即汧水，又名龙鱼川），是一个水名。郦道元《水经注·渭水》记载："又东汇合一水，发源于吴山。"《地里志》记载："吴山，就是古代的汧山，山下有一个石穴，泉水外溢，石穴中空，悬空的水流从一侧垂下来。"这就是一水的源头，在灵应峰之下，即所谓的"西镇灵湫"。我在丙子年（康熙三十五年，1696年）祭告西镇的时候，经常在这里品茶，其水味与北京西山的玉泉极为相似。

王士祯《古夫于亭杂录》中说：唐朝刘伯刍品评天下泉水，以扬子江中泠水为第一，无锡惠山泉水、苏州虎丘寺石水次之。陆羽品水，则以庐山康王谷为第一，而以无锡惠山泉水次之。古往今来的轻信传闻的人们于是就认为这是不可更改的定论。其实二位先生所见到的，只不过是江南数百里之内的泉水，更远的地方例如峡州（今湖北宜昌）的虾蟆碚，只不过独此一例罢了。不知道长江以北地区比如我的家乡山东济南，挖地皆有泉水，其著名的就有所谓七十二泉。用来烹茶，品质都不在惠山泉水之下。宋代李格非（字文叔），是我的同乡前辈，曾经著作《济南水记》，与其《洛阳名园记》并行传世。可惜《济南水记》已经散佚，无法匡正刘、陆二位先生疏漏罢了。谢肇淛（字在杭）品评他平生所见到的泉水，济南趵突泉名列第一，其次有益都孝妇泉（在颜神镇）、青州范公泉，尚未见到章丘的百脉泉，以上这些都是我故乡的泉水，二位先生何曾见识更多。我曾经给王苹（字秋史，历城人，居圣水泉畔，即济南七十二泉之第二十四泉）的二十四泉草堂题词说："翻怜陆鸿渐，跬步限江东。"说的正是这个意思。

清代陆次云（字云士，钱塘人）《湖壖杂记》记载：龙井泉从螭龙口中流出来。水在池内，其气质恬然。如果游人注视很久，就会忽然间波澜涌起，如同将要下雨一样。

清代张鹏翮（字运青，麻城人）《奉使倭罗斯日记》记载：葱岭乾涧的旁边，有两个旧井，从井旁掘地七八尺深，就可以见到水，水味甘甜清凉，可以用来烹茶，命名为塞外第一泉。

明代陆应旸《广舆记》记载：永平滦州（今河北滦县）有扶苏泉，非常甘洌。传说秦始皇长子扶苏曾在这里休息。

江宁摄山（今江苏南京市栖霞山）千佛岭下，石壁上雕刻着六个隶书大字：白乳泉试茶亭。

所谓钟山（今南京市蒋山）的八功德水，是指一清澈、二寒冷、三芳香、四柔和、五甘甜、六洁净、七不馇（久而变质发臭）、八蠲疴（祛除疾病）。

丹阳（今属江苏）的玉乳泉，唐朝刘伯刍评论此水为天下第四泉。

宁州（今江西武宁）双井泉在黄庭坚故居的南边，汲取烹茶，绝对胜过他处的水。

杭州孤山下有金沙泉，唐朝白居易曾经品尝此泉水，甘美可爱。观察其地的沙土，光灿如黄金，所以称作金沙泉。

安陆府沔阳（今湖北天门西北）有陆子泉，又叫做文学泉。唐朝陆羽嗜茶，曾以此泉水试茶，故名。

清代蔡方炳《增订广舆记》记载：玉泉山，泉水从螭石缝间流出，于是把石头凿成螭头，使泉水从螭口中流出，味道极为甘美。聚汇成池，直径达三丈，东边横跨一座小石桥，名叫玉泉垂虹。

《武夷山志》记载：武夷山南虎啸岩有语儿泉，泉水浓得好像停膏，倒入杯中，可以照见毛发，味道甘甜而广大，品尝起来有软绵顺畅的感觉。其次则数天柱山三敲泉，而御茶园的喊泉与此泉不相上下。武夷北山的泉水味道与南山迥然不同。小桃源这个泉，高出地面一尺左右，取之不竭，称作高泉，味道纯美绵远而有逸致，可以说是格调和韵味双全，越品越感到滋味无穷，实在是无法用言语表达。比较差的有接笋的仙掌露，品质最差的，也没有硬冽的气质。

清代徐葆光《中山传信录》记载：琉球烹茶，用茶末掺杂少量细粉放入碗中，倒半瓯沸水，用小竹帚搅动数十次，以瓯中所起的沫饽布满瓯面为度，以此来敬献宾客。另外，还有用大螺壳烹茶的。

清代屈擢升《随见录》记载：安庆府宿松县（今属安徽省）东门外，孚玉山下福昌寺旁边有一口井，叫做龙井，水味清澈甘美，用来烹茶非常好，品质与溪流山泉相比更重。

六　茶之饮

卢仝《茶歌》：日高丈五睡正浓，军将扣门惊周公。口传谏议送书信，白绢斜封三道印。开缄宛见谏议面，手阅月团三百片。闻道新年入山里，蛰虫惊动春风起。天子未尝阳羡茶，百草不敢先开花。仁风暗结珠蓓蕾，先春抽出黄金芽。摘鲜焙芳旋封裹，至精至好且不奢。至尊之馀合王公，何事便到山人家！柴门反关无俗客，纱帽笼头自煎吃。碧云引风吹不断，白花浮光凝碗面。一碗喉吻润；二碗破孤闷；三碗搜枯肠，惟有文字五千卷；四碗发轻汗，平生不平事，尽向毛孔散；五碗肌骨清；六碗通仙灵；七碗吃不得也，惟觉两腋习习清风生。

唐冯贽《记事珠》：建人谓斗茶曰茗战。

《北堂书钞》：杜育《荈赋》云：茶能调神、和内、解倦、除慵。

《续博物志》：南人好饮茶，孙皓以茶与韦曜代酒，谢安诣陆纳，设茶果而已。北人初不识此，唐开元中，泰山灵岩寺有降魔师，教学禅者以不寐法，令人多作茶饮，因以成俗。

《大观茶论》：点茶不一，以分轻清重浊，相稀稠得中，可欲则止。《桐君录》云："茗有饽，饮之宜人。"虽多不为过也。

夫茶以味为上，香甘重滑，为味之全。惟北苑、壑源之品兼之。卓绝之品，真香灵味，自然不同。

茶有真香，非龙麝可拟。要须蒸及熟而压之，及干而研，研细而造，则和美具足。入盏则馨香四达，秋爽洒然。

点茶之色，以纯白为上真，青白为次，灰白次之，黄白又次之。天时得于上，人力尽于下，茶必纯白。青白者，蒸压微生。灰白者，蒸压过熟。压膏不尽则色青暗，焙火太烈则色昏黑。

《苏文忠集》：予去黄十七年，复与彭城张圣途、丹阳陈辅之同来。院僧梵英葺治堂宇，比旧加严洁，茗饮芳冽。予问："此新茶耶？"英曰："茶性新旧交则香味复。"予尝见知琴者言，琴不百年，则桐之生意不尽，缓急清浊与雨旸寒暑相应。此理与茶相近，故并记之。

王禹集《外台秘要》有《代茶饮子》诗云，格韵高绝，惟山居逸人乃当作之。予尝依法治服，其利膈调中，信如所云。而其气味乃一帖煮散耳，与茶了无干涉。

《月兔茶》诗：环非环，玦非玦，中有迷离玉兔儿，一似佳人裙上月。月圆还缺缺还圆，此月一缺圆何年。君不见，斗茶公子不忍斗小团，上有双衔绶带双飞鸾。

坡公尝游杭州诸寺，一日，饮酽茶七碗，戏书云："示病维摩原不病，在家灵运已忘家。何须魏帝一丸药，且尽卢仝七碗茶。"

《侯鲭录》：东坡论茶：除烦已腻，世固不可一日无茶，然暗中损人不少，故或有忌而不饮者。昔人云，自茗饮盛后，人多患气、患黄，虽损益相半，而消阴助阳，益不偿损也。吾有一法，常自珍之，每食已，辄以浓茶漱口，颊腻既去，而脾胃不知。凡肉之在齿间，得茶漱涤，乃尽消缩，不觉脱去，毋须挑刺也。而齿性便苦，缘此渐坚密，蠹疾自已矣。然率用中茶，其上者亦不常有。间数日一啜，亦不为害也。此大是有理，而人罕知者，故详述之。

白玉蟾《茶歌》：味如甘露胜醍醐，服之顿觉沉疴苏。身轻便欲登天衢，不知天上有茶无。

唐庚《斗茶记》：政和二年三月壬戌，二三君子相与斗茶于寄傲斋。予为取龙塘水烹之，而第其品。吾闻茶不问团铸，要之贵新；水不问江井，要之贵活。千里致水，伪固不可知，就令识真，已非活水。今我提瓶走龙塘，无数千步。此水宜茶，昔人以为不减清远峡。每岁新茶，不过三月至矣。罪戾之馀，得与诸公从容谈笑于此，汲泉煮茗，以取一时之适，此非吾君之力欤！

蔡襄《茶录》：茶色贵白，而饼茶多以珍膏油其面，故有青黄紫黑之异。善别茶者，正如相工之视人气色也，隐然察之于内，以肉理润者为上。既已末之，黄白者受水昏重，青白者受水鲜明，故建安人斗试，以青白胜黄白。

张淏《云谷杂记》：饮茶不知起于何时。欧阳公《集古录跋》云："茶之见前史，盖自魏晋以来有之。"予按《晏子春秋》，婴相齐景公时，食脱粟之饭，炙三弋、五卵、茗菜而已。又汉王褒《僮约》有"武阳［一作武都］买茶"之语，则魏晋之前已有之矣。但当时虽知饮茶，未若后世之盛也。考郭璞注《尔雅》云："树似栀子，冬生叶，可煮作羹饮。"然茶至冬味苦，岂可作羹饮耶？饮之令人少睡，张华得之，以为异闻，遂载之《博物志》。非但饮茶者鲜，识茶者亦鲜。至唐陆羽著《茶经》三篇，言茶甚备，天下益知饮茶。其后尚茶成风。回纥入朝，始驱马市茶。德宗建中间，赵赞始兴茶税。兴元初虽诏罢，贞元九年，张滂复奏请，岁得缗钱四十万。今乃与盐酒同佐国用，所入不知几倍于唐矣。

《品茶要录》：余尝论茶之精绝者，其白合未开，其细如麦，盖得青阳之轻清者也。又其山多带砂石，而号佳品者，皆在山南，盖得朝阳之和者也。余尝事闲，乘暑景之明净，适亭轩之潇洒，一一皆取品试。既而神水生于华池，愈甘而新，其有助乎！

昔陆羽号为知茶,然羽之所知者,皆今之所谓茶草。何哉?如鸿渐所论,蒸笋并叶,畏流其膏,盖草茶味短而淡,故常恐去其膏。建茶力厚而甘,故惟欲去其膏。又论福建为未详,往往得之,其味极佳。由是观之,鸿渐其未至建安欤!

谢宗《论茶》:候蟾背之芳香,观虾目之沸涌。故细沤花泛,浮饽云腾,昏俗尘劳,一啜而散。

《黄山谷集》:品茶,一人得神,二人得趣,三人得味,六七人是名施茶。

沈存中《梦溪笔谈》:芽茶,古人谓之雀舌、麦颗,言其至嫩也。今茶之美者,其质素良,而所植之土又美,则新芽一发,便长寸馀,其细如针。惟芽长为上品,以其质干、土力皆有馀故也。如雀舌、麦颗者,极下材耳。乃北人不识,误为品题。予山居有《茶论》,且作《尝茶》诗云:"谁把嫩香名雀舌,定来北客未曾尝。不知灵草天然异,一夜风吹一寸长。"

《遵生八笺》:茶有真香,有佳味,有正色。烹点之际,不宜以珍果香草杂之。夺其香者,松子、柑橙、莲心、木瓜、梅花、茉莉、蔷薇、木樨之类是也。夺其色者,柿饼、胶枣、火桃、杨梅、橘饼之类是也。凡饮佳茶,去果方觉清绝,杂之则味无辨矣。若欲用之,所宜则惟核桃、榛子、瓜仁、杏仁、榄仁、栗子、鸡头、银杏之类,或可用也。

徐渭《煎茶七类》:茶入口,先须灌漱,次复徐啜,俟甘津潮舌,乃得真味。若杂以花果,则香味俱夺矣。

饮茶,宜凉台静室,明窗曲几,僧寮道院,松风竹月,晏坐行吟,清谈把卷。

饮茶,宜翰卿墨客,淄衣羽士,逸老散人,或轩冕中之超轶世味者。

除烦雪滞,涤醒破睡,谭渴书倦,是时茗碗策勋,不减凌烟。

许次纾《茶疏》:握茶手中,俟汤入壶,随手投茶,定其浮沉,然后泻啜，则乳嫩清滑，而馥郁于鼻端。病可令起，疲可令爽。

一壶之茶，只堪再巡。初巡鲜美，再巡甘醇，三巡则意味尽矣。余尝与客戏论，初巡为"婷婷袅袅十三馀"，再巡为"碧玉破瓜年"，三巡以来，"绿叶成阴"矣。所以茶注宜小，小则再巡已终，宁使馀芬剩馥尚留叶中，犹堪饭后供啜嗽之用。

人必各手一瓯，毋劳传送。再巡之后，清水涤之。

若巨器屡巡，满中泻饮，待停少温，或求浓苦，何异农匠作劳，但资口腹，何论品赏，何知风味乎？

《煮泉小品》：唐人以对花啜茶为杀风景，故王介甫诗云"金谷千花莫漫煎"。其意在花，非在茶也。余意以为金谷花前，信不宜矣；若把一瓯对山花啜之，当更助风景，又何必羔儿酒也。

茶如佳人，此论最妙，但恐不宜山林间耳。昔苏东坡诗云"从来佳茗似佳人"，曾茶山诗云"移人尤物众谈夸"，是也。若欲称之山林，当如毛女、麻姑，自然仙风道骨，不浼烟霞。若夫桃脸柳腰，亟宜屏诸销金帐中，毋令污我泉石。

茶之团者、片者，皆出于碾铠之末，既损真味，复加油垢，即非佳品。总不若今之芽茶也，盖天然者自胜耳。曾茶山《日铸茶》诗云"宝铸自不乏，山芽安可无"；苏子瞻《壑源试焙新茶》诗云"要知玉雪心肠好，不是膏油首面新"，是也。且末茶瀹之有屑，滞而不爽，知味者当自辨之。

煮茶得宜，而饮非其人，犹汲乳泉而灌蒿莸，罪莫大焉。饮之者一吸而尽，不暇辨味，俗莫甚焉。

人有以梅花、菊花、茉莉花荐茶者，虽风韵可赏，究损茶味。如品佳茶，亦无事此。今人荐茶，类下茶果，此尤近俗。是纵佳者能损茶味，亦宜去之。且下果则必用匙，若金银，大非山居之器，而铜又生铵，皆不可也。若旧称北人和以酥酪，蜀人入以白土，此皆蛮饮，固不足责。

罗廪《茶解》：茶通仙灵，然有妙理。

山堂夜坐，汲泉煮茗，至水火相战，如听松涛，倾泻入杯，云光潋滟。此时幽趣，故难与俗人言矣。

顾元庆《茶谱》：品茶八要：一品，二泉，三烹，四器，五试，六候，七侣，八勋。

张源《茶录》：饮茶，以客少为贵，众则喧，喧则雅趣乏矣。独啜曰幽，二客曰胜，三四曰趣，五六曰泛，七八曰施。

酾不宜早，饮不宜迟。酾早则茶神未发，饮迟则妙馥先消。

《云林遗事》：倪元镇素好饮茶，在惠山中，用核桃、松子肉和真粉成小块如石状，置于茶中饮之，名曰清泉白石茶。

闻龙《茶笺》：东坡云："蔡君谟嗜茶，老病不能饮，日烹而玩之，可发来者之一笑也。"孰知千载之下有同病焉。余尝有诗云："年老耽弥甚，脾寒量不胜。"去烹而玩之者几希矣。因忆老友周文甫，自少至老，茗碗薰炉，无时暂废。饮茶日有定期：旦明、晏食、禺中、晡时、下舂、黄昏，凡六举，而客至烹点不与焉。寿八十五，无疾而卒，非宿植清福，乌能毕世安享？视好而不能饮者，所得不既多乎！尝蓄一龚春壶，摩挲宝爱，不啻掌珠。用之既久，外类紫玉，内如碧云，真奇物也，后以殉葬。

《快雪堂漫录》：昨同徐茂吴至老龙井买茶，山民十数家，各出茶。茂吴以次点试，皆以为赝，曰：真者甘香而不洌，稍洌便为诸山赝品。得一二两以为真物，试之，果甘香若兰。而山民及寺僧反以茂吴为非，吾亦不能置辨。伪物乱真如此。茂吴品茶，以虎丘为第一，常用银一两馀购其斤许。寺僧以茂吴精鉴，不敢相欺。他人所得虽厚价，亦赝物也。子晋云：本山茶叶微带黑，不甚青翠。点之色白如玉，而作寒豆香，宋人呼为白云茶。稍绿便为天池物。天池茶中杂数茎虎丘，则香味迥别。虎丘，其茶中王种耶！岕茶精者，庶几妃后；天池、龙井，便为臣种，其馀则民种矣。

熊明遇《岕山茶记》：茶之色重、味重、香重者，俱非上品。松萝香重；六安味苦，而香与松萝同；天池亦有草莱气，龙井如之。至云雾则色重而味浓矣。尝啜虎丘茶，色白而香似婴儿肉，真称精绝。

邢士襄《茶说》：夫茶中着料，碗中着果，譬如玉貌加脂，娥眉染黛，翻累本色矣。

冯可宾《岕茶笺》：茶宜无事、佳客、幽坐、吟咏、挥翰、徜徉、睡起、宿酲、清供、精舍、会心、赏鉴、文僮。茶忌不如法、恶具、主客不韵、冠裳苛礼、荤肴杂陈、忙冗、壁间案头多恶趣。

谢在杭《五杂俎》：昔人谓：扬子江心水，蒙山顶上茶。蒙山在蜀雅州，其中峰顶尤极险秽，虎狼蛇虺所居，采得其茶，可蠲百病。今山东人以蒙阴山下石衣为茶当之，非矣。然蒙阴茶性亦冷，可治胃热之病。

凡花之奇香者，皆可点汤。《遵生八笺》云："芙蓉可为汤。"然今牡丹、蔷薇、玫瑰、桂、菊之属，采以为汤，亦觉清远不俗，但不若茗之易致耳。

北方柳芽初茁者，采之入汤，云其味胜茶。曲阜孔林楷木，其芽可以烹饮。闽中佛手柑、橄榄为汤，饮之清香，色味亦旗枪之亚也。又或以菉豆微炒，投沸汤中，倾之，其色正绿，香味亦不减新茗。偶宿荒村中觅茗不得者，可以此代也。

《谷山笔麈》：六朝时，北人犹不饮茶，至以酪与之较，惟江南人食之甘。至唐始兴茶税。宋元以来，茶目遂多，然皆蒸干为末，如今香饼之制，乃以入贡，非如今之食茶，止采而烹之也。西北饮茶，不知起于何时。本朝以茶易马，西北以茶为药，疗百病皆瘥，此亦前代所未有也。

《金陵琐事》：思屯，乾道人，见万镃手软膝酸，云："系五藏皆火，不必服药，惟武夷茶能解之。"茶以东南枝者佳，采得烹以涧泉，则茶竖立，若以井水即横。

《六研斋笔记》：茶以芳冽洗神，非读书谈道，不宜亵用。然非真正契道之士，茶之韵味，亦未易评量。尝笑时流持论，贵嘶声之曲，无色之茶。嘶近于哑，古之绕梁遏云，竟成钝置。茶若无色，芳冽必减，且芳与鼻触，冽以舌受，色之有无，目之所审。根境不相摄，而取衷于彼，何其悖也！何其谬耶！

虎丘以有芳无色，擅茗事之品。顾其馥郁不胜兰芷，与新剥豆花同调，鼻之消受，亦无几何。至于入口，淡于勺水，清冷之渊，何地不有，乃烦有司章程，作僧流捶楚哉？

《紫桃轩杂缀》：天目清而不醲，苦而不螫，正堪与淄流漱涤。笋蕨、石濑则太寒俭，野人之饮耳。松萝极精者方堪入供，亦浓辣有馀，甘芳不足，恰如多财贾人，纵复蕴藉，不免作蒜酪气。分水贡芽，出本不多。大叶老根，泼之不动，入水煎成，番有奇味。荐此茗时，如得千年松柏根作石鼎熏燎，乃足称其老气。

"鸡苏佛"、"橄榄仙"，宋人咏茶语也。鸡苏即薄荷，上口芳辣。橄榄久咀回甘。合此二者，庶得茶蕴，曰仙，曰佛，当于空玄虚寂中，嘿嘿证入。不具是舌根者，终难与说也。

赏名花不宜更度曲，烹精茗不必更焚香，恐耳目口鼻互牵，不得全领其妙也。

精茶不宜泼饭，更不宜沃醉。以醉则燥渴，将灭裂吾上味耳。精茶岂止当为俗客吝？倘是日汩汩尘务，无好意绪，即烹就，宁俟冷而灌兰，断不令俗肠污吾茗君也。

罗山庙后茶精者，亦芬芳回甘。但嫌稍浓，乏云露清空之韵。以兄虎丘则有馀，以父龙井则不足。

天池通俗之才，无远韵，亦不致呕哕寒月。诸茶晦黯无色，而彼独翠绿媚人，可念也。

屠赤水云：茶于谷雨候晴明日采制者，能治痰嗽、疗百疾。

《类林新咏》：顾彦先曰："有味如臛，饮而不醉；无味如茶，饮而醒焉。"醉人何用也。

《徐文长秘集·致品》：茶宜精舍，宜云林，宜磁瓶，宜竹灶，宜幽人雅士，宜衲子仙朋，宜永昼清谈，宜寒宵兀坐，宜松月下，宜花鸟间，宜清流白石，宜绿藓苍苔，宜素手汲泉，宜红妆扫雪，宜船头吹火，宜竹里飘烟。

《芸窗清玩》：茅一相云：余性不能饮酒，而独耽味于茗。清泉白石可以濯五脏之污，可以澄心气之哲。服之不已，觉两腋习习，清风自生。吾读《醉乡记》，未尝不神游焉。而间与陆鸿渐、蔡君谟上下其议，则又爽然自释矣。

《三才藻异》：雷鸣茶产蒙山顶，雷发收之，服三两换骨，四两为地仙。

《闻雁斋笔谈》：赵长白自言："吾生平无他幸，但不曾饮井水耳。"此老于茶，可谓能尽其性者。今亦老矣，甚穷，大都不能如曩时，犹摩挲万卷中，作《茶史》，故是天壤间多情人也。

袁宏道《瓶花史》：赏花，茗赏者上也，谭赏者次也，酒赏者下也。

《茶谱》：《博物志》云："饮真茶，令人少眠。"此是实事，但茶佳乃效，且须末茶饮之。如叶煮者，不效也。

《太平清话》：琉球国亦晓烹茶。设古鼎于几上，水将沸时投茶末一匙，以汤沃之。少顷奉饮，味清香。

《藜床渖馀》：长安妇女有好事者，曾侯家睹彩笺曰：一轮初满，万户皆清。若乃狎处衾帏，不惟辜负蟾光，窃恐嫦娥生妒。涓于十五、十六二宵，联女伴同志者，一茗一炉，相从卜夜，名曰伴嫦娥。凡有冰心，仁垂玉允。朱门龙氏拜启。［原注：陆浚原。］

沈周《跋茶录》：樵海先生，真隐君子也。平日不知朱门为何物，日偃仰于青山白云堆中，以一瓢消磨半生。盖实得品茶三昧，可以羽翼桑苎翁之所不及，即谓先生为茶中董狐可也。

王晫《快说续记》：春日看花，郊行一二里许，足力小疲，口亦少渴。忽逢解事僧邀至精舍，未通姓名，便进佳茗，踞竹床连啜数瓯，然后言别，不亦快哉！

卫泳《枕中秘》：读罢饮馀，竹外茶烟轻扬；花深酒后，铛中声响初浮。个中风味谁知，卢居士可与言者；心下快活自省，黄宜州岂欺我哉？

江之兰《文房约》：诗书涵圣脉，草木栖神明。一草一木，当其含香吐艳，倚槛临窗，真足赏心悦目，助我幽思。亟宜烹蒙顶石花，悠然啜饮。

扶舆沆瀣，往来于奇峰怪石间，结成佳茗。故幽人逸士，纱帽笼头，自煎自吃。车声羊肠，无非火候，苟饮不尽且漱弃之，是又呼陆羽为茶博士之流也。

高士奇《天禄识馀》：饮茶或云始于梁天监中，见《洛阳伽蓝记》，非也。按《吴志·韦曜传》："孙皓每宴飨，无不竟日，曜不能饮，密赐茶荈以当酒。"如此言，则三国时已知饮茶矣。逮唐中世，榷茶遂与煮海相抗，迄今国计赖之。

《中山传信录》：琉球茶瓯颇大，斟茶止二三分，用果一小块贮匙内。此学中国献茶法也。

王复礼《茶说》：花晨月夕，贤主嘉宾，纵谈古今，品茶次第，天壤间更有何乐？奚俟脍鲤鱼羔，金罍玉液，痛饮狂呼，始为得意也？范文正公云："露芽错落一番荣，缀玉含珠散嘉树。斗茶味兮轻醍醐，斗茶香兮薄兰芷。"沈心斋云："香含玉女峰头露，润带珠帘洞口云。"可称岩茗知己。

陈鉴《虎丘茶经注补》：鉴亲采数嫩叶，与茶侣汤愚公小焙烹之，真作豆花香。昔之鬻虎丘茶者，尽天池也。

陈鼎《滇黔纪游》：贵州罗汉洞，深十馀里，中有泉一泓，其色如黝。甘香清冽。煮茗则色如渥丹，饮之唇齿皆赤，七日乃复。

《瑞草论》云：茶之为用，味寒。若热渴、凝闷胸、目涩、四肢烦、百节不舒，聊四五啜，与醍醐甘露抗衡也。

《本草拾遗》：茗味苦，微寒，无毒，治五脏邪气，益意思，令人少卧，能轻身、明目、去痰、消渴、利水道。

蜀雅州名山茶有露铤芽、钱芽，皆云火之前者，言采造于禁火之前也。火后者次之。又有枳壳芽、枸杞芽、枇杷芽，皆治风疾。又有皂荚芽、槐芽、柳芽，乃上春摘其芽，和茶作之。故今南人输官茶，往往杂以众叶，惟茅芦、竹箬之类，不可以入茶。自馀山中草木、芽叶，皆可和合，而椿、柿叶尤奇。真茶性极冷，惟雅州蒙顶出者，温而主疗疾。

李时珍《本草》：服葳灵仙、土茯苓者，忌饮茶。

《群芳谱》：疗治方：气虚、头痛，用上春茶末，调成膏，置瓦盏内覆转，以巴豆四十粒，作一次烧，烟熏之，晒干乳细，每服一匙。别入好茶末，食后煎服，立效。又赤白痢下，以好茶一斤，炙捣为末，浓煎一二盏服，久痢亦宜。又二便不通，好茶、生芝麻各一撮，细嚼，滚水冲下，即通。屡试立效。如嚼不及，擂烂，滚水送下。

《随见录》：《苏文忠集》载，宪宗赐马总治泄痢腹痛方：以生姜和皮切碎如粟米，用一大钱并草茶相等煎服。元祐二年，文潞公得此疾，百药不效，服此方而愈。

[译文]

唐代卢仝《茶歌》（即《走笔谢孟谏议惠寄新茶》）写道：日高丈五睡正浓，军将扣门惊周公。口传谏议送书信，白绢斜封三道印。开缄宛见谏议面，手阅月团三百片。闻道新年入山里，蛰虫惊动春风起。天子未尝阳羡茶，百草不敢先开花。仁风暗结珠蓓蕾，先春抽出黄金芽。摘鲜焙芳旋封裹，至精至好且不奢。至尊之馀合王公，何事便到山人家！柴门反关无俗客，纱帽笼头自煎吃。碧云引风吹不断，白花浮光凝碗面。一碗喉吻润；二碗破孤闷；三碗搜枯肠，惟有文字五千卷；四碗发轻汗，平生不平事，尽向毛孔散；五碗肌骨清；六碗通仙灵；七碗吃不得也，惟觉两腋习习清风生。

唐代冯贽《记事珠》记载：建安（今福建建瓯）人称呼斗茶叫做茗战。

《北堂书钞》：杜育《荈赋》写道：饮茶能够调理精神、调和内脏功能、解除疲倦、消除慵懒。

南宋李石（字知几，号方舟，资阳人）《续博物志》中说：南方人喜欢饮茶，三国吴主孙皓赐茶给韦曜以代酒；东晋谢安拜访陆纳，陆纳只是摆设茶果招待罢了。北方人起初并没有认识饮茶的益处，唐代开元（713~741）年间，泰山灵岩寺有一位降魔禅师，以不寐法教导参禅礼佛的人，让人多煎茶品饮，于是就逐渐成为风俗。

宋徽宗《大观茶论》中说：点茶的方法各不相同，加水以便观察和区分茶汤的轻重清浊，如果看到茶汤稀稠适宜，就可以停止击拂。《桐君录》上说："茶汤上面有一层浮沫，喝了它对人体很有益处。"即使多喝了也不为过量。

饮茶要从色香味几方面综合品评，其中以茶味最为重要。清香、甘甜、厚重、润滑四个方面包括了茶味的全部内涵。只有北苑、壑源的茶品可以兼而有之。那些品质卓绝的珍贵茶种，具有醇正的真香灵味，自然就不同了。

茶叶具有真正的香味，不是龙脑、麝香等高级香料所能比拟的。而要具备这种真香，就必须在制茶的每个环节都精益求精，茶芽蒸到刚好熟时进行压黄，待茶中水分和膏汁干燥后研磨成细末，然后把调和成胶糊状态的茶注入茶模内制成茶饼，这样制成的茶就会平和味美、香味十足。烹点之时茶盏中就会馨香四溢，就像秋天的气候一样清爽宜人。

点茶所形成的汤色，以纯白色为最好，青白色次之，灰白色又次之，黄白色再次之。采制茶叶时，要上得天时；制作加工时，则要下尽人力，这样制成的茶就一定是纯白色的上品。汤色呈青白色，是因为在蒸芽和压黄时稍欠火候生了一点；汤色呈灰白色，是因为在蒸芽和压黄时过了火候熟了一些。如果在压黄、去膏时茶中的水分和膏汁没有去除干净，点茶时汤色就会发青发暗；如果在烘焙时火力过大，点茶时汤色就会发昏发红。

宋代苏轼《苏文忠集》中的《题万松岭惠明院壁》写道：我离开黄州（今湖北黄冈）十七年，又与彭城张圣途、丹阳陈辅之结伴前来。惠明院的僧人梵英修葺寺院厅堂殿宇，比起原来更加庄严洁净，所烹之茶也芳香甘洌。我问："这是新茶吗？"梵英回答说："茶的本性，新旧交融就会芳香馥郁。"我曾经听懂得古琴的人说，没有一百年历史的古琴，桐木的生物属性还在，其声音的缓急清浊往往与天气的雨晴寒暑变化相应。这种道理与茶相近，所以一并记载于此。

唐代王焘《外台秘要》中收录有一首《代茶饮子》诗，格韵高绝，只有隐逸山林的雅士才能写出这样的诗作。我曾经按照这种方法制茶服饮，胸中顺畅调和，的确像诗中所说的那样。而这种茶的味道乃是一帖汤药罢了，与茶没有什么关系。

《月兔茶》诗写道：环非环，玦非玦，中有迷离玉兔儿，一似佳人裙上月。月圆还缺缺还圆，此月一缺圆何年。君不见，斗茶公子不忍斗小团，上有双衔绶带双飞鸾。

苏东坡曾经游览杭州的各个寺院，一日饮用浓茶七碗，戏作一诗道："示病维摩原不病，在家灵运已忘家。何须魏帝一丸药，且尽卢仝七碗茶。"

宋代赵令时《侯鲭录》记载苏东坡论茶道：消除烦闷，祛除油腻，世人固然不可一日无茶；然而饮茶暗中对于人体也有不少损害，因而有人忌讳茶叶而不饮茶。从前有人说过，自从饮茶风气盛行之后，人们多患有呼吸疾病、面色发黄的疾病，即使说是饮茶对人体损益各半，但是消阴助阳，得不偿失。我有一个办法，常以此敝帚自珍，就是每当吃完饭后，就用浓茶漱口，这样口中的油腻不仅祛除了，而且不会影响脾胃内脏。大凡肉菜有夹在牙齿之间的，经过茶水漱洗，就会完全消缩，在不觉间脱去，不必挑刺。而且牙齿的本性适宜苦味，会因此而逐渐坚硬密闭，各种牙虫病自然消除了。当然，大多用中等的茶叶，上等的茶叶也不是经常会有，间隔数日用茶叶漱一次口，也不会有什么损害。这种方法很有道理，人们却很少知道，因此这里详细加以介绍。

宋代白玉蟾（原名葛长庚，后继为白氏子，字白叟、如晦，号海琼子、海蟾，诏封紫清道人）《茶歌》写道：味如甘露胜醍醐，服之顿觉沉疴苏。身轻便欲登天衢，不知天上有茶无。

宋代唐庚（字子西，丹棱人）《斗茶记》中说：政和二年（1112）三月壬戌，几位君子相约来到我的寄傲斋（作者所居之惠州住所之南，见其《寄傲斋记》）进行斗茶。我为他们汲取龙塘水烹茶，并品鉴其品第高下。我听说茶不论是圆形的团饼还是方形的铸饼，关键在于新鲜；水不论是江河之水还是井泉之水，关键在于活动。不远千里转运泉水，其真伪本也不可知，即便是能够鉴别其真，也已经不是活水。如今我提着茶瓶去龙塘汲水不过数千步，此水适宜烹茶，前人就认为其水质不下于清远峡（今广东清远，又名飞来峡）水。每年的北苑新茶，不过三月就能收到。我在犯罪贬官之馀，能够与各位朋友从容谈笑于此，汲取泉水，烹茶茗战，取一时的适用之物，难道不是此君的功劳吗？

宋代蔡襄《茶录》中说：茶汤的颜色以白为贵，而当时所制的茶饼多用珍贵的油脂涂抹于表面，所以茶饼表面有青色、黄色、紫色、黑色的差别。善于鉴别茶的人，就好像相面先生观察人的气色一样，能够隐隐约约透视到茶饼的内部，以其质地新鲜、纹理润泽的为上品，其表面颜色则是次要的。茶饼研细成末之后，色呈黄白的，入水就会变得颜色浑浊；色呈青白的，入水之后则会变得颜色鲜明，所以建安人进行斗茶以品第茶之高下，认为青白色的茶要胜过黄白色的茶。

南宋张淏（字清源，号云谷）《云谷杂记》中说：饮茶风习不知道起源于何时。欧阳修《集古录跋》中说："茶事见于以前史书记载，大概是从魏晋以来才有的。"我查阅《晏子春秋》记载，晏婴在做齐景公的相国时，"食脱粟之饭，炙三弋、五卵、茗菜而已"。另外东汉王褒的《僮约》也有"武阳［一作武都］买茶"的话。由此可知，魏晋之前已经有了茶事。只是当时虽然知道饮茶，但还没有像后世那样盛行。考察晋人郭璞注释《尔雅》时说："茶树与栀子相似，冬季生叶，可以煎煮成羹饮用。"可是茶叶到了冬季味道苦涩，难道还可以煮成羹饮用吗？饮用茶叶令人少睡。晋人张华看到郭璞的说法，作为异闻趣事，收录到所著的《博物志》中。由此可知不仅仅饮用茶叶的人很少，了解茶事的人也很少。到了唐朝，陆羽编撰《茶经》三篇，谈论茶事很完备，天下之人更加了解饮茶了。此后天下崇尚饮茶成为风气。回纥入朝进贡，才开始驱马交易茶叶，开启了茶马互市的先河。唐德宗建中（780～783）年间，赵赞奏请征收茶税。兴元初（784），虽然下诏罢除茶税，但到了贞元九年（793）张滂再次奏请征收，每年收入缗钱四十万。如今茶税已经与盐税、酒税同样成为国家财政的重要支柱，收入又不知道几倍于唐朝了。

宋代黄儒《品茶要录》中说：我曾经论述过茶中最称精华的绝品，是当茶芽合抱的两片小叶还没有打开，其外形细小得如同麦粒时，这是因为它沐浴着春天清新的空气和温暖的阳光。另外，这些茶树生长在有许多砂石的山坡上，被称为上好佳品的茶叶，都是生长在山的南面，因为那里能够得到朝阳的清和之气。我曾经在闲暇的时候，乘着明净的日影，潇洒地来到轩亭台阁之间，取来好茶一一烹试品尝。一会儿，就觉得好似有神奇之水生于舌下，越发感到甘甜而清凉，难道是有神奇的力量在佑助吗？

从前陆羽号称通晓茶事，但是陆羽所了解的都是今天所谓的草茶。为什么这样说呢？比如陆羽《茶经·二之具》中有"蒸好后的茶芽、嫩叶要分散摊开，以防止汁液流失"的说法，这大概就是因为草茶味道短、香气淡，所以常恐怕其中的膏油流失；而建安茶的味道醇厚、甘甜，所以只要求去除其中的膏油。此外，陆羽论述建安茶时非常简略，只是说"未能详尽，往往得到建安的茶，其味道非常好"。从这些方面来看，陆羽生前不曾到过建安吧！

谢宗《论茶》中说：感受经过烘烤好后表面粒粒鼓出如蟾背的茶饼的芳香，观察煮水将沸时虾目蟹眼般地涌现，于是仔细烹点，使茶汤表面水花泛起，浮沫升腾，一切烦闷和疲惫，品饮之后就烟消云散了。

《黄山谷集》中说：品茶，一个人能够品得其中的神韵，两个人能够品得其中的趣味，三个人能够品得其中的味道，至于六七个人一同品茶就叫做施舍茶叶也就是浪费茶叶。

宋代沈括（字存中）《梦溪笔谈》中说：芽茶，古人称之为雀舌、麦颗，是形容芽茶非常鲜嫩。如今茶叶中的上品，其品质本来就很好，加上种植的土地又很肥沃，所以新芽一发出来，便会长达寸余，其细如针。只有芽长的茶才是上品，这是因为品质、水分、土力都有馀力的缘故。至于像雀舌、麦颗那样的芽茶，只不过是最下等的品质罢了。之所以有前述的说法，那是因为北方人不了解情况，错误地加以品题。我居住山中的时候写有《茶论》，并且作了一首《尝茶》诗："谁把嫩香名雀舌，定来北客未曾尝。不知灵草天然异，一夜风吹一寸长。"

明代高濂《遵生八笺》中说：茶叶有其天然的香气，有其上佳的味道，有其纯正的色泽。在烹点的时候，不适宜用珍贵的果品、香料植物掺杂在一起。能够侵夺茶叶香气的，有松子、柑橙、莲心、木瓜、梅花、茉莉花、蔷薇花、木樨花之类；能够侵夺茶叶色泽的，有柿饼、胶枣、火桃、杨梅、橘饼之类。大凡品饮上佳的茶叶，去掉果品才能感觉茶味清绝，如果夹杂着果品一块吃喝，那么就无法辨别茶味果味了。如果一定要用果品相伴，那么与茶叶相适宜的只有核桃、榛子、瓜仁、杏仁、橄榄仁、栗子、鸡头、银杏之类，或许可以并用。

明代徐渭《煎茶七类》讲到第四尝茶时说：茶初入口，首先要漱口，其次是慢慢品味，等到甘津潮舌，才能品味出茶叶的天然真味。如果掺杂着鲜花、果品，那么茶的香味就会全被侵夺了。

讲到第五茶宜时说：饮茶适宜凉台静室，明窗曲几，寺院道观，风中松林，月下竹影，闲坐吟诗，读书清谈。

讲到第六茶侣时说：饮茶适宜文士墨客，僧人道士，隐士山人，或者官宦之中超越流俗的人。

讲到第七茶勋时说：饮茶能够消除烦闷，祛除积滞，解除酒醉，破除睡眠，一旦因为清谈而焦渴、因为读书而疲倦，这时候饮茶的功勋，不亚于凌烟阁功臣的功劳卓著。

明代许次纾《茶疏·烹点》中说：预先把茶叶握在手中，等到开水烧好，倒进茶壶之后，就随手把茶叶投进开水之中，以便稳定原来漂浮水面的茶叶，然后就可以倒出来招待客人了。这样烹点出来的茶水鲜美润泽，清香扑鼻。品饮之后，有病的人可以使其痊愈，疲劳的人可以感到精神清爽。

《茶疏·饮啜》中说：一壶茶水，只可以沏茶两巡。第一巡茶的味道鲜美，第二巡茶的味道甘洌醇厚，第三巡茶的味道就发挥将尽了。我曾经与冯开之戏谈品鉴这三巡茶的象征，把第一巡茶比喻为亭亭玉立的十三四岁的幼女，把第二巡茶比喻为正当碧玉破瓜妙龄即十六岁的花季少女，第三巡茶过后，就好比儿女成行、青春已逝的妇人。因此，茶注要小，茶注小就可以使茶过两巡便结束，宁可使剩余的芬芳仍然残留在茶叶之中，还可以在饭后用来漱口。

《茶疏·荡涤》中说：必须一人手持一个茶瓯，不用再麻烦相互传递；斟茶两巡过后，要用清水洗净茶瓯为好。（《茶疏》原文略异，当据《茗笈·辨器章》转引。）

《茶疏·饮啜》中接着说：如果是用大壶沏茶，就需要反复好多次，有的是满满地斟上茶水，大口倾泻而下，有的是大壶水温高，要等待慢慢降温，有的是想借用大壶把茶叶泡得又浓又苦，这样的饮茶方式与农夫和工匠的喝茶解渴又有什么区别呢？他们辛勤劳作，只是需要解渴罢了，哪里谈得上品饮鉴赏呢？又如何懂得茶叶的独特风味呢？

明代田艺蘅《煮泉小品·宜茶》中说：唐朝人认为对花啜茶是煞风景之事，所以王安石（字介甫）《寄茶与平甫》诗中写道："金谷千花莫漫煎。"意谓对花啜茶时注意力集中在赏花，而不在品茶。我则认为在金谷园之类的名园对花啜茶，的确是不适宜的。而如果是手把一瓯佳茶面对山花品啜，则当会更有助于风景相宜，增添幽趣，又何必要贬低为粗俗的饮羔儿酒呢？

茶如佳人，这种说法虽然精妙，但却不适宜山林之间的茶人生活。从前苏轼（字子瞻）诗中的所说的"从来佳茗似佳人"，曾几（字吉甫，号茶山居士）诗中所说的"移人尤物众谈夸"，说的就是茶如佳人的比喻。如果要想与山林生活相适应，就应该是古代神话中的毛女、麻姑，自然仙风道骨，不至于污染其烟霞风致，这样才可以。如果一定要把茶比拟为面如桃花、腰似细柳的美人，就应该赶紧把他们摈弃于销金帐中，千万不要庸俗和侮辱我们山林泉石间高雅的饮茶生活。

从前茶叶制成团饼，也称片茶、腊茶，都是经过碾磨加工而成，不仅损害了茶的天然真味，而且又在团饼表面涂上膏油，所以已不是上佳的茶品。总不如今天饮用的芽茶，这是因为天然的东西自然会比较好。曾几《日铸茶》诗中所说的"宝铸自不乏，山芽安可无"，苏轼《壑源试焙新茶》诗中所说的"要知玉雪心肠好，不是膏油首面新"，都是这个意思。况且这种研成细末的茶，烹点之后会有很多碎屑，饮用起来沉滞而不清爽，懂得品饮之道的人应当自会加以鉴别。

煮茶的方法得当，而品饮的宾客不得其人，大俗不雅，就好比汲取上好的佳泉去浇灌蒿莱荒草，是莫大的罪过。如果品饮的人端起茶瓯一饮而尽，来不及鉴别和品味，就再也没有比这更为庸俗的事了。

世人有用梅花、菊花、茉莉花佐茶品饮的，虽然其风雅韵致颇可激赏，但也会有损于茶的自然真味。如果有上好的佳茶，也不需要采取这种品饮方式。如今的人们在来客献茶的时候，大多投入些果品以佐茶，这种饮茶方式尤其近乎庸俗。即使是很好的果品，也能损害茶的自然真味，所以应当摈弃不用。况且投入果品就必须用茶匙之类的器具，如果用金银之类，根本不是山居饮茶生活所适宜的器皿，如果是铜器，又会产生腥味，都不可以使用。至于从前人们所说的北方少数民族用茶与酥酪调和饮用，巴蜀之人在茶中加入白盐，这都是蛮夷戎狄之人的饮茶方式，本来就不必加以指责。

明代罗廪《茶解·总论》中说：茶与仙灵相通，长期饮用能使人身强体健，飘飘欲仙；然而茶中蕴涵着精微的道理，如果不是深通茶性而且嗜好饮茶的人是不可能得到其中的真谛的。

《茶解·品》中说：夜晚独坐山中草堂，亲手烹煮香茶，到了水火相战、即将沸腾的时候，俨然是在倾听松涛阵阵响起。将开水倾倒到茶瓯之中，茶面云光缥缈，时隐时现。这一段幽情雅趣，本来就很难与世俗之人叙说得清楚。

明代顾元庆《茶谱》谈到品茶的八个关键：第一是茶品，第二是泉水，第三是煮水，第四是器具，第五是烹试，第六是候汤，第七是品饮的同伴，第八是茶的功效。（此条不见《茶谱》，而是在陆树声《茶寮记》或徐渭《煎茶七类》的基础上增改而成。）

明代张源《茶录·饮茶》中说：品茶时，以宾客较少、环境幽静为贵。如果宾客众多，就会嘈杂喧闹，从而失去了品饮的雅趣。

一人独啜叫做神饮，二人对饮叫做胜饮，三四个人饮茶就叫做趣饮，五六个人饮茶就叫做泛饮，七八个人饮茶就叫做施茶。

《茶录·泡法》中说：斟茶不宜过早，而品饮则不宜太迟。斟茶过早，茶叶的神韵尚未发挥出来；品饮太迟，那么茶叶的奇妙香气已经消散了。

明代顾元庆《云林遗事》记载：元代画家倪瓒（字元镇，号云林居士，无锡人）一向喜欢饮茶，在惠山中，用核桃、松子仁与面粉调和成石头形状的小块，放到茶中品饮，命名为清泉白石茶。

明代闻龙《茶笺》中说：苏东坡说过："蔡襄嗜好饮茶，年老且病不能品饮，就每天烹茶玩赏，聊可博得后世之人一笑。"谁知道千年之后竟然找到了同病的知音。我曾经有诗写道："年老耽弥甚，脾寒量不胜。"差不多接近于蔡襄的烹茶玩赏了。由此而回忆起我的老朋友周文甫，从少年直到老年，茶碗薰炉，从没有一刻荒废。他每天饮茶都有固定的时刻：清晨、早饭时、中午、下午、下午晚时、黄昏，共六次，而宾客往来烹点品饮还不计在内。高寿八十五岁，无疾而终。如果不是从前种下的清福，怎么能够毕生安享呢？比起嗜茶而又不能多饮的人，从中所得到的益处不是更多呢？他曾经收藏一把供春壶，每天摩挲宝爱，不下于是掌上明珠。使用时间长了之后，壶的表面类似紫玉的色泽，内部则犹如碧云，真是一件奇物，他死后就以此壶殉葬。

明代冯梦祯《快雪堂漫录》记载：昨天，我同徐茂吴一同到老龙井去买茶，当地山民十多家，都拿出茶来兜售。徐茂吴依次烹点试茶，认为都是赝品。他说：真正的龙井茶甘甜清香而不寒冽，稍觉寒冽就是其他各山所出的赝品。一般人得到一二两，就认为是真正的龙井，烹试之后果然甘甜清香像兰花一样。可是山民与寺里的僧人反而认为徐茂吴所说的不对，我也不能为他辩解。假冒伪劣产品扰乱真品已经到了如此地步。徐茂吴品茶，认为苏州虎丘茶为第一，经常用一两多银子购买一斤左右。虎丘寺的僧人认为徐茂吴精于鉴赏，也不敢欺骗他。其他人所得虎丘茶即使价格很高，也都是赝品。南朝宋时新安王刘子鸾（字子晋）说过：虎丘本山的茶叶稍微带有黑色，不很青翠。烹点之后色泽鲜白如玉，味道则如寒豆的清香，宋朝人称为白云茶。茶叶稍微带绿的是天池茶。天池茶中间如果掺杂几片虎丘茶，那么其香味就迥然有别。虎丘茶堪称是茶中之王者，罗岕茶中的精品，差不多可以作为后妃，天池茶和龙井茶便只可作为大臣了，其馀的品种也就只能作为平民了。

明代熊明遇《岕山茶记》（当为《罗岕茶记》）中说：茶叶的色泽重、味道重、香气重的，都不是上品。松萝茶的香气重，六安茶的味道苦，而香气与松萝茶一样浓重，天池茶也有草莱之气，龙井茶也是这样。至于云雾茶，则更是色泽重而且味道浓了。我曾经品尝虎丘茶，色泽鲜白而且香气如同婴儿肉，真正可以称得上是精妙绝伦。

明代邢士襄《茶说》中说：在茶叶中加入香料，点茶时加入干果，就好比是女性貌美如花还要涂脂抹粉，娥眉如黛还要修染眉毛，反而冲淡了本色。

明代冯可宾《岕茶笺》中说：适宜饮茶的时间和环境包括：闲暇无事、佳客相会、独自静坐、吟咏诗词、挥翰书画、逍遥自在、沉睡起床、隔夜醉酒、陈设高雅、精舍亭榭、领悟韵味、精于鉴赏、文雅童子。饮茶忌讳的人和事物包括：不按照正确的方法操作、劣质的器具、主客不融洽、冠裳严肃而礼仪繁苛、荤腥菜肴纷然杂陈、繁忙杂乱、壁间案头多有恶趣。

明代谢肇淛（字在杭）《五杂俎》中说：古人说：扬子江心水，蒙山顶上茶。蒙山在四川雅州（今四川雅安），其中峰上清峰顶极为险峻污秽，是虎狼毒蛇生存的地方，采摘上面出产的茶叶，可以祛除百病。如今山东人以蒙阴山下的苔藓类植物作为蒙山茶，是不对的。但是蒙阴这种茶本性寒冷，可以治疗胃热之病。

大凡具有奇香的花卉，都可以用来点茶。《遵生八笺》就说"芙蓉可以点茶"。但是今日的牡丹花、蔷薇花、玫瑰花、桂花、菊花之类，采摘来点茶，也感到清新悠远而不俗，只是不如茶叶容易得到罢了。

北方人采摘初发的柳树芽，用来入汤点茶，据说其味道胜过茶叶。曲阜孔林的楷木，其嫩芽也可以用来烹点饮用。福建人用佛手柑橘、橄榄泡茶，品饮起来清香宜人，色泽和味道也仅比茶叶略逊一筹。又有人用绿豆轻轻炒过，投入沸水中冲泡，不久，色泽正绿，香味也不比新采的茶叶差。偶然借宿于荒村野店寻找不到茶叶，就可以以此替代。

明代于慎行（字无垢，东阿人）《谷山笔麈》中说：六朝时期，北方人还不饮茶，甚而以奶酪与之相比，只有江南人喜欢品饮。到了唐朝开始征收茶税。宋元以来，茶的品种名目逐渐增多，但都是蒸过、焙干、研为细末，就像如今的香饼的形制，乃是以此进贡朝廷，并不是像今天的饮茶，只是采制而后烹点饮用。西北少数民族地区饮茶不知道起源于何时。我们明朝以茶叶与西北地区交易马匹，西北地区则以茶叶作为药品，治疗各种疾病都能够痊愈，这也是前代所没有过的事情。

明代周晖（字吉甫，上元人）《金陵琐事》记载：思屯，是南宋乾道（1165～1173）年间的人，见到万镃手软腿酸，就说："这是五脏皆火的病症，不用服药，只有武夷茶能够解除。"茶叶以朝着东南方向枝条上的为佳，采摘以后用山涧泉水烹点，茶叶则竖着立起来，如果用井水烹点，茶叶则横着漂起来。

明代李日华《六研斋笔记》中说：茶叶以其芳香甘洌清心悦神，不是读书谈道，不适宜轻易玷污使用。但如果不是真正契合道义的人，对于茶的韵味，也不容易品评考量。我曾经嘲笑时下名流的观点，以声音嘶哑的曲调为贵，以没有色泽的茶叶为贵。其实嘶哑的声音接近于哑，那么古人所崇尚的余音绕梁、响遏行云的优美歌声，竟然都被弃置不用。茶叶如果没有色泽，其芳香甘冽必定大减，况且芳香是鼻子所闻，甘冽是舌头所尝，色泽的有无，是眼睛所审视。茶的色泽、香气、味道从根本上说没有必然联系，如果以此而证彼、以色泽而取其香气和味道，难道不是违背常理吗？多么荒谬啊！

苏州的虎丘茶有芳香之气而没有色泽，擅名茶中佳品。只是其馨香馥郁不如兰花芷草，与新剥开的豆花味道相同，鼻子所能消受的香气，也没有多少。至于入口的味道，甚至比勺水还淡。清澈甘冽的深水潭，哪里没有，为什么要相关衙门为之立法，让僧人污染呢？

李日华《紫桃轩杂缀》记载：天目山茶清香而不淡薄，苦涩而无毒害，正好适宜僧徒的漱洗品饮之用。笋蕨茶、石濑茶则太过寒酸俭朴，只适宜山野之人品饮罢了。松萝茶极为精致的上品才可以进贡朝廷，然而也有浓辣有余、甘甜芳香不足的弊病，正如多财善贾的商人，即使含蓄而不露，但仍然免不了辛辣腥膻气味。分水的贡茶，出产得本来不多。叶大根老，冲泡不开，放入水中煎煮，反而会有奇特的味道。奉献这种茶叶的时候，如果能够得到千年的松柏树根做成的石鼎进行熏燎，就会足以与其醇厚老成之气相适应。

"鸡苏佛"、"橄榄仙"，这都是宋朝人吟咏茶叶的词语。鸡苏就是薄荷，入口芳香辛辣；橄榄，则耐久咀嚼，回味甘甜。结合这两种口味，差不多符合茶的蕴涵；至于说称仙称佛，就应当在空玄虚寂中默默地求证了。不具备如此品位的人，终究难以与他们论说。

欣赏名贵的花卉不适宜同时演奏音乐，烹点上佳的好茶不必要同时焚香，这是因为恐怕耳目口鼻相互牵制影响，不能够全心全意领略其精妙。

上佳的好茶不适宜在吃饭时饮用，也不适宜在醉酒时饮用。因为醉酒时口渴舌燥，这时饮茶可以说是糟蹋了上佳的美味。上佳的好茶难道仅仅应当为庸俗的宾客而吝惜？如果是整天忙碌奔波于世俗的事物中，没有好的情绪，即使烹好了，宁肯等到冷却之后去浇灌兰花，决不让这些庸俗的肠胃玷污了我的好茶！

罗岕山庙后所出产的精品岕茶，也香气芬芳，回味无穷。只是稍嫌浓厚，缺乏云露清空的韵味。其品质比起虎丘茶略胜，可为之兄，比起龙井茶则胜过很多，差不多可为之父。

天池茶为俗众所喜爱，虽无绵远的韵味，也不至于玷污寒月。其他各种茶叶都晦暗无色，只有天池茶翠绿喜人，令人感念。

屠隆（字长卿，号赤水）说：茶叶在谷雨时节晴和日丽的天气采制的，能够治疗痰疾、咳嗽，有益于治愈百病。

《类林新咏》记载：晋顾荣（字彦先，吴县人）说过："有味的东西如醴，品饮而不会使人沉醉；无味的东西如茶，品饮之后使人清醒。"使人沉醉的东西有什么用处呢？

《徐文长秘集·致品》中说：饮茶适宜精舍，适宜云林，适宜瓷瓶，适宜竹灶，适宜幽人雅士，适宜僧人道士，适宜终夜清谈，适宜寒夜独坐，适宜月夜松下，适宜花鸟之间，适宜清泉白石，适宜苍绿的苔藓，适宜素手汲泉，适宜红妆扫雪，适宜船头吹火，适宜竹里飘烟。

明代胡文焕辑《芸窗清玩》记载：茅一相说："我生性不能饮酒，而只嗜好品茶。清泉白石，可以濯洗五脏的污垢，可以澄清内心的智慧。品茶不停，就会感觉两腋习习，清风自然生发。我阅读《醉乡记》，未尝不神游向往。但是与陆羽、蔡襄上下议论，就又爽然自释了。"

清代屠粹忠（字纯甫，号芝岩，定海人）《三才藻异》记载：

雷鸣茶出产于四川蒙山的中顶，每年惊蛰前后雷鸣时开始采摘，品饮三两就能够使人脱胎换骨，四两就能够使人称为地上神仙。

明代张大复《闻雁斋笔谈》记载：赵长白自己说过："我平生没有其他可以庆幸的事情，只是不曾饮用过井水罢了。"这位老先生对于品茶，可以说能够尽其本性了。如今他已经年老，而且很穷困潦倒，生活起居大都不能像从前那样，但依然读书万卷，编撰《茶史》，因此可以称得上是天地间的多情之人。

明代袁宏道《瓶花史》（当为《瓶史》）中说：赏花，品茶赏花最为高雅，清谈赏花次之，饮酒赏花最下。

《茶谱》记载：《博物志》上说："品饮真茶，令人少睡。"这是经过检验的事实。但是需要上佳的好茶才有效果，而且需要制成末茶品饮；如果仅仅以叶茶冲泡品饮，就没有效果。（此条不见于现存各《茶谱》。）

明代陈继儒《太平清话》记载：琉球国的人民也通晓烹茶。在几案上设置一个古鼎，煮水即将沸腾的时候投入一匙茶末，以开水调制。一会儿奉上品饮，味道清香。

明代陆浚原《藜床渖馀》记载：长安（今陕西西安）妇女有好事的人，曾在王侯之家看到彩色的信笺上写道："一轮明月刚满，千门万户都披上一层清辉。这时如果只知酣睡，不仅辜负了大好月光，而且恐怕也会令嫦娥心生妒忌。选定十五、十六两个明月之夜，联合喜好饮茶的女伴，每人带着茶叶和茶炉，结伴来品饮聚会，叫做伴嫦娥。凡是有清雅志趣的同志，期盼您们的应允！朱门龙氏拜启。"

明代沈周《跋茶录》中说：樵海先生（即《茶录》的作者张源，字伯渊，号樵海山人）是一位真正的隐士。平日不知道富贵人家为何物，只知道每天徜徉在青山白云之间，以饮茶来消磨半生光阴。他的确是深得品茶的真谛，可以弥补茶圣陆羽所没有达到的地步，先生可以称得上是茶中的良史。

清代王晫《快说续记》中说：春日里外出赏花，郊外行走一二里，略感疲倦，口中也有一点渴，这时候忽然遇到一个主事的僧人邀请到精舍之中，未及通问姓名，便献上好茶，盘坐在竹床之上一连饮啜好几瓯，然后言谈话别，不也是很快乐的事吗？

明末卫泳（字永叔，苏州人）《枕中秘》中说：读书释卷、吟咏徐闲，竹林外煎茶的烟雾轻轻飘荡；花园深处、醉酒之后，茶铛中涛声响起煮水刚沸。个中的风味有谁能够领悟，唐朝的卢仝可与谈论；心下快活自省，宋朝黄庭坚（曾贬官宜州，故称黄宜州）《煎茶赋》中的名句怎么会欺骗我呢？

清代江之兰《文房约》中说：诗书蕴涵着圣学的根脉，草木隐藏着精神的寓意。一草一木，每当其含香吐艳，发芽开花之时，人们凭栏临窗进行观赏，足以赏心悦目，有助于发人幽思。这时非常适宜烹点蒙顶石花茶，悠闲地品饮。

与意气相投、亲密无间的同志盘桓周旋，往来于灵山秀水、奇峰怪石之间，采制佳茗。所以幽人隐士，纱帽笼头，自煎自吃。羊肠小道上的车声马迹，无不可以作为火候，如果饮啜不尽，姑且漱口弃置，这又好比称呼陆羽为茶博士之流一般。

清代高士奇（字澹人，号江村，钱塘人）《天禄识馀》记载：饮茶，有人说起源于南朝梁天监（502～519）年间，见于《洛阳伽蓝记》，其实不对。《三国志·吴志·韦曜传》记载，吴主孙皓每次宴请，无不持续一整天，韦曜不能饮酒，孙皓就暗中赐给他茶叶以代替酒。如此说来，三国时期就已经知道饮茶了。到了唐朝中叶，榷茶就与盐法相提并论，至今还是国家财政的支柱。

清代徐葆光《中山传信录》记载：琉球的茶瓯很大，斟茶时只满到二三分为止，同时用一小块水果贮于匙内，这也是学习中国献茶的方法。

清代王复礼《茶说》中说：每当花开之晨、明月之夜，贤主嘉宾欢聚一堂，纵谈古今，品鉴茶水的次第，天地之间还有什么乐趣超过这些呢？何必要等待脍炙鲤鱼，火烤羔羊，金樽银器，玉液琼浆，痛饮狂呼，才叫做得意尽情呢？范仲淹（谥文正）诗写道："露芽错落一番荣，缀玉含珠散嘉树。斗茶味兮轻醍醐，斗茶香兮薄兰芷。"沈涵（号心斋）诗写道："香含玉女峰头露，润带珠帘洞口云。"可以称为岩茶的知己。

明末清初陈鉴（字子明，化州人）《虎丘茶经注补》中说：我曾经亲自采摘几个嫩叶，与品茶的同伴汤愚公用小茶焙烹点品饮，真的是豆花香味。从前市间所卖的虎丘茶，都是天池茶。

陈鼎（字定九，江阴人）《滇黔纪游》记载：贵州罗汉洞，深达十多里，中间有一泓泉水，色泽黝黑，甘香清冽。用此泉水烹茶则呈现出朱砂色泽，品饮起来唇齿都变成红色，七天之后才能恢复。

《瑞草论》中说：茶的功用，味寒，如果遇到热渴、胸闷、眼涩、四肢烦躁、关节不舒服等症状，姑且饮啜四五杯，其作用可与醍醐、甘露相抗衡。

唐代陈藏器《本草拾遗》中说：茶叶，味道略苦，微寒，无毒。治疗五脏邪气，有助于思考，使人少睡，能够轻身明目，祛除痰疾，消除口渴，利于小便。

四川雅州（今雅安）名山茶，有露钱芽、篯芽，都是火前茶，是说在寒食禁火之前采摘制造的。禁火之后采制的茶叶品质次之。还有枳壳芽、枸杞芽、枇杷芽，都可以治疗风疾。又有皂荚芽、槐芽、柳芽，乃是初春时节采摘这些树的萌芽与茶叶混合在一起制成。所以如今南方人缴纳官茶，往往掺杂各种芽叶，只有茅芦、竹箬之类不可以入茶。除此之外，山中草木芽叶，都可以与茶叶调和，而以椿树叶、柿树叶效果更好。真茶本性极为寒冷，只有雅州蒙顶山出产的茶叶，本性温和，可以治病。

明代李时珍《本草纲目》中说：服用葳灵仙、土茯苓的人，忌讳饮茶。

明代王象晋《群芳谱》记载有两个用茶叶治病的方子：其一是治疗气虚、头痛，用初春的茶末，调和成膏，放到陶杯中盖好。用巴豆四十粒，一次烧烟熏之，晒干碾细，每服用一匙，另外加入茶末，饭后煎服，立即可以见效。其二是治疗红白痢疾，用好茶一斤，炙干捣碎成末，煎成浓茶一两盏服用，即使很久的痢疾也适宜。还有大小便不通，用好茶、生芝麻各一撮，细细咀嚼，开水冲下，大小便就畅通了。屡次试验，立即见效。如果咀嚼不及，捣碎后开水送下。

清代屈擢升《随见录》中说：《苏文忠集》记载有唐宪宗赏赐马总治疗腹泻、痢疾、腹痛的方子：用生姜带皮切碎如同粟米大小，用一个大铜钱与草茶等量煎服。元祐二年（1087），潞国公文彦博得了这种病，用各种药剂都没有效果，最后服用此方而得以痊愈。

七　茶之事

《晋书》：温峤表遣取供御之调，条列真上茶千斤，茗三百大薄。

《洛阳伽蓝记》：王肃初入魏，不食羊肉及酪浆等物，常饭鲫鱼羹，渴饮茗汁。京师士子道肃一饮一斗，号为漏卮。后数年，高祖见其食羊肉酪粥甚多，谓肃曰："羊肉何如鱼羹？茗饮何如酪浆？"肃对曰："羊者是陆产之最，鱼者乃水族之长，所好不同，并各称珍，以味言之，甚是优劣。羊比齐鲁大邦，鱼比邾莒小国，惟茗不中，与酪作奴。"高祖大笑。彭城王勰谓肃曰："卿不重齐鲁大邦，而爱邾莒小国，何也?"肃对曰:"乡曲所美,不得不好。"彭城王复谓曰:"卿明日顾我,为卿设邾莒之食,亦有酪奴。"因此呼茗饮为酪奴。时给事中刘缟慕肃之风,专习茗饮。彭城王谓缟曰:"卿不慕王侯八珍,而好苍头水厄。海上有逐臭之夫,里内有学颦之妇,以卿言之,即是也。"盖彭城王家有吴奴,故以此言戏之。后梁武帝子西丰侯萧正德归降时,元义欲为设茗,先问:"卿于水厄多少?"正德不晓义意,答曰:"下官生于水乡,而立身以来,未遭阳侯之难。"元义与举座之客皆笑焉。

《海录碎事》:晋司徒长史王濛,字仲祖,好饮茶,客至辄饮之。士大夫甚以为苦,每欲候濛,必云:"今日有水厄。"

《续搜神记》:桓宣武有一督将,因时行病后虚热,更能饮复茗,一斛二斗乃饱,才减升合,便以为不足,非复一日。家贫,后有客造之,正遇其饮复茗,亦先闻世有此病,仍令更进五升,乃大吐,有一物出如升大,有口,形质缩皱,状似牛肚。客乃令置之于盆中,以一斛二斗复浇之,此物噏之都尽,而止觉小胀。又增五升,便悉混然从口中涌出。既吐此物,其病遂瘥,或问之:"此何病?"客答曰:"此病名斛二瘕。"

《潜确类书》:进士权纾文云:"隋文帝微时,梦神人易其脑骨,自尔脑痛不止。后遇一僧曰:'山中有茗草,煮而饮之当愈。'帝服之有效,由是人竞采啜。因为之赞。其略曰:'穷《春秋》,演河图,不如载茗一车。'"

《唐书》:太和七年,罢吴蜀冬贡茶。太和九年,王涯献茶,以涯为榷茶使,茶之有税自涯始。十二月,诸道盐铁转运榷茶使令狐楚奏:"榷茶不便于民"从之。

陆龟蒙嗜茶,置园顾渚山下,岁取租茶,自判品第。张又新为《水说》七种,其二惠山泉,三虎丘井,六淞江水。人助其好者,虽百里为致之。日登舟设篷席,赍束书、茶灶、笔床、钓具往来。江湖间俗人造门,罕觏其面。时谓江湖散人,或号天随子、甫里先生,自比涪翁、渔父、江上丈人。后以高士征,不至。

《国史补》：故老云，五十年前多患热黄。坊曲有专以烙黄为业者。灞浐诸水中，常有昼坐至暮者，谓之浸黄。近代悉无，而病腰脚者多，乃饮茶所致也。

韩晋公滉闻奉天之难，以夹练囊盛茶末，遣健步以进。

党鲁使西番，烹茶帐中，番使问："何为者？"鲁曰："涤烦消渴，所谓茶也。"番使曰："我亦有之。"取出以示曰："此寿州者，此顾渚者，此蕲门者。"

唐赵璘《因话录》：陆羽有文学，多奇思，无一物不尽其妙，茶术最著。始造煎茶法，至今鬻茶之家，陶其像，置炀突间，祀为茶神，云宜茶足利。巩县为瓷偶人，号陆鸿渐，买十茶器得一鸿渐，市人沽茗不利，辄灌注之。复州一老僧是陆僧弟子，常诵其《六羡歌》，且有追感陆僧诗。

唐吴晦《摭言》：郑光业策试，夜有同人突入，吴语曰："必先必先，可相容否？"光业为辍半铺之地。其人曰："仗取一勺水，更托煎一碗茶。"光业欣然为取水、煎茶。居二日，光业状元及第，其人启谢曰："既烦取水，更便煎茶。当时不识贵人，凡夫肉眼；今日俄为后进，穷相骨头。"

唐李义山《杂纂》：富贵相：捣药碾茶声。

唐冯贽《烟花记》：建阳进茶油花子饼，大小形制各别，极可爱。宫嫔缕金于面，皆以淡妆，以此花饼施于鬓上，时号北苑妆。

唐《玉泉子》：崔蠡知制诰丁太夫人忧，居东都里第时，尚苦节啬，四方寄遗，茶药而已，不纳金帛，不异寒素。

《颜鲁公帖》：廿九日南寺通师设茶会，咸来静坐，离诸烦恼，亦非无益。足下此意，语虞十一，不可自外耳。颜真卿顿首顿首。

《开元遗事》：逸人王休居太白山下，日与僧道异人往还。每至冬时，取溪冰敲其晶莹者煮建茗，共宾客饮之。

《李邺侯家传》：皇孙奉节王好诗，初煎茶加酥椒之类，遗泌求诗，泌戏赋云："旋沫翻成碧玉池，添酥散出琉璃眼。"奉节王即德宗也。

《中朝故事》：有人授舒州牧，赞皇公德裕谓之曰："到彼郡日，天柱峰茶可惠数角。"其人献数十斤，李不受。明年罢郡，用意精求，获数角投之。李阅而受之曰："此茶可以消酒食毒。"乃命烹一瓯，沃于肉食内，以银合闭之。诘旦视其肉，已化为水矣。众服其广识。

段公路《北户录》：前朝短书杂说，呼茗为薄，为夹。又，梁《科律》有薄茗、千夹云云。

唐苏鹗《杜阳杂编》：唐德宗每赐同昌公主馔，其茶有绿华、紫英自号。

《凤翔退耕传》：元和时，馆阁汤饮待学士者，煎麒麟草。

温庭筠《采茶录》：李约字存博，汧公子也。一生不近粉黛，雅度简远，有山林之致。性嗜茶，能自煎，尝谓人曰："当使汤无妄沸，庶可养茶。始则鱼目散布，微微有声；中则四际泉涌，累累若贯珠；终则腾波鼓浪，水气全消，此谓老汤。三沸之法，非活火不能成也。"客至不限瓯数，竟日燕火，执持茶器弗倦。曾奉使行至陕州硖石县东，爱其渠水清流，旬日忘发。

《南部新书》：杜豳公悰，位极人臣，富贵无比。尝与同列言平生不称意有三，其一为澧州刺史，其二贬司农卿，其三自西川移镇广陵，舟次瞿塘，为骇浪所惊，左右呼唤不至，渴甚，自泼汤茶吃也。

大中三年，东都进一僧，年一百二十岁。宣皇问服何药而致此，僧对曰："臣少也贱，不知药。性本好茶，至处惟茶是求。或出，日过百馀碗，如常日，亦不下四五十碗。"因赐茶五十斤，令居保寿寺，名饮茶所曰茶寮。

有胡生者，失其名，以钉铰为业。居雪溪而近白蘋洲。去厥居十馀步有古坟，胡生每瀹茗必奠酹之。尝梦一人谓之曰："吾柳姓，平生善为诗而嗜茗。及死，葬室在子今居之侧，常衔子之惠，无以为报，欲教子为诗。"胡生辞以不能，柳强之曰："但率子言之，当有致矣。"既寤，试构思，果若有冥助者。厥后遂工焉，时人谓之胡钉铰诗。柳当是柳恽也。［又一说。］列子终于郑，今墓在郊数，谓贤者之迹，而或禁其樵牧焉。里有胡生者，性落魄。家贫，少为洗镜、锼钉之业。遇有甘果名茶美醴，辄祭于列御寇之祠垄，以求聪慧而思学道。历稔，忽梦一人，取刀划其腹，以一卷书置于心腑。及觉，而吟咏之意，皆工美之词，所得不由于师友也。既成卷轴，尚不弃于猥贱之业，真隐者之风。远近号为胡钉铰云。

张又新《煎茶水记》：代宗朝，李季卿刺湖州，至维扬，逢陆处士鸿渐。李素熟陆名，有倾盖之欢，因之赴郡。泊扬子驿，将食，李曰："陆君善于茶，盖天下闻名矣。况扬子南零水又殊绝。今者二妙，千载一遇，何旷之乎？"命军士谨信者操舟挈瓶，深诣南零。陆利器以俟之。俄水至，陆以勺扬其水曰："江则江矣，非南零者，似临岸之水。"使曰："某操舟深入，见者累百，敢虚给乎？"陆不言，既而倾诸盆，至半，陆遽止之，又以勺扬之曰："自此南零者矣。"使蹶然大骇，伏罪曰："某自南零赍至岸，舟荡覆半，至，惧其鲜，挹岸水增之，处士之鉴，神鉴也，其敢隐乎！"李与宾从数十人皆大骇愕。

《茶经本传》：羽嗜茶，著经三篇。时鬻茶者，至陶羽形，置炀突间，祀为茶神。有常伯熊者，因羽论，复广著茶之功。御史大夫李季卿宣慰江南，次临淮，知伯熊善煮茗，召之。伯熊执器前，季卿为再举杯。其后尚茶成风。

《金銮密记》：金銮故例，翰林当直学士，春晚人困，则日赐成象殿茶果。

《梅妃传》：唐明皇与梅妃斗茶，顾诸王戏曰："此梅精也，吹白玉笛，作惊鸿舞，一座光辉，斗茶今又胜吾矣。"妃应声曰："草木之戏，误胜陛下。设使调和四海，烹饪鼎鼐，万乘自有宪法，贱妾何能较胜负也。"上大悦。

杜鸿渐《送茶与杨祭酒书》：顾渚山中紫笋茶两片，一片上太夫人，一片充昆弟同饮歇，此物恨帝未得尝，实所叹息。

《白孔六帖》：寿州刺史张镒，以饷钱百万遗陆宣公贽。公不受，止受茶一串，曰："敢不承公之赐。"

《海录碎事》：邓利云："陆羽，茶既为癖，酒亦称狂。"

《侯鲭录》：唐右补阙綦毋煛，博学有著述才，性不饮茶，尝著《伐茶饮序》，其略曰："释滞消壅，一日之利暂佳；瘠气耗精，终身之累斯大。获益则归功茶力，贻患则不咎茶灾。岂非为福近易知，为祸远难见欤？"煛在集贤，无何以热疾暴终。

《苕溪渔隐丛话》：义兴贡茶非旧也。李栖筠典是邦，僧有献佳茗，陆羽以为冠于他境，可荐于上。栖筠从之，始进万两。

《合璧事类》：唐肃宗赐张志和奴婢各一人，志和配为夫妇，号渔童、樵青。渔童捧钓收纶，芦中鼓枻；樵青苏兰薪桂，竹里煎茶。

《万花谷》：《顾渚山茶记》云："山有鸟如鸲鹆而小，苍黄色，每至正二月作声云'春起也'，至三四月作声云'春去也'。采茶人呼为报春鸟。"

董逌《陆羽点茶图跋》：竟陵大师积公嗜茶久，非渐儿煎奉不向口。羽出游江湖四五载，师绝于茶味。代宗召师入内供奉，命宫人善茶者烹以饷，师一啜而罢。帝疑其诈，令人私访，得羽，召入。翌日，赐师斋，密令羽煎茗遗之，师捧瓯喜动颜色，且赏且啜，一举而尽。上使问之，师曰："此茶有似渐儿所为者。"帝由是叹师知茶，出羽见之。

《蛮瓯志》：白乐天方斋，刘禹锡正病酒，乃以菊苗齑、芦菔鲊馈乐天，换取六斑茶以醒酒。

《诗话》：皮光业字文通，最耽茗饮。中表请尝新柑，筵具甚丰，簪绂丛集。才至，未顾尊罍，而呼茶甚急，径进一巨觥，题诗曰："未见甘心氏，先迎苦口师。"众哗云："此师固清高，难以疗饥也。"

《太平清话》：卢仝自号癖王，陆龟蒙自号怪魁。

《潜确类书》：唐钱起，字仲文，与赵莒为茶宴，又尝过长孙宅，与朗上人作茶会，俱有诗纪事。

《湘烟录》：闵康侯曰："羽著《茶经》，为李季卿所慢，更著《毁茶论》。其名疾，字季疵者，言为季所疵也。事详传中。"

《吴兴掌故录》：长兴啄木岭，唐时吴兴、毗陵二太守造茶修贡，会宴于此。上有境会亭，故白居易有《夜闻贾常州崔湖州茶山境会欢宴》诗。

包衡《清赏录》：唐文宗谓左右曰："若不甲夜视事，乙夜观书，何以为君？"尝召学士于内庭，论讲经史，较量文章，宫人以下侍茶汤饮馔。

《名胜志》：唐陆羽宅在上饶县东五里。羽本竟陵人，初隐吴兴苕溪，自号桑苎翁，后寓新城时，又号东冈子。刺史姚骥尝诣其宅，凿沼为溟渤之状，积石为嵩华之形。后隐士沈洪乔葺而居之。

《饶州志》：陆羽茶灶在余干县冠山右峰。羽尝品越溪水为天下第二，故思居禅寺，凿石为灶，汲泉煮茶。曰丹炉，晋张氲作。元大德时总管常福生，从方士搜炉下，得药二粒，盛以金盒，及归开视，失之。

《续博物志》：物有异体而相制者，翡翠屑金，人气粉犀，北人以针敲冰，南人以线解茶。

《太平山川记》：茶叶寮，五代时于履居之。

《类林》：五代时，鲁公和凝，字成绩，在朝率同列，递日以茶相饮，味劣者有罚，号为汤社。

《浪楼杂记》：天成四年，度支奏：朝臣乞假省觐者，欲量赐茶药，文班自左右常侍至侍郎，宜各赐蜀茶三斤，蜡面茶二斤，武班官各有差。

马令《南唐书》：丰城毛炳好学，家贫不能自给，入庐山与诸生留讲，获锱即市酒尽醉。时彭会好茶，而炳好酒，时人为之语曰："彭生作赋茶三片，毛氏传诗酒半升。"

《十国春秋·楚王马殷世家》：开平二年六月，判官高郁请听民售茶北客，收其征以赡军，从之。秋七月，王奏运茶河之南北，以易缯纩、战马，仍岁贡茶二十五万斤，诏可。由是属内民得自摘山造茶而收其算，岁入万计。高另置邸阁居茗，号曰八床主人。

《荆南列传》：文了，吴僧也，雅善烹茗，擅绝一时。武信王时来游荆南，延住紫云禅院，日试其艺，王大加欣赏，呼为汤神，奏授华亭水大师。人皆目为乳妖。

《谈苑》：茶之精者北苑，名白乳头。江左有金蜡面。李氏别命取其乳作片，或号曰京挺、的乳二十馀品。又有研膏茶，即龙品也。

释文莹《玉壶清话》：黄夷简雅有诗名，在钱忠懿王俶幕中，陪樽俎二十年。开宝初，太祖赐俶开吴镇越崇文耀武功臣制诰。俶遣夷简入谢于朝，归而称疾，于安溪别业保身潜遁。著《山居》诗，有"宿雨一番蔬甲嫩，春山几焙茗旗香"之句。雅喜治宅，咸平中，归朝为光禄寺少卿，后以寿终焉。

《五杂俎》：建人喜斗茶，故称茗战。钱氏子弟取雪上瓜，各言其中子之的数，剖之以观胜负，谓之瓜战。然茗犹堪战，瓜则俗矣。

《潜确类书》：伪闽甘露堂前，有茶树两株，郁茂婆娑，宫人呼为清人树。每春初，嫔嫱戏于其下，采摘新芽，于堂中设倾筐会。

《宋史》：绍兴四年初，命四川宣抚司支茶博马。

旧赐大臣茶有龙凤饰，明德太后曰："此岂人臣可得。"命有司别制入香京挺以赐之。

《宋史·职官志》：茶库掌茶，江、浙、荆、湖、建、剑茶茗，以给翰林诸司赏赉出鬻。

《宋史·钱俶传》：太平兴国三年，宴俶长春殿，令刘铢、李煜预坐。俶贡茶十万斤，建茶万斤，及银绢等物。

《甲申杂记》：仁宗朝，春试进士集英殿，后妃御太清楼观之。慈圣光献出饼角以赐进士，出七宝茶以赐考官。

《玉海》：宋仁宗天圣三年，幸南御庄观刈麦，遂幸玉津园，燕群臣，闻民舍机杼，赐织妇茶彩。

陶谷《清异录》：有得建州茶膏，取作耐重儿八枚，胶以金缕，献于闽王曦，遇通文之祸，为内侍所盗，转遗贵人。

符昭远不喜茶，尝为同列御史会茶，叹曰："此物面目严冷，了无和美之态，可谓冷面草也。"

孙樵《送茶与焦刑部书》云："晚甘侯十五人遣侍斋阁。此徒皆乘雷而摘，拜水而和，盖建阳丹山碧水之乡，月涧云龛之品，慎勿贱用之。"

汤悦有《森伯颂》，盖名茶也。方饮而森然严乎齿牙，既久，而四肢森然，二义一名，非熟乎汤瓯境界者谁能目之？

吴僧梵川，誓愿燃顶供养双林傅大士，自往蒙顶山上结庵种茶，凡三年，味方全美。得绝佳者曰圣杨花、吉祥蕊，共不逾五斤，持归供献。

宣城何子华邀客于剖金堂，酒半，出嘉阳严峻所画陆羽像悬之，子华因言："前代感骏逸者为马癖，泥贯索者为钱癖，爱子者有誉儿癖，耽书者有《左传》癖，若此叟溺于茗事，何以名其癖？"杨粹仲曰："茶虽珍，未离草也，宜追目陆氏为甘草癖。"一座称佳。

《类苑》：学士陶谷得党太尉家姬，取雪水烹团茶以饮，谓姬曰："党家应不识此？"姬曰："彼粗人安得有此，但能于销金帐中浅斟低唱，饮羊膏儿酒耳。"陶深愧其言。

胡峤《飞龙涧饮茶》诗云："沾牙旧姓馀甘氏，破睡当封不夜侯。"陶谷爱其新奇，令犹子彝和之。彝应声云："生凉好唤鸡苏佛，回味宜称橄榄仙。"彝时年十二，亦文词之有基址者也。

《延福宫曲宴记》：宣和二年十二月癸巳，召宰执亲王学士曲宴于延福宫，命近侍取茶具，亲手注汤击拂。少顷，白乳浮盏面，如疏星淡月，顾诸臣曰："此自烹茶。"饮毕，皆顿首谢。

《宋朝纪事》：洪迈选成《唐诗万首绝句》，表进，寿皇宣谕："阁学选择甚精，备见博洽，赐茶一百铸，清馥香一十贴，薰香二十贴，金器一百两。"

《乾淳岁时纪》：仲春上旬，福建漕司进第一纲茶，名北苑试新，方寸小铸，进御止百铸，护以黄罗软盝，藉以青箬，裹以黄罗，夹复臣封朱印，外用朱漆小匣镀金锁，又以细竹丝织笈贮之，凡数重。此乃雀舌水芽，所造一銙之值四十万，仅可供数瓯之啜尔。或以一二赐外邸，则以生线分解转遗，好事以为奇玩。

《南渡典仪》：车驾幸学，讲书官讲讫，御药传旨宣坐赐茶。凡驾出，仪卫有茶酒班殿侍两行，各三十一人。

《司马光日记》：初除学士，待诏李尧卿宣召称："有敕。"口宣毕，再拜，升阶，与待诏坐，啜茶。盖中朝旧典也。

欧阳修《龙茶录后序》：皇祐中，修起居注，奏事仁宗皇帝，屡承天问，以建安贡茶并所以试茶之状谕臣，论茶之舛谬。臣追念先帝顾遇之恩，览本流涕，辄加正定，书之于石，以永其传。

《随手杂录》：子瞻在杭时，一日中使至，密谓子瞻曰："某出京师辞官家，官家曰：辞了娘娘来。某辞太后殿，复到官家处，引某至一柜子旁，出此一角密语曰：赐与苏轼，不得令人知。遂出所赐，乃茶一斤，封题皆御笔。"子瞻具札，附进称谢。

潘中散适为处州守，一日作醮，其茶百二十盏皆乳花，内一盏如墨，诘之，则酌酒人误酌茶中。潘焚香再拜谢过，即成乳花，僚吏皆惊叹。

《石林燕语》：故事，建州岁贡大龙凤团茶各二斤，以八饼为斤。仁宗时，蔡君谟知建州，始别择茶之精者为小龙团十斤以献，斤为十饼。仁宗以非故事，命劾之，大臣为请，因留而免劾，然自是遂为岁额。熙宁中，贾清为福建运使，又取小团之精者为密云龙，以二十饼为斤，而双袋谓之双角团茶。大小团袋皆用绯，通以为赐也。密云龙独用黄，盖专以奉玉食。其后又有瑞云翔龙者。宣和后，团茶不复贵，皆以为赐，亦不复如向日之精。后取其精者为銙茶，岁赐者不同，不可胜纪矣。

《春渚纪闻》：东坡先生一日与鲁直、文潜诸人会，饭既，食骨饐儿血羹。客有须薄茶者，因就取所碾龙团遍啜坐客。或曰："使龙茶能言，当须称屈。"

魏了翁《邛州先茶记》：眉山李君铿，为临邛茶官。吏以故事，三日谒先茶。君诘其故，则曰："是韩氏而王号，相传为然，实未尝请命于朝也。"君曰："饮食皆有先，而况茶之为利，不惟民生食用之所资，亦马政、边防之攸赖。是之弗图，非忘本乎！"于是撤旧祠而增广焉，且请于郡，上神之功状于朝，宣赐荣号，以侈神赐。而驰书于靖，命记成役。

《拊掌录》：宋自崇宁后复榷茶，法制日严。私贩者固已抵罪，而商贾官券清纳有限，道路有程。纤悉不如令，则被击断，或没货出告。昏愚者往往不免。其侪乃目茶笼为草大虫，言伤人如虎也。

《苕溪渔隐丛话》：欧公《和刘原父扬州时会堂绝句》云："积雪犹封蒙顶树，惊雷未发建溪春。中州地暖萌芽早，入贡宜先百物新。"注：时会堂，造贡茶所也。余以陆羽《茶经》考之，不言扬州出茶，惟毛文锡《茶谱》云："扬州禅智寺，隋之故宫，寺傍蜀冈，其茶甘香，味如蒙顶焉。"第不知入贡之因，起何时也。

《卢溪诗话》：双井老人以青沙蜡纸裹细茶寄人，不过二两。

《青琐诗话》：大丞相李公昉尝言，唐时目外镇为粗官，有学士贻外镇茶，有诗谢云："粗官乞与真虚掷，赖有诗情合得尝。"［原注：外镇即薛能也。］

《玉堂杂记》：淳熙丁酉十一月壬寅，必大轮当内直，上曰："卿想不甚饮，比赐宴时，见卿面赤。赐小春茶二十铐，叶世英墨五团，以代赐酒。"

陈师道《后山丛谈》：张忠定公令崇阳，民以茶为业。公曰："茶利厚，官将取之，不若早自异也。"命拔茶而植桑，民以为苦。其后榷茶，他县皆失业，而崇阳之桑皆已成，其为绢而北者，岁百万匹矣。［又见《名臣言行录》。］

文正李公既薨，夫人诞日，宋宣献公时为侍从。公与其僚二十馀人诣第上寿，拜于帘下，宣献前曰："太夫人不饮，以茶为寿。"探怀出之，注汤以献，复拜而去。

张芸叟《画墁录》：有唐茶品，以阳羡为上供，建溪北苑未著也。

贞元中，常衮为建州刺史，始蒸焙而研之，谓研膏茶。其后稍为饼样，而穴其中，故谓之一串。陆羽所烹，惟是草茗尔。迨本朝建溪独盛，采焙制作，前世所未有也，士大夫珍尚鉴别，亦过古先。丁晋公为福建转运使，始制为凤团，后为龙团，贡不过四十饼，专拟上供，即近臣之家，徒闻之而未尝见也。天圣中，又为小团，其品迥嘉于大团。赐两府，然止于一斤，惟上大斋宿，两府八人，共赐小团一饼，缕之以金。八人析归，以侈非常之赐，亲知瞻玩，赓唱以诗，故欧阳永叔有《龙茶小录》。或以大团赐者，辄剖方寸，以供佛、供仙、奉家庙，已而奉亲并待客享子弟之用。熙宁末，神宗有旨，建州制密云龙，其品又加于小团。自密云龙出，则二团少粗，以不能两好也。予元祐中详定殿试，是年分为制举考第，各蒙赐三饼，然亲知诛责，殆将不胜。

熙宁中，苏子容使北，姚麟为副，曰："盍载些小团茶乎？"子容曰："此乃供上之物，畴敢与北人？"未几，有贵公子使北，广贮团茶以往，自尔北人非团茶不纳也，非小团不贵也。彼以二团易蕃罗一匹，此以一罗酬四团，少不满意，即形言语。近有贵貂守边，以大团为常供，密云龙为好茶云。

《鹤林玉露》：岭南人以槟榔代茶。

彭乘《墨客挥犀》：蔡君谟，议茶者莫敢对公发言，建茶所以名重天下，由公也。后公制小团，其品尤精于大团。一日，福唐蔡叶丞秘教召公啜小团，坐久，复有一客至，公啜而味之曰："此非独小团，必有大团杂之。"丞惊，呼童诘之，对曰："本碾造二人茶，继有一客至，造不及，即以大团兼之。"丞神服公之明审。

王荆公为小学士时，尝访君谟，君谟闻公至，喜甚，自取绝品茶，亲涤器，烹点以待公，冀公称赏。公于夹袋中取消风散一撮，投茶瓯中，并食之。君谟失色，公徐曰："大好茶味。"君谟大笑，且叹公之真率也。

鲁应龙《闲窗括异志》：当湖德藏寺有水陆斋坛，往岁富民沈忠建每设斋，施主虔诚，则茶现瑞花，故花俨然可睹，亦一异也。

周辉《清波杂志》：先人尝从张晋彦觅茶，张答以二小诗云："内家新赐密云龙，只到调元六七公。赖有山家供小草，犹堪诗老荐春风。""仇池诗里识焦坑，风味官焙可抗衡。钻馀权幸亦及我，十辈遣前公试烹。"时总得偶病，此诗俾其子代书，后误刊《于湖集》中。焦坑产庾岭下，味苦硬，久方回甘。如"浮石已干霜后水，焦坑新试雨前茶"，东坡《南还回至章贡显圣寺》诗也。后屡得之，初非精品，特彼人自以为重，包裹钻权幸，亦岂能望建溪之胜？

《东京梦华录》：旧曹门街北山子茶坊内，有仙洞、仙桥，士女往往夜游，吃茶于彼。

《五色线》：骑火茶，不在火前，不在火后故也。清明改火，故曰骑火茶。

《梦溪笔谈》：王城东素所厚惟杨大年。公有一茶囊，惟大年至，则取茶囊具茶，他客莫与也。

《华夷花木考》：宋二帝北狩，到一寺中，有二石金刚并拱手而立。神像高大，首触桁栋，别无供器，止有石盂、香炉而已。有一胡僧出入其中，僧揖坐问："何来？"帝以南来对。僧呼童子点茶以进，茶味甚香美。再欲索饮，胡僧与童子趋后堂而去。移时不出，入内求之，寂然空舍。惟竹林间有一小室，中有石刻胡僧像，并二童子侍立，视之俨然如献茶者。

马永卿《懒真子录》：王元道尝言：陕西子仙姑，传云得道术，能不食，年约三十许，不知其实年也。陕西提刑阳翟李熙民逸老，正直刚毅人也，闻人所传甚异，乃往青平军自验之。既见道貌高古，不觉心服，因曰："欲献茶一杯可乎？"姑曰："不食茶久矣，今勉强一啜。"既食，少顷垂两手出，玉雪如也。须臾，所食之茶从十指甲出，凝于地，色犹不变，逸老令就地刮取，且使尝之，香味如故，因大奇之。

《朱子文集·与志南上人书》：偶得安乐茶，分上廿瓶。

《陆放翁集·同何元立蔡肩吾至丁东院汲泉煮茶》诗云：云芽近自

峨眉得，不减红囊顾渚春。旋置风炉清樾下，他年奇事属三人。

《周必大集·送陆务观赴七闽提举常平茶事》诗云：暮年桑苎毁《茶经》，应为征行不到闽。今有云孙持使节，好因贡焙祀茶人。

《梅尧臣集》：《晏成绩太祝遗双井茶五品，茶具四枚，近诗六十篇，因赋诗为谢》。

《黄山谷集》：有《博士王扬休碾密云龙，同事十三人饮之戏作》。

《晁补之集·和答曾敬之秘书见招能赋堂烹茶》诗：一碗分来百越春，玉溪小暑却宜人。红尘他日同回首，能赋堂中偶坐身。

《苏东坡集·送周朝议守汉川》诗云：茶为西南病，岷俗记二李。何人折其锋，矫矫六君子。[原注：二李，杞与稷也。六君子谓师道与侄正儒、张永徽、吴醇翁、吕元钧、宋文辅也。盖是时蜀茶病民，二李乃始祸之人，而六君子能持正论者也。]

仆在黄州，参寥自吴中来访，馆之东坡。一日，梦见参寥所作诗，觉而记其两句云："寒食清明都过了，石泉槐火一时新。"后七年，仆出守钱塘，而参寥始仆居西湖智果寺院，院有泉出石缝间，甘冷宜茶。寒食之明日，仆与客泛湖自孤山来谒参寥，汲泉钻火烹黄蘖茶。忽悟所梦诗，兆于七年之前。众客皆惊叹，知传记所载，非虚语也。

东坡《物类相感志》：芽茶得盐，不苦而甜。又云：吃茶多腹胀，以醋解之。又云：陈茶烧烟，蝇速去。

《杨诚斋集·谢傅尚书送茶》：远饷新茗，当自携大瓢，走汲溪泉，束涧底之散薪，然折脚之石鼎，烹玉尘，啜香乳，以享天上故人之惠。愧无胸中之书传，但一味搅破菜园耳。

郑景龙《续宋百家诗》：本朝孙志举，有《访王主簿同泛菊茶》诗。

吕元中《丰乐泉记》：欧阳公既得酿泉，一日会客，有以新茶献者。公敕汲泉瀹之。汲者道仆覆水，伪汲他泉代。公知其非酿泉，诘之，乃得是泉于幽谷山下，因名丰乐泉。

《侯鲭录》：黄鲁直云："烂蒸同州羊，沃以杏酪，食之以匕，不以箸。抹南京面作槐叶冷淘，糁以襄邑熟猪肉，炊共城香稻，用吴人鲙、松江之鲈。既饱，以康山谷帘泉烹曾坑斗品。少焉，卧北窗下，使人诵东坡《赤壁》前后赋，亦足少快。"〔又见《苏长公外纪》。〕

《苏舜钦传》：有兴则泛小舟出盘、阊二门，吟啸览古，渚茶野酿，足以消忧。

《过庭录》：刘贡父知长安，妓有茶娇者，以色慧称。贡父惑之，事传一时。贡父被召至阙，欧阳永叔去城四十五里迓之，贡父以酒病未起。永叔戏之曰："非独酒能病人，茶亦能病人多矣。"

《合璧事类》：觉林寺僧志崇制茶有三等：待客以惊雷荚，自奉以萱草带，供佛以紫茸香。凡赴茶者，辄以油囊盛馀沥。

江南有驿官，以干事自任。白太守曰："驿中已理，请一阅之。"刺史乃往，初至一室为酒库，诸酝皆熟，其外悬一画神，问："何也？"曰："杜康。"刺史曰："公有馀也。"又至一室为茶库，诸茗毕备，复悬画神，问："何也？"曰："陆鸿渐。"刺史益喜。又至一室为菹库，诸俎咸具，亦有画神，问："何也？"曰："蔡伯喈。"刺史大笑，曰："不必置此。"

江浙间养蚕，皆以盐藏其茧而缲丝，恐蚕蛾之生也。每缲毕，即煎茶叶为汁，捣米粉搜之。筛于茶汁中煮为粥，谓之洗缸粥。聚族以啜之，谓益明年之蚕。

《经钮堂杂志》：松声、涧声、禽声、夜虫声、鹤声、琴声、棋声、落子声、雨滴阶声、雪洒窗声、煎茶声，皆声之至清者。

《松漠纪闻》：燕京茶肆设双陆局，如南人茶肆中置棋具也。

《梦粱录》：茶肆列花架，安顿奇松、异桧等物于其上，装饰店面，敲打响盏。又冬月添七宝擂茶、馓子葱茶。茶肆楼上专安着妓女，名曰花茶坊。

《南宋市肆记》：平康歌馆，凡初登门，有提瓶献茗者。虽杯茶，亦犒数千，谓之点花茶。

诸处茶肆，有清乐茶坊、八仙茶坊、珠子茶坊、潘家茶坊、连三茶坊、连二茶坊等名。

谢府有酒，名胜茶。

宋《都城纪胜》：大茶坊皆挂名人书画，人情茶坊，本以茶汤为正。水茶坊，乃娼家，聊设果凳，以茶为由，后生辈甘于费钱，谓之干茶钱。又有提茶瓶及觑茶名色。

《臆乘》：杨衒之作《洛阳伽蓝记》，曰食有酪奴，盖指茶为酪粥之奴也。

《琅環记》：昔有客遇茅君，时当大暑，茅君于手巾内解茶叶，人与一叶，客食之五内清凉。茅君曰："此蓬莱穆陀树叶，众仙食之以当饮。"又有宝文之蕊，食之不饥，故谢幼贞诗云："摘宝文之初蕊，拾穆陀之坠叶。"

杨南峰《手镜》载：宋时姑苏女子沈清友，有《续鲍令晖香茗赋》。

孙月峰《坡仙食饮录》：密云龙茶极为甘馨，宋寥正，一字明略，晚登苏门，子瞻大奇之。时黄、秦、晁、张号苏门四学士，子瞻待之厚，每至必令侍姜朝云取密云龙烹以饮之。一日，又命取密云龙，家人谓是四学士，窥之乃明略也。山谷诗有乔云龙，亦茶名。

《嘉禾志》：煮茶亭在秀水县西南湖中，景德寺之东禅堂。宋学士苏轼与文长老尝三过湖上，汲水煮茶，后人因建亭以识其胜。今遗址尚存。

《名胜志》：茶仙亭在滁州琅琊山，宋时寺僧为刺史曾肇建，盖取杜牧《池州茶山病不饮酒》诗"谁知病太守，犹得作茶仙"之句。子开诗云："山僧独好事，为我结茆茨。茶仙榜草圣，颇宗樊川诗。"盖绍圣二年肇知是州也。

陈眉公《珍珠船》：蔡君谟谓范文正曰："公《采茶歌》云：黄金碾畔绿尘飞，碧玉瓯中翠涛起。今茶绝品，其色甚白，翠绿乃下者耳，欲改为玉尘飞、素涛起，如何？"希文曰善。

又，蔡君谟嗜茶，老病不能饮，但把玩而已。

《潜确类书》：宋绍兴中，少卿曹戬之母喜茗饮。山初无井，戬乃斋戒祝天，斫地才尺，而清泉溢涌，因名孝感泉。

大理徐恪，建人也，见贻乡信铤子茶，茶面印文曰玉蝉膏，一种曰清风使。

蔡君谟善别茶，建安能仁院有茶生石缝间，盖精品也。寺僧采造得八饼，号石岩白。以四饼遗君谟，以四饼密遣人走京师遗王内翰禹玉。岁馀，君谟被召还阙，过访禹玉，禹玉命子弟于茶筒中选精品碾以待蔡，蔡捧瓯未尝，辄曰："此极似能仁寺石岩白，公何以得之？"禹玉未信，索帖验之，乃服。

《月令广义》：蜀之雅州名山县蒙山有五峰，峰顶有茶园，中顶最高处曰上清峰，产甘露茶。昔有僧病冷且久，尝遇老父询其病，僧具告之。父曰："何不饮茶？"僧曰："本以茶冷，岂能止乎？"父曰："是非常茶，仙家有所谓雷鸣者，而亦闻乎？"僧曰："未也。"父曰："蒙之中顶有茶，当以春分前后多枸人力，俟雷之发声，并手采摘，以多为贵，至三日乃止。若获一两，以本处水煎服，能祛宿疾。服二两，终身无病。服三两，可以换骨。服四两，即为地仙。但精洁治之，无不效者。"僧因之中顶筑室以俟，及期，获一两馀，服未竟而病瘥。惜不能久住博求。而精健至八十馀岁，气力不衰。时到城市，观其貌若年三十馀者，眉发绀绿。后入青城山，不知所终。今四顶茶园不废，惟中顶草木繁茂，重云积雾，蔽亏日月，鸷兽时出，人迹罕到矣。

《太平清话》：张文规以吴兴白苎、白蘋洲、明月峡中茶为三绝。文规好学，有文藻。苏子由、孔武仲、何正臣诸公，皆与之游。

夏茂卿《茶董》：刘煜，字子仪，尝与刘筠饮茶，问左右："汤滚也未？"众曰："已滚。"筠曰："佥曰鲧哉。"煜应声曰："吾与点也。"

黄鲁直以小龙团半铤，题诗赠晁无咎，有云："曲几蒲团听煮汤，煎成车声绕羊肠。鸡苏胡麻留渴羌，不应乱我官焙香。"东坡见之，曰："黄九恁地怎得不穷。"

陈诗教《灌园史》：杭妓周韶有诗名，好蓄奇茗，尝与蔡公君谟斗胜，题品风味，君谟屈焉。

江参，字贯道，江南人，形貌清癯，嗜香茶以为生。

《博学汇书》：司马温公与子瞻论茶墨云："茶与墨二者正相反，茶欲白，墨欲黑；茶欲重，墨欲轻；茶欲新，墨欲陈。"苏曰："上茶妙墨俱香，是其德同也；皆坚，是其操同也。"公叹以为然。

元耶律楚材诗《在西域作茶会值雪》，有"高人惠我岭南茶，烂赏飞花雪没车"之句。

《云林遗事》：光福徐达左，构养贤楼于邓尉山中，一时名士多集于此。元镇为尤数焉。尝使童子入山担七宝泉，以前桶煎茶，以后桶濯足。人不解其意，或问之，曰："前者无触，故用煎茶，后者或为泄气所秽，故以为濯足之用。"其洁癖如此。

陈继儒《妮古录》：至正辛丑九月三日，与陈征君同宿愚庵师房，焚香煮茗，图石梁秋瀑，翛然有出尘之趣。黄鹤山人王蒙题画。

周叙《游嵩山记》：见会善寺中有元雪庵头陀《茶榜》石刻，字径三寸，遒伟可观。

钟嗣成《录鬼簿》：王实甫有《苏小郎夜月贩茶船》传奇。

《吴兴掌故录》：明太祖喜顾渚茶，定制岁贡止三十二斤，于清明前二日，县官亲诣采茶，进南京奉先殿焚香而已，未尝别有上供。

《七修汇稿》：明洪武二十四年，诏天下产茶之地，岁有定额，以建宁为上，听茶户采进，勿预有司。茶名有四：探春、先春、次春、紫笋，不得碾揉为大小龙团。

杨维桢《煮茶梦记》：铁崖道人卧石床，移二更，月微明，及纸帐梅影，亦及半窗，鹤孤立不鸣。命小芸童汲白莲泉，燃槁湘竹，授以凌霄芽为饮供。乃游心太虚，恍兮入梦。

陆树声《茶寮记》：园居敞小寮于啸轩埤垣之西。中设茶灶，凡瓢汲、罂注、濯、拂之具咸庀。择一人稍通茗事者主之，一人佐炊汲。客至，则茶烟隐隐起竹外。其禅客过从予者，与余相对结跏趺坐，啜茗汁，举无生话。时杪秋既望，适园无净居士，与五台僧演镇、终南僧明亮，同试天池茶于茶寮中。漫记。

《墨娥小录》：千里茶，细茶一两五钱，孩儿茶一两，柿霜一两，粉草末六钱，薄荷叶三钱。右为细末调匀，炼蜜丸如白豆大，可以代茶，便于行远。

汤临川《题饮茶录》：陶学士谓"汤者，茶之司命"，此言最得三昧。冯祭酒精于茶政，手自料涤，然后饮客。客有笑者，余戏解之云："此正如美人，又如古法书名画，度可着俗汉手否！"

陆钰《病逸漫记》：东宫出讲，必使左右迎请讲官。讲毕，则语东宫官云："先生吃茶。"

《玉堂丛语》：愧斋陈公，性宽坦，在翰林时，夫人尝试之。会客至，公呼："茶！"夫人曰："未煮。"公曰："也罢。"又呼曰："干茶！"夫人曰："未买。"公曰："也罢。"客为捧腹，时号陈也罢。

沈周《客坐新闻》：吴僧大机所居古屋三四间，洁净不容唾。善瀹茗，有古井清冽为称。客至，出一瓯为供饮之，有涤肠沥胃之爽。先公与交甚久，亦嗜茶，每入城必至其所。

沈周《书岕茶别论后》：自古名山，留以待羁人迁客，而茶以资高士，盖造物有深意。而周庆叔者为《岕茶别论》，以行之天下。度铜山金穴中无此福，又恐仰屠门而大嚼者未必领此味。庆叔隐居长兴，所至载茶具，邀余素瓯黄叶间，共相欣赏。恨鸿渐、君谟不见庆叔耳，为之覆茶三叹。

冯梦祯《快雪堂漫录》：李于鳞为吾浙按察副使，徐子与以岕茶之最精饷之。比看子与于昭庆寺问及，则已赏皂役矣。盖岕茶叶大梗多，于鳞北士，不遇宜也。纪之以发一笑。

闵元衡《玉壶冰》：良宵燕坐，篝灯煮茗，万籁俱寂，疏钟时闻，当此情景，对简编而忘疲，彻衾枕而不御，一乐也。

《瓯江逸志》：永嘉岁进茶芽十斤，乐清茶芽五斤，瑞安、平阳岁进亦如之。

雁山五珍：龙湫茶、观音竹、金星草、山乐官、香鱼也。茶即明茶，紫色而香者，名玄茶，其味皆似天池而稍薄。

王世懋《二酉委谭》：余性不耐冠带，暑月尤甚，豫章天气甚热，而今岁尤甚。春三月十七日，觞客于滕王阁，日出如火，流汗接踵，头涔涔几不知所措。归而烦闷，妇为具汤沐，便科头裸身赴之。时西山云雾新茗初至，张右伯适以见遗，茶色白大，作豆子香，几与虎邱埒。余时浴出，露坐明月下，亟命侍儿汲新水烹尝之。觉沆瀣入咽，两腋风生。念此境味，都非宦路所有。琳泉蔡先生老而嗜茶，尤甚于余。时已就寝，不可邀之共啜。晨起复烹遗之，然已作第二义矣。追忆夜来风味，书一通以赠先生。

《涌幢小品》：王琏，昌邑人，洪武初，为宁波知府。有给事来谒，具茶。给事为客居间，公大呼撤去，给事惭而退。因号撤茶太守。

《临安志》：栖霞洞内有水洞，深不可测，水极甘冽，魏公尝调以瀹茗。

《西湖志馀》：杭州先年有酒馆而无茶坊，然富家燕会，犹有专供茶事之人，谓之茶博士。

《潘子真诗话》：叶涛诗极不工而喜赋咏，尝有《试茶》诗云："碾成天上龙兼凤，煮出人间蟹与虾。"好事者戏云："此非试茶，乃碾玉匠人尝南食也。"

董其昌《容台集》：蔡忠惠公进小龙团，至为苏文忠公所讥，谓与钱思公进姚黄花同失士气。然宋时君臣之际，情意蔼然，犹见于此。且君谟未尝以贡茶干宠，第点缀太平世界一段清事而已。东坡书欧阳公滁州二记，知其不肯书《茶录》。余以苏法书之，为公忏悔。否则蛰龙诗句，几临汤火，有何罪过？凡持论不大远人情可也。

金陵春卿署中，时有以松萝茗相贻者，平平耳。归来山馆得啜尤物，询知为闵汶水所蓄。汶水家在金陵，与余相及，海上之鸥，舞而不下，盖知希为贵，鲜游大人者。昔陆羽以精茗事，为贵人所侮，作《毁茶论》，如汶水者，知其终不作此论矣。

李日华《六研斋笔记》：摄山栖霞寺有茶坪，茶生榛莽中，非经人剪植者。唐陆羽入山采之，皇甫冉作诗送之。

《紫桃轩杂缀》：泰山无茶茗，山中人摘青桐芽点饮，号女儿茶。又有松苔，极饶奇韵。

《钟伯敬集》：《茶讯》诗云："犹得年年一度行，嗣音幸借采茶名。"伯敬与徐波元叹交厚，吴楚风烟相隔数千里，以买茶为名，一年通一讯，遂成佳话，谓之茶讯。

尝见《茶供说》云：娄江逸人朱汝圭，精于茶事，将以茶隐，欲求为之记，愿岁岁采渚山青芽，为余作供。余观楞严坛中设供，取白牛乳、砂糖、纯蜜之类。西方沙门婆罗门，以葡萄、甘蔗浆为上供，未有以茶供者。鸿渐长于苾刍者也，杼山禅伯也，而鸿渐《茶经》、杼山《茶歌》俱不云供佛。西土以贯花燃香供佛，不以茶供，斯亦供养之缺典也。汝圭益精心治办茶事，金芽素瓷，清净供佛，他生受报，往生香国。经诸妙香而作佛事，岂但如丹丘羽人饮茶，生羽翼而已哉！余不敢当汝圭之茶供，请以茶供佛。后之精于茶道者，以采茶供佛为佛事，则自余之谂汝圭始，爰作《茶供说》以赠。

《五灯会元》：摩突罗国有一青林枝叶茂盛地，名曰优留茶。

僧问如宝禅师曰："如何是和尚家风？"师曰："饭后三碗茶。"僧问谷泉禅师曰："未审客来，如何祗待？"师曰："云门胡饼赵州茶。"

《渊鉴类函》：郑愚《茶诗》："嫩芽香且灵，吾谓草中英。夜臼和烟捣，寒炉对雪烹。"因谓茶曰草中英。

素馨花曰裨茗，陈白沙《素馨记》以其能少裨于茗耳。一名那悉茗花。

《佩文韵府》：元好问诗注："唐人以茶为小女美称。"

《黔南行记》：陆羽《茶经》纪黄牛峡茶可饮，因令舟人求之。有妪卖新茶一笼，与草叶无异，山中无好事者故耳。

初余在峡州问士大夫黄陵茶，皆云粗涩不可饮。试问小吏，云："惟僧茶味善。"令求之，得十饼，价甚平也。携至黄牛峡，置风炉清樾间，身自候汤，手抔得味。既以享黄牛神，且酌，元明尧夫云："不减江南茶味也。"乃知夷陵士大夫以貌取之耳。

《九华山录》：至化城寺，谒金地藏塔，僧祖瑛献土产茶，味可敌北苑。

冯时可《茶录》：松郡佘山亦有茶，与天池无异，顾采造不如。近有比丘来，以虎丘法制之，味与松萝等。老衲亟逐之，曰："毋为此山开膻径而置火坑。"

冒巢民《岕茶汇钞》：忆四十七年前，有吴人柯姓者，熟于阳羡茶山，每桐初露白之际，为余入岕，箬笼携来十馀种，其最精妙者，不过斤许数两耳。味老香深，具芝兰金石之性。十五年以为恒。后宛姬从吴门归余，则岕片必需半塘顾子兼，黄熟香必金平叔，茶香双妙，更入精微。然顾、金茶香之供，每岁必先虞山柳夫人、吾邑陇西之旧姬与余共宛姬，而后他及。

金沙于象明携岕茶来，绝妙。金沙之于精鉴赏，甲于江南，而岕山之棋盘顶，久归于家，每岁其尊人必躬往采制。今夏携来庙后、棋顶、涨沙、本山诸种，各有差等，然道地之极真极妙，二十年所无。又辨水候火，与手自洗，烹之细洁，使茶之色香性情，从文人之奇嗜异好，一一淋漓而出。诚如丹丘羽人所谓饮茶生羽翼者，真衰年称心乐事也。

吴门七十四老人朱汝圭，携茶过访。与象明颇同，多花香一种。汝圭之嗜茶自幼，如世人之结斋于胎年，十四入岕，迄今春夏不渝者百二十番，夺食色以好之。有子孙为名诸生，老不受其养。谓不嗜茶，为不似阿翁。每辣骨入山，卧游虎咆，负笼入肆，啸傲瓯香。晨夕涤瓷洗叶，啜弄无休，指爪齿颊与语言激扬赞颂之津津，恒有喜神妙气与茶相长养，真奇癖也。

《岭南杂记》：潮州灯节，饰娇童为采茶女，每队十二人或八人，手挈花篮，迭进而歌，俯仰抑扬，备极妖妍。又以少长者二人为队首，擎彩灯，缀以扶桑、茉莉诸花。采女进退作止，皆视队首。至各衙门或巨室唱歌，赉以银钱、酒果。自十三夕起，至十八夕而止。余录其歌数首，颇有《前溪》、《子夜》之遗。

郎瑛《七修类稿》：歙人闵汶水，居桃叶渡上，予往品茶其家，见其水火自任，以小酒盏酌客，颇极烹饮态，正如德山担青龙钞，高自矜许而已，不足异也。秣陵好事者，尝诮闽无茶，谓闽客得闽茶，咸制为罗囊，佩而嗅之，以代旃檀。实则闽不重汶水也。闽客游秣陵者，宋比玉、洪仲韦辈，类依附吴儿强作解事，贱家鸡而贵野鹜，宜为其所诮欤！三山薛老亦秦淮汶水也。薛尝言汶水假他味作兰香，究使茶之真味尽失。汶水而在，闻此亦当色沮。薛尝住岕巅，自为剪焙，遂欲驾汶水上。余谓茶难以香名，况以兰定茶，乃咫尺见也，颇以薛老论为善。

延邵人呼茶人为碧竖，富沙陷后，碧竖尽在绿林中矣。

蔡忠惠《茶录》石刻在瓯宁邑庠壁间。予五年前拓数纸寄所知，今漫漶不如前矣。

闽酒数郡如一，茶亦类是。今年予得茶甚夥，学坡公义酒事，尽合为一，然与未合无异也。

李仙根《安南杂记》：交趾称其贵人曰翁茶。翁茶者，大官也。

《虎丘茶经补注》：徐天全自金齿谪回，每春末夏初，入虎丘开茶社。

罗光玺作《虎丘茶记》，嘲山僧有替身茶。

吴匏庵与沈石田游虎丘，采茶手煎对啜，自言有茶癖。

《渔洋诗话》：林确斋者，亡其名，江右人。居冠石，率子孙种茶，躬亲畚锸负担，夜则课读《毛诗》、《离骚》。过冠石者，见三四少年，头著一幅巾，赤脚挥锄，琅然歌出金石，窃叹以为古图画中人。

《尤西堂集》有《戏册茶为不夜侯制》。

朱彝尊《日下旧闻》：上巳后三日，新茶从马上至，至之日宫价五十金，外价二三十金。不一二日，即二三金矣。见《北京岁华记》。

《曝书亭集》：锡山听松庵僧性海，制竹火炉，王舍人过而爱之，为作山水横幅，并题以诗。岁久炉坏，盛太常因而更制，流传都下，群公多为吟咏。顾梁汾典籍仿其遗式制炉，及来京师，成容若侍卫以旧图赠之。丙寅之秋，梁汾携炉及卷过余海波寺寓，适姜西溟、周青士、孙恺似三子亦至，坐青藤下，烧炉试武夷茶，相与联句成四十韵，用书于册，以示好事之君子。

蔡方炳《增订广舆记》：湖广长沙府攸县，古迹有茶王城，即汉茶陵城也。

葛万里《清异录》：倪元镇饮茶用果按者，名清泉白石。非佳客不供。有客请见，命进此茶。客渴，再及而尽，倪意大悔，放盏入内。

黄周星九烟梦读《采茶赋》，只记一句云：施凌云以翠步。

《别号录》：宋曾几吉甫，别号茶山。明许应元子春，别号茗山。

《随见录》：武夷五曲朱文公书院内有茶一株，叶有臭虫气，及焙制出时，香逾他树，名曰臭叶香茶。又有老树数株，云系文公手植，名曰宋树。

[补]《西湖游览志》：立夏之日，人家各烹新茗，配以诸色细果，馈送亲戚比邻，谓之七家茶。

南屏谦师妙于茶事，自云得心应手，非可以言传学到者。

刘士亨有《谢璘上人惠桂花茶》诗云：金粟金芽出焙篝，鹤边小试兔丝瓯。叶含雷信三春雨，花带天香八月秋。味美绝胜阳羡种，神清如在广寒游。玉川句好无才续，我欲逃禅问赵州。

李世熊《寒支集》：新城之山有异鸟，其音若箫，遂名曰箫曲山。山产佳茗，亦名箫曲茶。因作歌纪事。

《禅元显教编》：徐道人居庐山天池寺，不食者九年矣。畜一墨羽鹤，尝采山中新茗，令鹤衔松枝烹之。遇道流，辄相与饮几碗。

张鹏翀《抑斋集》有《御赐郑宅茶赋》云：青云幸接于后尘，白日捧归乎深殿。从容步缓，膏芬齐出螭头；肃穆神凝，乳滴将开蜡面。用以濡毫，可媲文章之草；将之比德，勉为精白之臣。

[译文]

《晋书·温峤传》记载：温峤（字太真，祁县人）上表并派人来取供奉皇帝的贡品，上面分条列举了真正的好茶上千斤、一般茶叶三百大薄（一种茶叶计量单位）。

北魏杨衒之《洛阳伽蓝记》记载：王肃（字子雍）刚从南朝进入北魏，不吃羊肉、不饮酪浆等物，经常以鲫鱼羹下饭，渴了则喝茶。北魏京师平城（今山西大同）的士人都说王肃一饮一斗，称他为漏卮。数年之后，高祖（即北魏孝文帝）见他吃羊肉、饮酪粥很多，就问他道："羊肉和鱼羹相比怎么样？茶叶与酪浆相比又怎么样呢？"王肃回答说："羊是陆地所产最好的美味，鱼则是水中所产最好的美味，个人嗜好不同，都可以称为珍品。如果按照味道来说，羊肉好比是齐鲁大邦也就是正宗的美味，而鱼羹则好比是邾莒小国也就是偏好的滋味，只是茶叶味道不行，只配给酪浆做奴仆。"高祖高兴地大笑。彭城王元勰对王肃说："如此说来，当初先生不重视齐鲁大邦，而喜欢邾莒小国，这是为什么呢？"王肃回答说："这只是因为我的家乡风俗以为鱼羹、茶叶味美，所以不得不喜好。"彭城王元勰又对王肃说："先生明天请到我的寒舍，我为您设下邾莒小国的饮食，同时也备有酪奴。"于是一时之间人们就称呼茶叫做酪奴。当时的给事中刘缟仰慕王肃的风姿，专门学习饮茶。彭城王元勰对刘缟说："先生不仰慕王侯贵族的八珍，却喜欢家僮仆人的水厄（饮茶）。海上有追逐臭味的人，街巷有模仿皱眉的妇人。对比先生的行为，就是这样的。"因为彭城王家中役使有吴地的奴仆，所以用这样的言语来戏弄他。后来梁武帝的儿子西丰侯萧正德归降北魏的时候，元乂想为他准备茶饮，预先问他："先生于水厄量有多少？"萧正德不明白他的意思，就回答说："下官我生长在江南水乡，但是自从出生以来，还不曾遭受过阳侯（即水神）之难。"元乂和满座的宾客都笑了起来。

宋代叶廷珪《海录碎事》记载：东晋司徒长史王濛（字仲祖），嗜好饮茶，有宾客到来就烹茶品饮。当时的士大夫颇以此事为苦，每次要与王濛见面，必定说"今天有水厄（即水灾）"。

《续搜神记》（一作《搜神后记》，传为陶渊明所撰）记载：东晋桓温（312～373，字元子，谥宣武）执政的时候，部下有一员督将，因为传染流行病以后身体虚热，更加能够饮茶，一斛二斗才饱，稍微减量，就感到不足，如此已经很长时间，家境也贫穷了。后来有客人来拜访他，正好遇到他在饮茶，客人此前也曾听说世上有这种病，就在他喝饱之后仍让他再饮五升，于是这位督将就大吐不止，吐出一个东西像升子那么大，有口，表面有可以伸缩的折皱，形状如同牛肚。客人于是让人把这个东西放到盆里，用一斛二斗茶水浇之，这个东西全都吸进去，也只是觉得稍微膨胀；又增加五升，便全部从口中涌出。督将吐出这个东西，疾病就痊愈了。有人问这是什么病，客人回答说："此病叫做斛二瘕。"

明代陈仁锡《潜确类书》记载：进士权纾文说："隋文帝没有发迹的时候，曾经梦见神仙为他更换脑骨，从此以后就头痛不止。后来遇到一个和尚对他说：'山中有一种叫做茗的草，煮过之后饮用就能痊愈。'隋文帝饮用之后确有效果，从此人们就竞相采制品饮。于是就为茗草写了一篇赞，大略是说：'穷读《春秋》，推演河图，尽知人事，还不如载茗一车，多多饮茶。'"

《唐书》记载：唐文宗太和七年（833），罢除吴蜀两地冬天贡茶。太和九年，大臣王涯献榷茶之利，于是任命王涯为榷茶使，茶叶征税就是从王涯开始的。十二月，诸道盐铁转运榷茶使令狐楚上疏，认为榷茶不便于民，于是罢除茶税。

陆龟蒙（字鲁望，长洲人）嗜好饮茶，曾在顾渚山下开辟茶园，每年收取茶租，自己确定品第高下。张又新撰《水说》七种，第二为惠山泉，第三为虎丘井，第六为吴淞江水。人们为了帮助陆龟蒙取得好水，即使相距百里也前去汲取。陆龟蒙每天登舟船，设篷席，携带着书籍、茶灶、笔床、钓具，往来汲水品茶。江湖上的俗人登门拜访，很少能够见面。当时世称江湖散人，也号称天随子、甫里先生，他自比涪翁、渔父、江上丈人。后来朝廷以高人隐士征召他出来做官，他不奉诏。

唐代李肇《国史补》记载：前代老人说：五十年前世人多患热黄病（一种因炎热导致的狂呓症），以至于乡里专门有以烙黄为业者。京城附近的灞水、浐水之中，经常有人从白天坐到夜间，称为浸黄。近来这种病都没有了，可是腰病、足病者多了起来，这都是因为饮茶的缘故。

韩滉（字太冲，长安人，封晋国公）听说奉天之难（783 年幽州卢龙节度使朱泚发动泾原兵变，围困时在奉天即今陕西乾县的唐德宗），用夹练囊盛茶末，派遣脚步矫健的仆从进奉给皇帝。

党鲁在建中二年以入蕃使判官出使西番，在帐中烹茶品饮。西番使者询问这是什么，党鲁回答说：涤烦消渴，就是所谓的茶。西番使者说：我也有茶叶。于是命人取出来让党鲁看，并且一一指认说：这是寿州茶，这是顾渚茶，这是蕲门茶。

唐代赵璘（字泽章，平原人）《因话录》记载：陆羽擅长文学，多有奇思妙想，没有一种物品不能曲尽其妙，饮茶技艺最为精湛。他发明煎茶的方法，至今卖茶的人家，制作他的陶像，放置于厨房炉灶之间进行祭祀，尊奉为茶神，说是能够保佑茶好多获利润。巩县制作瓷偶人，称作陆鸿渐，购买十件茶具赠送一个瓷偶人，卖茶人销售不利，就以开水灌注之。复州（今湖北天门）有一个老和尚是陆羽的弟子，经常诵读陆羽的《六羡歌》，并且撰写有追念感怀陆羽的诗句。

五代南唐吴晦《摭言》记载：郑光业赴京策试，夜里突然有一同人闯进来，操着吴地方言说："必先必先，能够容纳我吗？"郑光业为他收拾了半铺的地方。其人又说："能为我汲取一勺水，再拜托为我煎一碗茶。"郑光业于是欣然为他汲水煎茶。在此居住两天，郑光业状元及第，其人写信谢罪说："既麻烦您汲水，又让您煎茶，当时不识您是贵人，肉眼凡胎，如今一下子成为后进，真是穷相骨头。"

唐代李义山《杂纂》记载：富贵相之一就是捣药碾茶声。

唐代冯贽《烟花记》记载：福建建阳进贡的茶油花子饼，大小形制各有不同，非常可爱。皇宫中嫔妃都在脸上贴上缕金，施以淡妆，用此茶油花子饼饰于鬓角，当时号称北苑妆。

唐代《玉泉子》记载：崔蠡（字越卿，贝州安平人）担任知制诰，为母守孝，居住在东都里第时，崇尚苦行，简朴节约，四方寄赠的物品，也不过是茶叶、药品罢了，不收金银财帛，和过去贫寒时没有什么不同。

唐代颜真卿《颜鲁公帖》写道：二十九日，南寺通师设立茶会，都来静坐，抛开烦恼，也并非无益。足下这个盛情，言语之间可以猜度十分之一，不可见外。颜真卿再次顿首致谢。

五代王仁裕《开元遗事》记载：隐士王休，居住在太白山下，终日和僧人、道士、异人往来。每到冬至日，取来山溪中晶莹剔透的冰块敲碎烹煮建州（今福建建瓯）的茶叶，与宾客一同品饮。

唐代李繁《李邺侯家传》记载：皇孙奉节王喜欢作诗，起初煎茶要加入酥椒之类，赠给李泌求诗，李泌戏赋一首，其中有"旋沫翻成碧玉池，添酥散出琉璃眼"的句子。奉节王即后来的唐德宗李适。

五代南唐尉迟偓《中朝故事》记载：唐朝时，有人任职舒州牧，赞皇公李德裕（封赞皇县侯）对他说道："你到了舒州的时候，天柱峰茶（产于今安徽潜山天柱山）可以惠赠数角。"其人到任后献茶数十斤，李德裕不接受。次年调离，刻意精求，得数角献上，李德裕看后接受了，说此茶可以消除酒食中的毒。于是命人烹煮一觚，浇于肉食之中，用银盒封闭起来。次日早晨观察肉食，已经化作水了。人们都很叹服其广博的见识。

唐代段公路《北户录》记载：前代的文章杂说称呼茶叶为薄、为夹。另外南朝梁代的《科律》也有薄茗、千夹之类的称谓。

唐代苏鹗《杜阳杂编》记载：唐德宗每每赏赐同昌公主酒水饮食，其茶叶则有绿华、紫英等名号。

《凤翔退耕传》（一作《凤翔退耕录》）记载：唐宪宗元和（806～820）年间，馆阁款待学士的饮品，是煎麒麟草。

唐代温庭筠《采茶录》记载：李约，字存博，是汧国公李勉的儿子。一生不近女色，风度优雅，淡泊高远，有山林隐逸的情致。生性嗜茶，能够自己煎试，曾经对人谈及煎茶的经验道："煎茶时不应当让水随意沸腾，这样才可以涵养茶的色香味。水初沸时水面如同鱼眼散布，微微发出响声；中沸时水面四边则如同泉水涌出，前后连接好像成串的珍珠；最后水面就会波浪翻滚，水汽全部消失，这就称为老汤。煮水的三沸之法，不用活火是无法完成的。"有宾客到来就不限瓯数，终日烧火煎茶，手执茶具烹点品饮，不知疲倦。他曾经奉使出行，到达陕州硖石县（今河南陕县硖石镇）的东部，喜欢当地渠水清流，竟然盘桓旬日忘记了行程。

北宋钱易《南部新书》记载：唐代杜悰（封邠国公）位极人臣，富贵无比。曾经与同僚谈论平生有三件不称意的事。其一为出任澧州刺史，其二为贬官司农卿，其三为从西川（今四川）移镇广陵（今江苏扬州），乘船经过瞿塘峡，为巨浪所惊骇，呼唤左右随从也不来，口渴得很，自己动手煎茶品饮。

唐宣宗大中三年（849），东都洛阳来一位高僧，年纪高达一百二十岁。宣宗问他服什么药如此长寿，高僧回答说："我幼年贫贱，不知服什么药。生性喜欢饮茶，每到一地只求有茶饮用。有时外出，每天饮茶量超过百碗，平常每天也不下四五十碗。"于是宣宗赏赐他茶叶五十斤，让他居住在保寿寺，命名其饮茶处所叫做茶寮。

有一位胡姓青年，不知道他的名字，以钉铰（洗镜、补锅、锔碗）为业，居住在雪溪（今浙江吴兴境内），临近白蘋洲。距离他的住所十多步有一座古坟，胡生每次煎茶一定浇茶祭奠。他曾经梦见一个人对他说："我姓柳，平生喜欢作诗和饮茶。死后葬在你居所的旁边，经常受到你的恩惠，无法报答，想教你作诗。"胡生推辞说不会作诗，柳就强劝他说："你尽管率性而言，就应当会有情趣。"胡生醒来之后，尝试着构思，果然如有神助。此后作诗就很工巧，当时人称为"胡钉铰诗"。这个姓柳的人，当是南朝宋诗人柳恽。又有一种说法，列子终老于郑（今河南郑州），其墓在郑州郊区，当地人认为这是圣贤遗迹，禁止在这里打柴放牧。同里有个姓胡的青年，穷困落魄，从小从事洗镜、铰钉之业。每当遇到有甘果、名茶、美酒，就到列御寇的祠堂和墓地去祭奠，以祈求聪慧多能，想学习道学。经过一年，忽然梦见一个人用刀子切开他的肚子，把一卷书放在他的心中。醒来以后，感觉有吟咏的冲动，而吟咏所得都是工巧精美的诗词，其文采都不是通过师友得到的。创作出了成果，仍然不放弃原来的微贱生业，真正具有隐逸之风。远近的人们都称呼他为"胡钉铰"。

唐代张又新《煎茶水记》记载：唐代宗在位时期（762～779），李季卿出任湖州刺史，行至维扬（今江苏扬州）遇到陆羽。李季卿一向熟知陆羽的大名，初交相得，一见如故，于是一起到湖州去。船停泊在扬子驿，即将开饭，李季卿说："陆先生擅长煎茶，这是天下闻名的；况且扬子江南零水品质绝佳。如今二妙合一，千年一遇，怎么可以错过、荒废了呢？"于是就命令随从的谨慎可信的军士携带茶瓶驾驶小船前往南零汲水，陆羽则准备好茶具等待煎试。一会儿水到了，陆羽用勺子扬着水说："这水虽是江水，却不是南零水，似乎是临近岸边的水。"汲水的军士赶忙说："我驾驶小船深入南零汲水，见到的上百人都可作证，怎么敢以谎言欺骗呢？"陆羽不说话，然后把水倒到盆里，倒到一半时，陆羽急忙止住，又用勺子扬着水说："从此以下就是南零水了。"汲水的军士听后非常害怕，伏罪说道："我从南零汲水运到岸边，因为小船动荡而倾倒了一半水，回来后害怕太少，就以岸边的水增加进去，先生鉴别水品的精到，堪称是神鉴，我怎么敢再隐瞒呢！"李季卿与宾客随从数十人都非常吃惊。

《茶经》所附《新唐书·陆羽传》上说：陆羽嗜好饮茶，编撰有《茶经》上、中、下三卷。当时的卖茶者，甚至以陶器制成陆羽塑像，放置到厨房茶灶间，尊奉为茶神，进行祭祀。有一位茶人常伯熊，根据陆羽的论述，又进一步推广宣传茶的功效。御史大夫李季卿出任江南宣慰使，经过临淮，知道常伯熊擅长煎茶，亲自召见。常伯熊手执茶具于前，李季卿再次举杯品饮。从此以后，饮茶成为社会的风尚。

唐代韩偓（字致尧，号玉山樵人，京兆万年人）《金銮密记》记载：金銮殿的旧例，翰林值日的学士，春天的晚上容易发困，于是每天赏赐成象殿茶果。

宋人传奇《梅妃传》记载：唐明皇李隆基与梅妃斗茶，环顾在座的诸王调侃道："这是梅花精魂，吹着白玉笛，跳着惊鸿舞，满座光辉四射，今天斗茶又胜过我了。"梅妃应声回答说："这只不过是草民（指制茶者）的游艺，错胜了陛下。假如要调和四海，烹饪鼎鼐，也就是安抚天下，治理国家，皇上自有一定的法度，贱妾怎么能够与陛下比较胜负呢？"唐明皇听后非常高兴。

杜鸿渐《送茶与杨祭酒书》中写道：奉上顾渚山中所产的上品紫笋茶两片，一片献给太夫人，一片则与兄弟们一同品饮，这种茶只是遗憾皇上未能品尝，的确值得感叹啊！

《白孔六帖》记载：寿州刺史张镒以军饷百万钱赠送陆贽（字

敬舆，嘉兴人，谥号宣，世称陆宣公），陆贽不予接受，只是接受了一串茶叶，并且说道："怎么敢于不接受先生的惠赐呢？"

宋代叶廷珪《海录碎事》记载：邓利说："陆羽饮茶是一种癖好，饮酒也称得上狂放。"

《侯鲭录》记载：唐代右补阙綦毋旻博学多才，著述丰富，生性不喜欢饮茶。曾经写下《伐茶饮序》一文，大略是说："消除积滞，祛除壅塞，短期的利益暂时还比较好；萎靡元气，耗费精神，终身的拖累的确很重大。获益就归功于茶的力量，贻祸却不归咎于茶的灾害；难道不是因为福祉较近容易知晓，而祸患则较远而难以预见吗？"綦毋旻在集贤殿中当值，不久就因为热病而暴卒。

南宋胡仔《苕溪渔隐丛话》记载：义兴（今江苏宜兴）贡茶并非旧例，唐代李栖筠在义兴做官，当时有和尚献上佳茗，陆羽认为其品质比其他地方的茶叶都好，可以贡献给朝廷。李栖筠听从了陆羽建议，才进贡茶叶一万两。

宋代谢维新《古今合璧事类》记载：唐肃宗赏赐隐士张志和（字子同，号烟波钓徒，金华人）奴、婢各一人，张志和让他们结为夫妇，叫做渔童、樵青。渔童负责钓鱼，并在芦荡中撑船；樵青负责打柴种花，并在竹林中煎茶。

《锦绣万花谷》记载：《顾渚山茶记》中说："顾渚山中有一种鸟，形状像八哥而略小，苍黄色，每到正月、二月就叫'春起也'，到三月、四月就叫'春去也'。采茶人都称呼它为报春鸟。"

宋代董逌（字彦远，东平人）《陆羽点茶图跋》中说：茶圣陆羽的师父竟陵大师积公嗜好饮茶已经很久，但如果不是陆羽所煎并侍奉他就不品尝，陆羽出游江湖四五年，大师就断绝了茶味。唐代宗召大师到官中供奉，命令擅长煎茶的官人烹茶请他品饮，大师品上一口就不理会了。代宗怀疑其中有诈，就命人私下访察找到陆羽，召入官中。第二天，赏赐大师斋饭，秘密让陆羽煎茶奉上。大师捧起茶瓯，喜形于色，一边欣赏一边品啜，一直到喝完为止。代宗派人询问，大师说："这茶好像是陆羽所煎的。"代宗由此而感叹大师精通茶道，让陆羽出来与师父相见。

《蛮瓯志》记载：白居易（字乐天）正在斋戒，刘禹锡饮酒而醉，于是就用菊苗齑、芦菔鲊赠送给白居易，以换取六斑茶用来醒酒。

《诗话》记载：唐代皮日休的儿子皮光业字文通，最嗜好饮茶。其表兄弟邀请品尝新的柑橘，筵席很丰盛，很多有身份地位的宾客都到了。他刚一到场，未看到盛满橘汁的杯子，就急急地呼叫上茶。径直饮用一大杯茶后，题诗说："未见甘心氏，先迎苦口师。"众人都取笑说："此师固然清高，只是难以解除饥饿。"

明代陈继儒《太平清话》中说：卢仝自己号称癖王，陆龟蒙自己号称怪魁。

明代陈仁锡《潜确类书》记载：唐代诗人钱起，字仲文，与赵莒举办茶宴，又曾经拜访长孙宅，与朗上人举办茶会，都留下诗作记录其事。

明代闵元京、凌义渠《湘烟录》记载：闵康侯说，陆羽编撰《茶经》，被李季卿不礼貌地对待，于是又写下《毁茶论》。陆羽名字叫疾，字季疵，就是说为李季卿所疵。其事详见其传记。

明代徐献忠《吴兴掌故录》记载：长兴（今浙江湖州）啄木岭，唐朝时吴兴郡、毗陵郡（今江苏常州）的太守在此造茶进贡朝廷，并举行茶会、茶宴。岭上有境会亭，所以白居易有《夜闻贾常州崔湖州茶山境会欢宴》的诗作。

明代包衡《清赏录》记载：唐文宗曾对左右说："如果不在上半夜处理政事，下半夜读书，如何做君王？"他还曾在内庭召见学士，讲论经史，评论文章，宫人以下侍奉茶水饮食。

明代曹学佺《名胜志》记载：唐代陆羽的故宅在江西上饶县东

五里的地方。陆羽本是竟陵（今湖北天门）人，起初隐居在吴兴的苕溪，自号桑苎翁，后来寓居新城时，又自号东冈子。刺史姚骥曾经到其宅中拜访，见其凿池如海洋之状，积石如山岳之形。后来隐士沈洪乔曾加以修葺，居住于此。

《饶州志》记载：陆羽茶灶，在余干县（今属江西）冠山的右峰。陆羽曾经品评越溪水为天下第二，因此想居于禅寺，凿石为茶灶，汲泉煮茶，叫做丹炉，又有传说为晋代张氲所作。元代大德（1297～1307）年间，总管常福生跟着方士从丹炉下面搜出丹药两粒，用金盒盛起来，等到回来打开看时，却丢失了。

宋代李石《续博物志》记载：物品有形体不同而相互制约的，如翡翠可以使黄金成为粉屑，人气可以使犀角成为粉末，北方人用针来敲冰，南方人用线来解茶。

《太平山川记》记载：茶叶寮，五代时期于履曾经在这里居住。

《类林》记载：五代后周时，鲁国公和凝字成绩，在朝中率领同僚每日煎试品茶，茶味不好的有罚，当时号称汤社。

《浪楼杂记》记载：五代后唐明宗天成四年（929），度支奏请道：朝臣请假回家省亲的，希望适量赏赐茶叶和药品。文官从左右常侍到侍郎，应当各赏赐蜀茶三斤，蜡面茶二斤，武官也各有差别。

宋代马令《南唐书》记载：丰城（今属江西）毛炳勤奋好学，家庭贫穷，生活不能自给，就到庐山与诸生留讲，获得银两就去买酒，尽醉而归。当时彭会喜欢饮茶，而毛炳喜欢饮酒，人们为他们编了一句流行语说："彭生作赋，茶三片；毛氏传诗，酒半升。"

清代吴任臣《十国春秋·楚王马殷世家》记载：开平二年（908）六月，判官高郁奏请：听任民众出售茶叶给北方的商人，征收的茶税用来供应军需，从其所请。这年秋七月，楚王奏请运茶到黄河南北各地，用来交易丝绵、战马，仍然每年进贡茶叶二十五万斤，诏令同意。从此楚王辖区的民众可以自己采摘制造茶叶，官府征收茶税，每年收入以万计。高郁另外设置邸阁贮存茶叶，号称八床主人。

《十国春秋·荆南列传》记载：文了，是吴地的一个高僧，雅善煎茶，独擅一时之绝。武信王高季兴当政的时候来到荆南游历，请他住在紫云禅院，每天考察他的技艺，大加赞赏，称呼他为汤神，并奏请朝廷授予他华亭水大师的称号。当时的人们视之为乳妖。

北宋孔平仲《谈苑》记载：茶中的精品，北苑有白乳头，江左有金蝟面。南唐李氏另外派人取其嫩芽作片，有的叫做京挺，有的叫做乳，共有二十多个品类；还有研膏茶，也就是所谓的龙品。

北宋释文莹《玉壶清话》记载：五代黄夷简（字明举，福州人）雅有诗名，在吴越后主钱俶（字文德，归宋后封邓王，谥忠懿）的幕府中陪侍宴席二十年。北宋开宝（968~976）初年，太祖赏赐给钱俶"开吴镇越崇文耀武功臣制诰"，钱俶派遣黄夷简入朝致谢，归来后称病，到安溪别墅隐居，明哲保身。著有《山居诗》，其中有"宿雨一番蔬甲嫩，春山几焙茗旗香"的句子。他很喜欢设计建筑宅院。咸平（998~1003）年间回到朝廷，担任光禄寺少卿。后来以高寿终老。

明代谢肇淛《五杂俎》记载：建州人喜欢斗茶，所以称为茗战。吴越王室钱氏子弟取来吴兴雪溪的西瓜，各自猜度其中瓜子的准确数量，剖开后验数以观胜负，称为瓜战。但是茗战还可以作为高雅的游戏，瓜战就不免俗气。

明代陈仁锡《潜确类书》记载：五代闽国甘露堂前，有两株茶树，郁郁葱葱，枝叶婆娑，宫人称之为清人树。每到春初，嫔妃宫嫱游戏于茶树之下，采摘新芽，在甘露堂中举办倾筐会。

《宋史》记载：宋高宗绍兴四年（1134）初，诏令四川宣抚司支取茶叶交易马匹。

以前赏赐大臣的茶饼上面有龙凤雕饰，明德太后（宋太祖皇后李氏）说："这难道是作为人臣所应该得到的吗？"命令主管部门另外制造入香京挺以便赏赐给大臣。

《宋史·职官志》记载：茶库掌管茶叶，江（江南东路、西路，今江苏、安徽、江西一带）、浙（两浙路，今浙江）、荆湖（荆湖南路、北路，今湖南、湖北）、建（今福建建瓯）、剑（南剑州，今福建南平）等地所产的茶叶，以便供给翰林诸司赏赐和出卖之用。

《宋史·钱俶传》记载：宋太宗太平兴国三年（978），皇帝在长春殿宴请钱俶，命南汉国主刘鋹、南唐后主李煜陪同。钱俶贡茶十万斤，建茶一万斤，以及银两、丝绢等物。

北宋王巩《甲申杂记》记载：宋仁宗朝，春天在集英殿策试进士，后妃光临太清楼观看。皇后曹氏（谥号慈圣光献皇后）拿出茶饼赏赐进士，拿出七宝茶赏赐考官。

南宋王应麟《玉海》记载：宋仁宗天圣三年（1025），皇帝巡幸南御庄观看收麦，随即驾临玉津园，赐宴群臣，听到民间房舍中的机杼之声，赏赐织布的妇女茶叶、丝绸作为礼品。

宋初陶谷《清异录》记载：有人获得建州（今福建建瓯）的茶膏，用来制作耐重儿茶八枚，并在茶饼表面贴上金丝作为妆饰，献给闽王曦（即王延钧）。正好遇到通文之祸（其子昶杀死王延钧的政变），被内侍所盗取，转赠给贵人。

符昭远不喜欢饮茶，曾经与同僚的御史举行茶会，感叹道："此物面目严峻冷淡，一点也没有和美之态，可以称作冷面草。"

唐代孙樵《送茶与焦刑部书》中说："晚甘侯（以茶先苦后甘，故戏称晚甘侯）十五人，派他们侍奉书斋雅阁，他们都是春雷动时去采摘，煎水调和，都是出于建阳丹山碧水之乡、月涧云龛之间的上品，千万不可轻贱地使用。"

汤悦著有《森伯颂》，森伯是茶的戏称。茶在刚刚品饮的时候感到牙齿森然，久品之后则感觉四肢森然，两种含义系于一名，如果不是深谙品饮境界的人，怎么能够如此命名呢？

五代时吴国的高僧梵川，发誓要燃顶修炼，供养佛与菩萨，于是亲自前往蒙顶山结庵种茶，三年之后，才采制成香味全美的好茶，其绝佳者称作"圣杨花"、"吉祥蕊"，总共不超过五斤，拿回来供献给佛和菩萨。

宣城何子华邀请宾客在剖金堂欢宴，酒至半酣，拿出嘉阳严峻所画的陆羽像悬挂起来。何子华于是说道："前代人称呼喜欢相马的人叫做马癖（指晋代王济），称呼喜欢聚敛钱财的人叫做钱癖（指晋代和峤），喜欢称赞子女者叫做誉儿癖（指唐代王福畤），喜欢读书者叫做《左传》癖（指晋代杜预）。像这位陆羽先生沉湎于茶事，如何称呼他的癖好？"杨粹仲回答说："茶叶虽然珍贵，但未离草木的本质，应当追奉陆羽为甘草癖。"在座的宾客都为之叫好。

《类苑》记载：宋初翰林学士陶谷得到太尉党进家的使女，取来雪水烹煮团茶品饮，对使女说："党家应当不知道这种雅事吧？"使女回答说："他是粗人，怎么会知道这种雅事！只知道在销金帐中浅斟低唱，饮羊膏儿酒罢了。"陶谷深为其言感到惭愧。

胡峤《飞龙涧饮茶》诗中写道："沾牙旧姓馀甘氏，破睡当封不夜侯。"陶谷喜欢其诗句新奇，让侄子陶彝与之唱和，陶彝应声吟道："生凉好唤鸡苏佛，回味宜称橄榄仙。"陶彝当时才十二岁，也可称为文词有根基的少年才俊。

《延福宫曲宴记》记载：宣和二年（1120）十二月癸巳，宋徽宗召集宰相、亲王、学士到延福宫举行宴会，命令内侍取来茶具，亲自注汤点茶。不一会儿，只见白乳浮于茶盏上面，如疏星淡月，他环顾各位大臣说："这是我亲自烹点的茶，请诸位品饮。"饮茶完后，大臣都顿首致谢。

《宋朝纪事》记载：南宋学者洪迈（字景庐，号野处）选编成《万首唐人绝句》，上表进献朝廷，宋孝宗发布谕旨道："学士选择很精，备见博洽，赏赐茶一百铃，清馥香十贴，薰香二十贴，金器一百两。"

南宋周密《乾淳岁时纪（"纪"当为"记"）》记载：仲春的上旬，福建转运使司进贡第一纲茶，叫做北苑试新，这是方寸的小铃，进贡皇上的仅有百铃。以黄罗软盒护封，以青箬叶覆盖，以黄罗包裹，加上大臣的封条朱印，外面用红漆小匣镀金锁，再用细竹和丝绸编织的小箱子盛起来，共计数层。这就是所谓的雀舌水芽，制造一铃价值四十万，仅仅可以供几瓯的品啜罢了。有时会以一二铃赏赐给外臣，也是用生丝线将茶饼分解转赠，好事者以之作为奇玩。

《南渡典仪》记载：皇帝的銮驾临幸太学，讲官讲授完毕，御药传达皇上旨意，请讲官坐下赐茶。銮驾出行，仪卫茶、酒班殿侍两行，各有三十一人。

《司马光日记》记载：刚刚被任命为学士的待诏李尧卿宣布诏令说有敕文，宣读完毕，再次拜谢，上得阶前，与待诏坐下，品茶。这是朝中旧例规定的仪式。

欧阳修《龙茶录后序》记载：我在皇祐（1049～1053）中负责编修起居注，向仁宗皇帝上疏奏事，多次承蒙皇上垂问建安贡茶之事以及烹试饼茶的情状，谈论茶事的谬误。我追念先帝的垂顾和知遇之恩，手拿拓本，痛哭流涕，于是就加以订正，亲自书写并刊刻于石碑之上，以便其永远流传后世。

宋代王巩《随手杂录》记载：苏轼（字子瞻）在杭州做官的时候，有一天朝中的使者到来，秘密对苏轼说："我离开京城前，向皇上辞行，皇上说：'向太后辞行后再来。'我离开太后殿，又来向皇上辞行，皇上引我到一个柜子旁边，拿出一袋东西秘密对我说：'赏赐给苏轼，不要让别人知道。'于是拿出所赏赐的东西，乃是一斤茶，都是御笔亲加封题。"苏轼写下奏疏致谢。

潘中散担任处州知州时，有一天举行斋醮祭神，备好一百二十盏茶，都呈现出乳花，只有一盏茶色如墨，责问之下，才知道是酙酒的人错放入茶中。潘中散于是焚香再拜谢罪，这盏茶当即变为乳花，同僚吏役都惊叹不已。

南宋叶梦得《石林燕语》记载：旧例：建州每年进贡大龙凤团茶各两斤，以八饼为一斤。宋仁宗时，蔡襄（字君谟）任建州知州，才另外拣选茶中精品，制成小龙团十斤奉献朝廷，每斤十饼。宋仁宗认为不合旧例，命令大臣弹劾他，经大臣为之请命，于是留任，免于弹劾，但从此就成为每年进贡的定额。宋神宗熙宁（1068～1077）年间，贾清担任福建转运使，又用小龙团中的精品，制成密云龙，以二十饼为一斤，双袋包装，称作双角团茶。大小龙团的包装袋都是以红色丝绸，都作为赏赐之物；只有密云龙专用黄色丝绸，这是专门奉献给皇上御用的。此后，又有瑞云翔龙的。宣和以后，团茶不再珍贵，都作为赏赐之物，也不像往时那样精致。以后又取其中的精品制成铐茶，每年赏赐的茶品都不一样，不可胜计了。

宋代何薳《春渚纪闻》记载：苏轼（号东坡居士）有一天与黄庭坚（字鲁直）、张耒（字文潜）等人会餐，吃过骨饂儿血羹之后，宾客有需要饮淡茶的，于是取所碾的龙团茶，让在座的宾客一同品饮。有人就说："假如龙团茶会说话，一定会叫屈了。"

南宋魏了翁《邛州先茶记》记载：眉山（今属四川）人李君锉，担任临邛管理茶政的官员，属下的吏役根据旧例，每隔三天要去拜谒茶祖。李君锉询问其中的缘故，回答说："这是姓韩而称王号的人，世代相传就是这样，实际并不曾向朝廷请命。"李君锉说：

"饮食都有其先祖崇拜，何况茶叶的利益，不仅仅人民生活日用之所取资，而且也是马政边防之所依赖。这样的事情不去做，难道不是忘本吗？"于是就命令撤掉旧的祠庙，重新增修扩建，并且奏请郡守，进而陈述茶祖的功劳行状于朝廷，请宣赐荣号，增加封赏，同时派人送信给我，让我记录下这个工程的始末。

宋代邢居实《拊掌录》记载：宋代从徽宗崇宁（1102～1106）年间以后又实行榷茶制度，法令制度日益严峻，私自贩卖茶叶的固然要治罪，而正当经营的商贾，官府颁发的券引要限期清理交纳，行商所走的路程也要完全合乎规定。稍微有不一样的地方，就会被作为私贩打击或者没收货物治罪。昏昧愚钝的人往往不免被问罪，所以同辈的茶商就视茶笼为"草大虫"，是说茶叶也会像老虎一样伤人。

南宋胡仔《苕溪渔隐丛话》记载：欧阳修《和刘原父扬州时会堂绝句》中写道："积雪犹封蒙顶树，惊雷未发建溪春。中州地暖萌芽早，入贡宜先百物新。"附注：时会堂，制造贡茶的处所。我按照陆羽《茶经》来考察，并未言扬州产茶，只有五代毛文锡《茶谱》中说："扬州禅智寺，是隋朝时期的旧宫殿。寺临蜀冈，所产的茶叶味道甘甜馨香，可以比得上蒙顶茶。"只是不知道其茶入贡起源于什么时候。

宋代王庭珪（字民瞻，号卢溪）《卢溪诗话》记载：双井老人用青沙蜡纸包裹细茶寄赠给人，不超过二两。

宋代刘斧《青琐诗话》记载：北宋丞相李昉曾经说过：唐朝时候视外镇的官员为粗官，有学士赠送给外镇茶叶，有诗致谢道："粗官乞与真虚掷，赖有诗情合得尝。"［原注：这里的外镇，是指曾任徐州节度使的诗人薛能。］

南宋周必大《玉堂杂记》记载：南宋淳熙丁酉（四年，1177）十一月壬寅，轮到周必大在翰林院值班。皇上对他说："你想必不擅长饮酒，此前赐宴的时候我见你脸色发红。我赏给你小春茶二十铸，叶世英墨五团，以取代赐酒。"

北宋陈师道《后山丛谈》记载：张咏（字复之，号乖崖，谥忠定）担任崇安县令，当地人民以种茶为业。张咏说："种茶利润丰厚，官府将要收取重税，不如及早改种别的作物。"命令人们拔掉茶叶，种植桑树，老百姓深以为苦。后来国家实行榷茶制度，其他县的人民都失去生业，而崇安县的桑树已经长成，民间制成丝绢贸易到北方去的，每年达到上百万匹。[此事又见《名臣言行录》。]

李昉（字明远，谥文正）去世之后，夫人生日，当时宋绶（字公垂，谥宣献）为侍从，与同僚二十多人来到府第上寿，拜倒于帘下，宋绶上前说道："太夫人不饮酒，我们就以茶为寿。"从怀中拿出茶来，注汤献上，再拜而去。

张舜民（字芸叟，号浮休居士）《画墁录》记载：唐代的茶叶，以阳羡茶为上供的佳品，福建建溪的北苑茶还未知名。唐德宗贞元（785～804）年间常衮出任建州刺史，才进行蒸焙并研成细末，成为研膏茶。其后稍微形成茶饼模样，中间穿一孔，所以称为一串。陆羽所烹点的建茶，只是草茶罢了。到了本朝，建溪的茶叶独步天下，其采摘、烘焙、制作都是前代所没有的；士大夫的珍爱崇尚，精于鉴别，也都超过了从前。丁谓（封晋国公）任福建转运使，开始制作凤团，后又制作龙团，每年上供不过四十饼，专门供皇上御用，即使是近臣之家，也只是闻其名而不曾见过。天圣（1023～1032）年间，又制作小龙团，其品质远远优于大龙团。赏赐给中书省和枢密院两府，也只限量一斤；只是在皇上举行大斋戒的晚上，两府八人才共赏赐给一个小团饼，用金丝裹起来。八个人平分后拿回家，作为非比寻常的赏赐，亲朋相聚瞻示把玩，吟咏唱和，所以欧阳修就写下《龙茶小录》。有时得到大龙团的赏赐，就分割成方寸小块，用来供奉佛陀、供奉神仙、供奉家庙，然后再奉给双亲、款待宾客以及用来与子弟分享。熙宁（1068～1077）末年，宋神宗有圣旨，建州制作密云龙，其品质又高于小龙团。自从密云龙问世之后，龙团、凤团的制作就稍微粗放，这是不能兼顾的缘故。我在元祐（1086～1094）年间详定殿试之制，这一年分为制举考第，每人得赏赐三饼，但是亲戚朋友诛求苛责，几乎不胜其扰。

熙宁年间，苏颂（字子容，谥正简，赐魏国公）出使北方辽国，姚麟为副使，对苏颂说："何不携带一些小龙团呢？"苏颂说："这是供奉皇上的物品，谁敢送给北虏之人。"不久，又有贵宦公子出使北辽，贮积了很多团茶带去，从此北辽就非团茶不收，非小龙团就不以为贵了。他们那里用两个团饼交换蕃罗一匹，我们这里却为得到蕃罗一匹交给四个团饼作为报酬，稍微不满意，当即形于言语。近来又有皇帝身边的近贵巡守边境，更是以大龙团作为常供，而以密云龙作为好茶罢了。

南宋罗大经《鹤林玉露》记载：岭南人以槟榔代替茶叶。

北宋彭乘《墨客挥犀》记载：蔡襄（字君谟），谈论茶事的人没有敢于对他发言的；这是因为建茶之所以名重天下，都是由他创始的。后来他又制作小团，其品质比大团更加精致。有一天，福唐（今福建福清）蔡叶丞秘密派人邀请他品啜小龙团茶。坐下品茶很久，又有一个客人到来，他品味着茶说："这不仅仅是小团，一定有大团掺杂进来。"蔡叶丞非常吃惊，急忙呼唤童子来责问，回答说："本来碾造的是两个人的茶，后来又有一个客人到来，再造不及，就以大团掺杂奉上。"蔡叶丞极为叹服他的精审鉴别。

王安石（封荆国公）担任翰林学士的时候，曾经去拜访蔡襄（字君谟）。蔡襄听说王安石来，非常高兴。取来绝品茶叶，亲自洗涤茶具、烹点佳茶款待王安石，希望他能予以称赏。王安石从夹袋中取出消风散一撮，投入茶瓯中一并饮用。蔡襄大惊失色。王安石慢慢说道："这茶味道太好了。"蔡襄大笑，同时叹服王安石的真率。

南宋鲁应龙《闲窗括异志》记载：当湖（位于今浙江嘉兴平湖城东，一名东湖、鹦鹉湖）德藏寺有水陆斋坛，是以前富民沈忠所修建的。每次设斋祭祀时，如果施主虔诚，茶中就会出现瑞花。其花纹俨然可见，这也是一种奇异现象。

南宋周辉《清波杂志》记载：我的父亲曾经向张祁（字晋彦，号总得居士，张孝祥之父）寻觅佳茶，张祁以两首小诗作答道："内家新赐密云龙，只到调元六七公。赖有山家供小草，犹堪诗老荐春风。""仇池诗里识焦坑，风味官焙可抗衡。钻馀权幸亦及我，十辈遗前公试烹。"当时张祁偶然得病，此诗由其子代书。后来错误地刊刻到张孝祥《于湖集》中。焦坑茶产于庾岭之下，茶味苦涩而较硬，许久才回味甘甜，正如苏东坡《南还回至章贡显圣寺》诗中所咏的"浮石已干霜后水，焦坑新试雨前茶"。后来我曾多次得到这种茶，本来不是什么精品，只是当地人自以为重，包装之后钻营进奉权贵，其品质怎么可以比得上建溪的绝品呢？

宋孟元老《东京梦华录》记载：旧曹门街北山子茶坊，其中还建有仙洞、仙桥，京城的士女往往夜间到此游玩、品茶。

宋人《五色线》记载：骑火茶，寓意不在火前，也不在火后。清明节改火，所以叫做骑火茶。

北宋沈括《梦溪笔谈》记载：王城东一向厚待的只有杨大年。他有一个茶囊，只有杨大年来了，才取茶囊准备上茶，其他宾客不能享受此等待遇。

明代慎懋官（字汝学，湖州人）《华夷花木鸟兽珍玩考》记载：宋朝徽宗、钦宗两位皇帝被金人俘虏北行，到一座寺庙中，有两个石雕的金刚并排拱手而立，神像高大，头部几乎顶到房梁和屋椽，没有其他的供器，只有石雕的钵盂、香炉罢了。有一个胡人僧侣出入其中。僧人作揖坐下来，问从何来，两位皇帝回答说从南边来。僧人就呼唤童子点茶进奉，茶味非常馨香甘美。两位皇帝想再索要饮用，僧人和童子却向后堂走去。等待一个时辰还不出来，进去寻找，却见寂然空屋，只有竹林间有一个小屋，屋中立有石刻的胡僧像，两个童子侍立两旁，仔细观察，俨然与刚才献茶的僧人、童子一样。

宋代马永卿《懒真子录》记载：王元道曾经说过：陕西子仙姑，传说修得道术，能够不吃饭。年纪看起来大约三十多岁，不知道真实的年龄。陕西提刑阳翟（今河南禹州）人李熙民逸老是一个正直刚毅的人，他听人们传说得非常神奇，就亲自到青平军进行考察。见面之后，看到仙姑道貌高古，不觉心服。于是就说："我想给您献上一杯茶，是否可以？"仙姑说："我不饮茶已经很久了，如今就勉强品饮一次。"饮茶之后，不一会儿垂着两手出来，白得像白玉、白雪一样。很快，只见所饮的茶从双手的十个指甲中涌出，凝结于地上，色泽还没有改变。逸老命人就地刮取茶来，并且让他们品尝，香味如故，于是大为叹奇。

南宋朱熹《朱子文集》中有《与志南上人书》写道：偶然得到一些安乐茶，分送二十瓶奉上。

南宋陆游《陆放翁集》中有《同何元立蔡肩吾至丁东院汲泉煮茶》诗写道：云芽近自峨眉得，不减红囊顾渚春。旋置风炉清樾下，他年奇事属三人。

南宋周必大《周必大集》中有《送陆务观赴七闽提举常平茶事》诗写道：暮年桑苎毁《茶经》，应为征行不到闽。今有云孙持使节，好因贡焙祀茶人。

北宋梅尧臣《梅尧臣集》中有《晏成续太祝遗双井茶五品，茶具四枚，近诗六十篇，因赋诗为谢》。

北宋黄庭坚《黄山谷集》中有《博士王扬休碾密云龙，同事十三人饮之戏作》。

北宋晁补之《晁补之集》中有《和答曾敬之秘书见招能赋堂烹茶》诗写道：一碗分来百越春，玉溪小暑却宜人。红尘他日同回首，能赋堂中偶坐身。

北宋苏轼《苏东坡集》中有《送周朝议守汉川》诗写道：茶为西南病，眈俗记二李。何人折其锋，矫矫六君子。〔原注：二李，是指李杞和李稷。六君子，是指陈师道与其侄子陈正儒、张永徽、吴醇翁、吕元钧、宋文辅。由于当时蜀茶实行禁榷，危害于民，二李是其始作俑者，而六君子则是坚持正义抗论救民的。〕

集中又有《书参寥诗》写道：我在黄州，参寥（诗僧道潜，俗姓何，名昙潜，号参寥子）从吴中前来拜访，居住在东坡。有一天，我梦见参寥所作的诗，醒来后记忆其中的两句："寒食清明都过了，石泉槐火一时新。"又过了七年，我出任杭州知州，而参寥也开始卜居西湖智果寺院。寺院中有一道泉水从石缝中涌出，甘甜冷冽，适宜烹茶。寒食节的次日，我与宾客乘船泛湖从孤山来拜谒参寥，汲泉钻火，烹煮黄蘗茶，忽然感悟曾经梦见的诗，于七年以前已有征兆。各位宾客都非常惊叹，由此可知史书传记所记载的很多故事，并非虚语。

旧题苏东坡《物类相感志》中说：芽茶放盐，不觉苦咸却觉甘甜。又说：吃茶多会出现腹胀，可以用醋解之。又说：用陈茶薰燃，能很快驱赶苍蝇蚊子。

南宋杨万里《杨诚斋集》中有《谢傅尚书送茶》写道：承蒙您从远方赠送新茶，我当携带大瓢，汲取山溪泉水，收拾山涧中的败枝散叶，烧起折脚的石鼎，烹煮茶末，品啜香乳，以享受这天上仙人的恩惠。惭愧我胸中没有诗书文章，只是一味搅破菜园罢了。

南宋郑景龙（字伯允，三衢人）《续宋百家诗》中说：本朝孙志举，有《访王主簿同泛菊茶》诗。

宋代吕元中《丰乐泉记》记载：欧阳修访得酿泉（当为让泉，在今安徽滁州琅琊山）之后，有一天会聚宾客，有人献上新茶，欧阳修就命人汲泉煎茶。汲泉的人在半道上摔倒，泉水倾覆，就汲取其他泉水代替。欧阳修知道不是酿泉水，责问汲泉的人，才知道另外一个泉水在幽谷山下，于是命名为丰乐泉。

宋代赵令畤《侯鲭录》记载：黄庭坚（字鲁直）说：烂蒸同州（今陕西大荔）羊，浇上杏酪，用匕首边切边吃，而不用筷子。抹南京的面，作槐叶冷淘（凉面之类），加上襄邑（今河南睢县）的熟猪肉，炊煮共城（今河南辉县）的香稻，吃吴人的鲙、松江的鲈鱼。吃饱之后，用康山谷帘泉水烹煮曾坑的斗品佳茶，品饮一会儿，仰卧于向北的窗户之下，使人朗诵苏东坡的前后《赤壁赋》，也足以称为快事。

《苏舜钦传》记载：苏舜钦流寓苏州，有兴致时就驾着小船出盘门、阊门，吟咏狂啸，游览古迹，江边的茶、乡村的酒都足以消除忧愁，荡涤胸怀。

南宋楼昉（字阳叔，号遇斋）《过庭录》记载：刘攽（字贡父）知长安，有一个叫做茶娇的妓女，以美貌智慧著称，刘攽为她所迷惑，其事曾经传诵一时。刘攽被召回京师，欧阳修（字永叔）出城四十五里前去迎接，刘攽因为酒醉未起。欧阳修调侃地说："不仅酒能够醉人，茶也能够醉人。"

南宋谢维新《古今合璧事类备要》记载：觉林寺的僧人志崇，制茶分为三等，招待宾客用惊雷荚，自己饮用用萱草带，供奉佛陀用紫茸香。凡是来赴茶会的，就要用油囊来盛剩余的茶水。

江南有一位驿站的官员，自以为办事干练。对太守说："驿站的事务已经处理好了，请前去检阅指导。"于是刺史就前去视察，先到一个房间，是酒库，各种酒皆熟，室外悬挂一幅神像，问是何人，回答说是酒神杜康。刺史说："您公务完成得绰绰有余啊！"又到一个房间，是茶库，各种茶品毕备，室外也悬挂一幅神像，问是何人，回答说是茶神陆羽（字鸿渐）。刺史更加高兴。又到一个房间，是菹（肉酱）库，各种砧板都有，室外也悬挂一幅神像，问是何人，回答说是蔡邕（字伯喈）。刺史大笑，说道："这个不必设置。"

江浙地区人们养蚕，都用盐藏在蚕茧中去缫丝，是恐怕蚕茧生出蛾子。每当缫丝完毕，就要煎茶叶为汁，把米粉捣碎，筛到茶水里煮成粥，叫做洗缸粥。整个家族聚集一起品啜，说是这样有益于第二年的蚕业生产。

宋代倪思《经钼堂杂志》中说：松声、涧声、山禽声、夜虫声、鹤声、琴声、围棋声、落子声、雨滴阶声、雪洒窗声、煎茶声，这些都是声音中的至清者。

南宋洪皓《松漠纪闻》记载：燕京（今北京）的茶肆中，设置有双陆局，正像南方人在茶肆中设置棋局一样。

南宋吴自牧《梦粱录》记载：都城临安（今浙江杭州）的茶肆中陈列有花架，其上安顿有奇松、异桧等花木，装饰店面，敲打响盏。另外冬天还要添卖七宝擂茶、馓子葱茶。茶肆的楼上，专门安排有妓女的，叫做花茶坊。

《南宋市肆记》记载：平康巷歌妓的馆舍，凡是初次登门的客人，就有专门提着茶瓶来献茶的，即使只喝一杯茶也要犒赏数千钱，叫做点花茶。

各处的茶肆，有清乐茶坊、八仙茶坊、珠子茶坊、潘家茶坊、连三茶坊、连二茶坊等名号。

谢府有酒，名字叫做胜茶。

南宋耐得翁《都城纪胜》记载：大茶坊，都悬挂名人字画；根据人之常情理解，茶坊本来应当以供应茶水作为正宗生意，但也有借此敛财，行为不当的。如水茶坊，其实就是娼妓之家，摆设水果桌凳，以买茶作为幌子，后生少年甘心费钱，称为干茶钱。又有提茶瓶（如上述的点花茶）和齚茶（官衙吏卒向店铺商人点送茶汤，强索钱财）等名色。

宋代杨伯岩《臆乘》记载：杨衒之编撰《洛阳伽蓝记》，其中说道："饮食有酪奴。"是指茶作为酪粥的奴婢。

旧题元伊世珍《瑯環记》记载：从前，有客人遇到三茅真君，当时正值盛夏酷暑，三茅真君从手巾中取出茶叶，每人给一叶。客人品饮之后，感到五脏清凉。三茅真君说：这是蓬莱岛的穆陀树叶，众位神仙都作为饮品使用。又有宝文之蕊，吃了之后不会感到饥饿。因此谢幼贞有诗写道："摘宝文之初蕊，拾穆陀之坠叶。"

明代杨循吉（字君卿，一作君谦，号南峰）《手镜》（一作《奚囊手镜》）记载：宋朝的时候，姑苏（今江苏苏州）女子沈清友著有《续鲍令晖香茗赋》。

明代孙矿（字文融，号月峰，余姚人）《坡仙食饮录》记载：密云龙茶，极为甘甜馨香。宋寥正，又字明略，拜师于苏轼门下较晚，但苏轼非常器重他，目为奇才。当时黄庭坚、秦观、晁补之、张耒四人号称苏门四学士，苏轼对待他们都很优厚，每次到来，一定让侍妾朝云取密云龙茶款待他们。有一天，又命朝云取密云龙茶，家人以为是四学士到了，暗中观察，乃是寥正。黄庭坚诗中"矞云龙"，也是一种茶的名称。

《嘉禾志》记载：煮茶亭，位于秀水县西南湖中景德寺的东禅堂。宋代翰林学士苏轼曾与文长老三次经过湖上，汲水煮茶，后人于是在此建亭，以便标记胜迹。至今遗迹还存在。

明代曹学佺《名胜志》记载：茶仙亭，位于滁州琅琊山。宋朝的时候寺院的僧人为刺史（知州）曾肇（字子开，南丰人，曾巩之弟）所建，名称取自唐朝诗人杜牧（字牧之，号樊川子）的诗《池州茶山病不饮酒》中"谁知病太守，犹得作茶仙"的句子。曾肇有诗写道："山僧独好事，为我结茆茨。茶仙榜草圣，颇宗樊川诗。"这是在宋哲宗绍圣二年（1095），曾肇滁州知州任内。

明代陈继儒（号眉公）《珍珠船》记载：蔡襄（字君谟）对范仲淹（字希文，谥文正）说："先生的《采茶歌》（即《斗茶歌》）中写道：'黄金碾畔绿尘飞，碧玉瓯中翠涛起。'如今的茶中绝品，色泽都很鲜白，翠绿乃其中下品罢了，想把'绿尘飞'改为'玉尘飞'，把'翠涛起'改为'素涛起'，怎么样？"范仲淹回答说很好。

又及，蔡襄嗜好饮茶，晚年老病不能饮茶，只是把玩罢了。

明代陈仁锡《潜确类书》记载：宋高宗绍兴（1131～1162）年间，少卿曹戬为躲避金兵移居南昌丰城县，他的母亲喜欢饮茶，起初山中没有井，曹戬就斋戒祈祷上天，就在院中屋后挖地，刚挖了一尺深，清澈的泉水就溢满涌出来，后人就把此泉叫做孝感泉。

五代后周显德（954～960）初年，大理寺卿徐恪，是福建建州（今福建建瓯）人，收到家乡书信并得到馈赠的铤子茶，茶饼表面有印文，一种叫做玉蝉膏，一种叫做清风使。

蔡襄（字君谟）善于鉴别茶品。建安能仁院有茶，生于石缝间，是茶中精品。寺院僧人采摘制造成八饼，称作石岩白，以四饼赠给蔡襄，另外四饼秘密派人到京城汴梁赠给翰林学士王珪（字禹玉，谥文恭）。一年多后，蔡襄被召回京城，拜访王珪。王珪命子弟在茶筒中选取精品碾制烹煮以款待蔡襄。蔡襄手捧茶瓯还没有品尝，就说："此茶极像能仁寺的石岩白，先生怎么得来的？"王珪还不相信，索取帖子验看，于是折服蔡襄的鉴识之精。

明代冯应京《月令广义》记载：四川雅州（治今四川雅安）名山县蒙山（即蒙顶山）有五座山峰，峰顶有茶园，其中顶最高处叫做上清峰，出产甘露茶。从前有僧人患冷病已经很久，曾经遇到过一个老人询问其病情，僧人一一告诉了他。老人说："为什么不饮茶呢?"僧人回答说:"本来以为茶叶性冷,难道能够治疗这种病吗?"老人说:"这里并非寻常的茶,仙家有所谓的雷鸣茶,不知道您听说过没有?"僧人回答说没有。老人说:"蒙山的中顶有茶叶,应当在春分前后多召集人力,等到春雷发声,一起采摘,以多为贵,到第三天就停止。如果收获一两,用本地的泉水煎服,能够祛除慢性疾病。煎服二两,就可以保证终身无病。煎服三两,就可以轻身换骨。煎服四两,就可以称为地上神仙。只要制作服用精致洁净,不会没有效果的。"僧人于是就来到蒙山中顶筑室居住等待,到了季节收获了一两有余,还没有煎服完毕病就好了。可惜不能够在山上久住,从而更多地收获茶叶。从此身体康健、精力充沛,八十多岁,气力不衰。经常到城市中去,观察他的面貌就像三十多岁的年纪,眉毛头发都呈微红的墨绿色。后来进入青城山学道成仙,不知所终。如今蒙山五峰,其馀四个峰顶茶园都没有荒废,只有中顶上清峰草木繁茂,云雾缭绕,遮蔽日月,猛兽出没,人迹罕至。

明代陈继儒《太平清话》记载:张文规以吴兴(今浙江湖州)白苎、白蘋洲、明月峡中茶作为三绝。张文规好学,有文采,苏辙(字子由)、孔武仲、何正臣等名士都与他交游。(此处当为错引,张文规当为唐代吴兴太守,有《湖州贡焙新茶》、《吴兴三绝》等诗,如何与宋代名士交游?)

明代夏树芳(字茂卿)《茶董》记载:刘煜字子仪,曾经与刘筠一起饮茶。问左右道:"水烧滚了吗?"回答说:"已滚。"刘筠调侃说:"佥曰鲧哉!"(见《尚书·尧典》,意思说尧问谁能治水,大家都说鲧可以呀!)刘煜应声回答说:"吾与点也。"(见《论语·先进》,意思是孔子说我赞成曾点的主张。这里借"点"表示水开了,我来点茶的意思。)

黄庭坚(字鲁直)以半铤小龙团茶饼题诗赠给晁补之(字无咎),诗中写道:"曲几蒲团听煮汤,煎成车声绕羊肠。鸡苏胡麻留渴羌，不应乱我官焙香。"苏东坡见了以后说道："这个黄九，这么下去怎么会不穷困潦倒呢？"

明代陈诗教《灌园史》记载：杭州歌妓周韶有诗名，喜欢收藏佳茶奇茗，曾经与蔡襄（字君谟）比试，品题茶的风味，蔡襄自愧不如。

江参，字贯道，江南人。他的形体面貌清奇瘦朗，嗜饮香茶，以为生活。

明代来集之《博学汇书》记载：司马光（封温国公，世称司马温公）与苏轼（字子瞻，号东坡居士）谈论茶和墨。司马光说："茶与墨二者的特性正好相反，茶要白，墨要黑；茶要重，墨要轻；茶要新，墨要陈。"苏轼回答说："好茶、妙墨都很香，这是其品德相同；茶饼和墨锭都很坚硬，这是其操守相同。"司马光听后赞叹，深以为然。

元代耶律楚材的诗《在西域作茶会值雪》，有"高人惠我岭南茶，烂赏飞花雪没车"的句子。

明代顾元庆《云林遗事》记载：元代苏州光福乡富商徐达左，在邓尉山中建造养贤楼，一时名士都云集于此。画家倪瓒（字元镇，号云林，无锡人）来往尤其频繁，曾经派童子到山中担七宝泉水，以前面的桶水煎茶，后面的桶水洗脚，人们不理解其用意，有人问他，倪瓒回答说："前面的桶水没有污染，所以用来煎茶；后面的桶水有时可能会为童子的泄气所污染，所以用来洗脚。"他的洁癖就像这样。

明代陈继儒《妮古录》记载：至正辛丑（1361）九月三日，与陈征君一同下榻愚庵师的房中，焚香煮茶，绘《石梁秋瀑图》，富有自由自在、超脱尘世的趣味。黄鹤山人王蒙题画。

明代周叙《游嵩山记》记载：见到会善寺中，有元代雪庵头陀《茶榜》石刻，每字直径三寸左右，遒劲魁伟，大为可观。

元代钟嗣成《录鬼簿》记载：王实甫有《苏小郎夜月贩茶船》传奇。

明代徐献忠《吴兴掌故集》记载：明太祖朱元璋喜好顾渚茶，但贡茶定制，每年只进贡顾渚茶三十二斤，于清明节前两天，县官亲自前去监督采制，进奉到南京奉先殿焚香罢了，不曾有其他的上供茶叶的规定。

明代郎瑛《七修汇稿》（当即《七修类稿》）记载：明太祖洪武二十四年（1391），诏令天下产茶之地，每年贡茶都有定额，以福建建宁（今福建建瓯）为上品，听任茶户采制进贡，不必通过官府。茶名有四种：探春、先春、次春、紫笋，不得碾碎研末制成大小龙团。

元代杨维桢（字廉夫，号铁崖、东维子）《煮茶梦记》记载：铁崖道人躺在石床之上，时过二更，月色微明，棉纸蚊帐上映着梅花的影子，也投到半个窗子，野鹤孤立而不鸣。这时派小芸童汲取白莲泉水，点燃枯湘竹火，授以云雾佳茶，烹点供饮。这种境界真如游心太虚幻境，使人仿佛进入梦乡。

明代陆树声《茶寮记》写道：在乡居的园中小轩矮墙的西面开一个小茶寮。其中设置茶灶，大凡汲水的茶瓢、煮水的茶罂、洗茶以及击拂等一系列茶具应有尽有。选择一个稍通茶事的人主持，另一人帮助汲水煎茶。宾客到来，就会看到茶烟从竹外隐隐升起。如果有佛徒禅僧过从，每每与我一起结跏趺坐，啜饮茶汁，清谈高论，而没有生分的话。时值深秋（农历九月）的望日之后，适园无诤居士（陆树声）与五台山僧演镇、终南山僧明亮，一同烹试天池茶于茶寮中，并随意记录下来。

明代吴文焕（一作秀水吴继）《墨娥小记》记载：所谓千里茶，是用一两五钱细茶、一两孩儿茶、一两柿子霜、六钱粉草末、三钱薄荷叶，研为细末调和均匀，炼制成蜜丸如白豆大小，可以替代茶叶，同时可以供外出远行饮用。

明代汤显祖（字义仍，号海若、若士，临川人）《题饮茶录》写道：宋初翰林学士陶谷说"煎水，是点茶的关键"。此语最得煎茶之道的三昧。国子监祭酒冯梦桢精通茶道，亲自料理洗涤、煎水之事，然后请客人品饮。宾客有讥笑他的，我调侃地为之解嘲道："这就正像美人，又好比古代的法书名画，试想可以经过俗汉的手吗？"

明代陆钶（字举之，号少石子，鄞县人）《病逸漫记》记载：皇太子出阁听讲，一定要派左右去迎请讲官。讲完之后，则要对东宫的官员说："请先生吃茶。"

明代焦竑（字弱侯，号漪园、澹园）《玉堂丛语》记载：陈音（字师召，号愧斋）先生性格宽厚坦荡，在翰林院任职时，夫人曾经试探他。正值宾客到来，陈先生呼唤上茶，夫人回答说还没有煮，先生就说也罢。又呼唤要干茶，夫人回答说未买，先生就说也罢。客人为之捧腹大笑，当时人称他为陈也罢。

明代沈周（字启南，号石田）《客坐新闻》记载：吴地的高僧大机的居处，有古屋三四间，非常洁净，不能吐唾沫。他擅长烹茶，有清澈甘洌的古井供其使用。宾客到来，就端出一瓯供奉品饮，令人荡涤肠胃，感觉清爽。我父亲与他交往很久，也嗜好饮茶，每次入城，必定到他的居处品饮。

沈周《书芥茶别论后》写道：自古名山胜地，都留着等待流放贬官的人，而茶叶，则是专门供奉高人隐士的，所以说造物的神仙都是有其深意的。周庆叔编撰《芥茶别论》，以流传天下，我料想看重金钱的富贵人家是没有此种清福了，也恐怕那些只图贪多畅快，不知品味的俗人，未必能够领略此中真味。而周庆叔隐居长兴，所到之处携带茶具，邀请我到素瓯黄叶之间，共相欣赏。遗憾的是陆羽（字鸿渐）、蔡襄（字君谟）无法见到庆叔，不禁为之倾茶三叹。

明代冯梦祯《快雪堂漫录》记载：李攀龙（字于麟，号沧溟，山东历城人）到我们浙江担任按察副使，徐中行（字子与）以最上品的岕茶赠给他。等到徐中行与他在昭庆寺见面时问及，却已经赏给皂隶吏役了。大概是因为岕茶从外表看叶大梗多，李攀龙是北方士人，得不到重视也就自然了。记录于此，聊发一笑。

明末闵元衡《玉壶冰》中说：良宵闲坐，点着篝火烹煮茶叶，这时万籁俱寂，远处稀疏的钟声不时传来，当此情景，对着简编读书而不知疲倦，彻夜不用睡觉，这也是一种快乐啊！

清代劳大舆《瓯江逸志》记载：永嘉（今浙江温州）每年进贡茶芽十斤，乐清进贡茶芽五斤，瑞安、平阳每年进贡茶芽也是一样。

雁荡山的五珍是：龙湫茶、观音竹、金星草、山乐官（一种鸟）、香鱼。这里说的龙湫茶就是明茶，紫色而芳香，叫做玄茶，其味道都与天池茶相似而略显淡薄。

明代王世懋（字敬美，太仓人）《二酉委谭》记载：我生性耐不住冠带整齐，尤其是在盛夏酷暑的时候，江西天气热得早，而今年更甚。春三月十七日，在滕王阁请客饮酒，太阳出来如火一样，大汗流至脚跟，头上潺潺的汗水让人几乎不知所措。归来后非常烦闷，妻子为我烧水沐浴，于是就披发裸身前去。当时西山云雾新茶刚到，张右伯正好寄赠给我，茶色鲜白，有豆子香味，差不多可以与虎丘茶相媲美。我沐浴出来，凌露坐在明月之下，急忙让侍从汲取新水烹茶品尝。感觉清凉的气息沁人心脾，两腋习习风生。于是感念此种况味，都不是官场宦海所能体味得到的。蔡琳泉先生年老而更加嗜好饮茶，比我更甚。只是当时已经就寝，无法邀请他相对品饮。清晨起来再次煮水烹茶，但是已经风味不同了。追忆夜间品饮的风味，修书一通赠给先生。

明代朱国桢《涌幢小品》记载：王琏，昌邑（今属山东）人。明太祖洪武初年，担任宁波知府。有下属来谒见奏事，就烹茶以待。当得知下属在为客人居间说情，王琏大呼撤去，下属深感惭愧而退。王琏也因此被称为"撤茶太守"。

《临安志》记载：栖霞洞内有水洞，深不可测，其中的水极为甘甜清洌，魏公曾经烹此水点茶。

明代田汝成《西湖游览志馀》记载：杭州早年有酒馆而没有茶坊，但是富贵之家举行宴会，依然有专供茶事的人，称为茶博士。

《潘子真诗话》记载：叶涛所作的诗非常不工整，却喜欢吟咏。他曾经作有一首《试茶》诗，其中有"碾成天上龙兼凤，煮出人间蟹与虾"的句子。有好事的人嘲笑他说："这不是试茶，这是碾玉的匠人在吃南方的食品呢！"

明代董其昌《容台集》记载：蔡襄（谥忠惠）进贡小龙团茶，以至于被苏轼（谥文忠）所讥讽，认为他与钱惟演（字希圣，谥思）进贡姚黄花（即牡丹名品姚黄）一样，失去了士人的气节。但是宋朝时君臣之间的关系，情意和合，还可以从此窥见一斑。况且蔡襄也并没有因为贡茶而求得恩宠，只是点缀太平世界的一段清心雅事罢了。苏轼曾经书写欧阳修的滁州二记（《醉翁亭记》《丰乐亭记》），知道他不愿意书写《茶录》，我就以苏轼的笔法书写《茶录》，为蔡襄先生忏悔。否则的话，苏轼的蛰龙诗句（指苏轼《咏桧》诗中有"根到九曲无曲处，世间惟有蛰龙知"，因此下狱），几乎濒临汤火（指苏轼下狱后所做《绝命诗》"梦绕云山心似鹿，魂飞汤火命如鸠"），又有什么罪过呢？大凡持论，不能太远离人情物理才可以。

金陵（今江苏南京）春卿署（指南京礼部）中，不时有以松萝茶相赠的，都香味平常罢了。致仕归来居于山馆，反而得以品尝到茶中极品，经询问才知道是闵汶水所收藏的珍品。闵汶水家居金陵，与我不远，作为隐逸之士就像海上之鸥飞舞而不下来，因为知道物以稀为贵，很少与富贵之人交游。从前陆羽以为精于茶事，为贵人所侮辱，愤而写下《毁茶论》，至于像闵汶水，我知道他终究也不会作此毁茶之论的。

明代李日华《六研斋笔记》记载：摄山（即南京紫金山）栖霞寺有一处茶坪，茶叶生长在荆棘林莽中，不曾经过人工修剪种植。唐代陆羽曾经来此入山采摘，皇甫冉则写有《送陆鸿渐栖霞寺采茶诗》赠给他。

李日华《紫桃轩杂缀》记载：泰山不出产茶叶，山中的人们采摘青桐芽烹饮，称为女儿茶。又有松苔，也被当做茶叶饮用，非常富有奇韵。

明代钟惺（字伯敬，号退谷，竟陵人）《钟伯敬集》中有《茶讯》诗写道："犹得年年一度行，嗣音幸借采茶名。"钟惺与徐波（字元叹）交情深厚，从吴中到楚地相距数千里，二人以买茶为名，一年通一次音讯，于是成为佳话，叫做茶讯。

我曾经见过钱谦益的《茶供说》中写道：娄江逸人朱汝圭精于茶事，将因为饮茶而归隐，想请我给他写一篇文章，并表示愿意每年采摘诸山的青芽，为我作供。我观察佛坛中所设置的供品，取白色的牛奶、砂糖、纯蜜之类；西方的沙门、婆罗门，则用葡萄、甘蔗作为供品，还不曾有过以茶为供品的。陆羽，是生长于佛寺的佛家弟子，诗僧皎然（姓谢名昼，居杼山妙喜寺），是杼山的禅师，而陆羽的《茶经》，皎然的《茶歌》，也都没有说道以茶供佛。西土以贯花燃香供佛，而不以茶供，这也是供奉之典制的缺失。朱汝圭精心置办茶事，金芽素瓷，清净供佛，来生必然受到好报，往生香国，以各种奇妙的香料供佛，难道只是像丹丘羽人那样饮茶，而生羽翼罢了呢？我不敢作为朱汝圭的茶供对象，只请以茶来供佛。后世精于茶道的人，以采茶供佛作为佛事活动，那么也是从我感念朱汝圭开始的。于是就写下这篇《茶供说》赠给他。

释普济《五灯会元》记载：摩突罗国有一片林木青翠枝叶茂盛的地方，叫做优留茶。

有僧人问吉州如宝禅师说："如何是和尚家风？"禅师回答说："饭后三碗茶。"僧人又问大道谷泉禅师说："不知道宾客到来如何款待？"禅师回答说："云门胡饼赵州茶。"

清代张英等《渊鉴类函》记载：唐代诗人郑愚《茶诗》写道："嫩芽香且灵，吾谓草中英。夜白和烟捣，寒炉对雪烹。"于是就称茶为草中英。

素馨花叫做神茗，陈献章（字公甫，号石斋，新会白沙人，世称陈白沙）《素馨记》认为这种花能够稍微有助于茶罢了。也叫做那悉茗花。

清代张玉书等《佩文韵府》记载：元好问诗注中说："唐朝人以茶作为小女孩的美称。"

《黔南行记》记载：陆羽《茶经》记载黄牛峡（今湖北宜昌西）的茶叶可以品饮，于是命船夫前去寻求。有一位老妇人卖新茶一笼，与草叶没有差别，只是山中没有好事者罢了。

起初我在峡州（今湖北宜昌），向士大夫打听黄陵茶，都说粗涩不可以品饮。又试问小吏，说是只有僧人所采制的茶叶味道好。命人寻求，获得十饼，价格很平常。于是携带茶饼到黄牛峡，把风炉放在林荫之下，亲自煎水候汤，依法烹试。以茶祭奠过黄牛神之后，再来品啜。元明尧夫说：其香味不减江南茶。由此可知夷陵的士大夫不免以貌取之了。

南宋周必大《九华山录》记载：到化城寺，拜谒金地藏塔，僧人祖瑛献上当地土产的茶叶，味道可以与北苑贡茶媲美。

明代冯时可《茶录》记载：松江府（今上海）佘山也出产茶叶，与苏州天池茶没有差异，只是采摘制造不如天池。近年有僧人到来，以虎丘茶的制法采制，香味与松萝茶略等。老和尚急忙把他驱逐出去，说："不要让此山陷入红尘之中、火坑之内。"

清代冒襄（字辟疆，号巢民）《岕茶汇钞》记载：回忆四十七年前，有一个姓柯的吴地人，对阳羡的茶山非常熟悉，每年桐花初发的时候，为我进入岕山，用箬叶茶笼带来十多种茶叶。其中最为精致的茶叶，不超过一斤或者数两罢了。味道精到，香气馥郁，兼具芝兰金石之性。十五年如一日，坚持不懈。后来董小宛从苏州与我结合，岕茶必须苏州半塘顾先生负责制作，黄熟香则必须金平叔负责制作，茶香双妙，更加精微异常。但是顾、金两家所供应的茶和香，每年一定要先供奉钱谦益（号牧斋，居常熟虞山）夫人柳如是、我们同郡的陇西旧姬以及我和夫人董小宛，而后才供应其他人。

金沙于象明带来岕茶，品质绝妙。金沙于氏精于鉴赏，驰名江南，而岕山的棋盘顶，其地久归于家，每年于象明的父母必定亲自采摘制造。今年夏天，他带来庙后、棋盘顶、涨沙、本山等品种，各有等次，但都是道地的岕茶，极真极妙，乃二十年来所没有过的。另外他还辨别水品，把握火候，亲手洗茶，烹点细致洁净，从而使得茶的色香性情，根据文人的奇异嗜好，一一淋漓而出。正如丹丘羽人所谓饮茶能生羽翼者，真是老年的一种称心乐事啊！

苏州七十四岁的老人朱汝圭带着茶叶来拜访。他的茶和于象明的差不多，只是多了花香一种。朱汝圭从小嗜好饮茶，就像是世人所谓的胎里素，十四岁进入岕山，到如今已经过一百二十番春夏，始终不渝，超过了食色的本性，唯好饮茶。有子孙是著名的生员，到老也不接受他们的赡养，因为他们不嗜好饮茶，不像爷爷。每次壮胆入山，与老虎猛兽周旋，然后背着茶笼来到茶肆，以茶香啸傲同道。每天从早到晚洗茶涤器，品啜无休，指爪齿颊留有余香，言语激扬，文字赞颂，滔滔不绝，总有喜神妙气与茶相辅相成，益智养心，这是一种奇异的癖好。

清代吴震方《岭南杂记》记载：潮州灯节，把漂亮的儿童装扮成采茶女，每队十二人或者八人，手提花篮，分部前进并歌唱，俯仰进退，抑扬顿挫，非常妖艳。另外以稍微年长者二人作为队长，高举彩灯，灯上点缀着扶桑、茉莉等花。采茶女的进退行止，都要视队长而定。他们到各个衙门或者富贵人家进行演唱，人家则赏赐银钱、酒食、茶果。从正月十三日晚起，到十八日晚结束。我记录其词曲数首，颇有《前溪》、《子夜》的遗风。

明代郎瑛《七修类稿》（一作周亮工《闽小记》，是）记载：徽州歙县人闵汶水，居住在金陵桃叶渡上。我曾经去他家品茶，见其煎水候火，都亲自操作，用小酒杯请客人品啜，很专业的烹饮情态，正如德山和尚宣鉴担青龙钞，自矜清高罢了，不足为奇。秣陵（今江苏南京）的好事者，曾经讥讽福建无茶，说闽客（福建的客人）得到闵茶（闵汶水的茶）都制成罗囊盛起来，佩戴在身上代替檀香。其实福建人并不重视闵汶水。福建的客人游历南京的，宋毂（字比玉，号荔枝仙）、洪仲章等人，都是依附吴人强作解事，贬低家鸡，而以野鹜为贵，受到讥讽也是应该的。南京三山街的薛老，也是秦淮河上的闵汶水。薛老曾经说过闵汶水假借其他的调味品制作出兰香茶，终究使得茶的真味丧失净尽。如果闵汶水在世，听到此话也应当感到羞愧。薛老曾经居住在岕峒，亲自修剪茶树，焙制茶叶，想要凌驾于闵汶水之上。我认为茶叶很难以香味闻名，何况以兰花香来确定茶香的品位，乃是咫尺之见，所以我认为薛老的观点为好。

延邵（今属福建）人称呼制茶的人叫做碧竖，南唐攻灭富沙王王延政后，碧竖都成了绿林好汉。

蔡襄（谥忠惠）《茶录》石刻镶嵌在瓯宁（今福建建瓯）县城学校的墙壁间。我在五年前曾经拓了多张寄赠给知己，如今已经漫漶不如以前了。

福建所产的酒各郡都一样，所产的茶也是如此。今年我得茶很多，学习苏轼义酒的故事，全部合而为一，但是合不合在一起也没有什么两样。

清代李仙根（字南津，号子静）《安南杂记》记载：交趾称呼其富贵之人为翁茶。所谓翁茶，就是大官的意思。

清代陈鉴《虎丘茶经补注》记载：徐有贞（字元玉，号天全老人）从金齿（今云南保山）贬谪之地回来，每年的春末夏初，就到虎丘开设茶社。

罗光玺作《虎丘茶记》，嘲讽山僧有替身茶。

吴宽（字原博，号匏庵）与沈周（号石田）一起游历虎丘，亲自采茶煎水对饮，自己说有茶癖。

清代王士祯《渔洋诗话》记载：林确斋，其名佚，江西人。居住在冠石，率领子孙种茶，亲自拿着农具，挑着担子，夜间则诵读《毛诗》、《离骚》。经过冠石的人们，都能看到三四个少年，头上裹着一幅布，赤着脚，挥锄耕耘，一边歌声琅然，有金石之韵，无不私下感叹，以为这是古代图画中的人物。

清代尤侗《尤西堂集》中有《戏册茶为不夜侯制》。

清代朱彝尊《日下旧闻》记载：上巳后三天，新茶从马上运来，新茶到来之日宫中的价格是五十两银子，宫外则达二三十两。不过一两天，就跌到二三两了。见《北京岁华记》。

朱彝尊《曝书亭集》记载：无锡惠山寺听松庵高僧性海，自制竹火炉，中书舍人王绂过访，见而爱之，为他画山水横幅，并且题诗纪念。年久竹炉损坏，侍郎盛冰壑根据旧炉更新其制，流传到京师，各位公卿大臣多有诗词吟咏。典籍顾贞观（字华封，号梁汾）仿照其旧制制成竹炉，等来到京师，侍卫纳兰性德（字容若，又作成容若、楞伽山人）以旧图赠给他。丙寅的秋天，顾贞观带着竹炉及图卷过访余海波寺寓，正好姜宸英（字西溟，号湛园）、周篁（字青士，号笪谷）、孙恺似三个人也到了。打坐青藤之下，烧炉烹试武夷茶，共同联句成四十韵，书写于册页之上，用来给那些好事的博雅君子欣赏。

清代蔡方炳《增订广舆记》记载：湖广长沙府攸县，古迹有茶王城，也就是汉代的茶陵城。

清代葛万里《清异录》记载：倪瓒（字元镇）饮茶要加进果子，叫做清泉白石。如果不是佳客不予招待。一次，有客人请见，命进献此茶，客人口渴，两口喝完，倪瓒心中非常后悔，就收起茶盏入内。

黄周星（字九烟，号而庵）梦读《采茶赋》，只记得其中的一句，叫做"施凌云以翠步"。

葛万里《别号录》记载：宋代曾几，字吉甫，别号茶山。明代许应元，字子春，别号茗山。

《随见录》记载：武夷山五曲朱文公书院内，有一棵茶树，茶叶有臭虫气，等到经过焙制，出来时比其他树上的茶叶更香，名叫臭叶香茶。另外还有老树多棵，据说是朱熹亲手种植，名叫宋树。

明代田汝成《西湖游览志》记载：立夏之日，家家户户都烹试新茶，配合各种精细水果，馈送亲戚和邻居，叫做七家茶。

宋代杭州南屏山净慈寺和尚谦师精于茶事，自己说得心应手，不是言语传达和学习能达到的。

刘士亨有《谢璘上人惠桂花茶》诗写道："金粟金芽出焙篝，鹤边小试兔丝瓯。叶含雷信三春雨，花带天香八月秋。味美绝胜阳羡种，神清如在广寒游。玉川句好无才续，我欲逃禅问赵州。"

明末清初李世熊《寒支集》记载：新城的山中有一种奇异的鸟，其叫声如同吹箫，于是这座山就叫做箫曲山。山中也出产好茶，也叫做箫曲茶。因此作歌记录此事。

《禅玄显教编》记载：徐道人居住在庐山天池寺，不吃饭食已经有九年了。养了一只墨羽鹤，曾经采摘山中的新茶，让鹤衔着松枝烹茶。遇到道友，就一起饮上几碗。

清代张鹏翀《抑斋集》中有《御赐郑宅茶赋》写道："青云幸接于后尘，白日捧归乎深殿。从容步缓，膏芬齐出螭头；肃穆神凝，乳滴将开蜡面。用以濡毫，可媲文章之草；将之比德，勉为精白之臣。"

八　茶之出

《国史补》：风俗贵茶，其名品益众。剑南有蒙顶石花，或小方、散芽，号为第一。湖州顾渚之紫笋，东川有神泉小团、绿昌明、兽目。峡州有小江园、碧涧寮、明月房、茱萸寮。福州有柏岩、方山露芽。婺州有东白、举岩、碧貌。建安有青凤髓。夔州有香山。江陵有楠木。湖南有衡山。睦州有鸠坑。洪州有西山之白露。寿州有霍山之黄芽。绵州之松岭，雅州之露芽，南康之云居，彭州之仙崖、石花，渠江之薄片，邛州之火井、思安，黔阳之都濡、高株，泸川之纳溪、梅岭，义兴之阳羡、春池、阳凤岭，皆品第之最著者也。

《文献通考》：片茶之出于建州者，有龙、凤、石乳、的乳、白乳、头金、蜡面、头骨、次骨、末骨、粗骨、山挺十二等，以充岁贡及邦国之用，泊本路食茶。徐州片茶，有进宝双胜、宝山两府，出兴国军；仙芝、嫩蕊、福合、禄合、运合、脂合，出饶、池州；泥片，出虔州；绿英金片，出袁州；玉津，出临江军；灵川，出福州；先春、早春、华英、来泉、胜金，出歙州；独行灵草、绿芽片金、金茗，出潭州；大拓枕，出江陵、大小巴陵；开胜、开卷、小卷、生黄翎毛，出岳州；双上绿牙、大小方，出岳、辰、澧州；东首、浅山薄侧，出光州。总二十六名。其两浙及宣、江、鼎州，止以上中下或第一至第五为号。其散茶，则有太湖、龙溪、次号、末号，出淮南。岳麓、草子、杨树、雨前、雨后出荆湖；清口，出归州；著子，出江南。总十一名。

叶梦得《避暑录话》：北苑茶，正所产为曾坑，谓之正焙；非曾坑为沙溪，谓之外焙。二地相去不远，而茶种悬绝。沙溪色白，过于曾坑，但味短而微涩，识者一啜，如别泾渭也。余始疑地气土宜，不应顿异如此。及来山中，每开辟径路，刿治岩窦，有寻丈之间，土色各殊，肥瘠紧缓燥润，亦从而不同。并植两木于数步之间，封培灌溉略等，而生死丰悴如二物者。然后知事不经见，不可必信也。草茶极品惟双井、顾渚，亦不过各有数亩。双井在分宁县，其地属黄氏鲁直家也。元祐间，鲁直力推赏于京师，族人交致之，然岁仅得一二斤尔。顾渚在长兴县，所谓吉祥寺也，其半为今刘侍郎希范家所有。两地所产，岁亦止五六斤。近岁寺僧求之者，多不暇精择，不及刘氏远甚。余岁求于刘氏，过半斤则不复佳。盖茶味虽均，其精者在嫩芽。取其初萌如雀舌者，谓之枪；稍敷而为叶者，谓之旗。旗非所贵，不得已取一枪一旗犹可，过是则老矣。此所以为难得也。

《归田录》：腊茶出于剑、建，草茶盛于两浙。两浙之品，日注为第一。自景祐以后，洪州双井白芽渐盛，近岁制作尤精，囊以红纱，不过一二两，以常茶十数斤养之，用辟暑湿之气。其品远出日注上，遂为草茶第一。

《云麓漫钞》：茶出浙西，湖州为上，江南常州次之。湖州出长兴顾渚山中，常州出义兴君山悬脚岭北岸下等处。

《蔡宽夫诗话》：玉川子《谢孟谏议寄新茶》诗有"手阅月团三百片"及"天子须尝阳羡茶"之句。则孟所寄，乃阳羡茶也。

杨文公《谈苑》：蜡茶出建州，陆羽《茶经》尚未知之，但言福建等州未详，往往得之，其味甚佳。江左近日方有蜡面之号。丁谓《北苑茶录》云："创造之始，莫有知者。"质之三馆检讨杜镐，亦曰在江左日，始记有研膏茶。欧阳公《归田录》亦云出福建，而不言所起。按唐氏诸家说中，往往有蜡面茶之语，则是自唐有之也。

《事物纪原》：江左李氏别令取茶之乳作片，或号京铤、的乳及骨子等，是则京铤之品，自南唐始也。《苑录》云："的乳以降，以下品杂炼售之，惟京师去者，至真不杂，意由此得名。"或曰，自开宝末，方有此茶。当时识者云，金陵僭国，惟曰都下，而以朝廷为京师。今忽有此名，其将归京师乎！

罗廪《茶解》：按唐时产茶地，仅仅如季疵所称。而今之虎丘、罗岕、天池、顾渚、龙井、雁宕、武夷、灵川、大盘、日铸、朱溪诸名茶，无一与焉。乃知灵草在在有之。但培植不嘉，或疏于采制耳。

《潜确类书》：《茶谱》：袁州之界桥，其名甚著，不若湖州之研膏、紫笋，烹之有绿脚垂下。又婺州有举岩茶，片片方细，所出虽少，味极甘芳，煎之如碧玉之乳也。

《农政全书》：玉垒关外宝唐山，有茶树产悬崖，笋长三寸五寸，方有一叶两叶。涪州出三般茶：最上宾化，其次白马，最下涪陵。

《煮泉小品》：茶自浙以北皆较胜。惟闽、广以南，不惟水不可轻饮，而茶亦当慎之。昔鸿渐未详岭南诸茶，但云"往往得之，其味甚佳"。余见其地多瘴疠之气，染着水草，北人食之，多致成疾，故谓人当慎之也。

《茶谱通考》：岳阳之含膏冷，剑南自绿昌明，蕲门之团黄，蜀川之雀舌，巴东之真香，夷陵之压砖，龙安之骑火。

《江南通志》：苏州府吴县西山产茶，谷雨前采焙极细者，贩于市，争先腾价，以雨前为贵也。

《吴郡虎丘志》：虎丘茶，僧房皆植，名闻天下。谷雨前摘细芽焙而烹之，其色如月下白，其味如豆花香。近因官司征以馈远，山僧供茶一斤，费用银数钱。是以苦于赍送，树不修茸，甚至刘斫之，因以绝少。

米襄阳《志林》：苏州穹窿山下有海云庵，庵中有二茶树，其二株皆连理，盖二百馀年矣。

《姑苏志》：虎丘寺西产茶，朱安雅云："今二山门西偏，本名茶岭。"

陈眉公《太平清话》：洞庭中西尽处，有仙人茶，乃树上之苔藓也，四皓采以为茶。

《图经续记》：洞庭小青山坞出茶，唐宋入贡。下有水月寺，因名水月茶。

《古今名山记》：支硎山茶坞，多种茶。

《随见录》：洞庭山有茶，微似岕而细，味甚甘香，俗呼为吓杀人。产碧螺峰者尤佳，名碧螺春。

《松江府志》：佘山在府城北，旧有佘姓者修道于此，故名。山产茶与笋，并美，有兰花香味。故陈眉公云："余乡佘山茶与虎丘相伯仲。"

《常州府志》：武进县章山麓有茶巢岭，唐陆龟蒙尝种茶于此。

《天下名胜志》：南岳古名阳羡山，即君山北麓。孙皓既封国后，遂禅此山为岳，故名。唐时产茶充贡，即所云南岳贡茶也。

常州宜兴县东南，别有茶山。唐时造茶入贡，又名唐贡山，在县东南三十五里均山乡。

《武进县志》：茶山路在广化门外，十里之内，大墩小墩连绵簇拥，有山之形。唐代湖、常二守会阳羡造茶修贡，由此往返，故名。

《檀几丛书》：茗山，在宜兴县西南五十里永丰乡。皇甫曾有《送羽南山采茶》诗，可见唐时贡茶在茗山矣。

唐李栖筠守常州日，山僧献阳羡茶。陆羽品为芬芳冠世，产可供上方。遂置茶舍于洞灵观，岁造万两入贡。后韦夏卿徙于无锡县罨画溪上，去湖汶一里所。许有谷诗云"陆羽名荒旧茶舍，却教阳羡置邮忙"是也。

义兴南岳寺，唐天宝中有白蛇衔茶子坠寺前，寺僧种之庵侧，由此滋蔓，茶味倍佳，号曰蛇种。土人重之，每岁争先饷遗。官司需索，修贡不绝。迨今方春采茶，清明日，县令躬享白蛇于卓锡泉亭，隆厥典也。后来檄取，山农苦之，故袁高有"阴岭茶未吐，使者牒已频"之句。郭三益诗："官符星火催春焙，却使山僧怨白蛇。"卢仝《茶歌》："安知百万亿苍生，命坠颠崖受辛苦。"可见贡茶之累民，亦自古然矣。

《洞山岕茶系》：罗岕，去宜兴而南，逾八九十里。浙直分界，只一山冈，冈南即长兴山。两峰相阻，介就夷旷者，人呼为岕云。履其地，始知古人制字有意。今字书岕字，但注云"山名耳"。有八十八处，前横大洞，水泉清驶，漱润茶根，泄山土之肥泽，故洞山为诸岕之最。自西氿溯涨渚而入，取道茗岭，甚险恶。［原注：县西南八十里。］自东氿溯湖氵父而入，取道瀍岭，稍夷，才通车骑。

所出之茶，厥有四品：第一品，老庙后。庙祀山之土神者，瑞草丛郁，殆比茶星胙盉矣。地不下二三亩，苕溪姚象先与婿分有之。茶皆古本，每年产不过二十斤，色淡黄不绿，叶筋淡白而厚，制成梗绝少。入汤，色柔白如玉露，味甘，芳香藏味中。空濛深永，啜之愈出，致在有无之外。第二品，新庙后、棋盘顶、纱帽顶、手巾条、姚八房及吴江周氏地，产茶亦不能多。香幽色白，味冷隽，与老庙不甚别，啜之差觉其薄耳。此皆洞顶岕也。总之，岕品至此，清如孤竹，和如柳下，并入圣矣。今人以色浓香烈为岕茶，真耳食而眯其似也。第三品，庙后涨沙、大袁头、姚洞、罗洞、王洞、范洞、白石。第四品，下涨沙、梧桐洞、余洞、石场、丫头岕、留青岕、黄龙、岩灶、龙池，此皆平洞本岕也。外山之长潮、青口、筦庄、顾渚、茅山岕，俱不入品。

《岕茶汇钞》：洞山茶之下者，香清叶嫩，着水香消。棋盘顶、纱帽顶、雄鹅头、茗岭，皆产茶地。诸地有老柯、嫩柯，惟老庙后无二，梗叶丛密，香不外散，称为上品也。

《镇江府志》：润州之茶，傲山为佳。

《寰宇记》：扬州江都县蜀冈有茶园，茶甘旨如蒙顶。蒙顶在蜀，故以名冈。上有时会堂、春贡亭，皆造茶所，今废，见毛文锡《茶谱》。

《宋史·食货志》：散茶出淮南，有龙溪、雨前、雨后之类。

《安庆府志》：六邑俱产茶，以桐之龙山、潜之闵山者为最。蒔茶源在潜山县。香茗山在太湖县。大小茗山在望江县。

《随见录》：宿松县产茶，尝之颇有佳种，但制不得法。倘别其地，辨其等，制以能手，品不在六安下。

《徽州志》：茶产于松萝，而松萝茶乃绝少，其名则有胜金、嫩桑、仙芝、来泉、先春、运合、华英之品，其不及号者为片茶八种。近岁茶名，细者有雀舌、莲心、金芽；次者为芽下白，为走林，为罗公；又其次者为开园，为软枝，为大方。制名号多端，皆松萝种也。

吴从先《茗说》：松萝，予土产也，色如梨花，香如豆蕊，饮如嚼雪。种愈佳，则色愈白，即经宿无茶痕，固足美也。秋露白片子，更轻清若空，但香大惹人，难久贮，非富家不能藏耳。真者其妙若此，略混他地一片，色遂作恶，不可观矣。然松萝地如掌，所产几许，而求者四方云至，安得不以他混耶？

《黄山志》：莲花庵旁，就石缝养茶，多轻香冷韵，袭人断腭。

《昭代丛书》：张潮云："吾乡天都有抹山茶。茶生石间，非人力所能培植。味淡香清，足称仙品。采之甚难，不可多得。"

《随见录》：松萝茶，近称紫霞山者为佳，又有南源、北源名色。其松萝真品殊不易得。黄山绝顶有云雾茶，别有风味，超出松萝之外。

《通志》：宁国府属宣、泾、宁、旌、太诸县，各山俱产松萝。

《名胜志》：宁国县鸦山在文脊山北，产茶充贡。《茶经》云"味与蕲州同"。宋梅询有"茶煮鸦山雪满瓯"之句。今不可复得矣。

《农政全书》：宣城县有丫山，形如小方饼横铺，茗芽产其上。其山东为朝日所烛，号为阳坡，其茶最胜。太守荐之，京洛人士题曰"丫山阳坡横文茶"，一名"瑞草魁"。

《华夷花木考》：宛陵茗池源茶，根株颇硕，生于阴谷，春夏之交，方发萌芽。茎条虽长，旗枪不展，乍紫乍绿。天圣初，郡守李虚己同太史梅询尝试之，品以为建溪、顾渚不如也。

《随见录》：宣城有绿雪芽，亦松萝一类。又有翠屏等名色。其泾川涂茶，芽细、色白、味香，为上供之物。

《通志》：池州府属青阳、石埭、建德，俱产茶。贵池亦有之，九华山闵公墓茶，四方称之。

《九华山志》：金地茶，西域僧金地藏所植，今传枝梗空筒者是。大抵烟霞云雾之中，气常温润，与地上者不同，味自异也。

《通志》：庐州府属六安、霍山，并产名茶，其最著惟白茅贡尖，即茶芽也。每岁茶出，知州具本恭进。

六安州有小岘山，出茶名小岘春，为六安极品。霍山有梅花片，乃黄梅时摘制，色香两兼而味稍薄。又有银针、丁香、松萝等名色。

《紫桃轩杂缀》：余生平慕六安茶，适一门生作彼中守，寄书托求数两，竟不可得，殆绝意乎！

陈眉公《笔记》：云桑茶出琅琊山，茶类桑叶而小，山僧焙而藏之，其味甚清。

广德州建平县雅山出茶，色香味俱美。

《浙江通志》：杭州钱塘、富阳及余杭径山多产茶。

《天中记》：杭州宝云山出者，名宝云茶。下天竺香林洞者，名香林茶。上天竺白云峰者，名白云茶。

田子艺云：龙泓今称龙井，因其深也。《郡志》称有龙居之，非也。盖武林之山，皆发源天目，有龙飞凤舞之谶，故西湖之山以龙名者多，非真有龙居之也。有龙，则泉不可食矣。泓上之阁，亟宜去之，浣花诸池，尤所当浚。

《湖壖杂记》：龙井产茶，作豆花香，与香林、宝云、石人坞、垂云亭者绝异。采于谷雨前者尤佳，啜之淡然，似乎无味，饮过后，觉有一种太和之气，弥纶于齿颊之间，此无味之味，乃至味也。为益于人不浅，故能疗疾。其贵如珍，不可多得。

《坡仙食饮录》：宝严院垂云亭亦产茶，僧怡然以垂云茶见饷，坡报以大龙团。

陶谷《清异录》：开宝中，窦仪以新茶饷予，味极美，奁面标云龙陂山子茶。龙陂是顾渚山之别境。

《吴兴掌故》：顾渚左右有大小官山，皆为茶园。明月峡在顾渚侧，绝壁削立，大涧中流，乱石飞走，茶生其间，尤为绝品。张文规诗所谓"明月峡中茶始生"是也。

顾渚山，相传以为吴王夫差于此顾望原隰可为城邑，故名。唐时，其左右大小官山皆为茶园，造茶充贡，故其下有贡茶院。

《蔡宽夫诗话》：湖州紫笋出顾渚，在常、湖二郡之间，以其萌苗紫而似笋也。每岁入贡，以清明日到，先荐宗庙，后赐近臣。

冯可宾《岕茶笺》：环长兴境，产茶者曰罗嶰，曰白岩，曰乌瞻，曰青东，曰顾渚，曰箬浦，不可指数。独罗嶰最胜。环嶰境十里而遥，为嶰者亦不可指数。嶰而曰岕，两山之介也。罗隐隐此，故名。在小秦王庙后，所以称庙后罗岕也。洞山之岕，南面阳光，朝旭夕辉，云滃雾浡，所以味迥别也。

《名胜志》：茗山在萧山县西三里，以山中出佳茗也。又上虞县后山，茶亦佳。

《方舆胜览》：会稽有日铸岭，岭下有寺，名资寿。其阳坡名油车，朝暮常有日，茶产其地，绝奇。欧阳文忠云："两浙草茶，日铸第一。"

《紫桃轩杂缀》：普陀老僧贻余小岩茶一裹，叶有白茸，瀹之无色，徐引，觉凉透心腑。僧云："本岩岁止五六斤，专供大士，僧得啜者寡矣。"

《普陀山志》：茶以白华岩顶者为佳。

《天台记》：丹丘出大茗，服之生羽翼。

桑庄《茹芝续谱》：天台茶有三品：紫凝、魏岭、小溪是也。今诸处并无出产，而土人所需，多来自西坑、东阳、黄坑等处。石桥诸山，近亦种茶，味甚清甘，不让他郡，盖出自名山雾中，宜其多液而全厚也。但山中多寒，萌发较迟，兼之做法不佳，以此不得取胜。又所产不多，仅足供山居而已。

《天台山志》：葛仙翁茶圃，在华顶峰上。

《群芳谱》：安吉州茶，亦名紫笋。

《通志》：茶山，在金华府兰溪县。

《广舆记》：鸠坑茶，出严州府淳安县。方山茶，出衢州府龙游县。

劳大与《瓯江逸志》：浙东多茶品，雁宕山称第一。每岁谷雨前三日，采摘茶芽进贡。一枪二旗而白毛者，名曰明茶；谷雨日采者，名雨茶。一种紫茶，其色红紫，其味尤佳，香气尤清，又名玄茶，其味皆似天池而稍薄。难种薄收，土人厌人求索，园圃中少种，间有之，亦为识者取去。按卢仝《茶经》云："温州无好茶，天台瀑布水、瓯水味薄，惟雁宕山水为佳。"此茶亦为第一，曰去腥腻、除烦恼、却昏散、消积食。但以锡瓶贮者，得清香味，不以锡瓶贮者，其色虽不堪观，而滋味且佳，同阳羡山岕茶无二无别。采摘近夏，不宜早；炒做宜熟，不宜生，如法可贮二三年。愈佳愈能消宿食醒酒，此为最者。

王草堂《茶说》：温州中墺及漈上茶皆有名，性不寒不热。

屠粹忠《三才藻异》：举岩，婺茶也。片片方细，煎如碧乳。

《江西通志》：茶山，在广信府城北，陆羽尝居此。

洪州西山白露鹤岭，号绝品，以紫清香城者为最。及双井茶芽，即欧阳公所云"石上生茶如凤爪"者也。又罗汉茶，如豆苗，因灵观尊者自西山持至，故名。

《南昌府志》：新建县鹅冈西有鹤岭，云物鲜美，草木秀润，产名茶异于他山。

《通志》：瑞州府出茶芽，廖逴《十咏》呼为雀舌香焙云。其馀临江、南安等府俱出茶，庐山亦产茶。

袁州府界桥出茶，今称仰山、稠平、木平者佳，稠平者尤妙。

赣州府宁都县出林岕，乃一林姓者以长指甲炒之，采制得法，香味独绝，因之得名。

《名胜志》：茶山寺，在上饶县城北三里，按《图经》，即广教寺。

中有茶园数亩，陆羽泉一勺。羽性嗜茶，环居皆植之，烹以是泉，后人遂以广教寺为茶山寺云。宋有茶山居士曾吉甫，名几，以兄开忏秦桧，奉祠侨居此寺，凡七年，杜门不问世故。

《丹霞洞天志》：建昌府麻姑山产茶，惟山中之茶为上，家园植者次之。

《饶州府志》：浮梁县阳府山，冬无积雪，凡物早成，而茶尤殊异。金君卿诗云：“闻雷已荐鸡鸣笋，未雨先尝雀香茶。”以其地暖故也。

《通志》：南康府出匡茶，香味可爱，茶品之最上者。

九江府彭泽县九都山出茶，其味略似六安。

《广舆记》：德化茶，出九江府。又，崇义县多产茶。

《吉安府志》：龙泉县匡山有苦斋，章溢所居，四面峭壁，其下多白云，上多北风，植物之味皆苦。野蜂巢其间，采花蕊作蜜，味亦苦。其茶苦于常茶。

《群芳谱》：太和山骞林茶，初泡极苦涩，至三四泡，清香特异，人以为茶宝。

《福建通志》：福州、泉州、建宁、延平、兴化、汀州、邵武诸府，俱产茶。

《合璧事类》：建州出大片。方山之芽，如紫笋，片大极硬。须汤浸之，方可碾。治头痛，江东老人多服之。

《天下名山记》：鼓山半岩茶，色香，风味当为闽中第一，不让虎丘、龙井也。雨前者每两仅十钱，其价廉甚。一云前朝每岁进贡，至杨文敏当国，始奏罢之。然近来官取，其扰甚于进贡矣。

柏岩，福州茶也。岩即柏梁台。

《兴化府志》：仙游县出郑宅茶，真者无几，大都以赝者杂之，虽香而味薄。

陈懋仁《泉南杂志》：清源山茶，青翠芳馨，超轶天池之上。南安县英山茶，精者可亚虎丘，惜所产不若清源之多也。闽地气暖，桃李冬花，故茶较吴中差早。

《延平府志》：棕毛茶，出南平县半岩者佳。

《建宁府志》：北苑在郡城东，先是建州贡茶，首称北苑龙团，而武夷石乳之名未著。至元时，设场于武夷，遂与北苑并称。今则但知有武夷，不知有北苑矣。吴越间人颇不足闽茶，而甚艳北苑之名，不知北苑实在闽也。

宋无名氏《北苑别录》：建安之东三十里，有山曰凤凰，其下直北苑，旁联诸焙，厥土赤壤，厥茶惟上上。太平兴国中，初为御焙，岁模龙凤，以羞贡筐，盖表珍异。庆历中，漕台益重其事，品数日增，制度日精。厥今茶自北苑上者，独冠天下，非人间所可得也。方其春虫震蛰，群夫雷动，一时之盛，诚为大观。故建人谓至建安而不诣北苑，与不至者同。仆因摄事，得研究其始末，姑撫其大概，修为十余类，目曰《北苑别录》云。

御园：九窠十二陇，麦窠，壤园，龙游窠，小苦竹，苦竹里，鸡薮窠，苦竹，苦竹源，鼯鼠窠，教练陇，凤凰山，大小焊，横坑，猿游陇，张坑，带园，焙东，中历，东际，西际，官平，石碎窠，上下官坑，虎膝窠，楼陇，蕉窠，新园，天楼基，院坑，曾坑，黄际，马安山，林园，和尚园，黄淡窠，吴彦山，罗汉山，水桑窠，铜场，师如园，灵滋，苑马园，高畬，大窠头，小山。右四十六所，广袤三十余里，自官平而上为内园，官坑而下为外园。方春灵芽萌坼，先民焙十余日，如九窠十二陇、龙游窠、小苦竹、张坑、西际，又为禁园之先也。

《东溪试茶录》：旧记建安郡官焙三十有八。

丁氏旧录云："官私之焙，千三百三十有六。"而独记官焙三十二。东山之焙十有四：北苑龙焙一，乳橘内焙二，乳橘外焙三，重院四，壑岭五，渭源六，范源七，苏口八，东宫九，石坑十，建溪十一，香口十二，火梨十三，开山十四。南溪之焙十有二：下瞿一，濛洲东二，汾东三，南溪四，斯源五，小香六，际会七，谢坑八，沙龙九，南乡十，中瞿十一，黄熟十二。西溪之焙四：慈善西一，慈善东二，慈惠三，船坑四。北山之焙二：慈善东一，丰乐二。

外有曾坑、石坑、壑源、叶源、佛岭、沙溪等处。

惟壑源之茶，甘香特胜。

茶之名有七：一曰白茶，民间大重，出于近岁，园焙时有之。地不以山川远近，发不以社之先后。芽叶如纸，民间以为茶瑞，取其第一者为斗茶。次曰柑叶茶，树高丈馀，径头七八寸，叶厚而圆，状如柑橘之叶，其芽发即肥乳，长二寸许，为食茶之上品。三曰早茶，亦类柑叶，发常先春，民间采制为试焙者。四曰细叶茶，叶比柑叶细薄，树高者五六尺，芽短而不肥乳，今生沙溪山中，盖土薄而不茂也。五曰稽茶，叶细而厚密，芽晚而青黄。六曰晚茶，盖稽茶之类，发比诸茶较晚，生于社后。七曰丛茶，亦曰丛生茶，高不数尺，一岁之间发者数四，贫民取以为利。

《品茶要录》：壑源、沙溪，其地相背，而中隔一岭，其去无数里之遥，然茶产顿殊。有能出力移栽植之，亦为风土所化。窃尝怪茶之为草，一物耳，其势必犹得地而后异。岂水络地脉偏钟粹于壑源，抑御焙占此大冈巍陇，神物伏护，得其馀荫哉？何其甘芳精至而美擅天下也。观夫春雷一鸣，筐笼才起，售者已担簦挈囊于其门，或先期而散留金钱，或茶才入笪而争酬所直。故壑源之茶，常不足客所求。其有桀猾之园民，阴取沙溪茶叶，杂就家棬而制之。人耳其名，睨其规模之相若，不能原其实者，盖有之矣。凡壑源之茶售以十，则沙溪之茶售以五，其直大率仿此。然沙溪之园民，亦勇于觅利，或杂以松黄，饰以首面。凡肉理怯薄，体轻而色黄者，试时鲜白，不能久泛，香薄而味短者，沙溪之品也。凡肉理实厚，体坚而色紫，试时泛盏凝久，香滑而味长者，壑源之品也。

《潜确类书》：历代贡茶，以建宁为上，有龙团、凤团、石乳、滴乳、绿昌明、头骨、次骨、末骨、鹿骨、山挺等名，而密云龙最高，皆碾屑作饼。至国朝始用芽茶，曰探春，曰先春，曰次春，曰紫笋，而龙凤团皆废矣。

《名胜志》：北苑茶园，属瓯宁县。旧经云："伪闽龙启中，里人张晖，以所居北苑地宜茶，悉献之官，其名始著。"

《三才藻异》：石岩白，建安能仁寺茶也，生石缝间。

建宁府属浦江县江郎山出茶，即名江郎茶。

《武夷山志》：前朝不贵闽茶，即贡者亦只备宫中浣濯瓯盏之需。贡使类以价货京师所有者纳之。间有采办，皆剑津廖地产，非武夷也。黄冠每市山下茶，登山贸之，人莫能辨。

茶洞在接笋峰侧，洞门甚隘，内境夷旷，四周皆穹崖壁立。土人种茶，视他处为最盛。

崇安殷令招黄山僧以松萝法制建茶，真堪并驾，人甚珍之，时有"武夷松萝"之目。

王梓《茶说》：武夷山周回百二十里，皆可种茶。茶性，他产多寒，此独性温。其品有二：在山者为岩茶，上品；在地者为洲茶，次之。香清浊不同，且泡时岩茶汤白，洲茶汤红，以此为别。雨前者为头春，稍后为二春，再后为三春。又有秋中采者，为秋露白，最香。须种植、采摘、烘焙得宜，则香味两绝。然武夷本石山，峰峦载土者寥寥，故所产无几。若洲茶，所在皆是，即邻邑近多栽植，运至山中及星村墟市贾售，皆冒充武夷。更有安溪所产，尤为不堪。或品尝其味，不甚贵重者，皆以假乱真误之也。至于莲子心、白毫，皆洲茶，或以木兰花熏成欺人，不及岩茶远矣。

张大复《梅花笔谈》：《经》云："岭南生福州、建州。"今武夷所产，其味极佳，盖以诸峰拔立，正陆羽所云"茶上者生烂石中"者耶！

《草堂杂录》：武夷山有三味茶，苦酸甜也，别是一种，饮之味果屡变，相传能解醒消胀。然采制甚少，售者亦稀。

《随见录》：武夷茶，在山上者为岩茶，水边者为洲茶。岩茶为上，洲茶次之。岩茶，北山者为上，南山者次之。南北两山，又以所产之岩名为名，其最著者，名曰工夫茶。工夫之上，又有小种，则以树名为名。每株不过数两，不可多得。洲茶名色，有莲子心、白毫、紫毫、龙须、凤尾、花香、兰香、清香、奥香、选芽、漳芽等类。

《广舆记》：泰宁茶，出邵武府。

福宁州大姥山出茶，名绿雪芽。

《湖广通志》：武昌茶，出通山者上，崇阳、蒲圻者次之。

《广舆记》：崇阳县龙泉山，周二百里。山有洞，好事者持炬而入，行数十步许，坦平如室，可容千百众。石渠流泉清冽，乡人号曰鲁溪。岩产茶，甚甘美。

《天下名胜志》：湖广江夏县洪山，旧名东山，《茶谱》云：“鄂州东山出茶，黑色如韭，食之已头痛。”

《武昌郡志》：茗山在蒲圻县北十五里，产茶。又大冶县亦有茗山。

《荆州土地记》：武陵七县通出茶，最好。

《岳阳风土记》：灉湖诸山旧出茶，谓之灉湖茶。李肇所谓“岳州灉湖之含膏”是也。唐人极重之，见于篇什。今人不甚种植，惟白鹤僧园有千馀本。土地颇类北苑，所出茶一岁不过一二十斤，土人谓之白鹤茶，味极甘香，非他处草茶可比，并茶园地色亦相类，但土人不甚植尔。

《通志》：长沙茶陵州，以地居茶山之阴，因名。昔炎帝葬于茶山之野。茶山即云阳山，其陵谷间多生茶茗故也。

长沙府出茶，名安化茶。辰州茶，出溆浦。郴州亦出茶。

《类林新咏》：长沙之石楠叶，摘芽为茶，名栾茶，可治头风。湘人以四月四日摘杨桐草，捣其汁拌米而蒸，犹糕糜之类，必啜此茶，乃去风也。

《合璧事类》：潭郡之间有渠江，中出茶，而多毒蛇猛兽，乡人每年采撷不过十五六斤。其色如铁，而芳香异常，烹之无脚。

湘潭茶，味略似普洱，土人名曰芙蓉茶。

《茶事拾遗》：潭州有铁色，夷陵有压砖。

《通志》：靖州出茶油。蕲水有茶山，产茶。

《河南通志》：罗山茶，出河南汝宁府信阳州。

《桐柏山志》：瀑布山，一名紫凝山，产大叶茶。

《山东通志》：兖州府费县蒙山石巅，有花如茶，土人取而制之，其味清香，迥异他茶，贡茶之异品也。

《舆志》：蒙山一名东山，上有白云岩，产茶，亦称蒙顶。［原注：王草堂云：乃石上之苔为之，非茶类也。］

《广东通志》：广州、韶州、南雄、肇庆各府及罗定州，俱产茶。

西樵山在郡城西一百二十里，峰峦七十有二，唐末诗人曹松移植顾渚茶于此，居人遂以茶为生业。

韶州府曲江县曹溪茶，岁可三四采，其味清甘。

潮州大埔县、肇庆恩平县，俱有茶山。德庆州有茗山，钦州灵山县亦有茶山。

吴陈琰《旷园杂志》：端州白云山，出云独奇，山故莳茶在绝壁，岁不过得一石许，价可至百金。

王草堂《杂录》：粤东珠江之南产茶，曰河南茶。潮阳有凤山茶，乐昌有毛茶，长乐有石茗，琼州有灵茶、乌药茶云。

《岭南杂记》：广南出苦蓉茶，俗呼为苦丁，非茶也。茶大如掌，一片入壶，其味极苦，少则反有甘味，嚬咽利咽喉之症，功并山豆根。

化州有琉璃茶，出琉璃庵。其产不多，香与峒岕相似。僧人奉客，不及一两。

罗浮有茶，产于山顶石上，剥之如蒙山之石茶，其香倍于广岕，不可多得。

《南越志》：龙川县出皋卢，味苦涩，南海谓之过卢。

《陕西通志》：汉中府兴安州等处产茶，如金州、石泉、汉阴、平利、西乡诸县各有茶园，他郡则无。

《四川通志》：四川产茶州县凡二十九处，成都府之资阳、安县、灌县、石泉、崇庆等；重庆府之南川、黔江、丰都、武隆、彭水等；夔州府之建始、开县等；及保宁府、遵义府、嘉定州、泸州、雅州、乌蒙等处。

东川茶有神泉、兽目，邛州茶曰火井。

《华阳国志》：涪陵无蚕桑，惟出茶、丹漆、蜜蜡。

《华夷花木考》：蒙顶茶受阳气全，故芳香。唐李德裕入蜀，得蒙饼，以沃于汤瓶之上，移时尽化，乃验其真蒙顶。又有五花茶，其片作五出。

毛文锡《茶谱》：蜀州晋原、洞口、横原、珠江、青城，有横芽、雀舌、鸟觜、麦颗，盖取其嫩芽所造，以形似之也。又有片甲、蝉翼之异。片甲者，早春黄芽，其叶相抱如片甲也；蝉翼者，其叶嫩薄如蝉翼也，皆散茶之最上者。

《东斋纪事》：蜀雅州蒙顶产茶，最佳。其生最晚，每至春夏之交始出，常有云雾覆其上，若有神物护持之。

《群芳谱》：峡州茶有小江园、碧涧蓁、明月房、茱萸蓁等。

陆平泉《茶寮记事》：蜀雅州蒙顶上有火前茶，最好，谓禁火以前采者。后者谓之火后茶，有露芽、谷芽之名。

《述异记》：巴东有真香茗，其花白色如蔷薇，煎服令人不眠，能诵无忘。

《广舆记》：峨嵋山茶，其味初苦而终甘。又泸州茶可疗风疾。又有一种乌茶，出天全六番招讨使司境内。

王新城《陇蜀馀闻》：蒙山在名山县西十五里，有五峰，最高者曰上清峰。其巅一石大如数间屋，有茶七株，生石上，无缝罅，云是甘露大师手植。每茶时叶生，智炬寺僧辄报有司往视。籍记其叶之多少，采制才得数钱许。明时贡京师仅一钱有奇。环石别有数十株，曰陪茶，则供藩府诸司之用而已。其旁有泉，恒用石覆之，味精妙，在惠泉之上。

《云南记》：名山县出茶，有山曰蒙山，联延数十里，在西南。按《拾遗志》、《尚书》所谓"蔡蒙旅平"者，蒙山也，在雅州。凡蜀茶，尽在此。

《云南通志》：茶山，在元江府城西北普洱界。太华山，在云南府西，产茶色似松萝，名曰太华茶。

普洱茶，出元江府普洱山，性温味香。儿茶，出永昌府，俱作团。又感通茶，出大理府点苍山感通寺。

《续博物志》：威远州即唐南诏银生府之地，诸山出茶，收采无时，杂椒姜烹而饮之。

《广舆记》：云南广西府出茶。又湾甸州出茶，其境内孟通山所产，亦类阳羡茶，谷雨前采者香。

曲靖府出茶子，丛生，单叶，子可作油。

许鹤沙《滇行纪程》：滇中阳山茶，绝类松萝。

《天中记》：容州黄家洞出竹茶，其叶如嫩竹，土人采以作饮，甚甘美。［原注：广西容县，唐容州。］

《贵州通志》：贵阳府产茶，出龙里东苗坡及阳宝山，土人制之无法，味不佳。近亦有采芽以造者，稍可供啜。威宁府茶，出平远，产岩间，以法制之，味亦佳。

《地图综要》：贵州新添军民卫产茶，平越军民卫亦出茶。

《研北杂志》：交趾出茶，如绿苔，味辛烈，名曰登。北人重译，名茶曰钗。

[译文]

唐代李肇《国史补》记载：民间风俗以茶为贵，所以茶叶名品更多。剑南道（治今四川成都）有蒙顶石花，有小方，有散芽，号称天下第一。湖州有顾渚的紫笋茶，东川（治今四川治县）有神泉小团、绿昌明、兽目。峡州（今湖北宜昌）有小江园、碧涧寮、明月房、茱萸寮。福州有柏岩、方山露芽。婺州（治今浙江金华）有东白、举岩、碧貌。建安有青凤髓。夔州有香山。江陵有楠木。湖南有衡山。睦州（治今浙江淳安西南）有鸠坑。洪州有西山的白露。寿州有霍山的黄芽。绵州有松岭，雅州有露芽，南康有云居，彭州有仙崖、石花，渠江有薄片，邛州有火井、思安，黔阳有都濡、高株，泸川有纳溪、梅岭，义兴有阳羡、春池、阳凤岭，这都是品质名次最为著名的。

元代马端临《文献通考》记载：建州出产的片茶，有龙团、凤团、石乳、的乳、白乳、头金、蜡面、头骨、次骨、末骨、粗骨、山挺十二个等级，用来作为每年的进贡和国家的大事所用，以及本路的食茶。其馀各州的片茶，则有进宝双胜、宝山两府，出产于兴国军；仙芝、嫩蕊、福合、禄合、运合、脂合，出产于饶州、池州；泥片，出产于虔州（治今江西赣州）；绿英金片，出产于袁州（治今江西宜春）；玉津，出产于临江军；灵川，出产于福州；先春、早春、华英、来泉、胜金，出产于歙州；独行灵草、绿芽片金、金茗，出产于潭州；大拓枕，出产于江陵和大小巴陵；开胜、开卷、小卷、生黄翎毛，出产于岳州；双上绿芽、大小方，出产于岳州、辰州、澧州；东首、浅山薄侧，出产于光州。总共有二十六种名色。浙江东路、浙江西路以及宣州、江州、鼎州只是以上、中、下或者第一、第二、第三、第四、第五为号。至于散茶，则有太湖、龙溪、次号、末号，出产于淮南；岳麓、草子、杨树、雨前、雨后，出产于荆湖南路和荆湖北路；清口，出产于归州；茗子，出产于江南。总共有十一种名色。

南宋叶梦得《避暑录话》记载：北苑茶，正宗所产出于曾坑，叫做正焙；不是曾坑的是沙溪所产，叫做外焙。这两个地方相距不远，可是所产茶叶的品种却相差悬殊。沙溪所产茶色泽鲜白超过曾坑，只是回味较短而稍微苦涩，识茶的人一经品啜，便如泾渭分明。我起初怀疑这里的地气土宜，不应该相差如此明显，等到来到山中，每当开辟道路、整治岩石洞窟，有时几丈之间，土色各不相同，肥沃与贫瘠、紧坡与缓坡、干燥与湿润也相差很大。同时种植两棵树木，相距数步之间，封土、培植、灌溉等也基本相同，可是两棵树木的茂盛与枯槁就像是两种东西。经过体验然后才知道事情如果不经过亲眼所见，一定不会确信。草茶的极品，只有双井、顾渚，也不过各有数亩茶园。双井茶产于分宁县（今江西修水），其产地属于黄庭坚（字鲁直）的家。元祐（1086～1094）年间，黄庭坚极力在京师推荐，其家族也都把收获的茶寄给他，但是每年也仅仅收获一二斤罢了。顾渚茶产于长兴县（今属浙江），所谓的吉祥寺，其茶园的一半属于今刘希范侍郎家所有。两地所产，每年也不过五六斤。近年来寺院中的僧人求取茶叶，往往来不及精心拣择，品质远远赶不上刘氏所产。我每年向刘氏索求，超过半斤质量就得不到保证。这是因为茶味虽然差别不大，其精品关键在于嫩芽。摘取刚刚萌发如雀舌一般的嫩芽，叫做枪；稍微展开而成为叶的，叫做旗。旗就不是很贵重。实在不得已就取一枪一旗，超过这个标准就嫌老了。这就是极品名茶之所以难得的缘故。

北宋欧阳修《归田录》记载：腊茶出产于剑、建二州，草茶则盛产于两浙。两浙的茶品，以绍兴的日注茶为第一。自从景祐（1034～1038）以后，洪州双井白茶逐渐兴盛起来，近年制作尤其精致，用红纱囊包裹，不超过一二两，而要用普通茶叶十多斤保养，避免暑期潮湿之气。其品质远远超出日注茶之上，于是就可以称为草茶第一。

南宋赵彦卫《云麓漫钞》记载：茶叶出产于浙江西路，湖州为上，江南常州次之。湖州茶出产于长兴顾渚山中，常州则出产于义兴君山悬脚岭北岸下等地。

《蔡宽夫诗话》中说：卢仝（号玉川子）《走笔谢孟谏议寄新茶》诗中"手阅月团三百片"及"天子须尝阳羡茶"的句子。可知孟谏议所寄赠的，乃是阳羡茶。

北宋杨亿（字大年，谥文，世称杨文公）《谈苑》中说：蜡茶出产于建州，陆羽《茶经》尚未知道，只是说福建等州未详，往往得之，其味道极好。江南地区近日才有蜡面的称号。丁谓《北苑茶录》说："北苑贡茶创造之初，没有人知道。"询问三馆检讨杜镐，他也是说在江南任职的时候，才记得有研膏茶。欧阳修《归田录》也说出产于福建，而没有明言其起源。从唐朝各家文献中，常常有蜡面茶的说法，可以推断这是从唐朝开始有的。

北宋高承《事物纪原》记载：五代南唐李氏，另外命人取茶的乳粥制作成片，有人称做京铤、的乳以及骨子等，由此可知，京铤之品是从南唐创始的。《北苑贡茶录》中说："的乳以下，用下品的茶叶掺杂制作进行销售，只有京师供奉的，是至真之品，没有杂质，可能就是由此而得名京铤。"有人说，自宋太祖开宝（968～976）年间以来，才有这种茶。当时精于茶事的人说，南唐李氏政权，只称作都下，而以朝廷所在的汴京作为京师。而今忽然出现这种称呼，是说明南唐将要归顺朝廷吧！

明代罗廪《茶解》中说：唐朝时期的产茶之地，仅仅如陆羽（一名疾，字季疵）所讲到的。那么今天的虎丘、罗岕、天池、顾渚、龙井、雁宕、武夷、灵川、大盘、日铸、朱溪等有名的好茶，没有一个列入其中。由此可以知道灵异的瑞草处处都有，只是人们不懂得科学培植，或者不善于采制加工罢了。

明代陈仁锡《潜确类书》中说：《茶谱》记载：袁州的界桥茶，其名声很大，但是不如湖州的研膏茶、紫笋茶，烹点时会有绿脚垂下。另外婺州有举岩茶，每一片都方正细小，虽然出产很少，茶味却极其甘芳，煎煮之后如碧玉之乳。

明代徐光启《农政全书》记载：玉垒关（在今四川灌县西）外的宝唐山（在今四川汶川），有茶树生长在悬崖之上，茶笋长到三寸五寸，才有一叶两叶发出来。涪州出产三种茶叶，最上品的是宾化茶，其次是白马茶，最下的是涪陵茶。

明代田艺蘅《煮泉小品》记载：茶叶，浙江以北地区出产的，品质都比较好。只有福建、两广以南地区，不仅其泉水不可轻易饮用，所出产的茶叶也应当谨慎勿用或者有选择地饮用。从前陆羽《茶经》没有详细记载岭南所出产的茶叶，只是说"往往能得到一些茶叶，其味道都非常好"。我看到福建、两广地区多有瘴疠之气，熏染到草木之上，北方人饮用过后，大多会导致疾病发生，所以说人们应当谨慎从事。

《茶谱通考》记载：岳阳的含膏冷、剑南的绿昌明、蕲门的团黄、蜀川的雀舌、巴东的真香、夷陵的压砖、龙安的骑火，都是一代名茶。

《江南通志》记载：苏州府吴县西山所出产的茶叶，在谷雨之前采摘焙制。其中极细的好茶，贩卖到市场上，争先恐后地涨价，以雨前茶为最贵。

《吴郡虎丘志》记载：虎丘茶，寺院的僧房都种植茶树，名闻天下。谷雨前采摘细嫩的芽茶焙制而烹试，其色泽如月下白色，其味道如豆花香。近来因为官府征收馈送远方，虎丘山中的僧人供奉茶叶一斤，要花费数钱银子，因此苦于馈赠，茶树也不修剪打理，甚而至于砍掉茶树，所以虎丘茶极为稀少。

宋代米芾（字元章，襄阳人）《志林》记载：苏州穹窿山下有一座海云庵，庵中生长着两棵大茶树，两树根株相连，已经有二百多年了。

《姑苏志》记载：苏州虎丘寺西边出产茶叶，朱安雅说："如今二山门向西略偏，本来名叫茶岭。"

陈继儒（号眉公）《太平清话》记载：太湖洞庭西山中最西边的地方，有仙人茶，乃是树上的苔藓，商山四皓采摘来制成茶饮用。

《图经续记》记载：太湖洞庭小青山坞出产茶叶，唐宋时期就入贡朝廷。其下有水月寺，于是就命名所产茶叶叫做水月茶。

《古今名山记》记载：支硎山（今苏州城西观音山）茶坞，多种植茶树。

《随见录》记载：太湖洞庭山出产有茶，与芥茶略微相似而更加精细，味道非常甘甜香洌，俗语称为"吓杀人"，出产于碧螺峰的尤其精致，所以叫做碧螺春。

《松江府志》记载：佘山在松江府城的北面，旧有佘姓的人在这里修道，所以叫做佘山。山中出产的茶与笋都非常好，有兰花的香味。所以陈眉公说："我故乡的佘山茶，与虎丘茶在伯仲之间。"

《常州府志》记载：武进县章山山麓有茶巢岭，唐朝时陆龟蒙曾经在这里种茶。

《天下名胜志》记载：南岳，古代叫做阳羡山，也就是君山的北麓。三国吴主孙皓即位之后，就到此山去封禅，称之为南岳。唐朝时产茶作为贡品，就是所谓的南岳贡茶。

常州宜兴县东南另有一处茶山。唐朝时制茶进贡朝廷，所以又叫做唐贡山，在宜兴县东南三十五里的均山乡。

《武进县志》记载：茶山路，在广化门外，十里之内，有大墩小墩连绵不断，前后簇拥，有茶山的形状。唐代湖州、常州两郡太守会于阳羡，造茶修贡，从这里往返，所以叫做茶山路。

清代王晫《檀几丛书》记载：茗山，在宜兴县西南五十里的永丰乡。唐代诗人皇甫曾有《送羽南山采茶》诗，可见唐代贡茶就在茗山。

唐代李栖筠（字贞一，封赞皇县伯，世称赞皇公）担任常州刺史时，山中的僧人进献阳羡茶。陆羽品评为芬芳冠世，经过精心焙制可以进贡给朝廷。李栖筠于是就在洞灵观设置茶舍，每年制造一万两茶，进贡朝廷。后来韦夏卿将茶舍迁移到无锡县罨画溪上，距离湖㳇大约一里的地方。明人许有谷诗中所谓的"陆羽名荒旧茶舍，却教阳羡置邮忙"，指的就是此事。

义兴（今江苏宜兴）南岳寺，唐玄宗天宝年间（742～756）

曾有白蛇口衔茶籽坠落寺前，寺院僧人把茶籽种植在寺旁，从此滋蔓繁衍，茶味更好，叫做蛇种。当地人都很看重，每年争先恐后馈赠亲友，官府索要，修贡不断。至今每到春天就如期采茶，清明这天县令要亲自在卓锡泉亭拜祭白蛇，其典礼非常隆重。后来官府索取太多，茶农深受其苦，所以袁高有"阴岭茶未吐，使者牒已频"的诗句。宋人郭三益诗写道："官符星火催春焙，却使山僧怨白蛇。"唐代卢仝《茶歌》写道："安知百万亿苍生，命坠颠崖受辛苦。"可见贡茶扰累人民，也是自古如此啊！

明代周高起《洞山岕茶系》记载：罗岕，在宜兴的南边，超过八九十里，位于浙江和南直隶的交界处，只有一个山冈，山冈的南面就是长兴山。两边山峰阻隔，中间平坦广阔的山冈，人们就称为岕。亲临其地观察，才知道古人造字的用意。如今的字典中的"岕"字，只是注释说"山名"罢了。此地共有八十八个去处，前面一条大的山涧横流，泉水清澈流动，淘洗滋润着茶树的根本，流泄着山中土壤的肥泽，所以洞山所产为岕茶中的最上品。从西氿逆涨渚而上，取道茗岭，道路非常险峻。[原注：距离县城西南八十里。]从东氿逆湖汶而上，取道澧岭，稍微平坦，刚好可以通车马。

罗岕所出产的茶叶，分为四个品级：第一品，出产于老庙后。老庙祭祀山中的土神，这里茶树丛生，枝繁叶茂，大约象征着茶星弥漫灵通吧。其地不下二三亩，归茗溪姚象先和他的女婿所有。茶树都是古木，每年所产不超过二十斤，色泽淡黄而不绿，叶筋淡白而不厚，制成的茶极少有梗。入汤色泽柔和鲜白，犹如玉露，味道甘甜，其中蕴藏着芳香，空濛深远，愈品愈有滋味，风味在有无之外。第二品，出产于新庙后、棋盘顶、纱帽顶、手巾条、姚八房以及吴江周氏的田地中，产量也不够多。芳香清幽，色泽鲜白，味道冷隽，与老庙后的上品差别不大，只是品啜起来略感淡薄罢了。这两品都是洞山顶上的岕茶。总的来说，岕茶的品质堪称清如孤竹君的儿子伯夷、叔齐兄弟，和如柳下惠（展禽），一并可以称为圣人了。今人以色泽浓重、香味浓烈作为岕茶的特征，真是听信传闻，朦胧不明真相啊！第三品，出产于庙后涨沙、大袁头、姚洞、罗洞、王洞、范洞、白石。第四品，出产于下涨沙、梧桐洞、余洞、石场、丫头岕、留青岕、黄龙、岩灶、龙池。第三、第四品都是平洞的本岕。外山的长潮、青口、箬庄、顾渚、茅山等地出产的岕茶，都不入品。

清代冒襄《岕茶汇钞》记载：洞山岕茶中的下品，香味清新，芽叶肥嫩，但是入水香味就消失了。棋盘顶、纱帽顶、雄鹅头、茗岭等，都是岕茶的产地。各个产地有老柯、嫩柯，只有老庙后所产的茶没有两样，梗叶丛密，香气不会外散，称为上品。

《镇江府志》记载：润州所产的茶叶，以傲山（今南京江宁）为最好。

宋代乐史《太平寰宇记》记载：扬州江都县蜀冈有茶园，所产的茶叶甘甜芳香，犹如蒙顶茶。蒙顶在蜀，所以就以蜀来命名此冈。冈上有时会堂、春贡亭，都是造茶的地方，如今都已荒废。见五代毛文锡《茶谱》。

《宋史·食货志》记载：散茶出产于淮南，有龙溪、雨前、雨后等品种。

《安庆府志》记载：安庆府所属的六个县都出产茶叶，而以桐城的龙山（即龙眠山）、潜山的闵山最为著名。莳茶源在潜山县，香茗山在太湖县，大小茗山在望江县。

《随见录》记载：宿松县出产茶叶，品尝后感到当地有好的品种，只是制造不得其法。如果分别其产地，辨别其品级，请高手焙制，其品质当不在六安茶之下。

《徽州志》记载：茶叶出产于松萝，但是称作松萝茶的却很少。其名称有胜金、嫩桑、仙芝、来泉、先春、运合、华英等品类，还有没有名号的称作片茶八种。近年来的茶叶名称，精细的上品有雀舌、莲心、金芽，其次有芽下白、走林、罗公，再次有开园、软枝、大方。虽然名号多端，都是松萝茶的品种。

明代吴从先《茗说》记载：松萝茶，是我家乡的土产，其色泽如梨花鲜白，香气如豆蔻，品饮如嚼雪。品种越好，色泽越白，即使经过一夜，茶盏四周也没有茶痕，本来足以称美。至于秋露白片子，更是轻清若空，只是香气过大，惹人喜爱，但是难以长久保存，不是富贵之家不能够收藏罢了。真正的松萝茶如此精妙，略微混入一片其他地方的茶叶，色泽就被破坏，不可观瞻了。然而，松萝茶的真正产地很小，所产有限，可是四方前来索求的人云集而至，怎么会不混入其他茶叶呢？

《黄山志》记载：莲花庵的旁边，就着石缝种茶，所产茶叶富有轻香冷韵，香气袭人，使人惊诧断膺。

《昭代丛书》记载：张潮（字山来，号心斋，歙县人）说："我的故乡黄山天都峰有抹山茶，出产于石缝之间，不是人工可以培植的。味道淡薄，香气清新，足以称作仙品。只是采摘很难，不可多得。"

《随见录》记载：松萝茶，近来人称出产于紫霞山的最好，另外还有南源、北源等名色。其实真品的松萝茶很难得到。黄山绝顶出产有云雾茶，别有风味，其品质超出松萝之外。

康熙二十三年《江南通志》记载：宁国府所属的宣城、泾县、宁国、旌德、太湖各县，山中都出产松萝茶。

《名胜志》记载：宁国县的鸦山，在文脊山的北边，出产茶叶，充作贡品。《茶经》所说"味道与蕲州茶相同"，就是指的此茶。宋朝梅询（字昌言，宣城人）有"茶煮鸦山雪满瓯"的诗句。如今已经不可复得了。

明代徐光启《农政全书》记载：宣城县有丫山，山形就像是一个小方饼横铺在地，山上出产茶叶。山的东面受阳光照射，叫做阳坡，所产的茶最好。太守推荐于朝中，京洛（当指北宋东京汴梁、西京洛阳）人士为之题诗"丫山阳坡横文茶"，也叫做瑞草魁。

明代慎懋官《华夷花木鸟兽珍玩考》记载：宛陵（今安徽宣州一带）出产的池源茶，根株颇大，生长在阴谷之中，春夏之交才开始萌芽。茶树茎条虽然很长，但是芽叶却不舒展，或紫或绿。宋仁宗天圣（1023～1032）初年，郡守李虚己（字公受，曾提举淮南茶场）与太史梅询曾经烹试此茶，品评为建溪、顾渚所不如。

《随见录》记载：宣城出产有绿雪芽茶，也属于松萝茶的一类。还有翠屏等名色。其泾川涂茶，芽叶精细，色泽鲜白，味道芳香，是上贡朝廷的佳品。

《江南通志》记载：池州府所属的青阳、石埭、建德，都出产茶叶。贵池也产茶，九华山闵公墓茶（即九华山闵茶），其品质获得四方称赞。

《九华山志》记载：金地茶，是唐代西域高僧金地藏所种植，至今传说其枝梗都是空筒的茶叶即是。大体说来，烟霞云雾之中，气候经常保持湿润，与山下地上有所不同，所以茶味自然不同了。

《江南通志》记载：庐州府所属的六安、霍山，都出产名茶，其中最著名的只有白茅贡尖，也就是上品芽茶。每年新茶出来，知州就上疏进贡。

六安州有一个小岘山，出产茶叶，叫做小岘春，是六安茶中的极品。霍山有梅花片，乃是黄梅时节采摘焙制，色泽香气兼好，只是味道稍薄。还有银针、丁香、松萝等名色。

明代李日华《紫桃轩杂缀》中说：我平生倾慕六安茶，正好有一个门生在当地做知州，写信托他求取数两，竟然没有得到，这一愿望恐怕就此断绝了！

明代陈继儒（号眉公）《笔记》记载：云桑茶出产于安徽滁县

琅琊山，此茶类似桑叶而略小，山中僧人采摘焙制而藏之，茶味非常清新。

广德州建平县雅山出产茶叶，色泽、香气、味道都非常好。

《浙江通志》记载：杭州钱塘、富阳以及余杭径山等地多出产茶叶。

《天中记》记载：杭州宝云山出产的茶叶，叫做宝云茶。下天竺香林洞出产的茶叶，叫做香林茶。上天竺白云峰出产的茶叶，叫做白云茶。

田艺蘅（字子艺）《煮泉小品·宜茶》中说：龙泓，如今叫做龙井，是因为泉水很深的缘故。郡志中说这里曾经有龙居住，故名龙井，其实并非如此。大概是因为杭州的山脉，都发源于天目山，有龙飞凤舞的谶语，所以西湖四周的山，多以龙来命名，并非真的有龙居住于此。如果真的有龙，那么泉水就不能饮用了。龙井上面的亭阁，也应当赶紧拆除。浣花等池，尤其应该加以疏浚。

清代陆次云《湖壖杂记》记载：杭州龙井出产茶叶，作豆花香气，与出产于香林寺、宝云寺、石人坞、垂云亭的茶叶完全不一样。在谷雨前采摘者尤其好，品啜的时候感觉淡然，似乎无味，但饮过之后，感觉有一种太和之气弥漫于齿颊之间，这就是所谓的无味之味，乃是至美之味。饮用此茶非常有益于人体健康，所以能够治疗疾病。其可贵如珍宝，不可多得。

明代孙矿《坡仙食饮录》记载：杭州宝严院垂云亭也出产茶叶，僧人怡然以垂云茶寄赠给苏东坡，苏东坡回赠给他大龙团茶。

宋初陶谷《清异录》中说：开宝（968～976）中，大臣窦仪以新茶馈赠我，味道极为鲜美，盒子标明叫做"龙陂山子茶"。龙陂是顾渚山的另外一个去处。

明代徐献忠《吴兴掌故集》记载：顾渚山的左右两边有大小官山，都是茶园。明月峡在顾渚山的一侧，绝壁如削，大涧中流，乱石飞走，茶叶生于其间，品质尤为精绝。张文规诗中所谓的"明月峡中茶始生"，说的就是此事。

顾渚山，相传春秋时期吴王夫差在此顾望原野，可以修建城邑，所以叫做顾渚。唐朝的时候，顾渚左右的大小官山都是茶园，采制茶叶充作贡品，所以山下有贡茶院。

《蔡宽夫诗话》记载：湖州紫笋茶，出产于顾渚山。顾渚山位于湖州、常州的交界之处，因为茶刚萌芽时呈紫色而且像笋，故名紫笋茶。每年进贡，以清明节这天到达京师，首先祭祀宗庙，然后分赐近臣。

明代冯可宾《岕茶笺》记载：环绕长兴县境，出产茶叶的地方有罗嶰、白岩、乌瞻、青东、顾渚、篆浦等，不可胜数，只有罗嶰最为著名。环绕罗嶰境内方圆十里之远，称为罗嶰的，也是不可胜数。嶰而称作岕，是说介于两山之间；唐代诗人罗隐隐居于此，所以叫做罗岕；因为位于小秦王庙的后面，所以又称作庙后罗岕。洞山的岕茶，南面对着阳光，早晨的旭日和傍晚的夕晖，云雾氤氲笼罩，所以其味道与其他茶叶迥然有别。

明代曹学佺《名胜志》记载：茗山，在萧山县西三里，因为山中出产好茶，故名。另外，上虞县后山所产的茶叶也很好。

南宋祝穆《方舆胜览》记载：会稽有日铸岭，岭下有寺院，叫做资寿寺。日铸岭的阳坡叫做油车，从早晨到傍晚都有日光照射，茶叶生长在这里，其品质非常奇妙。欧阳修（谥文忠）说过：两浙地区的草茶，以日铸茶为第一。

明代李日华《紫桃轩杂缀》记载：普陀山老僧赠给我小岩茶一包，叶上有白色的茸毛，冲泡后无色，慢慢品饮，感到凉彻心腑。老僧告诉我说："本岩所产每年只有五六斤，专门供奉菩萨，僧人能够品啜的很少。"

《普陀山志》记载：茶叶，以出产于白华岩顶的为最好。

《天台记》记载：丹丘出产大茗，饮用后使人如生羽翼。

宋代桑庄《茹芝续茶谱》记载：天台茶有三个品种：紫凝、魏岭和小溪。如今各处并不出产，而当地人生活所需的茶叶，多来自西坑、东阳、黄坑等地。石桥等山，近来也种植茶树，味道非常清新甘甜，不比其他地方的茶叶差。这是因为出产于名山云雾之中，应该汁液多而味道醇厚。只是山中多寒冷，萌芽较晚，加上制作方法不佳，因此品质不得取胜。而且所产数量不多，仅仅足以供应山居之人罢了。

《天台山志》记载：葛仙翁茶园，在华顶峰上。

明代王象晋《群芳谱》记载：安吉州茶，也叫做紫笋。

《通志》记载：茶山，在浙江金华府兰溪县。

《广舆记》记载：鸠坑茶，出产于浙江严州府淳安县。方山茶，出产于浙江衢州府龙游县。

清代劳大与《瓯江逸志》记载：浙江东部出产很多茶叶，而以雁荡山所产称为第一。每年谷雨前三日，采摘芽茶进贡朝廷。一枪两旗而有白色茸毛的，叫做明茶；谷雨这一天采摘的，叫做雨茶。还有一种紫茶，色泽红紫，味道尤其好，香气尤其清，又叫做玄茶，其味道都与天池茶相似而稍微淡薄。这种茶种植很难，收获又少，当地的居民厌烦人们求索，园圃中也很少种植，偶尔有所种植、收获也为熟识的人取去。按照卢仝《茶经》的说法：温州没有好茶，天台瀑布水、瓯江水味道淡薄，只有雁荡山水为好。雁荡茶也称为第一，能够祛除腥荤油腻，消除烦恼，除掉昏散，消除积食。只有以锡瓶贮存的茶，才能得其清香之味，如果不以锡瓶贮存，其茶色即使不甚可观，但是滋味很好，同阳羡山中的芥茶没有什么区别。此茶采摘时间要接近夏天，不宜过早；炒制也宜熟而不宜生，如果制作得法，可以贮存二三年。茶叶越好越能消除宿食、醒酒，这是最具效果的。

王草堂《茶说》记载：温州中墺及溦上所产的茶都很有名，茶性不寒不热。

屠粹忠《三才藻异》记载：举岩，是婺州所产的茶叶，每一片都方正精致，煎煮之后像绿乳一样。

《江西通志》记载：茶山，在广信府（今江西上饶）城北，茶圣陆羽曾经在此居住。

洪州西山白露鹤岭茶，号称绝品，以紫清香城者为最好。双井芽茶，也就是欧阳修先生所说的"石上生茶如凤爪"。又有罗汉茶，就像豆苗一样，因为灵观尊者从西山拿来，所以叫做罗汉茶。

《南昌府志》记载：新建县鹅冈西有鹤岭，云物鲜美，草木秀润，所产名茶与其他地方不同。

《江西通志》记载：瑞州府（治今江西高安）出产茶芽，廖暹《十咏》称呼为雀舌香焙。其馀临江府、南安府等地都产茶，庐山也出产茶叶。

袁州府界桥所产的茶叶，如今称为仰山、稠平、木平的都很好，其中稠平尤其精妙。

赣州府宁都县出产林岕，乃是一家姓林的人用长指甲炒制，采摘制造都很得法，香味独特，以此得名。

《名胜志》记载：茶山寺，在上饶县城北三里，按照《图经》的记载，叫做广教寺。寺中有数亩茶园，一泓陆羽泉。陆羽嗜好饮茶，居所的周围都种植茶树，并以此泉水煎茶，后人于是就称呼广教寺为茶山寺。宋代有一位茶山居士曾吉甫，名曾几，因为其兄曾开得罪秦桧，供奉宗祠侨居此寺，前后七年，闭门不问世故。

明代鄢雷邬《丹霞洞天志》记载：建昌府麻姑山出产茶叶，只有山中所产的茶为上品，家园种植的茶次之。

《饶州府志》记载：浮梁县（今江西景德镇）阳府山，冬天没有积雪，各种物产都早生成长，而所产的茶叶尤其不同。宋人金君卿有诗句吟咏道："闻雷已荐鸡鸣笋，未雨先尝雀香茶。"这是因为当地气候温暖的缘故。

《江西通志》记载：南康府出产匡茶，香味可爱，是茶品中最好的。

九江府彭泽县九都山出产茶叶，其味道略似六安茶。

《广舆记》记载：德化茶出产于江西九江府。另外崇义县产茶很多。

《吉安府志》记载：龙泉县匡山，有一处苦斋，是元末明初学者章溢所居住的地方。四面悬崖峭壁，其下多白云缭绕，其上则北风吹拂，所生植物味道多苦。野蜂在其间筑巢，采花蕊酿成蜂蜜，味道也是苦的。这里所产的茶叶比其他地方的茶叶味道都苦。

明代王象晋《群芳谱》记载：太和山骞林茶，初泡味道非常苦涩，到第三次或第四次冲泡，清香馥郁，人们称为茶宝。

《福建通志》记载：福州、泉州、建宁、延平、兴化、汀州、邵武各府，都出产茶叶。

宋代谢维新《古今合璧事类》记载：建州出产大片茶。方山的芽茶像紫笋茶，叶片大而且很硬，必须用开水浸泡之后方可碾碎。这种茶可以治疗头痛，江东地区的老人多服用之。

《天下名山记》（一作周亮工《闽小记》）记载：鼓山的半岩茶，色泽、香气、风味都应当是福建第一，其品质不比天池茶、龙井茶差。雨前采者每两仅仅十钱，价格非常便宜。一种说法是说前朝每年进贡朝廷，到了杨荣（字勉仁，谥文敏）执政的时候，才奏请罢除贡茶。但是近年来官府索取，其扰累的程度比贡茶更甚。

柏岩茶，是福州所产的茶叶。柏岩，也就是柏梁台。

《兴化府志》记载：仙游县出产郑宅茶，真茶没有多少，大多都是用赝品掺杂，即使有香味，也比较淡薄。

清初陈懋仁《泉南杂志》记载：清源山茶，青翠芳香，在苏州天池茶之上。南安县出产的英山茶，其中精品也仅次于苏州虎丘茶，可惜所产不如清源山茶之多。福建气候温暖，桃李冬天开花，所以茶叶采制比较吴中为早。

《延平府志》记载：棕毛茶，出产于南平县半岩的较好。

《建宁府志》记载：北苑在府城的东部，起初北苑贡茶，以北苑的龙团茶最为著名，而武夷石乳的名称还不流行。到了元代，在武夷设茶场，武夷茶就与北苑茶并称了；如今则是只知道有武夷茶，而不知道有北苑茶了。吴越地区的人们，颇不看重福建茶叶，却非常称羡北苑茶名，岂不知北苑其实就在福建！

宋代无名氏（实即赵汝砺）《北苑别录》记载：建安（今福建建瓯）以东三十里，有一座山叫做凤凰山，山下就是北苑，旁边连着各个茶焙，其土是红壤，所产的茶最为上品。宋太宗太平兴国（976～984）年间，初次作为御焙，每年制作龙凤团饼，作为佳味贡献，以表珍异。宋仁宗庆历（1041～1048）年间，福建路转运使更加重视其事，品种和数量日益增加，贡茶制作日益精细。至今北苑所制的上品贡茶，名冠天下，不是民间所可得到的。当春天惊蛰时节，千人雷动，一时的盛况，的确雄伟壮观。因此，建安人认为到建安而不到北苑，就像没有到建安一样。我因为负责其事，于是得以研究贡茶的始末，这里就采取其大概情况，分为十多个类别，编为《北苑别录》。

御园：包括九窠十二陇（山之凹处为窠，凸处为陇），麦窠，壤园，龙游窠，小苦竹，苦竹里，鸡薮窠，苦竹，苦竹源，鼯鼠窠，教练陇，凤凰山，大小焊，横坑，猿游陇，张坑，带园，焙东，中历，东际，西际，官平，石碎窠，上下官坑，虎膝窠，楼陇，蕉窠，新园，天楼基，院坑，曾坑，黄际，马安山，林园，和尚园，黄淡窠，吴彦山，罗汉山，水桑窠，铜场，师如（一作姑）园，灵滋，苑（一作范）马园，高畲，大窠头，小山。以上共有四十六所，方圆三十馀里，从官平以上为内园，官坑而下为外园。每当春天茶叶开始萌芽，经常是比民焙早十多天，如九窠十二陇、龙游窠、小苦竹、张坑、西际，又是作为官园中造茶较早者。

北宋宋子安《东溪试茶录》记载：从前的记录中，建安府共有官焙三十八座。

丁谓《茶录》中说：官焙、私焙共计一千三百三十六座。所记录的仅仅是官焙三十二座。东山的官焙有十四座：北苑龙焙一，乳橘内焙二，乳橘外焙三，重院四，壑岭五，渭源六，范源七，苏口八，东宫九，石坑十，建溪十一，香口十二，火梨十三，开山十四。南溪的官焙有十二座：下瞿一，濛洲东二，汾东三，南溪四，斯源五，小香六，际会七，谢坑八，沙龙九，南乡十，中瞿十一，黄熟十二。西溪的官焙有四座：慈善西一，慈善东二，慈惠三，船坑四。北山的官焙有两座：慈善东一，丰乐二。

其外焙则有曾坑、石坑、壑源、叶源、佛岭、沙溪等处。

只有壑源出产的茶叶，甘甜馨香，风味独特。

茶的名称有七种：第一种叫做白茶，民间非常看重，出产于近年，各个茶园茶焙经常会有生产。其产地既不论山川远近，其萌芽也不论社前或者社后。其芽叶像纸一样色泽鲜白，民间以为茶中的祥瑞，取其第一者作为斗茶。第二种叫做柑叶茶，茶树高达一丈有馀，直径七八寸，茶叶肥厚而圆润，形状好像柑橘的叶子，其茶芽萌发出来就是肥乳，长二寸多，这是食茶之中的上品，第三种叫做早茶，也与柑橘的叶子相似，经常是在早春的时候萌芽，民间采制此茶作为试焙。第四种叫做细叶茶，芽叶比柑橘叶子较细而且薄，茶树高者有五六尺，茶芽短小而不肥乳，如今生长在沙溪山中，因为土地贫瘠，生长也不茂盛。第五种叫做稽茶，茶叶细嫩而厚密，茶芽则萌发较晚而青黄。第六种叫做晚茶，大约是所谓的稽茶之类，萌芽比其他茶都晚，生于社火之后。第七种叫做丛茶，也叫做丛生茶，茶树高不过数尺，一年之间多次萌芽，贫民取之以牟利。

北宋黄儒《品茶要录·辨壑源、沙溪》中说：壑源和沙溪这两个地方，地理条件正好相背，中间隔着一道山岭，其所处位置相距也不过几里远，然而所出产的茶叶却迥然不同。有人能出力把茶树从壑源移栽到沙溪，其茶性也会被当地的地理环境所同化。我也曾暗自奇怪，茶叶这种草木，不过是普通的一种植物，可是其生长之势必定得到适宜的生长环境而后有所变异，难道上好的水络地脉单单集中荟萃于壑源一地？或者是由于皇家的茶园和茶焙建在这里的高山峻岭之中，得到隐藏山中的神灵的庇护和保佑，这里的茶叶都得其馀荫？不然的话，这里的茶叶怎么会如此甘甜芳香、精美至极而独擅天下第一的美名呢？君不见，每年一到惊蛰时节，茶农们刚刚拿起竹筐、竹笼上山采茶，茶商们已经扛着竹笠、拿着口袋来到茶农的门口等待收购茶叶了。有的商人甚至预先给各个茶农支付了订金，有的茶叶刚经过加工放在竹编的笪席上烘烤，茶商们就争着按货付酬抢购，所以壑源的茶叶常常是供不应求。于是，就有一些奸诈狡猾的茶农，暗中取来沙溪出产的茶叶蒸过的茶黄，混杂其中，放进卷模中制成茶饼，假冒壑源茶。人们只贪图壑源茶的盛名，观察茶饼表面样子相像，而不能考究其实质和真相，不免要上当受骗而不觉，这种情况也是不少的。一般说来，壑源茶的售价为十，那么沙溪茶的售价为五，其间的价格差别大体上就是这样。然而沙溪的茶农，也勇于图谋利润，有的往茶中掺杂松黄，以便于装饰美化茶饼的外表。一般来说，分辨鉴别壑源茶和沙溪茶的方法是：大凡茶饼肉质纹理虚薄，重量轻而色泽黄，烹试的时候色泽虽然鲜白，却不能久浮，香气淡薄而味道较短，就是沙溪出产的茶；大凡茶饼肉质纹理厚实，茶饼坚实而色泽发紫，烹试的时候浮在茶汤表面凝重而持久，香气醇正甘滑而味道绵长，就是壑源出产的茶。

明代陈仁锡《潜确类书》记载：历代的贡茶，都以福建建宁所产的茶作为上品，有龙团、凤团、石乳、滴乳、绿昌明、头骨、次骨、末骨、鹿骨、山挺等名色，而以密云龙为最高境界，都是碾成细末制成茶饼。到了明朝，才开始进贡芽茶，分别叫做探春、先春、次春、紫笋，而龙凤团饼茶都被废除了。

《名胜志》记载：北苑茶园隶属于瓯宁县。旧时《茶经》记载："伪闽王龙启（933～934）年间，当地人张晖以他所居住的北苑土地适宜种茶，全部献给官府，其名声才逐渐流传开来。"

《三才藻异》记载：石岩白，就是建安能仁寺所出产的茶叶，生于石缝之间。

建宁府所属的浦城县江郎山出产茶叶，就叫做江郎茶。

《武夷山志》记载：前朝即明朝不重视福建茶，即使进贡也只是作为官中洗刷瓯盏的需要。贡茶的使者大多在京师按价购买然后进贡朝廷。偶尔有所采办，也都是剑州津廖等地所产，而不是武夷山的产品。山中的道士每每购买山下的茶叶，登山货卖，人们都无法辨别。

茶洞在武夷山接笋峰的旁边，洞门非常狭窄，洞内则平坦空旷，四周都是悬崖峭壁。当地人种茶，与其他地方相比最为盛行。

崇安县的殷县令招来黄山的僧人以松萝茶的制法制作建茶，真正可与松萝茶并驾齐驱，人们非常珍重，当时就有所谓"武夷松萝"的名号。

王梓（字复礼，号草堂）《茶说》记载：武夷山周围一百二十里，都可以种茶。茶树的本性，其他地方所产多是寒性，此地单单为温性。其茶有两个品种，在山中的叫做岩茶，堪称上品；在平地的叫做洲茶，品质次之。茶的香气清浊也不同，而且冲泡的时候岩茶汤白，洲茶汤红，以此作为区别。雨前采制的叫做头春，稍后采制的叫做二春，再往后采制的叫做三春。还有秋天采制的，叫做秋露白，最为馨香。必须做到种植、采摘、烘焙都得其所宜，才可以做到香气、味道两绝。然而，武夷山本身是石山，峰峦带土的很少，所以所产茶叶寥寥无几。至于洲茶，所到之处应有尽有，即使是邻近各个城镇也多有栽培，运输到山中以及零星的村子和集市上去卖掉，都是冒充武夷茶。更有安溪所产的茶叶，尤其不行。有人品尝其茶味，不甚贵重，都是以假乱真的结果。至于莲子心、白毫等都是洲茶，有人以木兰花熏成欺骗人，远远比不上岩茶。

明代张大复《梅花草堂笔谈》记载：陆羽《茶经》说："岭南茶出产于福州、建州。"如今武夷山所出产的茶，味道极佳。这大概是因为武夷山诸峰挺拔独立，正如陆羽所说的上等的茶叶生长于烂石之中。

《草堂杂录》记载：武夷山有三味茶，也就是苦、酸、甜，别是一番风味。饮用的时候味道果然屡次变化，相传可以解酒、消胀。然而这种茶采摘制作得甚少，贩卖得也很少。

《随见录》记载：武夷山所产的茶，出产于山上的叫做岩茶，出产于水边林下的叫做洲茶。就品质而言，岩茶为上品，洲茶次之。岩茶，以出于北山上的为上，以南山上的次之。南北两山，又以所出产茶叶的岩名而为名。其中最好的，叫做工夫茶。工夫茶之上，又有一个小种，则是以树名作为茶名。每株茶树出产不超过数两，不可多得。洲茶的名色，有莲子心、白毫、紫毫、龙须、凤尾、花香、兰香、清香、奥香、选芽、漳芽等品类。

《广舆记》记载：泰宁茶，出产于福建邵武府。

福建福宁州大姥山出产茶叶，叫做绿雪芽。

《湖广通志》记载：武昌茶，以出产于通山县的为上品，崇阳、蒲圻所产次之。

《广舆记》记载：湖北崇阳县龙泉山，方圆二百里。山上有一个洞，好事的人手持火炬进去，行走数十步，平坦如室内，可以容纳千百人，其中有石渠流淌着泉水，清澈甘洌，当地人叫做鲁溪。山岩出产茶叶，味道非常甘美。

《天下名胜志》记载：湖广江夏县的洪山，旧称东山。《茶谱》中说："鄂州东山出产茶叶，黑色，形状如韭菜，饮用这种茶可以治愈头痛。"

《武昌郡志》记载：茗山，在湖北蒲圻县以北十五里，出产茶叶。另外，大冶县也有茗山。

《荆州土地记》记载：武陵所属的七县，都出产茶叶，最称上品。

北宋范致明《岳阳风土记》记载：灉湖（今湖南岳阳）各山原来出产茶叶，叫做灉湖茶，也就是唐朝李肇所说的岳州灉湖之含膏茶。唐朝人非常看重，见于文献记载。如今的人们不大种植，只有白鹤僧园有千馀株茶树。其土地与建州北苑很像，所产的茶叶每年不超过一二十斤，当地人称为白鹤茶，味道非常甘甜馨香，不是其他地方的草茶所可比拟的。茶园的土色也与此类似，只是当地居民不怎么种茶罢了。

《湖南通志》记载：长沙府茶陵州，因为其地处茶山的阴坡，所以叫做茶陵。传说从前炎帝死后葬在茶山的原野。茶山也就是云阳山，山陵山谷间有很多茶树生长，所以叫做茶山。

长沙府出产茶叶，叫做安化茶。辰州茶，出产于溆浦。郴州也出产茶叶。

《类林新咏》记载：长沙的石楠叶，采摘其幼芽制成茶叶，叫做栾茶，可以治疗头脑中风。湖南人在每年四月四日采摘杨桐草，捣碎成汁拌米蒸熟，就像糕点或粥类，一定要饮用此茶，才可以治愈中风。

《古今合璧事类》记载：潭州之间有渠江，出产茶叶，多有毒蛇猛兽，当地居民每年采摘制造茶叶不超过十五六斤，其色泽如铁，却异常芳香，烹点时没有云脚茶痕。

湘潭茶，味道与普洱茶大体相似，当地居民称作芙蓉茶。

《茶事拾遗》记载：潭州有铁色茶，夷陵有压砖茶。

《湖广通志》记载：靖州（治今湖南靖县）出产茶油。湖北蕲水有茶山，出产茶叶。

《河南通志》记载：罗山茶，出产于河南省汝宁府信阳州。

《桐柏山志》记载：瀑布山，也叫做紫凝山，出产大叶茶。

《山东通志》记载：兖州府费县蒙山石巅，生长有一种花很像茶，当地居民采摘制成茶，味道清香，与其他茶迥然有别，堪称贡茶中的奇品。

《舆志》记载：蒙山，也叫做东山，山上有白云岩，出产茶叶，也叫做蒙顶茶。［原注：王草堂说：这种茶乃是石头上的苔藓制成，并非茶类。］

《广东通志》记载：广州、韶州、南雄、肇庆各府以及罗定州，都出产茶叶。西樵山，在广州府城西一百二十里，共有峰峦七十二个。唐末诗人曹松移植顾渚茶到这里来，当地居民于是就以种茶作为生业。

韶州府曲江县曹溪茶，每年可以采摘三四次，茶味清香甘甜。

潮州大埔县，肇庆府恩平县，都有茶山。德庆州有茗山，钦州灵山县也有茶山。

清代吴陈琰《旷园杂志》记载：端州白云山，云雾的生成非常独特奇异。山中原来在悬崖峭壁上种植茶叶，每年收获一石左右，价格可以达到一百两银子。

清代王草堂《杂录》记载：广东东部珠江之南出产茶叶，叫做河南茶。潮阳有凤山茶，乐昌有毛茶，长乐有石茗，琼州有灵茶、乌药茶。

清代吴震方《岭南杂记》记载：广南出产苦蓥茶，俗名叫做苦丁，这不是一种茶。叶子如巴掌大小，一片放入茶壶，味道非常苦涩；放得少些反而有甘甜味道，含在口中有助于治疗咽喉病症，其功能与山豆根相同。

化州（今属广东）有琉璃茶，出产于琉璃庵。所产不多，香味与洞山的芥茶相似。僧人用来招待宾客，所奉不超过一两。

罗浮山有茶叶，出产于山顶的石上，剥落下来，就像蒙山的石茶。其香味比庙后的芥茶加倍地好，不可多得。

南朝刘宋沈怀远《南越志》记载：龙川县出产皋卢茶，味道苦涩，南海人称之为过卢。

《陕西通志》记载：汉中府、兴安州等地都出产茶叶，如金州、石泉、汉阴、平利、西乡各县，都各自有其茶园。其他府州都没有。

《四川通志》记载：四川出产茶叶的州县，共计二十九处。如成都府的资阳、安县、灌县、石泉、崇庆等；重庆府的南川、黔江、丰都、武隆、彭水等；夔州府的建始、开县等，以及保宁府、遵义府、嘉定州、泸州、雅州、乌蒙等处。

东川茶有神泉、兽目等品种。邛州茶叫做火井。

《华阳国志》记载：涪陵没有蚕桑，只出产茶叶、丹漆、蜜蜡。

明代慎懋官《华夷花木鸟兽珍玩考》记载：蒙顶茶，接受阳光的照耀充足，所以风味芳香。唐朝大臣李德裕来到四川，得到蒙顶茶饼，就把茶饼泡在汤瓶之上，超过一个时辰就全部化掉了，于是就验证这是真正的蒙顶茶。又有五花茶，其叶片分为五瓣。

五代毛文锡《茶谱》记载：蜀州的晋原、洞口、横原、珠江、青城，出产有横芽茶、雀舌茶、鸟觜茶、麦颗茶，这些都是采取茶的嫩芽所制成，以其形状相似物品命名的。又有片甲、蝉翼等不同的名称。片甲茶，是早春的黄芽，其叶芽相抱如同片甲；蝉翼茶，其叶芽嫩薄如同蝉翼。这些都是散茶中的上佳品种。

北宋范镇《东斋纪事》记载：四川雅州蒙顶山所产茶叶品质最好。其出产时间较晚，每年的春夏之交才开始生产，经常有云雾覆盖在茶园之上，犹如有神物保护着一样。

明代王象晋《群芳谱》记载：峡州所产的茶叶有小江园、碧涧蓥、明月房、茱萸蓥等。

明代陆树声（号平泉）《茶寮记事》记载：四川雅州蒙顶山上出产有火前茶，品质最好，火前是说在寒食禁火之前采摘的；寒食禁火之后采摘的茶叶，叫做火后茶，有露芽、谷芽等名称。

《述异记》记载：巴东有真正的香茗，开着白色的花，如同蔷薇，煎服后使人清醒不瞌睡，能够背诵，不会忘记。

《广舆记》记载：峨眉山所产的茶叶，味道起初苦涩而终究甘甜。另外，泸州所产的茶叶可以治疗中风病。还有一种乌茶，出产于天全六番招讨使司境内。

清代王士祯（山东新城人）《陇蜀馀闻》记载：蒙山，在四川名山县西十五里。山上有五座高峰，最高的叫做上清峰。上清峰的峰巅有一个石头，有数间房屋大小，石头下面生长着七棵茶树，毫无缝隙，传说是甘露大师亲手种植。每当产茶的时节芽叶萌发，智炬寺的僧人就报告官府来视察，记录每棵茶树芽叶的多少。采摘制造只能收获数钱茶叶，明朝进贡京师，仅仅一钱有馀。环绕大石头的周围，还生长着茶树数十棵，叫做陪茶，所产的茶则供应藩府、诸司的饮用罢了。石头旁边有泉水，经常用石头覆盖着，泉味清香绝妙，在无锡惠山泉水之上。

《云南记》记载：名山县出产茶叶，有一个山叫做蒙山，绵延数十里，在名山县的西南。根据《拾遗记》的记载，《尚书》中所说的"蔡蒙旅平"，指的就是蒙山。蒙山位于雅州，凡是蜀茶都出产于此。

《云南通志》记载：茶山，在元江府城西北普洱地界。太华山，在云南府的西部，所产的茶色泽香味与松萝茶相似，叫做太华茶。

普洱茶，出产于元江府普洱山，茶性温润，味道馨香。儿茶，出产于永昌府，都是制作成团饼。还有感通茶，出产于大理府点苍山的感通寺。

《续博物志》记载：威远州，就是唐朝南诏银生府所在的地方。各山都出产茶叶，采摘制造不按照季节，而且掺杂椒、姜等一起烹煮饮用。

《广舆记》记载：云南广西府出产茶叶；另外，湾甸州出产茶叶，其境内孟通山所产的茶，也与阳羡茶类似。谷雨节前采摘的茶叶，味道更香。

曲靖府的茶籽，丛生，单叶，其籽粒可以制成油料。

清代许鹤沙《滇行纪程》记载：滇中的阳山茶，与松萝茶非常类似。

明代陈耀文《天中记》记载：容州黄家洞出产竹茶，其芽叶如同嫩竹，当地居民采摘下来作为饮品，非常甘美。[原注：广西容县，唐代容州。]

《贵州通志》记载：贵阳府出产茶叶，出产于龙里东苗坡以及阳宝山，当地居民制造不得其法，所以味道不好。近来也有采摘茶芽进行制造的，稍微可以品饮。威宁府的茶叶出产于平远，生长于岩石之间，依法采制，味道也很好。

清代朱绍本《地图综要》记载：贵州新添军民卫出产茶叶，平越军民卫也出产茶叶。

元代陆友《研北杂志》记载：交趾出产茶叶，所产的茶如同绿色的苔藓，味道辛辣馥烈，叫做登，北方的人翻译茶叫做钗。

九　茶之略

茶事著述名目

《茶经》三卷，唐太子文学陆羽撰。

《茶记》三卷，前人。［见《国史经籍志》。］

《顾渚山记》二卷，前人。

《煎茶水记》一卷，江州刺史张又新撰。

《采茶录》三卷，温庭筠撰。

《补茶事》，太原温从云、武威段碣之。

《茶诀》三卷，释皎然撰。

《茶述》，裴汶。

《茶谱》一卷，伪蜀毛文锡。

《大观茶论》二十篇，宋徽宗撰。

《建安茶录》三卷，丁谓撰。

《试茶录》二卷，蔡襄撰。

《进茶录》一卷，前人。

《品茶要录》一卷，建安黄儒撰。

《建安茶记》一卷，吕惠卿撰。

《北苑拾遗》一卷，刘异撰。

《北苑煎茶法》，前人。

《东溪试茶录》，宋子安集，一作朱子安。

《补茶经》一卷，周绛撰。

又一卷，前人。

《北苑总录》十二卷，曾伉录。

《茶山节对》一卷，摄衢州长史蔡宗颜撰。

《茶谱遗事》一卷，前人。

《宣和北苑贡茶录》，建阳熊蕃撰。

《宋朝茶法》，沈括。

《茶论》，前人。

《北苑别录》一卷，赵汝砺撰。

《北苑别录》，无名氏。

《造茶杂录》，张文规。

《茶杂文》一卷，集古今诗及茶者。

《壑源茶录》一卷，章炳文。

《北苑别录》，熊克。

《龙焙美成茶录》，范逵。

《茶法易览》十卷，沈立。

《建茶论》，罗大经。

《煮茶泉品》，叶清臣。

《十友谱·茶谱》，失名。

《品茶》一篇，陆鲁山。

《续茶谱》，桑庄茹芝。

《茶录》，张源。

《煎茶七类》，徐渭。

《茶寮记》，陆树声。

《茶谱》，顾元庆。

《茶具图》一卷，前人。

《茗笈》，屠本畯。

《茶录》，冯时可。

《岕山茶记》，熊明遇。

《茶疏》，许次纾。

《八笺·茶谱》，高濂。

《煮泉小品》，田艺蘅。

《茶笺》，屠隆。

《岕茶笺》，冯可宾。

《峒山茶系》，周高起伯高。

《水品》，徐献忠。

《竹懒茶衡》，李日华。

《茶解》，罗廪。

《松寮茗政》，卜万祺。

《茶谱》，钱友兰翁。

《茶集》一卷，胡文焕。

《茶记》，吕仲吉。

《茶笺》，闻龙。

《岕茶别论》，周庆叔。

《茶董》，夏茂卿。

《茶说》，邢士襄。

《茶史》，赵长白。

《茶说》，吴从先。

《武夷茶说》，袁仲儒。

《茶谱》，朱硕儒。〔见《黄舆坚集》。〕

《岕茶汇钞》，冒襄。

《茶考》，徐㷍。

《群芳谱·茶谱》，王象晋。

《佩文斋广群芳谱·茶谱》。

诗文名目

杜毓《荈赋》

顾况《茶赋》

吴淑《茶赋》

李文简《茗赋》

梅尧臣《南有嘉茗赋》

黄庭坚《煎茶赋》

程宣子《茶铭》

曹晖《茶铭》

苏廙《仙芽传》

汤悦《森伯传》

苏轼《叶嘉传》

支廷训《汤蕴之传》

徐岩泉《六安州茶居士传》

吕温《三月三日茶宴序》

熊禾《北苑茶焙记》

赵孟頫《武夷山茶场记》

暗都剌《喊山台记》

文德翼《庐山免给茶引记》　　　汪可立《茶经后序》

茅一相《茶谱序》　　　　　　　吴旦《茶经跋》

清虚子《茶论》　　　　　　　　童承叙《论茶经书》

何恭《茶议》　　　　　　　　　赵观《煮泉小品序》

诗文摘句

《合璧事类·龙溪除起宗制》有云：必能为我讲摘山之制，得充庾之良。

胡文恭《行孙谙制》有云：领算商车，典领茗轴。

唐武元衡有《谢赐新火及新茶表》。刘禹锡、柳宗元有《代武中丞谢赐新茶表》。

韩翃《为田神玉谢赐茶表》有"味足蠲邪，助其正直；香堪愈疾，沃以勤劳。吴主礼贤，方闻置茗；晋臣爱客，才有分茶"之句。

《宋史》：李稷重秋叶、黄花之禁。

宋《通商茶法诏》，乃欧阳修代笔。《代福建提举茶事谢上表》，乃洪迈笔。

谢宗《谢茶启》：比丹丘之仙芽，胜乌程之御荈。不止味同露液，白况霜华。岂可为酪苍头，便应代酒从事。

《茶榜》：雀舌初调，玉碗分时茶思健；龙团捶碎，金渠碾处睡魔降。

刘言史《与孟郊洛北野泉上煎茶》，有诗。

僧皎然《寻陆羽不遇》，有诗。

白居易有《睡后茶兴忆杨同州》诗。

皇甫曾有《送陆羽采茶》诗。

刘禹锡《石园兰若试茶歌》有云：欲知花乳清冷味，须是眠云跂石人。

郑谷《峡中尝茶》诗：入座半瓯轻泛绿，开缄数片浅含黄。

杜牧《茶山》诗：山实东南秀，茶称瑞草魁。

施肩吾诗：茶为涤烦子，酒为忘忧君。

秦韬玉有《采茶歌》。

颜真卿有《月夜啜茶联句》诗。

司空图诗：碾尽明昌几角茶。

李群玉诗：客有衡山隐，遗余石廪茶。

李郢《酬友人春暮寄枳花茶》诗。

蔡襄有《北苑茶垄采茶造茶试茶诗》五首。

《朱熹集·香茶供养黄柏长老悟公塔》，有诗。

文公《茶坂》诗：携籝北岭西，采叶供茗饮。一啜夜窗寒，跏趺谢衾枕。

苏轼有《和钱安道寄惠建茶》诗。

《坡仙食饮录》有《问大冶长老乞桃花茶栽》诗。

《韩驹集·谢人送凤团茶》诗：白发前朝旧史官，风炉煮茗暮江寒。苍龙不复从天下，拭泪看君小凤团。

苏辙有《咏茶花诗》二首，有云：细嚼花须味亦长，新芽一粟叶间藏。

孔平仲《梦锡惠墨答以蜀茶》，有诗。

岳珂《茶花盛放满山》诗，有"洁躬淡薄隐君子，苦口森严大丈夫"之句。

《赵抃集·次谢许少卿寄卧龙山茶》诗，有"越芽远寄入都时，酬唱争夸互见诗"之句。

文彦博诗：旧谱最称蒙顶味，露芽云液胜醍醐。

张文规诗："明月峡中茶始生。"明月峡与顾渚联属，茶生其间者，尤为绝品。

孙觌有《饮修仁茶》诗。

韦处厚《茶岭》诗：顾渚吴霜绝，蒙山蜀信稀。千丛因此始，含露紫茸肥。

《周必大集·胡邦衡生日以诗送北苑八铛日注二瓶》："贺客称觞满冠霞，悬知酒渴正思茶。尚书八饼分闽焙，主簿双瓶拣越芽。"又有《次韵王少府送焦坑茶》诗。

陆放翁诗：寒泉自换菖蒲水，活火闲煎橄榄茶。又《村舍杂书》：东山石上茶，鹰爪初脱韝。雪落红丝硙，香动银毫瓯。爽如闻至言，馀味终日留。不知叶家白，亦复有此否？

刘诜诗：鹦鹉茶香堪供客，荼䕷酒熟足娱亲。

王禹偁《茶园》诗：茂育知天意，甄收荷主恩。沃心同直谏，苦口类嘉言。

《梅尧臣集·宋著作寄凤茶》诗：团为苍玉璧，隐起双飞凤。独应近日颁，岂得常寮共。又《李求仲寄建溪洪井茶七品》云：忽有西山使，始遗七品茶。末品无水晕，六品无沉柤。五品散云脚，四品浮粟花。三品若琼乳，二品罕所加。绝品不可议，甘香焉等差。又《答宣城梅主簿遗鸦山茶》诗云：昔观唐人诗，茶咏鸦山嘉。鸦衔茶子生，遂同山名鸦。又有《七宝茶》诗云：七物甘香杂蕊茶，浮花泛绿乱于霞。啜之始觉君恩重，休作寻常一等夸。又《吴正仲饷新茶》、《沙门颖公遗碧霄峰茗》，俱有吟咏。

戴复古《谢史石窗送酒并茶》诗曰：遗来二物应时须，客子行厨用有馀。午困政需茶料理，春愁全仗酒消除。

费氏《宫词》：近被宫中知了事，每来随驾使煎茶。

杨廷秀有《谢木舍人送讲筵茶》诗。

叶适有《寄谢王文叔送真日铸茶》诗云：谁知真苦涩，黯淡发奇光。

杜本《武夷茶》诗：春从天上来，嘘咈通寰海。纳纳此中藏，万斛珠蓓蕾。

刘秉忠《尝云芝茶》诗云：铁色皱皮带老霜，含英咀美入诗肠。

高启有《月团茶歌》，又有《茶轩》诗。

杨慎有《和章水部沙坪茶歌》，沙坪茶出玉垒关外实唐山。

董其昌《赠煎茶僧》诗：怪石与枯槎，相将度岁华。凤团虽贮好，只吃赵州茶。

娄坚有《花朝醉后为女郎题品泉图》诗。

程嘉燧有《虎丘僧房夏夜试茶歌》。

《南宋杂事诗》云：六一泉烹双井茶。

朱隗《虎丘竹枝词》：官封茶地雨前开，皂隶衙官搅似雷。近日正堂偏体贴，监茶不遣掾曹来。

绵津山人《漫堂咏物》有《大食索耳茶杯》诗云：粤香泛永夜，诗思来悠然。［注：武夷有粤香茶。］

薛熙《依归集》有《朱新庵今茶谱序》。

十 茶之图

历代图画书目

唐张萱有《烹茶士女图》，见《宣和画谱》。

唐周昉寓意丹青，驰誉当代，宣和御府所藏有《烹茶图》一。

五代陆滉《烹茶图》一，宋中兴馆阁储藏。

宋周文矩有《火龙烹茶图》四，《煎茶图》一。

宋李龙眠有《虎阜采茶图》，见题跋。

宋刘松年绢画《卢仝煮茶图》一卷，有元人跋十馀家。范司理龙石藏。

王齐翰有《陆羽煎茶图》，见王世懋《澹园画品》。

董逌《陆羽点茶图》，有跋。

元钱舜举画《陶学士雪夜煮茶图》，在焦山道士郭第处，见詹景凤《东冈玄览》。

史石窗名文卿，有《煮茶图》，袁桷作《煮茶图诗序》。

冯璧有《东坡海南烹茶图并诗》。

严氏《书画记》，有杜柽居《茶经图》。

汪珂玉《珊瑚网》，载《卢仝烹茶图》。

明文徵明有《烹茶图》。

沈石田有《醉茗图》，题云：酒边风月与谁同，阳羡春雷醉耳聋。七碗便堪酬酩酊，任渠高枕梦周公。

沈石田有《为吴匏庵写虎丘对茶坐雨图》。

《渊鉴斋书画谱》，陆包山治有《烹茶图》。

［补］元赵松雪有《宫女啜茗图》，见《渔洋诗话·刘孔和诗》。

茶具十二图

韦鸿胪

赞曰：祝融司夏，万物焦烁，火炎昆冈，玉石俱焚，尔无与焉。乃若不使山谷之英，堕于涂炭，子与有力矣。上卿之号，颇著微称。

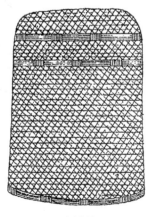

韦鸿胪

木待制

上应列宿，万民以济，秉性刚直，摧折强梗，使随方逐圆之徒，不能保其身，善则善矣，然非佐以法曹，资之枢密，亦莫能成厥功。

木待制

金法曹

柔亦不茹，刚亦不吐，圆机运用，一皆有法，使强梗者不得殊规乱辙，岂不韪与？

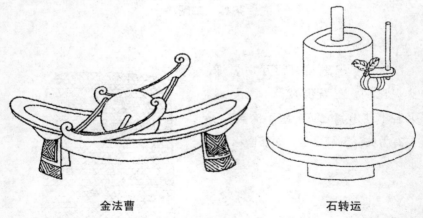

金法曹　　　　　　　　　　　　　　石转运

石转运

抱坚质，怀直心，啐嚅英华，周行不怠，斡摘山之利，操漕权之重，循环自常，不舍正而适他，虽没齿无怨言。

胡员外

周旋中规而不逾其间，动静有常而性苦其卓，郁结之患，悉能破之。虽中无所有，而外能研究，其精微不足以望圆机之士。

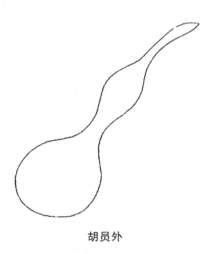

胡员外

罗枢密

机事不密，则害成。今高者抑之，下者扬之，使精粗不致于混淆，人其难诸？奈何矜细行而事喧哗，惜之。

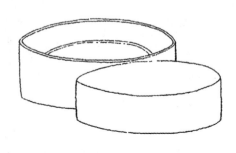

罗枢密

宗从事

孔门高弟，当洒扫应对事之末者，亦所不弃，又况能萃其既散，拾其已遗，运寸毫而使边尘不飞，功亦善哉！

宗从事

漆雕秘阁

危而不持，颠而不扶，则吾斯之未能信。以其弥执热之患，无坳堂之覆，故宜辅以宝文而亲近君子。

漆雕秘阁

陶宝文

陶宝文

出河滨而无苦窳，经纬之象，刚柔之理，炳其彬中，虚己待物，不饰外貌，位高秘阁，宜无愧焉。

汤提点

养浩然之气，发沸腾之声，以执中之能，辅成汤之德。斟酌宾主间，功迈仲叔圉，然未免外烁之忧，复有内热之患，奈何？

汤提点

竺副帅

首阳饿夫，毅谏于兵沸之时，方金鼎扬汤，能探其沸者几希，子之清节，独以身试，非临难不顾者畴见尔。

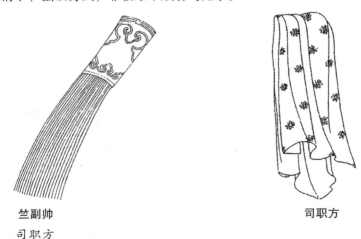

竺副帅　　　　　　　　　　　**司职方**

司职方

互乡童子，圣人犹与其进，况端方质素，经纬有理，终身涅而不缁者，此孔子所以与洁也。

竹炉并分封茶具六事

苦节君

铭曰：肖形天地，非冶非陶，心存活火，声带湘涛，一滴甘露，涤我诗肠，清风两腋，洞然八荒。

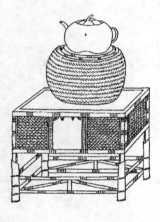

苦节君

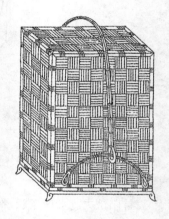

苦节君行省

苦节君行省

茶具六事，分封悉贮于此，侍从苦节君于泉石山斋亭馆间，执事者故以行省名之。陆鸿渐所谓都篮者，此其是与？

建城

茶宜密裹，故以箬笼盛之，今称建城。按《茶录》云：建安民间以茶为尚，故据地以城封之。

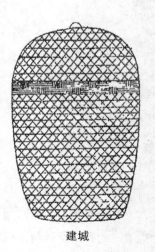

建城

云屯

泉汲于云根，取其洁也。今名云屯，盖云即泉也，贮得其所，虽与列职诸君同事，而独屯于斯，岂不清高绝俗而自贵哉？

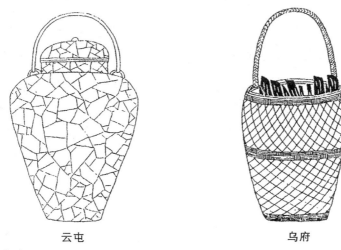

云屯　　　　　　　　　　　　乌府

乌府

炭之为物，貌玄性刚，遇火则威灵气焰，赫然可畏。苦节君得此，甚利于用也。况其别号乌银，故特表章其所藏之具曰乌府，不亦宜哉！

水曹

茶之真味，蕴诸旗枪之中，必浣之以水而后发也。凡器物用事之馀，未免残沥微垢，赖水沃盥，因名其器曰水曹。

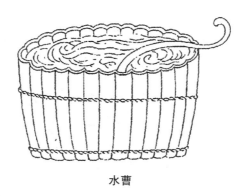

水曹

器局

一应茶具，收贮于器局，供役苦节君者，故立名管之。

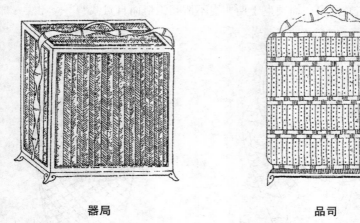

器局   品司

品司

茶欲啜时，入以笋、橄、瓜仁、芹蒿之属，则清而且佳，因命湘君，设司检束。

罗先登《续文房图赞》

玉川先生

毓秀蒙顶，蜚英玉川，搜搅胸中书传五千，儒素家风，清淡滋味，君子之交，其淡如水。

玉川先生

续茶经附录

茶 法

《唐书》：德宗纳户部侍郎赵赞议，税天下茶、漆、竹、木，十取一以为常平本钱。及出奉天，乃悼悔，下诏亟罢之。及朱泚平，佞臣希意兴利者益进，贞元八年，以水灾减税。明年，诸道盐铁使张滂奏：出茶州县若山及商人要路，以三等定估，十税其一；自是岁得钱四十万缗。穆宗即位，盐铁使王播图宠以自幸，乃增天下茶税，率百钱增五十。天下茶加斤至二十两，播又奏加取焉。右拾遗李珏上疏谓："榷率本济军兴，而税茶自贞元以来方有之，天下无事，忽厚敛以伤国体，一不可；茗为人饮，盐粟同资，若重税之，售必高，其弊先及贫下，二不可；山泽之产无定数，程斤论税，以售多为利，若腾价则市者寡，其税几何？三不可。"其后王涯判二使，置榷茶使，徙民茶树于官场，焚其旧积者，天下大怨。令狐楚代为盐铁使兼榷茶使，复令纳榷，加价而已。李石为相，以茶税皆归盐铁，复贞元之制。武宗即位，崔珙又增江淮茶税。是时，茶商所过州县有重税，或夺掠舟车，露积雨中；诸道置邸以收税，谓之塌地钱。大中初，转运使裴休著条约，私鬻如法论罪，天下税茶，增倍贞元。江淮茶为大模，一斤至五十两，诸道盐铁使于悰，每斤增税钱五，谓之剩茶钱；自是斤两复旧。

元和十四年，归光州茶园于百姓，从刺史房克让之请也。

裴休领诸道盐铁转运使，立茶税十二法，人以为便。

藩镇刘仁恭禁南方茶，自撷山为茶，号山曰"大恩"以邀利。

何易于为益昌令，盐铁官榷取茶利诏下，所司毋敢隐。易于视诏曰："益昌人不征茶且不可活，矧厚赋毒之乎！"命吏阁诏。吏曰："天子诏，何敢拒？吏坐死，公得免窜耶？"易于曰："吾敢爱一身移暴于民乎？亦不使罪及尔曹。"即自焚之，观察使素贤之，不劾也。

陆贽为宰相，以赋役烦重，上疏云："天灾流行四方，代有税茶钱积户部者，宜计诸道户口均之。"

《五代史》：杨行密，字化源，议出盐、茗，俾民输帛幕府。高勖曰："创破之馀，不可以加敛，且帑赍何患不足。若悉我所有，以易四邻所无，不积财而自有馀矣。"行密纳之。

《宋史》：榷茶之制，择要会之地，曰江陵府，曰真州，曰海州，曰汉阳军，曰无为军，曰蕲之蕲口，为榷货务六。初京城、建安、襄、复州皆有务，后建安、襄、复之务废，京城务虽存，但会给交钞往还而不积茶货。在淮南则蕲、黄、庐、舒、光、寿六州，官自为场，置吏总之，谓之山场者十三。六州采茶之民皆隶焉，谓之园户。岁课作茶输租，馀则官悉市之，总为岁课八百六十五万馀斤。其出鬻者，皆就本场。在江南则宣、歙、江、池、饶、信、洪、抚、筠、袁十州，广德、兴国、临江、建昌、南康五军。两浙则杭、苏、明、越、婺、处、温、台、湖、常、衢、睦十二州。荆湖则江陵府，潭、澧、鼎、鄂、岳、归、峡七州，荆门军。福建则建、剑二州。岁如山场输租折税，总为岁课，江南百二十七万馀斤，两浙百二十七万九千馀斤，荆湖二百四十七万馀斤，福建三十九万三千馀斤，悉送六榷货务鬻之。

茶有二类：曰片茶，曰散茶。片茶蒸造，实卷模中串之；唯建、剑则既蒸而研，编竹为格，置焙室中，最为精洁，他处不能造。有龙凤、石乳、白乳之类十二等，以充岁贡及邦国之用。其出虔、袁、饶、

李杞以疾去，都官郎中刘佐继之，蜀茶尽榷，民始病矣。知彭州吕陶言：天下茶法既通，蜀中独行禁榷。杞、佐、宗闵作为弊法，以困西南生聚。佐虽罢去，以国子博士李稷代之，陶亦得罪。侍御史周尹复极论榷茶为害，罢为河北提点刑狱。利路漕臣张宗谔、张升卿复建议废茶场司，依旧通商，皆为稷劾坐贬。茶场司行札子，督绵州彰明知县宋大章缴奏，以为非所当用，又为稷诋坐冲替。一岁之间，通课利及息耗至七十六万缗有奇。

熊蕃《宣和北苑贡茶录》：陆羽《茶经》、裴汶《茶述》，皆不第建品。说者但谓二子未尝到闽，而不知物之发也，固自有时。盖昔者山川尚閟，灵芽未露。至于唐末，然后北苑出为之最。是时，伪蜀词臣毛文锡作《茶谱》，亦第言建有紫笋，而蜡面乃产于福。五代之季，建属南唐。岁率诸县民，采茶北苑，初造研膏，继造蜡面，既又制其佳者，号曰京铤。圣朝开宝末，下南唐。太平兴国初，特制龙凤模，遣使即北苑造团茶，以别庶饮，龙凤茶盖始于此。又一种茶，丛生石崖，枝叶尤茂，至道初，有诏造之，别号石乳。又一种号的乳，又一种号白乳。此四种出，而腊面斯下矣。

真宗咸平中，丁谓为福建漕，监御茶，进龙凤团，始载之于《茶录》。仁宗庆历中，蔡襄为漕，改创小龙团以进，甚见珍惜，旨令岁贡，而龙凤遂为次矣。神宗元丰间，有旨造密云龙，其品又加于小龙团之上。哲宗绍圣中，又改为瑞云翔龙。至徽宗大观初，亲制《茶论》二十篇，以白茶自为一种，与他茶不同，其条敷阐，其叶莹薄，崖林之间，偶然生出，非人力可致。正焙之有者不过四五家，家不过四五株，所造止于二三铸而已。浅焙亦有之，但品格不及，于是白茶遂为第一。既又制三色细芽，及试新铸、贡新铸。自三色细芽出，而瑞云翔龙又下矣。凡茶芽数品，最上曰小芽，如雀舌、鹰爪，以其劲直纤挺，故号芽茶。次曰拣芽，乃一芽带一叶者，号一枪一旗。次曰中芽，乃一芽带两叶，号一枪两旗，其带三叶、四叶者，渐老矣。芽茶早春极少。景德中，建守周绛为《补茶经》，言芽茶只作早茶，驰奉万乘尝

之可矣。如一枪一旗，可谓奇茶也。故一枪一旗号拣芽，最为挺特光正。舒王《送人官闽中诗》云"新茗斋中试一旗"，谓拣芽也。或者谓茶芽未展为枪，已展为旗，指舒王此诗为误，盖不知有所谓拣芽也。夫拣芽犹贵如此，而况芽茶以供天子之新尝者乎！

夫芽茶绝矣。至于水芽，则旷古未之闻也。宣和庚子岁，漕臣郑公可简始创为银丝水芽。盖将已拣熟芽再为剔去，只取其心一缕，用珍器贮清泉渍之，光明莹洁，如银丝然。以制方寸新銙，有小龙蜿蜒其上，号龙团胜雪。又废白、的、石乳，鼎造花銙二十馀色。初，贡茶皆入龙脑，至是虑夺真味，始不用焉。盖茶之妙，至胜雪极矣，故合为首冠。然犹在白茶之次者，以白茶上之所好也。异时，郡人黄儒撰《品茶要录》，极称当时灵芽之富，谓使陆羽数子见之，必爽然自失。蕃亦谓使黄君而阅今日之品，则前此者未足诧焉。然龙焙初兴，贡数殊少，累增至于元符，以斤计者一万八千，视初已加数倍，而犹未盛。今则为四万七千一百斤有奇矣。

白茶、胜雪以次，厥名实繁，今列于左，使好事者得以观焉：

贡新銙【大观二年造】，试新銙【政和二年造】，白茶【宣和二年造】，龙团胜雪【宣和二年】，御苑玉芽【大观二年】，万寿龙芽【大观二年】，上林第一【宣和二年】，乙夜清供，承平雅玩，龙凤英华，玉除清赏，启沃承恩，雪莱，云叶，蜀葵，金钱【宣和二年】，玉华【宣和二年】，寸金【宣和三年】，无比寿芽【大观四年】，万春银叶【宣和二年】，宜年宝玉，玉清庆云，无疆寿龙，玉叶长春【宣和四年】，瑞云翔龙【绍圣二年】，长寿玉圭【政和二年】，兴国岩銙，香口焙銙，上品拣芽【绍兴二年】，新收拣芽，太平嘉瑞【政和二年】，龙苑报春【宣和四年】，南山应瑞，兴国岩拣芽，兴国岩小龙，兴国岩小凤【以上号细色】。拣芽，小龙，小凤，大龙，大凤【以上号粗色】。又有琼林毓粹、浴雪呈祥、壑源拱秀、贡篚推先、价倍南金、旸谷先春、寿岩都胜、延平石乳、清白可鉴、风韵甚高，凡十色，皆宣和二年所制，越五岁省去。

右茶岁分十馀纲，惟白茶与胜雪，自惊蛰前兴役，浃日乃成，飞骑疾驰，不出仲春，已至京师，号为头纲。玉芽以下，既先后以次发，逮贡足时，夏过半矣。欧阳公诗云："建安三千五百里，京师三月尝新茶。"盖曩时如此，以今较昔，又为最早。因念草木之微，有瑰奇卓异，亦必逢时而后出，而况为士者哉？昔昌黎感二鸟之蒙采擢，而自悼其不如。今蕃于是茶也，焉敢效昌黎之感，姑务自警而坚其守以待时而已。

外焙

石门　乳吉　香口

右三焙，常后北苑五七日兴工，每日采茶蒸榨，以其黄悉送北苑并造。

先人作《茶录》，当贡品极盛之时，凡有四十馀色。绍兴戊寅岁，克摄事北苑，阅近所贡皆仍旧。其先后之序亦同，惟跻龙团胜雪于白茶之上，及无兴国岩小龙、小凤，盖建炎南渡，有旨罢贡三之一而省去之也。先人但著其名号，克今更写其形制，庶览之无遗恨焉。先是，壬子春，漕司再葺茶政，越十三载，乃复旧额，且用政和故事，补种茶二万株【政和周漕种三万株】。此年益虔贡职，遂有创增之目。仍改京铤为大龙团，由是大龙多于大凤之数。凡此皆近事，或者犹未之知也。三月初吉，男克北苑寓舍书。

贡新铸【竹圈，银模，方一寸二分】，试新铸【同上】，龙团胜雪【同上】，白茶【银圈，银模，径一寸五分】，御苑玉芽【银圈，银模，径一寸五分】，万寿龙芽【同上】，上林第一【方一寸二分】，乙夜清供【竹圈】，承平雅玩，龙凤英华，玉除清赏，启沃承恩【俱同上】。雪英【横长一寸五分】，云叶【同上】，蜀葵【径一寸五分】，金钱【银模，同上】，玉华【银模，横长一寸五分】，寸金【竹圈，方一寸二分】，无比寿芽【银模，竹圈，同上】，万春银叶【银模，银圈，两尖径二寸二分】，宜年宝玉【银圈，银模，直长三寸】，玉清青云【方一寸八分】，无疆寿龙【银模，银圈，直长一寸】，玉叶长春【竹圈，

直长三寸六分】，瑞云翔龙【银模，银圈，径二寸五分】，长寿玉圭【银模，直长三寸】，兴国岩铸【竹圈，方一寸二分】，香口焙铸【同上】，上品拣芽【银模，银圈】，新收拣芽【银模，银圈，俱同上】。太平嘉瑞【银圈，径一寸五分】，南山应瑞【银模，银圈，方一寸八分】，兴国岩拣芽【银模，径三寸】，小龙，小凤，大龙，大凤【俱同上】。

北苑贡茶最盛，然前辈所录，止于庆历以上。自元丰之密云龙、绍圣之瑞云翔龙相继挺出，制精于旧，而未有好事者记焉，但见于诗人句中。及大观以来，增创新铸，亦犹用拣芽。盖水芽至宣和始有，故龙团胜雪与白茶角立，岁充首贡，自御苑玉芽以下厥名实繁。先子观见时事，悉能记之，成编具存。今闽中漕台所刊《茶录》，未备此书，庶及补其阙云。淳熙九年冬十二月四日，朝散郎行秘书郎国史编修官学士院权直熊克谨记。

北苑贡茶纲次：

细色第一纲：龙焙贡新，水芽，十二水，十宿火，正贡三十铸，创添二十铸。

细色第二纲：龙焙试新，水芽，十二水，十宿火，正贡一百铸，创添五十铸。

细色第三纲：龙团胜雪，水芽，十六水，十二宿火，正贡三十铸，续添二十铸，创添二十铸；白茶，水芽，十六水，七宿火，正贡三十铸，续添五十铸，创添八十铸；御苑玉芽，小芽，十二水，八宿火，正贡一百八片；万寿龙芽，小芽，十二水，八宿火，正贡一百片；上林第一，小芽，十二水，十宿火，正贡一百铸；乙夜清供，小芽，十二水，十宿火，正贡一百铸；承平雅玩，小芽，十二水，十宿火，正贡一百铸；龙凤英华，小芽，十二水，十宿火，正贡一百铸；玉除清赏，小芽，十二水，十宿火，正贡一百铸；启沃承恩，小芽，十二水，十宿火，正贡一百铸；雪英，小芽，十二水，七宿火，正贡一百铸；云叶，小芽，十二水，七宿火，正贡一百片；蜀葵，小芽，十二水，七

宿火，正贡一百片；金钱，小芽，十二水，七宿火，正贡一百片；寸金，小芽，十二水，七宿火，正贡一百铐。

细色第四纲：龙团胜雪，见前，正贡一百五十铐；无比寿芽，小芽，十二水，十五宿火，正贡五十铐，创添五十铐；万春银叶，小芽，十二水，十宿火，正贡四十片，创添六十片；宜年宝玉，小芽，十二水，十宿火，正贡四十片，创添六十片；玉清庆云，小芽，十二水，十五宿火，正贡四十片，创添六十片；无疆寿龙，小芽，十二水，十五宿火，正贡四十片，创添六十片；玉叶长春，小芽，十二水，七宿火，正贡一百片；瑞云翔龙，小芽，十二水，九宿火，正贡一百片；长寿玉圭，小芽，十二水，九宿火，正贡二百片；兴国岩铐，中芽，十二水，十宿火，正贡一百七十铐；香口焙铐，中芽，十二水，十宿火，正贡五十铐；上品拣芽，小芽，十二水，十宿火，正贡一百片；新收拣芽，中芽，十二水，十宿火，正贡六百片。

细色第五纲：太平嘉瑞，小芽，十二水，九宿火，正贡三百片；龙苑报春，小芽，十二水，九宿火，正贡六十片，创添六十片；南山应瑞，小芽，十二水，十五宿火，正贡六十铐，创添六十铐；兴国岩拣芽，中芽，十二水，十宿火，正贡五百十片；兴国岩小龙，中芽，十二水，十五宿火，正贡七百五片；兴国岩小凤，中芽，十二水，十五宿火，正贡五十片。

先春两色：太平嘉瑞，同前，正贡二百片；长寿玉圭，同前，正贡二百片。

续入额四色：御苑玉芽，同前，正贡一百片；万寿龙芽，同前，正贡一百片；无比寿芽，同前，正贡一百片；瑞云翔龙，同前，正贡一百片。

粗色第一纲：正贡：不入脑子上品拣芽小龙，一千二百片，六水，十宿火；入脑子小龙，七百片，四水，十五宿火。增添：不入脑子上品拣芽小龙，一千二百片；入脑子小龙，七百片；建宁府附发小龙茶，八百四十片。

粗色第二纲：正贡：不入脑子上品拣芽小龙，六百四十片；入脑子小龙，六百七十二片；入脑子小凤，一千三百四十片，四水，十五宿火；入脑子大龙，七百二十片，二水，十五宿火；入脑子大凤，七百二十片，二水，十五宿火。增添：不入脑子上品拣芽小龙，一千二百片；入脑子小龙，七百片；建宁府附发小凤茶，一千三百片。

粗色第三纲：正贡：不入脑子上品拣芽小龙，六百四十片；入脑子小龙，六百四十片；入脑子小凤，六百七十二片；入脑子大龙，一千八百片；入脑子大凤，一千八百片。增添：不入脑子上品拣芽小龙，一千二百片；入脑子小龙，七百片；建宁府附发大龙茶，四百片，大凤茶，四百片。

粗色第四纲：正贡：不入脑子上品拣芽小龙，六百片；入脑子小龙三百三十六片；入脑子小凤，三百三十六片；入脑子大龙，一千二百四十片；入脑子大凤，一千二百四十片；建宁府附发大龙茶，四百片；大凤茶，四百片。

粗色第五纲：正贡：入脑子大龙，一千三百六十八片；入脑子大凤，一千三百六十八片；京铤改造大龙，一千六百片；建宁府附发大龙茶，八百片；大凤茶，八百片。

粗色第六纲：正贡：入脑子大龙，一千三百六十片；入脑子大凤，一千三百六十片；京铤改造大龙，一千六百片；建宁府附发大龙茶，八百片，大凤茶，八百片；京铤改造大龙，一千二百片。

粗色第七纲：正贡：入脑子大龙，一千二百四十片；入脑子大凤，一千二百四十片；京铤改造大龙，二千三百二十片；建宁府附发大龙茶，二百四十片；大凤茶，二百四十片；又京铤改造大龙，四百八十片。

细色五纲，贡新为最上，后开焙十日入贡。龙团胜雪为最精，而建人有直四万钱之语。夫茶之入贡，圈以箬叶，内以黄斗，盛以花箱，护以重筐，花箱内外又有黄罗幕之，可谓什袭之珍矣。

粗色七纲，拣芽以四十饼为角，小龙凤以二十饼为角，大龙凤以

八饼为角，圈以箬叶，束以红缕，包以红纸，缄以旧绫，惟拣芽俱以黄焉。

《金史》：茶自宋人岁供之外，皆贸易于宋界之榷场。世宗大定十六年，以多私贩，乃定香茶罪赏格。章宗承安三年，命设官制之。以尚书省令史往河南视官造者，不尝其味，但采民言，谓为温桑，实非茶也，还即白上；以为不干，杖七十罢之。四年三月，于淄、密、宁、海、蔡州各置一坊造茶。照南方例，每斤为袋，直六百文。后令每袋减三百文。五年春，罢造茶之坊。六年，河南茶树槁者，命补植之。十一月，尚书省奏禁茶，遂命七品以上官，其家方许食茶，仍不得卖及馈献。七年，更定食茶制。八年，言事者以止可以盐易茶，省臣以为所易不广，兼以杂物博易。宣宗元光二年，省臣以茶非饮食之急，今河南、陕西凡五十馀郡，郡日食茶率二十袋，直银二两，是一岁之中，妄费民间三十馀万也。奈何以吾有用之货而资敌乎？乃制亲王、公主及现任五品以上官，素蓄存者存之；禁不得买馈，馀人并禁之。犯者徒五年，告者赏宝泉一万贯。

《元史》：本朝茶课，由约而博，大率因宋之旧而为之制焉。至元六年，始以兴元交钞同知运使白赓言，初榷成都茶课。十三年，江南平，左丞吕文焕首以主茶税为言，以宋会五十贯，准中统钞一贯。次年定长引、短引，是岁征一千二百馀锭。泰定十七年，置榷茶都转运使司于江州路，总江淮、荆湖、福广之税，而遂除长引，专用短引。二十一年，免食茶税以益正税。二十三年，以李起南言，增引税为五贯。二十六年，丞相桑哥增为一十贯。延祐五年，用江西茶运副法忽鲁丁言，减引添钱，每引再增为一十二两五钱。次年，课额遂增为二十八万九千二百一十一锭矣。天历己巳，罢榷司而归诸州县，其岁征之数，盖与延祐同。至顺之后，无籍可考。他如范殿帅茶，西番大叶茶，建宁铸茶，亦无从知其始末，故皆不著。

《明会典》：陕西置茶马司四：河州、洮州、西宁、甘州，各司并赴徽州茶引所批验，每岁差御史一员巡茶马。

明洪武间，差行人一员，赍榜文于行茶所在悬示以肃禁。永乐十三年，差御史三员，巡督茶马。正统十四年，停止茶马金牌，遣行人四员巡察。景泰二年，令川、陕布政司各委官巡视，罢差行人。四年，复差行人。成化三年，奏准每年定差御史一员陕西巡茶。十一年，令取回御史，仍差行人。十四年，奏准定差御史一员，专理茶马，每岁一代，遂为定例。弘治十六年，取回御史，凡一应茶法，悉听督理马政都御史兼理。十七年，令陕西每年于按察司拣宪臣一员驻洮，巡禁私茶；一年满日，择一员交代。正德二年，仍差巡茶御史一员兼理马政。

光禄寺衙门，每岁福建等处解纳茶叶一万五千斤，先春等茶芽三千八百七十八斤，收充茶饭等用。

《博物典汇》云：本朝捐茶利予民，而不利其入。凡前代所设榷务、贴射，交引、茶由诸种名色，今皆无之，惟于四川置茶马司四所，于关津要害置数批验茶引所而已。及每年遣行人于行茶地方，张挂榜文，俾民知禁。又于西番入贡为之禁限，每人许其顺带有定数，所以然者，非为私奉，盖欲资外国之马，以为边境之备焉耳。

洪武五年，户部言：四川产巴茶凡四百四十七处，茶户三百一十五，宜依定制，每茶十株，官取其一，岁计得茶一万九千二百八十斤，令有司贮候西番易马。从之。至三十一年，置成都、重庆、保宁三府及播州宣慰司茶仓四所，命四川布政司移文天全六番招讨司，将岁收茶课，仍收碉门茶课司，馀地方就送新仓收贮，听商人交易及与西番易马。茶课岁额五万馀斤，每百加耗六斤，商茶岁中率八十斤，令商运卖，官取其半易马。纳马番族，洮州三十，河州四十三，又新附归德所生番十一，西宁十三。茶马司收贮，官立金牌信符为验。洪武二十八年，驸马都尉欧阳伦以私贩茶扑杀，明初茶禁之严如此。

《武夷山志》：茶起自元初，至元十六年，浙江行省平章高兴过武夷，制石乳数斤入献。十九年，乃令县官莅之，岁贡茶二十斤，采茶户凡八十。大德五年，兴之子久住为邵武路总管，就近至武夷督造贡

茶。明年创焙局，称为御茶园。有仁凤门、第一春殿、清神堂诸景。又有通仙井，覆以龙亭，皆极丹艧之盛，设场官二员领其事。后岁额浸广，增户至二百五十，茶三百六十斤，制龙团五千饼。泰定五年，崇安令张端本重加修葺，于园之左右各建一坊，扁曰茶场。至顺三年，建宁总管暗都剌于通仙井畔筑台，高五尺，方一丈六尺，名曰喊山台。其上为喊泉亭，因称井为呼来泉。旧志云：祭后群喊，而水渐盈，造茶毕而遂涸，故名。迨至正末，额凡九百九十斤。明初仍之，著为令。每岁惊蛰日，崇安令具牲醴诣茶场致祭，造茶入贡。洪武二十四年，诏天下产茶之地，岁有定额，以建宁为上，听茶户采进，勿预有司。茶名有四：探春、先春、次春、紫笋，不得碾揉为大小龙团，然而祀典贡额犹如故也。嘉靖三十六年，建宁太守钱嶫，因本山茶枯，令以岁编茶夫银二百两及水脚银二十两赍府造办。自此遂罢茶场，而崇民得以休息。御园寻废，惟井尚存。井水清甘，较他泉迥异。仙人张邋遢过此饮之，曰：不徒茶美，亦水之力也。

　我朝茶法，陕西给番易马，旧设茶马御史，后归巡抚兼理。各省发引通商，止于陕境交界处盘查。凡产茶地方，止有茶利，而无茶累，深山穷谷之民，无不沾濡雨露，耕田凿井，其乐升平，此又有茶以来希遇之盛也。

雍正十二年七月既望陆廷灿识

图书在版编目(CIP)数据

茶经·续茶经/(唐)陆羽撰;(清)陆廷灿辑;
郭孟良注译. —郑州:中州古籍出版社,2017.1
(国学经典典藏版)
ISBN 978-7-5348-6670-8

Ⅰ.①茶… Ⅱ.①陆… ②陆… ③郭… Ⅲ.①茶
文化-中国-古代②《茶经》-注释③《茶经》-译文 Ⅳ.
①TS971-49

中国版本图书馆 CIP 数据核字(2016)第 288149 号

出版社:中州古籍出版社
　　　　(地址:郑州市经五路 66 号　邮政编码:450002)
发行单位:新华书店
承印单位:北京彩虹伟业印刷有限公司
开本:640mm×960mm　　　1/16　　印张:24.25
字数:300 千字　　　　　　　　　印数:1-3000 册
版次:2017 年 1 月第 1 版　　　印次:2017 年 1 月第 1 次印刷

定价:56.00 元

百八十五钱。治平间通商后，计取数一百一十七万五千一百四贯九百一十九钱。

琼山邱氏曰：后世以茶易马，始见于此；盖自唐世回纥入贡，先已以马易茶，则西北之嗜茶，有自来矣。

苏辙《论蜀茶状》：园户例收晚茶，谓之秋老黄茶，不限早晚，随时即卖。

沈括《梦溪笔谈》：乾德二年，始诏在京、建州、汉、蕲口各置榷货务。五年，始禁私卖茶，从不应为情理重。太平兴国二年，删定禁法条贯，始立等科罪。淳化二年，令商贾就园户买茶，公于官场贴射，始行贴射法。淳化四年，初行交引，罢贴射法。西北入粟给交引，自通利军始。是岁，罢诸处榷货务，寻复依旧。至咸平元年，茶利钱以一百三十九万二千一百一十九贯为额。至嘉祐三年，凡六十一年，用此额，官本杂费皆在内，中间时有增亏，岁入不常。咸平五年，三司使王嗣宗始立三分法，以十分茶价，四分给香药，三分犀象，三分茶引。六年，又改支六分香药、犀象，四分茶引。景德二年，许人入中钱帛金银，谓之三说。至祥符九年，茶引益轻，用知秦州曹玮议，就永兴、凤翔以官钱收买客引，以救引价，前此累增加饶钱。至天禧二年，镇戎军纳大麦一斗，本价通加饶，共支钱一贯二百五十四。乾兴元年，改三分法，支茶引三分，东南见钱二分半，香药四分半。天圣元年，复行贴射法。行之三年，茶利尽归大商，官场但得黄晚恶茶，乃诏孙奭重议，罢贴射法。明年，推治元议，省吏计覆官、旬献等皆决配沙门岛，元详定枢密副使张邓公、参知政事吕许公、鲁肃简各罚俸一月，御史中丞刘筠、入内内侍省副都知周文质、西上阁门使薛昭廓、三部副使各罚铜二十斤，前三司使李谘落枢密直学士，依旧知洪州。皇祐三年，算茶依旧只用见钱。至嘉祐四年二月五日，降敕罢茶禁。

洪迈《容斋随笔》：蜀茶税额，总三十万。熙宁七年，遣三司干当公事李杞经画买茶，以蒲宗闵同领其事，创设官场，增为四十万。后

池、光、歙、潭、岳、辰、澧州，江陵府，兴国、临江军，有仙芝、玉津、先春、绿芽之类二十六等。两浙及宣、江、鼎州，又以上中下或第一至第五为号。散茶出淮南、归州、江南、荆湖，有龙溪、雨前、雨后之类十一等。江浙又有上中下或第一至第五为号者，民之欲茶者，售于官。给其食用者，谓之食茶；出境者，则给券。商贾贸易，入钱若金帛京师榷货务，以射六务十三场。愿就东南入钱若金帛者听。凡民茶匿不送官及私贩鬻者，没入之，计其直论罪。园户辄毁败茶树者，计所出茶，论如法。民造温桑伪茶，比犯真茶计直，十分论二分之罪。主吏私以官茶贸易及一贯五百者，死。自后定法，务从轻减。太平兴国二年，主吏盗官茶贩鬻钱三贯以上，黥面送阙下。淳化三年，论直十贯以上，黥面配本州牢城。巡防卒私贩茶，依旧条加一等论。凡结徒持杖贩易私茶，遇官司擒捕抵拒者，皆死。太平兴国四年，诏鬻伪茶一斤，杖一百；二十斤以上弃市。[厥后，更改不一，载全史。]

陈恕为三司使，将立茶法，召茶商数十人，俾条陈利害，第为三等，具奏太祖曰："吾视上等之说，取利太深，此可行于商贾，不可行于朝廷。下等之说，固灭裂无取。惟中等之说，公私皆济，吾裁损之，可以经久，行之数年，公用足而民富实。"

太祖开宝七年，有司以湖南新茶异于常岁，请高其价以鬻之。太祖曰："道则善，毋乃重困吾民乎？"即诏第复旧制，毋增价值。

熙宁三年，熙河运使以岁计不足，乞以官茶博籴。每茶三斤，易粟一斛，其利甚溥。朝廷谓茶马司本以博马，不可以博籴于茶。马司岁额外，增买川茶两倍，朝廷别出钱二万给之，令提刑司封椿，又令茶马官程之邵兼转运使，由是数岁，边用粗足。

神宗熙宁七年，干当公事李杞入蜀经画买茶，秦、凤、熙、河博马。王之韶言，西人颇以善马至边交易，所嗜惟茶。

自熙、丰以来，旧博马皆以粗茶，乾道之末，始以细茶遗之。成都利州路十二州，产茶二千一百二万斤，茶马司所收，大较若此。

茶利，嘉祐间禁榷时，取一年中数，计一百九万四千九十三贯八